"十二五"国家重点图书出版规划项目

公共安全应急管理丛书

灾害性气象事件影响预评估理论与方法

黄全义　钟少波　孙 超　等◎著

科 学 出 版 社

北　京

内 容 简 介

随着全球气候变暖，灾害性气象事件呈高频发趋势，其带来的影响愈加严重。本书主要阐述了灾害性气象事件影响预评估的理论和方法，主要包括：灾害性气象事件时空分布与变化规律，气象因子时空分布估计框架和模型，灾害性气象事件危险性分析；气象灾害承灾载体表达模型与分析；基于本体的气象灾害动态风险评估模型，气象灾害场景推演与应对方案预评估；以台风、城市暴雨、融雪性洪水等典型灾害性气象事件为例，分别给出了灾害性气象事件影响预评估的分析方法和结果。

本书可供高等学校和科研院所公共安全学科或其他相关学科的师生和研究人员，以及从事气象灾害减灾防灾的政府部门工作人员阅读参考。

图书在版编目（CIP）数据

灾害性气象事件影响预评估理论与方法 / 黄全义等著. —北京：科学出版社，2017.1

（公共安全应急管理丛书）

“十二五”国家重点图书出版规划项目

ISBN 978-7-03-050334-3

Ⅰ. ①灾… Ⅱ. ①黄… Ⅲ. ①灾害性天气–气候影响–评价–研究 Ⅳ. ①P44 ②P461

中国版本图书馆 CIP 数据核字（2016）第 257005 号

责任编辑：马　跃　王丹妮 / 责任校对：冯红彩

责任印制：霍　兵 / 封面设计：无极书装

科学出版社 出版

北京东黄城根北街 16 号

邮政编码：100717

http://www.sciencep.com

中国科学院印刷厂 印刷

科学出版社发行　各地新华书店经销

*

2017 年 1 月第　一　版　开本：720×1000　1/16

2017 年 1 月第一次印刷　印张：20 1/4

字数：408 000

定价：142.00 元

（如有印装质量问题，我社负责调换）

丛书编委会

总　序

自美国“9·11事件”以来，国际社会对公共安全与应急管理的重视度迅速提升，各国政府、公众和专家学者都在重新思考如何应对突发事件的问题。当今世界，各种各样的突发事件越来越呈现出频繁发生、程度加剧、复杂复合等特点，给人类的安全和社会的稳定带来更大挑战。美国政府已将单纯的反恐战略提升到针对更广泛的突发事件应急管理的公共安全战略层面，美国国土安全部2002年发布的《国土安全国家战略》中将突发事件应对作为六个关键任务之一。欧盟委员会2006年通过了主题为“更好的世界，安全的欧洲”的欧盟安全战略并制订和实施了“欧洲安全研究计划”。我国的公共安全与应急管理自2003年抗击“非典”后受到从未有过的关注和重视。2005年和2007年，我国相继颁布实施了《国家突发公共事件总体应急预案》和《中华人民共和国突发事件应对法》，并在各个领域颁布了一系列有关公共安全与应急管理的政策性文件。2014年，我国正式成立“中央国家安全委员会”，习近平总书记担任委员会主任。2015年5月29日中共中央政治局就健全公共安全体系进行第二十三次集体学习。中共中央总书记习近平在主持学习时强调，公共安全连着千家万户，确保公共安全事关人民群众生命财产安全，事关改革发展稳定大局。这一系列举措，标志着我国对安全问题的重视程度提升到一个新的战略高度。

在科学研究领域，公共安全与应急管理研究的广度和深度迅速拓展，并在世界范围内得到高度重视。美国国家科学基金会（National Science Foundation，NSF）资助的跨学科计划中，有五个与公共安全和应急管理有关，包括：①社会行为动力学；②人与自然耦合系统动力学；③爆炸探测预测前沿方法；④核探测技术；⑤支持国家安全的信息技术。欧盟框架计划第5~7期中均设有公共安全与应急管理的项目研究计划，如第5期（FP5）——人为与自然灾害的安全与应急管理，第6期（FP6）——开放型应急管理系统、面向风险管理的开放型空间数据系统、欧洲应急管理信息体系，第7期（FP7）——把安全作为一个独立领域。我国在《国家中长期科学和技术发展规划纲要（2006—2020年）》中首次把公共安全列为科技发展的 11 个重点领域之一；《国家自然科学基金“十一五”发展规划》把“社会系统与重大工程系统的危机/灾害控制”纳入优先发展领域；国务院办公厅先后出台了《“十一五”期间国家突发公共事件应急体系建设规划》、《国家突发事件应急体系建设“十二五”规划》、《国家综合防灾减灾规划（2011—2015年）》和《关于加快应急产业发展的意见》等。在 863、973 等相关科技计划中也设立了一批公共安全领域的重大项目和优先资助方向。

针对国家公共安全与应急管理的重大需求和前沿基础科学研究的需求，国家自然科学基金委员会于 2009 年启动了“非常规突发事件应急管理研究”重大研究计划，遵循“有限目标、稳定支持、集成升华、跨越发展”的总体思路，围绕应急管理中的重大战略领域和方向开展创新性研究，通过顶层设计，着力凝练科学目标，积极促进学科交叉，培养创新人才。针对应急管理科学问题的多学科交叉特点，如应急决策研究中的信息融合、传播、分析处理等，以及应急决策和执行中的知识发现、非理性问题、行为偏差等涉及管理科学、信息科学、心理科学等多个学科的研究领域，重大研究计划在项目组织上加强若干关键问题的深入研究和集成，致力于实现应急管理若干重点领域和重要方向的跨域发展，提升我国应急管理基础研究原始创新能力，为我国应急管理实践提供科学支撑。重大研究计划自启动以来，已立项支持各类项目八十余项，稳定支持了一批来自不同学科、具有创新意识、思维活跃并立足于我国公共安全核应急管理领域的优秀科研队伍。百余所高校和科研院所参与了项目研究，培养了一批高水平研究力量，十余位科研人员获得国家自然科学基金“国家杰出青年科学基金”的资助及教育部“长江学者”特聘教授称号。在重大研究计划支持下，百余篇优秀学术论文发表在 SCI/SSCI 收录的管理、信息、心理领域的顶尖期刊上，在国内外知名出版社出版学术专著数十部，申请专利、软件著作权、制定标准规范等共计几十项。研究成果获得多项国家级和省部级科技奖。依托项目研究成果提出的十余项政策建议得到包括国务院总理等国家领导人的批示和多个政府部门的重视。研究成果直接应用于国家、部门、省市近十个“十二五”应急体系规划的制定。公共安全和应急管理基础研究的成果也直接推动了相关技术的研发，科技部在“十三五”重点专项中设立了公共安全方向，基础研究的相关成果为其提供了坚实的基础。

重大研究计划的启动和持续资助推动了我国公共安全与应急管理的学科建设，推动了“安全科学与工程”一级学科的设立，该一级学科下设有“安全与应急管理”二级学科。2012 年公共安全领域的一级学会“（中国）公共安全科学技术学会”正式成立，为公共安全领域的科研和教育提供了更广阔的平台。在重大研究计划执行期间，还组织了多次大型国际学术会议，积极参与国际事务。在世界卫生组织的应急系统规划设计的招标中，我国学者组成的团队在与英、美等国家的技术团队的竞争中胜出，与世卫组织在应急系统的标准、设计等方面开展了密切合作。我国学者在应急平台方面的研究成果还应用于多个国家，取得了良好的国际声誉。各类国际学术活动的开展，极大地提高了我国公共安全与应急管理在国际学术界的声望。

为了更广泛地和广大科研人员、应急管理工作者以及关心、关注公共安全与应急管理问题的公众分享重大研究计划的研究成果，在国家自然科学基金委员会管理科学部的支持下，由科学出版社将优秀研究成果以丛书的方式汇集出版，希望能为公共安全与应急管理领域的研究和探索提供更有力的支持，并能广泛应用到实际工作中。

为了更好地汇集公共安全与应急管理的最新研究成果，本套丛书将以滚动的方式出版，紧跟研究前沿，力争把不同学科领域的学者在公共安全与应急管理研究上的集体智慧以最高效的方式呈现给读者。

重大研究计划指导专家组

前　言

近几十年来，由于全球气候变化，工业化、城市化进程，世界上灾害性气象事件频发，造成的损失越来越严重。气象事件由降水（降雨、降雪）、气温变化、气流运动（风）等气象活动引起，但这些活动不一定意味着气象灾害，仅仅当气象事件影响到人、物、系统等有价值的目标并带来破坏影响和损失时，气象灾害才会发生，这时的气象事件称为灾害性气象事件。气象灾害在世界各国都是影响严重的自然灾害之一。我国是世界上气象灾害最多、损失最严重的国家之一，我国气象灾害种类多，地域分布广，造成损失大，每年因气象灾害造成的损失占全部自然灾害损失的70%以上，包括沿海城市区域频繁出现的台风，南方地区的干旱、高温、山洪、雷暴，北方的沙尘暴等，并且像滑坡、泥石流等地质灾害，风暴潮、赤潮等海洋灾害及生物病虫害等大都是由灾害性气象事件引发的。

为有效应对气象灾害，做好气象灾害的减灾防灾工作，有三方面的工作至关重要：一是提高天气预报的准确率，二是做好灾害性气象事件的影响预评估，三是及时有效地发布灾害性气象事件预警信息。其中，第一和第三方面的工作，我国已逐步接近国际先进水平，并继续加大科技投入力度，解决其中的关键科学问题；第二方面的工作，起到承上启下的作用，准确的天气预报是做好灾害性气象事件影响预评估的前提，科学合理地预评估灾害性气象事件的影响，基于气象灾害风险进行气象预警信息的发布和应急响应，可大大提高信息发布的针对性和应急响应的科学性，以最大限度地减少灾害带来的人员伤亡和重大财产损失。为此，国家自然科学基金委员会“非常规突发事件应急管理研究”重大研究计划专门设立了重点支持项目“灾害性气象事件影响预评估理论与方法研究”（项目编号91224004），项目实施周期为2013年1月至2015年12月，项目针对灾害性气象事件时空分布规律、影响机理、风险分析与综合评估所面临的难题和挑战，围绕气象诱发灾害的成灾机理、动态风险评估、应急方案预评估等内容开展研究。开展了全国和区域性灾害性气象事件的时空制图，揭示了长时间序列灾害性气象事件变化规律；构建了气象灾害系统领域知识本体，实现了基于本体的气象灾害综合风险评估模型；面向气象灾害应对科学应急决策需求，建立了基于动态推演的气象灾害应对方案预评估方法。该项目在上述方面获得原创性成果，并在气象灾害预测预警发布平台上得到初步应用，为应对我国气象灾害提供科学依据，为提升我国应对气象灾害的能力提供科技支撑。项目组主要成员基于该项目取得的成果，撰写了此书。

本书主要内容分为十一章，黄全义负责全书的章节结构和内容统筹。第一章主要由钟少波、黄全义撰写，描述研究背景和意义以及国内外研究现状和趋势；第二章主要由张富深、钟少波、王超林撰写，介绍气象因子时空估计框架和方法；第三章主要由张富深、黄全义撰写，阐述受灾害性气象事件影响的承灾载体综合分析方法；第四章主要由钟少波、张富深撰写，介绍基于灾损的气象灾害风险研究；第五章主要由钟少波、张富深撰写，描述灾害性气象事件本体建模方法和技术；第六章主要由孙超、黄全义撰写，介绍灾害性气象事件场景推演与应对方案预评估框架；第七章主要由钟少波、王超林、张倩影撰写，以广东省为例，介绍台风灾害时空分析与风险评估过程；第八章主要由姚思敏、朱敏、钟少波撰写，描述城市暴雨灾害风险分析与应对，并结合典型城市进行案例分析；第九章主要由刘冬、钟少波撰写，介绍融雪性洪水灾害过程模拟与风险评估框架、方法、技术和工具，并进行案例分析；第十章主要由黄全义、钟少波撰写，介绍基于灾害性气象事件影响预评估的预警信息发布过程与信息化系统设计；第十一章主要由钟少波、黄全义撰写，对灾害性气象事件影响预评估研究与应用的发展趋势进行了预测与展望。

本书得到国家自然科学基金委员会专项图书出版计划支持，在撰写过程中参阅了本书所列的参考文献，对原作者表示衷心的感谢。由于写作时间仓促和水平有限，书中难免存在不足之处，希望广大读者批评指正。

编　者

2016 年 4 月

目　　录

第 1 章　绪论 ………………………………………………………………………… 1
1.1　灾害性气象事件的定义、分类和特征 ……………………………………… 1
1.2　灾害性气象事件影响预评估研究的意义 …………………………………… 5
1.3　灾害性气象事件影响预评估主要研究内容 ………………………………… 7
1.4　中国灾害性气象事件与应急工作现状 ……………………………………… 10
1.5　国内外研究现状和趋势 ……………………………………………………… 12
参考文献 ………………………………………………………………………… 22

第 2 章　气象因子时空分布估计 ……………………………………………… 29
2.1　气象因子时空分布估计系统 ………………………………………………… 30
2.2　数据来源与数据预处理 ……………………………………………………… 33
2.3　气象因子数据统计分析 ……………………………………………………… 35
2.4　空间估计方法 ………………………………………………………………… 44
2.5　插值精度评价 ………………………………………………………………… 50
2.6　气象因子时空分布案例研究 ………………………………………………… 52
参考文献 ………………………………………………………………………… 62

第 3 章　受灾害性气象事件影响的承灾载体综合分析 ……………………… 64
3.1　灾害性气象事件中的承灾载体 ……………………………………………… 64
3.2　承灾载体脆弱性分析 ………………………………………………………… 74
参考文献 ………………………………………………………………………… 82

第 4 章　基于灾损的气象灾害风险研究 ……………………………………… 84
4.1　灾害性气象事件灾情信息归纳 ……………………………………………… 84
4.2　灾害性气象事件灾损风险估计与区划 ……………………………………… 88
4.3　灾损风险估计案例研究 ……………………………………………………… 98

参考文献 ······ 106

第 5 章 灾害性气象事件本体建模 ······ 107
5.1 本体的概念以及基本理论 ······ 108
5.2 气象灾害本体建模与应用框架 ······ 112
5.3 气象灾害知识源 ······ 115
5.4 气象灾害本体构建 ······ 121
5.5 本体规则构建 ······ 131
5.6 本体推理案例 ······ 136
参考文献 ······ 142

第 6 章 灾害性气象事件场景推演与应对方案预评估 ······ 144
6.1 灾害性气象事件应急演练与评估研究概述 ······ 144
6.2 灾害性气象事件场景的构建与表达 ······ 145
6.3 灾害性气象事件场景动态推演方法研究 ······ 151
6.4 灾害性气象事件应急方案预评估 ······ 154
6.5 城市暴雨内涝灾害案例分析 ······ 159
参考文献 ······ 165

第 7 章 台风灾害时空分析与风险评估——以广东省为例 ······ 170
7.1 台风灾害及其影响 ······ 170
7.2 数据需求和分析方法 ······ 172
7.3 热带气旋灾害时空统计分析 ······ 176
7.4 台风路径时空特征分析 ······ 185
7.5 台风灾害风险评估 ······ 198
参考文献 ······ 226

第 8 章 城市暴雨灾害风险分析与应对 ······ 229
8.1 城市暴雨灾害的特点和风险分析框架 ······ 229
8.2 暴雨时空分布模式研究——以京津冀地区为例 ······ 237
8.3 暴雨灾害承灾载体暴露性与脆弱性研究 ······ 245
参考文献 ······ 259

第 9 章 融雪性洪水灾害过程模拟与风险评估 ······ 261
9.1 融雪性洪水灾害的形成背景及影响 ······ 261

9.2　融雪性洪水灾害过程模拟与风险评估框架……264
9.3　积雪信息提取……265
9.4　融雪径流模拟……269
9.5　水文网络提取……274
9.6　融雪性洪水模拟……278
9.7　融雪性洪水灾害风险评估……284
参考文献……287

第10章　灾害性气象事件预警信息发布……295
10.1　概述……295
10.2　预警信息发布手段与渠道管理……296
10.3　预警信息发布策略管理与安全认证……297
10.4　预警信息发布系统……299
10.5　标准规范……304
参考文献……305

第11章　发展与展望……306
参考文献……309

第1章

绪　论

1.1 灾害性气象事件的定义、分类和特征

1.1.1 灾害性气象事件的定义、分类

气象灾害是指大气对人类的生命财产和国民经济建设及国防建设等造成的直接或间接的损害，一般包括天气、气候灾害和气象次生、衍生灾害。天气、气候灾害，是指因台风（热带风暴、强热带风暴）、暴雨（雪）、雷暴、冰雹、大风、沙尘、龙卷风、大（浓）雾、高温、低温、连阴雨（淫雨）、冻雨、霜冻、结（积）冰、寒潮、干旱、干热风、热浪、洪涝、积涝等因素直接造成的灾害；气象次生、衍生灾害，是指因气象因子活动引起的山体滑坡、泥石流、风暴潮、森林火灾、酸雨、空气污染等灾害（章国材，2009），气象因子活动包括降水、升温/降温、大气运动等。气象灾害是自然灾害之一。我国是世界上气象灾害最多、损失最严重的国家之一，我国气象灾害种类多，地域分布广，造成损失大，每年因气象灾害造成的损失占全部自然灾害损失的70%以上（金磊和明发源，1996），包括沿海城市区域频繁出现的台风，南方地区的干旱、高温、山洪、雷暴，北方的沙尘暴等，并且像滑坡、泥石流等地质灾害以及风暴潮、赤潮等海洋灾害和生物病虫害等大都是由灾害性气象事件引发的。灾害性气象事件是指可能对国民经济、人民生命财产和生产生活造成危害的极端天气气候事件，它是气象灾害发生的成因，即致灾因子。根据上述定义，天气和气候异常可能产生灾害，也可能不产生灾害，取决于其出现的时空条件，包括自然、地理、社会经济环境等，只有

天气和气候异常并对承灾载体（包括人、物和系统）造成了影响和损失，才称为气象灾害。对于传统的会造成灾害的一些气象因子活动，如台风、暴雨等，既可以称为气象灾害，也可以称为灾害性气象事件，前者强调了其影响和后果，后者则侧重描述其性质和特征。我们可以使用图 1-1 来描述气象因子活动、灾害性气象事件及气象灾害之间的关系。

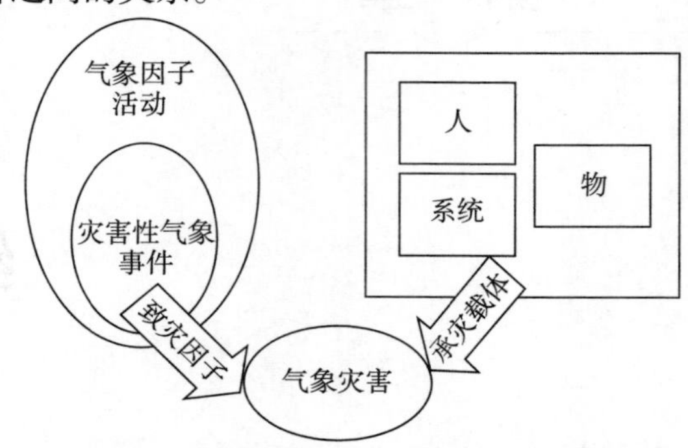

图 1-1　气象因子活动、灾害性气象事件及气象灾害之间的关系示意图

从不同的角度，按照不同灾害的发生和危害机制，所采取的管理方法与对策不同，一些学者提出了多种气象灾害分类方法，如卜风贤（1996）根据对灾害的性质研究分析，提出灾型、灾类、灾种三级分类体系。郭进修和李泽椿（2005）则根据气象灾害特征、致灾因子和天气现象类型，将我国的气象灾害划分为 7 大类 20 种。还有一些学者对城市气象灾害按照水分异常、温度异常、光照异常、气流异常等不同致灾因子进行分类（王迎春等，2009）。邵末兰和向纯怡（2009）结合气象灾害特点、成因、影响结果等，依据灾害性天气标准，将气象灾害从灾害性天气和灾情两方面来进行分类。

在综合性突发事件应急管理中，按突发事件的致灾因子、承灾载体或应急管理等不同特征，将气象灾害归为自然灾害类的子类，并且细分为台风事件、龙卷风事件、暴雨事件、暴雪事件等 18 细类。这种分类参考了包括上述分类研究在内的多种分类方法和结果。

1.1.2　灾害性气象事件的特征

灾害性气象事件的特点包括如下几点。

（1）事件种类多。因灾害性气象事件的形成机理、致灾特征各异，无论按哪种分类方法，灾害性气象事件的种类都很多。如此多的种类，加上发生的频率高，影响范围广，给灾害性气象事件的防御工作造成了巨大的困难和挑战。

（2）影响范围广。灾害性气象事件的发生由地理位置、特定的地形地貌和气候特征决定，各类灾害性气象事件在世界高纬、中纬和低纬度，内陆、沿海各国和地区年年发生。台风、暴雨洪涝在沿海国家和地区频繁发生；西欧各国受中高纬度天气系统影响，低温雨雪冰冻灾害发生较多；美国地形和纬度等条件与我国相似，灾害性气象事件种类较多，但没有类似我国黄河冬末春初的凌汛；我国独有的高原上的冰坝、冰湖，因夏季气温升高，导致冰坝、冰湖崩溃，而这导致下游洪涝灾害时有发生。

（3）发生频率高。全球各国和地区一年四季均会发生不同类别的灾害性气象事件。春季以干旱、沙尘暴、寒潮、雪害、低温连阴雨等灾害为主；夏季以暴雨洪涝、干热风、台风、风雹、雷暴、干旱、高温酷热等灾害的影响最大；秋季以台风、干旱、冷害、连阴雨、霜冻等灾害最重；冬季则以寒潮、大风、雪害、冻害等危害突出。

（4）持续时间长。一些灾害性气象事件会带来持续性的影响和破坏，而另一些属于慢性事件，不会突然发生，往往慢来慢消。我国平均每年发生较大范围的旱灾 7.5 次。旱灾属于慢性事件，由长时间少雨、高温引起，一般持续数月，甚至数年。我国每年平均要发生 12 次范围较大的强降水天气，1991 年更是高达 18 次，由此引发的洪涝灾害平均每年为 5.8 次。严重的洪涝灾害持续在一周或半个月，甚至数月。

（5）次生灾害严重。由于地球各个圈层之间的相互作用和反馈关系，灾害性气象事件往往会诱发更多的次生灾害。例如，台风和强冷空气带来的强风，严重威胁沿海地区海上作业和航运；持续性的强降水会导致江河洪水泛滥并引发泥石流、山体滑坡等地质灾害；大面积持续干旱、洪涝、连续高温或低温则会导致农牧业严重受损、疾病流行等。灾害性气象事件随时在影响着人类的生产生活和生命财产安全。

（6）经济损失大。据统计，自 2000 年以来，全球因灾害性气象事件导致的损失平均每年达 280 亿美元，而 2013 年，损失更高达 410 亿美元。20 世纪 80 年代中期以来，我国每年因各种灾害性气象事件和次生灾害造成农业受灾面积达 5 000 万公顷以上，受灾人口约 4 亿人次，平均每年有 3 000 多人死于灾害性气象事件，直接经济损失超过 1 300 亿元。

灾害性气象事件除具有上述特点外，还具有非常规突发事件的一些特征。

（1）突发性。尤其是局地极端气象事件造成的气象灾害及次生灾害，很难达到精确预报和预警，故其发生时具有极大的突然性，同时其影响范围经常快速蔓延和扩大，由于对其规律性认识不足，协同处置机制缺乏或不完善，往往造成政府应对时准备不足、措手不及。

（2）复杂性。灾害性气象事件应对涉及的对象众多，需要收集和处理分布在不同地理位置、涉及不同领域的多属性、多尺度、多时空域的多重承灾载体的信息，其应急响应需要政府、社会等多方参与，各单位需要相互协作、合理调度现有资源，共同制订和实施气象灾害应对方案。各因素相互关联和耦合决定了灾害性气象事件应对和决策问题的复杂性。

（3）时效性。未及时有效地对灾害性气象事件实施干预和抑制，会造成严重甚至灾难性后果。一些灾害性气象事件的应急活动具有强烈时效性特征，应急决策工作的开展和应对方案的执行面临较大的时间压力和有效性的考验。

1.1.3　中国灾害性气象事件分布和影响

由于地理位置、特定的地形地貌和气候特征，造成了我国气象灾害的种类之多是世界少见的，各类气象灾害发生的频次和影响也极不均衡。据历史数据资料的统计，干旱和洪涝灾害分别占农作物总受灾面积的55%和27%，台风和冰雹占11%，其他占7%（张庆云等，2008）。灾害性气象事件给人民生命财产、工农业造成重大损失，严重影响人们正常的生产生活秩序。

我国主要灾害性气象事件有旱灾、洪涝（暴雨）、台风、高温酷暑、寒潮、低温冷冻（雪灾、连阴雨、霜冻）、沙尘暴（扬沙）和风雹（冰雹、龙卷风）等。其中尤以旱灾、洪涝（暴雨）、台风、风雹、雪灾、低温冷冻造成的影响和后果最为严重。

（1）旱灾。旱灾是在足够长的时期内，降水量严重不足，致使土壤因蒸发而水分亏损，河川流量减少，破坏了正常的作物生长和人类活动的灾害性天气现象。其结果造成农作物减产，人民、牲畜饮水困难，以及工业用水缺乏等灾害。受季风气候影响，我国局地性或区域性的干旱灾害几乎每年都会出现。全球变暖是干旱等极端天气气候事件发生、多发、频发的一个大背景，持续性高温少雨是引发干旱最主要的原因。我国北方地区、江淮流域等地由于降水偏少，整体上干旱灾害发生比较严重。干旱是影响我国农业最为严重的气象灾害，造成的损失相当严重。

（2）洪涝（暴雨）。暴雨是短时内或连续的一次强降水过程，洪涝灾害常常是由持续性暴雨造成的，在地势低洼、地形闭塞的地区，雨水不能迅速排泄造成农田积水和土壤水分过度饱和，给农业带来灾害。暴雨通常是指 24 小时降水量 50 毫米或以上的降水事件。对于降水过程持续数日且累积降水量达 400 毫米的称为大暴雨过程，累积降水量达 800 毫米的则称为特大暴雨过程。暴雨通常会导致洪涝灾害，在特定条件下，暴雨甚至会引起山洪暴发、江河泛滥、堤坝决口，造成重大经济损失。我国气象上规定，24 小时内，由空中降落的雨量在 50.0~99.9

毫米的称为暴雨，100.0~199.9 毫米的称为大暴雨，超过 200.0 毫米的称为特大暴雨。我国长江流域是暴雨、洪涝灾害的多发地区，其中两湖盆地和长江三角洲地区受灾尤为频繁。1983 年、1988 年、1991 年、1998 年和 1999 年等都发生过严重的暴雨洪涝灾害。

（3）台风。台风是发生在热带洋面上具有暖中心结构的强烈的热带气旋。热带气旋是在热带海洋大气中形成的中心温度高、气压低的强烈涡旋的统称，造成狂风、暴雨、巨浪和风暴潮等恶劣天气，是破坏力很强的天气现象。台风登陆时，总是伴有狂风暴雨和风暴潮等，给人民生命造成严重威胁，带来巨大的社会财富损失。登陆台风是我国沿海城市夏季的主要灾害之一，因其造成的损失年平均在百亿元以上。2004 年在浙江登陆的“云娜”，一次造成的损失超过百亿元。

（4）风雹。风雹是指在对流性天气控制下，积雨云中凝结生成的冰块从空中降落而造成的灾害。冰雹常常砸毁大片农作物、果园，损坏建筑物，威胁人类安全，是一种严重的自然灾害，通常发生在夏、秋季节。我国风雹灾害发生的地域很广，据统计，农业因风雹受灾面积在重灾年达 9 900 多万亩①（1993 年），轻灾年也有 5 600 多万亩（1994 年）。

（5）雪灾。雪灾是指长时间大量降雪造成大范围积雪成灾的自然现象。其危害有：严重影响甚至破坏交通、通信、输电线路等生命线工程，对人类生产、生活影响巨大。例如，2005 年 12 月山东威海、烟台遭遇 40 年来最大暴风雪，此次暴风雪造成直接经济损失达 3.714 3 亿元。

（6）低温冷冻。低温冷冻灾害主要是冷空气及寒潮侵入造成的连续多日气温下降，致使作物损伤及减产的农业气象灾害。我国严重冻害年，如 1968 年、1975 年、1982 年因冻害死苗毁种面积达 20%以上，1977 年 10 月 25 日~29 日强寒潮使内蒙古、新疆积雪深 0.5 米，草场被掩埋，牲畜大量死亡。

1.2　灾害性气象事件影响预评估研究的意义

对灾害性气象事件致灾机理和演化规律的认识是科学应对的基础。由于环境破坏、生态环境恶化、气候变暖等，各种极端天气气候事件发生的频率和强度呈增加趋势，气象灾害发生的强度、影响范围、持续时间突破历史极值的情况随时可能发生。气象灾害，尤其是极端气象灾害具有明显的复杂性特征和潜在的次生衍生危害，预测预报难度大、发生范围广、处置难度大，而且破坏性严重，采取

① 1 亩≈666.7 米 ^{2}。

常规管理方式难以有效应对。为有效防范和应对气象灾害，一方面需要开展早期气象预警，以便有充分的时间进行防灾资源准备、人员疏散、风险隐患排查等防范工作；另一方面，需要对极端天气可能带来的破坏和影响进行准确的预测和评估，为优化资源调度和疏散策略提供科学依据。随着科技的发展，特别是在海量数据处理、高性能计算、数值天气预报等领域关键技术的突破，短时天气预报的可靠性和准确率越来越高，这为灾害性天气事件的预测预警奠定了很好的基础，而对于灾害性气象事件致灾机理和灾害演化规律还缺乏足够的认识，难以预测和评估气象灾害的风险程度。目前，对于气象因子与承灾载体之间作用机理与规律的研究主要是从单一灾害和特定承灾载体的层面开展的，对于多类气象因子与多重承灾载体之间复杂交互条件下，灾害形成与演化规律尚缺乏研究，而这恰恰又是现实中常见的情形，亟须开展相关的研究，为气象灾害的科学应对提供支撑。

灾害性气象事件潜在趋势与动态风险评估是气象灾害防灾减灾的依据。气象灾害防灾目标是大幅度提高公众对气象灾害的风险意识，减少气象灾害造成的人员伤亡、经济损失。随着气候的变化，全球的自然灾害发生频率加剧，因此我们在了解自然灾害的同时，应该积极应对气象因素的变化，加强异常天气气候事件发生前及发生后的气象灾害预警预测及影响评估的研究，掌握气象灾害将要影响和正在影响的区域和范围、影响程度和影响后果、动态风险等，作为防灾、减灾的依据，以便采取有效措施，最大限度地减少人员伤亡和财产损失。

由于在较严重的极端天气气象事件面前，单个人的力量往往是微不足道的，只有依靠组织化的力量，才能有效地防范和应对灾害。因此，现代社会对气象灾害的风险识别和评估的需求与日俱增，使气象灾害风险管理成为各国政府减灾防灾的一项十分重要工作。在气象灾害风险识别、评估和应对中，政府担当着风险管理者、组织者和决策者的角色。气象部门作为政府职能部门之一，可以承担政府对气象灾害风险管理的职能，有效减轻气象灾害造成的损失。气象灾害风险管理不仅可以提高政府的信誉，也可以增强社会抵御气象灾害风险的信心；通过气象灾害风险知识的普及，加强政府与民众在重大气象灾害风险事件中的沟通能力，避免社会不稳定事件的发生；通过气象灾害风险评估与风险区划工作，协助农业、水利、电力、交通和城市建设等部门在制定发展规划时，主动避免气象灾害的高风险区域，或者提前制定应对气象灾害高风险事件的措施，达到关口前移。

承灾载体信息的提取是做好气象灾害风险评估的重要前提。进行气象灾害风险评估的前提是要了解和掌握影响区域内各种承灾载体（包括人、人类的生产活动、人工建筑和固定资产，以及人类的生存环境等受灾害性气象事件影响的自然的和人为的对象）的信息。承灾载体的信息来源非常广泛，而且海量的承灾载体信息通常以不同层次、不同结构、不同尺度和粒度方式存储。更重要的是由于人们对世界认知的不同，以及所遵循的政策法规、行业标准规范和习惯的差异，对同一承灾载体描述会侧重于对象或实体的不同侧面，从而产生观点上的差异，形成语义异构，导致承灾载体信息提取的不全面，甚至提取出错误的承灾载体信息。另外，在进行气象灾害的动态风险评估时，承灾载体存在大量实时动态信息（具有时态性），如何表达并整合这些动态信息以保证承灾载体信息提取的准确性和完整性是一个需要解决的理论问题。

在气象灾害风险评估过程中，传统基于二维空间的信息提取理论不能满足实际的要求。以某地强降雨引发洪涝及滑坡泥石流事件为例，假设在影响区域内分析出承灾载体对象要素为道路、居民地、滑坡体、河流等，传统的二维空间分析无法进一步给出承灾载体对象之间的拓扑关系（如道路是位于滑坡体的表面还是穿过滑坡体的内部，而这两种不同的拓扑关系带来的决策结果也不同。如果道路位于滑坡体表面，滑坡的发生自然破坏道路；但如果道路穿过滑坡体内部且位于滑坡体的反方向时，滑坡可能不会对道路造成破坏。同时，居民地直接位于滑坡体的下方和二者之间隔着一条河流的拓扑关系，其所产生的结果也会有很大不同，直接位于滑坡体的下方必然会导致居民地房屋的破坏，而隔着一条河流的居民地房屋被破坏的程度会小于前者，甚至不会造成直接影响）。因而，在承灾载体信息提取中，必须考虑承灾载体对象之间的拓扑关系，而传统二维空间中的拓扑理论不能满足承灾载体信息提取的要求，拓展至三维空间，引入承灾载体实体对象，并探究承灾载体实体对象之间有“障碍”（即承灾载体实体对象之间存在其他承灾体实体对象）的拓扑理论也是气象灾害风险评估必须解决的理论问题。

基于目前人们对气象灾害的研究和认识，有可以预测与认知的部分，可提供针对气象灾害的预测应对能力和应对方案。同时，气象灾害中也存在大量难以预测与认知的部分，具有次生、衍生过程不明显或难以判别的特点，往往涉及不同地点、不同层次、不同行业的多个部门。这些特点导致多部门提供的应对方案不对称、单方信息不完整的情形，需要对一种或多种应对方案进行科学的评估，从而在应急决策过程中尽量在气象灾害及次生、衍生灾害事件未发生时或发生之初就迅速做好各项准备工作，加快应急预案的启动速度，而这无疑将会大大提高应急决策的准确性和应急指挥的效率。

1.3 灾害性气象事件影响预评估主要研究内容

气象灾害孕育、发生、发展是一个典型的时空演化过程，如图 1-2 所示。雨、雪、温、风等气象因子的变化，导致各种灾害性气象事件（如暴雨、高温、大风等）在时间和空间上动态变化，这些气象事件通过作用累积和耦合效应，会出现其影响范围内的相关承灾载体功能和结构被破坏的风险，这种风险因气象事件作用和承灾载体属性变化，具有多阶段动态变化特征（如某一区域出现连阴雨天气，开始时，只有降雨，且强度不大；一段时间后，降雨强度增大，形成暴雨，并伴有大风；随着降雨时间的延续，降雨强度减弱，又出现低温等多致灾因子作用累积和耦合效应）。

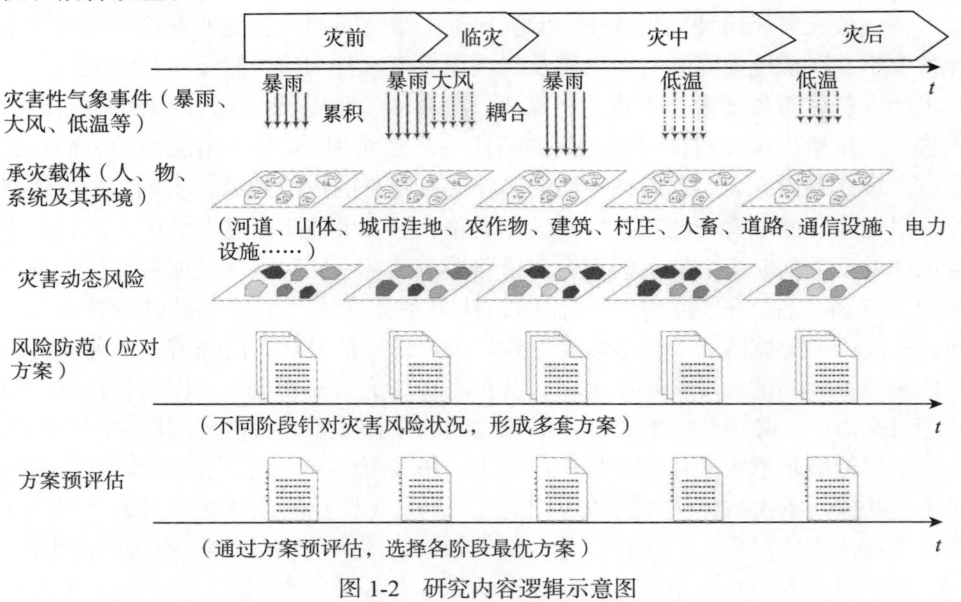

图 1-2　研究内容逻辑示意图

针对上述分析，灾害性气象事件（暴雨/雪、大风、低温等）的形成机理，以及在何时何地会出现暴雨/雪、大风、低温，不在本书研究范围之内，本书从灾害性气象事件出发，着重研究灾害性气象事件影响预评估方法。

灾害性气象事件影响预评估研究内容包括四个方面。

（1）灾害性气象事件时空变化规律。气象灾害的形成，是气象因子与环境之间复杂交互形成的综合效应，针对典型的灾害性气象事件（暴雨/雪、大风、低温）累积致灾以及多因子耦合致灾现象，研究灾害性气象事件的累积致灾效应、多类灾害性气象事件耦合致灾规律，建立灾害性气象事件致灾强度时空演化分析模型。

（2）多重承灾载体信息融合与表达模式。鉴于气象灾害承灾载体的多属性、多尺度、多时空域特征，不同的灾害对特定承灾载体的作用面和作用形式各不相同，需要对各种气象灾害承灾载体建立统一的概念和语义表达模式。基于本体论的思想，研究多重承灾载体的信息融合、提取与表达方法，建立承灾载体的本体模型。

（3）灾害性气象事件动态风险评估方法。在对灾害性气象事件时空变化规律科学认识和多重承灾载体统一建模的基础上，对致灾强度与抗灾能力之间的时空动态演化过程进行建模：一是研究单承灾载体风险表达与计算模型；二是研究每个承灾载体风险在时空域累积区域风险，建立气象灾害动态风险区划模型。

（4）灾害性气象事件应对决策预评估方法。灾害性气象事件应对决策方案包括基于“预测—应对”和“情景—应对”两种模式做出的多种方案，在此基础上，研究灾害性气象事件应对方案动态推演方法，建立基于动态推演的灾害性气象事件应对方案预评估模型。

灾害性气象事件影响预评估研究的总体思路如图 1-3 所示。在气象部门对气象因子预测预报结果的基础上，开展灾害性气象事件形成机理与时空变化规律、灾害影响预评估及灾害应对方案预评估研究，建立气象因子预报与灾害应对之间的桥梁，为气象灾害防范与灾害性气象事件应对提供决策依据。

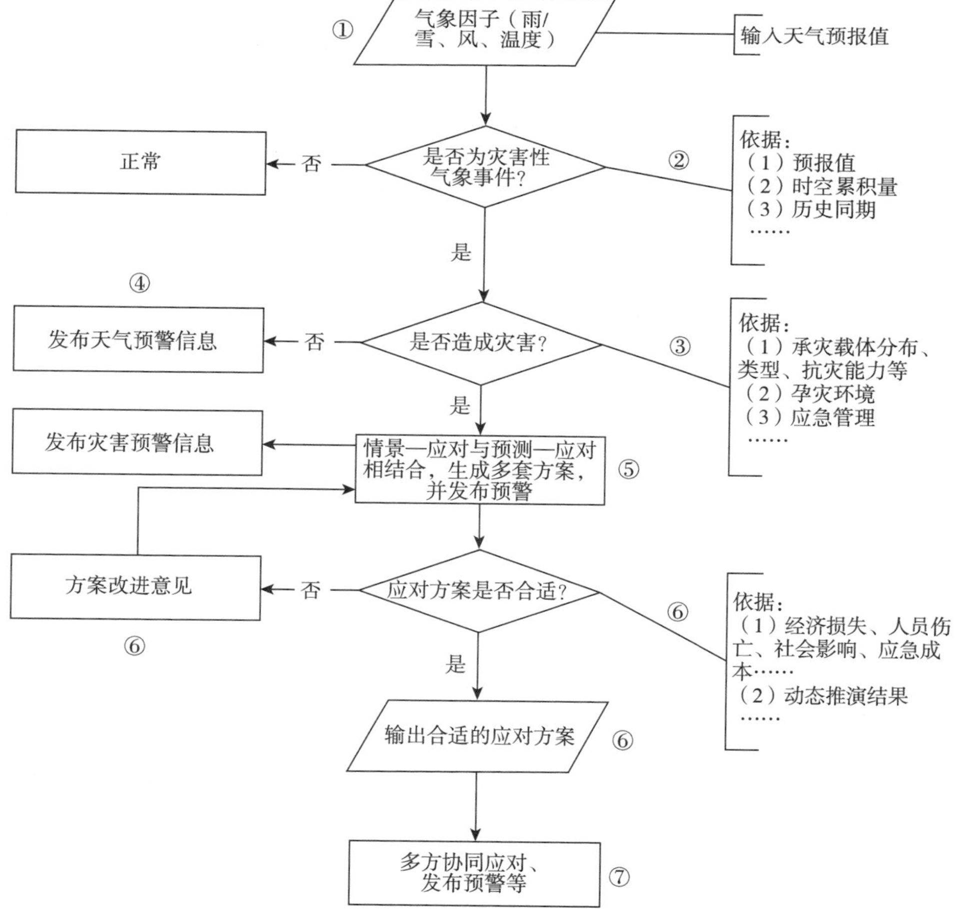

图 1-3　灾害性气象事件影响预评估研究的总体思路

①和⑦是传统气象部门所做的工作，②、③、④、⑤、⑥是本书的核心内容，起到承上启下的作用

1.4　中国灾害性气象事件与应急工作现状

新中国成立以后，极端灾害性气象事件曾多次引发次生灾害并对人民生命财产造成重大损失，对社会秩序产生影响。例如，在“75 · 8”特大暴雨中，由于预报水平、防灾减灾能力和决策水平的局限，引发了历史罕见的水库溃坝事件，造成河南省 29 个县市、1 100 万人受灾，85 600 多人死难，1 700 万亩农田被淹，京广线被冲毁 102 千米，中断行车 18 天（胡明思和骆承政，1992）。而 1998 年的南方多省市由于持续性暴雨天气异常所引发的全流域洪涝灾害造成直接经济损失达 2 500 亿元，死亡人数超过 3 000 人。2000~2008 年，我国气象灾害平均每年导致的死亡人数达到 2 504 人（陈云峰和高歌，2010）。

近年来，随着全球气候变化加剧，我国灾害性气象事件发生频次明显增多，气象致灾因子的强度明显增强。而随着社会经济各行业的发展，单次气象灾害就能给受灾区域造成严重的、系列的影响和损失。另外，由于气象预报预测水平的提高，政府对防灾减灾工作，特别是对防汛抗旱应急工作投入的加大，气象灾害导致的人口死亡数明显减少。但由于对致灾机理和影响评估研究的不足，目前对突发性气象灾害的应对措施非常被动，缺乏对风险的管理。例如，气象灾害来临时往往会采取人口紧急转移措施，对减小人口伤亡起到了极大作用，但被动的防灾减灾措施会导致投入增加、生产生活受到严重影响，这也是一种隐性的由于气象灾害导致的经济损失的增加。

在各种灾害性气象事件引发人员伤亡的事件中，尤以台风、强降水为最，因为这类气象灾害前兆不充分，具有明显的复杂性特征和潜在的次生衍生危害，而且破坏性严重，采用常规管理方式难以有效应对。例如，2005 年 8 月 31 日至 9 月 4 日，福建、浙江、江西、安徽、湖北、河南 6 省遭受台风“泰利”影响，造成 1 962.4 万人不同程度受灾，159 人死亡失踪，直接经济损失达 154.6 亿元（娄伟平等，2006）。

相对于每年都要发生的台风灾害，一些非常规气象灾害的防御和应对难度更大，还没有有效的防御手段。例如，强对流灾害天气的致灾过程具有时空尺度小、局地性和突发性强的特点，预报时效十分有限，留给应急决策的时间更短。2007 年 7 月 18 日，济南市区突降暴雨，1 小时和 3 小时降水量达到有气象记录以来历史最大值，造成低洼地区积水，大部分路段交通瘫痪，造成 37 名市民死亡，数百人受伤（张明泉等，2009）。

在较长的时间尺度上，气象灾害的致灾更为复杂，其损失的评估难度更大。2008 年 1~2 月，我国 20 多个省市遭遇了持续时间长达近 20 天的低温雨雪冰冻灾害，造成我国大范围电力中断，交通堵塞、春运停滞，几万民工滞留在南方各省主要城市，造成国民经济损失 1 900 多亿元。

气象致灾因子还常常引发山洪、滑坡、污染物扩散等次生灾害，给防灾减灾带来更大挑战。2010 年 8 月 7 日夜间，甘肃省舟曲县突发强降水引发了特大泥石流灾害，给舟曲县造成的人员伤亡和经济损失甚至超过了当地在汶川大地震中的损失，泥石流掩埋了一个 300 余户群众的村庄，舟曲县超过三分之二的区域供电中断，通信基站受损严重，造成了巨大的人员伤亡和财产损失。

此外，高温、降雪、雷电、冰雹、雾、霾、沙尘暴等多种气象致灾因子近年来也不断造成巨大的经济损失。

我国党和政府历来十分重视防灾减灾工作。新中国成立以来，国家根据我国的特殊国情制定了一系列防灾减灾的方针、政策，投入了大量的人力、物力和财力，规划了许多气象灾害科研项目课题，兴建了大批减灾工程项目，为防灾减灾工作奠定了一定的基础（彭云峰，2009）。1998 年 4 月 29 日，由国务院批准发布了《中华人民共和国减灾规划（1998—2010 年）》，其中对气象防灾减灾工作及相关科研工作给予了高度的关注。

钱彦凝（2015）分析总结了我国灾害应急管理的现状，指出：我国已初步建立的气象业务和服务系统门类较为齐全，自动化程度较高，并且拥有较为合理的布局。在气象预警信息发布方面，我国气象部门积极地利用各类信息平台进行有效的应急信息发布，包括广播、报纸、电视、网络、电话、短信、城市电子显示牌等渠道，并且对主要行业进行了有效的覆盖。有关调查表明，我国的气象信息发布平台可以实现每天超过 10 亿人次的公众接受服务。城市中的比例可以达到 70%以上的人群，即使在硬件设施尚不完善的乡村地区，这个比例也能达到 50%，而且还在不断为农村、农民增加新的气象信息服务项目。此外，我国现在已经建成的四级灾害应急救助知会系统建设工程和中央及救灾物资储备体系是我国应对突发事件、气象灾害的有力物资保障。

然而，随着全球变暖、生态环境恶化、城市化进程加快等，气象灾害的应急管理形势越来越严峻。气象灾害以新的特征持续威胁和影响人类生命财产安全和社会经济发展，气象灾害防御已不再局限于气象部门领域，而需要更多跨领域的协作和保障，这种状况一直持续到 2003 年非典后。由于非典应对中暴露出的一些问题，政府认识到传统的部门主导、条块分割的应急管理模式难以适应综合应急管理工作的需求，政府联合高校、科研院所、企业的力量，开始对我国应急管理进行顶层设计，形成了以一案三制为核心的应急管理体系，并研发了国家应急平台体系，为突发事件应急管理提供技术保障装备和系统支撑。随着国务院《气象灾害防御条例》和《国家气象灾害应急预案》以及《国务院办公厅关于加强气象灾害监测预警及信息发布工作的意见》（国办发〔2011〕33号）等一系列法规规章的出台，我国在相关法律中规定灾害天气应急管理体制应由国家建立统一领导、综合协调，并且要进行分类、分级、分归属地的系统管理。在中央政府、国务院各部门，分类别、分部门建立应急指挥体系、应急救援体系和专业应急队伍用以对包括灾害性气象事件在内的各类突发公共事件进行应急管理。

1.5　国内外研究现状和趋势

灾害性气象事件影响预评估方法研究涉及的内容较广，以下根据灾害性气象事件诱发的气象灾害及次生衍生灾害应急问题的特点，针对国内外学术界对气象灾害科学应对问题研究的现状，围绕灾害性气象事件时空变化规律，孕灾环境、承灾载体信息融合与表达，气象灾害风险评估，决策方案评估四个核心问题，对国内外研究现状进行总结，并提出研究中存在的相关问题。

1.5.1　灾害性气象事件时空变化规律

气象因子一般包含温度、雨、雪、风等，这些因子一旦超出正常值，形成极端天气（灾害性气象事件），极易诱发灾害（直接灾害和次生灾害）。例如，高温容易造成干旱，低温容易造成冻害及冷害；雨水多了易造成洪涝灾害，而暴雪也会造成冰冻和雪害；大风演变成热带气旋或龙卷风等，这些极端天气灾害会使国民经济遭受重大损失，从而也会危及人民群众的生命和财产安全。

严格地讲，极端天气气候事件（灾害性气象事件）与气象灾害又有区别。一个强热带风暴，如果袭击一个没有人类活动的区域就构不成灾害。气象灾害需要更多地从人类经济社会角度、从承载体的脆弱性方面考虑。但极端事件（灾害性气象事件）又几乎是灾害的代名词，与极端事件相伴随的通常是严重的自然灾害，如狂风刮倒房屋，暴雨引起的洪涝淹没农田，长期干旱导致庄稼干枯、人畜渴死，高温酷热和低温严寒造成病人增加、死亡率增高（谢梦莉，2007）。因此，气象因子、灾害性气象事件、气象灾害既有区别，又有密切联系。

随着灾害性气象事件的不同，受影响的承灾载体带来的直接灾害和次生灾害也不同，如表1-1所示。

表1-1　气象因子、灾害性气象事件、承灾载体、直接和次生灾害之间的关系

主要气象因子	灾害性气象事件	承灾载体	直接灾害	次生灾害
雨	暴雨、大雨	河道、山体、城市洼地、村庄、农作物、建筑、人畜、道路、通信设施等	洪水、山洪、城市积水，内涝、渍水，毁坏庄稼、建筑、村庄，造成人员伤亡、疾病、作物歉收或绝收，交通、通信受阻	农林灾害，地质灾害（泥石流、滑坡、水土流失），水圈灾害（洪水、内涝）
雨、温度	少雨、久晴、高温	人畜、植被、农作物等	旱灾、城镇用水缺乏，疾病、灼伤、作物逼熟	农林灾害（虫害，林、草火灾），地质灾害（土地荒漠化）
风、雨	狂风、暴雨	海滩、河道、山体、城市洼地、农作物、建筑、物资、人畜、道路、通信设施等	海难，河水泛滥、山洪暴发、城市积水，内涝、渍水，毁坏庄稼、建筑、物资，造成人员伤亡、疾病、作物歉收或绝收，交通、通信受阻	地质灾害（泥石流、滑坡、水土流失），水圈灾害（洪水、内涝、巨浪、风暴潮）
温度、雪、风、雨	强冷空气、寒潮、雨凇、霜冻、积雪吹雪、大风	农作物、人畜、植被、电力设施、道路、通信设施、海滩等	作物歉收，人畜、庄稼、经济林木冻害，牧场积雪、牲畜死亡，雪崩，电线、道路结冰，交通、通信、送电受阻，海难	农林灾害（庄稼、林木冻害，牧业受损），水圈灾害（江、河、湖、海结冰，巨浪）
风、温度	强对流天气、下击气流	农作物、建筑、物资、山体、道路、通信设施、飞行器、可燃物等	毁坏庄稼、建筑、物资，人畜伤亡，山洪暴发，交通、通信受阻，交通事故、空难、火灾	农林灾害（森林、草原火灾），地质灾害（泥石流、滑坡，刮走地表沃土）
雨、温度	阴雨、低温、潮湿	农作物、物资等	影响作物正常生长发育，烂秧，物资霉变	农林灾害（病虫害）

谢梦莉（2007）对气象灾害风险因素，分别从气象灾害的致灾因子、气象灾害的孕灾环境、气象灾害承灾载体的易损性三个方面进行了分析。

温度、雨、雪、风等不同气象因子诱发灾害机理及演化规律的研究现状如下。

1）温度

高温容易诱发干旱灾害，干旱是指在足够长的时期内，降水量严重不足，高温致使土壤因蒸发而水分亏损，河川流量减少，破坏了正常的作物生长和人类活动的灾害性天气现象。全球变暖是干旱等极端天气气候事件发生、多发、频发的一个大背景，持续性的高温少雨是引发干旱的最主要原因，关于干旱灾害的研究，基本集中在干旱发生的频度和强度及成因机理方面。

马柱国等（2005）对我国北方多个时间间隔期的干湿变化趋势进行了系统的检测和分析，突出了在全球变暖背景下温度的变化对干湿变化的重要影响，结果表明由于受温度升高的影响，近100年我国西部地区降水尽管增加但并不存在变湿趋势；近50年在100° E以东的北方地区有明显的干旱化趋势，这充分说明了

增暖能够减弱降水增加对地表水分收支的贡献。张庆云等（2003）和卫捷等（2004）对 1999~2003 年华北地区降水的年代和年际变化的大气环流特征，以及 1999 年和 2000 年华北地区异常干旱的成因进行了研究。高温干旱天气也极易诱发病虫害，对农业生产造成影响。

2）雨

大量的滑坡实例表明，降雨特别是暴雨是触发滑坡、泥石流等地质灾害的主要诱因（Chen et al.，2005；Dahal et al.，2008）。《中国典型滑坡》一书列举了 90 多个滑坡实例，其中 95%以上的滑坡都与降雨有着密切关系（李媛等，2004）。张珍等（2005）采用概率方法分析了重庆地区滑坡与降雨之间的关系。周创兵和李典庆（2009）分别从暴雨诱发滑坡的地质力学机制、暴雨诱发滑坡的机理、暴雨诱发滑坡演化过程的数值模拟方法、暴雨滑坡动态风险评估方法及暴雨诱发滑坡灾害的减灾方法五个方面，详述了国内外研究的主要成果和进展。

3）雪

暴雪极易诱发冰冻灾害，2008 年 1 月 12 日至 2 月初，湖南、湖北、安徽、江西、贵州、广西等省区出现了 1954 年以来冬季最严重的大范围持续低温、雨雪、冰冻天气。在安徽中部、江苏南部积雪厚度达 30~45 厘米，湖南、湖北两省雨雪、冰冻天气是 1954 年以来持续时间最长、影响程度最严重的，贵州 26 个县（市）的冻雨天气持续时间也突破了历史记录。由于雨雪量大、积雪深、低温冰冻持续时间长，对农业、交通、电力、通信及日常生活造成了严重影响，同时突如其来的极端冰雪灾害引发了多起地质灾害（缪海波等，2012）。在后期气温回升时，由于积雪冰冻融化成雪水未能达到暴雨级别，因此，在融雪时期未出现强降水的情况下，融雪多诱发小型的浅层滑坡，呈现出区域性强、规模小等特点（殷志强，2008；韦方强等，2008），但是一旦大规模融雪，如果伴随强降水，将诱发大范围的山洪、泥石流和滑坡等地质灾害。

4）风

风是由空气流动引起的一种自然现象，本质上，台风、大风、龙卷风等均是空气剧烈流动的结果，其中尤以台风的影响最为突出和严重。

丁燕和史培军（2002）分别从台风暴雨和台风大风的角度分析了台风致灾因子的时间、空间、强度规律，选择人口密度、人均 GDP 和农业占 GDP 的比重三个指标综合反映台风灾害的潜在损失风险，评估了广东省台风灾害风险水平的地区差异。苏高利等（2008）利用基于信息扩散原理的风险评估模型，对浙江省台风灾害对农业造成的影响进行了模糊风险评估。娄伟平等（2009）建立了台风灾害直接经济损失评估模型，运用主成分分析法对表示致灾因子、孕灾环境与承灾载体的评估因子进行数据处理，提取主成分作为 BP 神经网络模型的输入，从而建立评估模型，根据台风风雨预报值进行预评估。李春梅等（2006）依据台风中心最低气压、地理综合参数、风综合参数、雨综合参数 4 个亚评估指标和 17 个单项评估分指标，用专家打分法进行相对重要性的判别，建立台风综合影响指数，将实时台风与历史台风的综合影响指数比较，定量地估算出台风的可能直接经济损失。梁必骐等（1995）根据分析结果指出影响我国的台风具有发生频率高、突发性强、群发性显著、影响范围广、成灾强度大等特点，这类灾害主要是由台风带来的狂风、暴雨、风暴潮及其引发的灾害链造成的。

随着气候的变化，全球的自然灾害发生频率加剧，因此我们在了解了自然灾害的同时，应该积极应对气象因素的变化；减缓或停止一些影响气象因素变化的因子，减轻人类活动对气象因素的影响。我们建议加强对极端天气气候事件的形成机理与变化规律的研究，特别是要加强对异常天气气候灾害发生的前兆性特征的机理研究。气象灾害预警预测及影响评估的研究涵盖了多门学科，应实现各部门间科学数据等资源的共享，提高我国对重大天气气候灾害的监测能力，建立和完善对重大天气气候灾害事件发生发展的预报技术和方法。

1.5.2 孕灾环境、承灾载体信息融合与表达

目前国内外文献多认为孕灾环境、致灾因子和承灾载体是气象灾害系统的三个组成要素。其中，孕灾环境是指那些对气象灾害系统的复杂程度、强度、灾情程度以及灾害系统的群聚与群发性等特征起着决定性作用的量；致灾因子是孕灾环境中的异变因子，即孕灾环境包括致灾因子；承灾载体是致灾因子直接作用的对象（人、物、系统）。

传统的对孕灾环境和承灾载体的表达是将每一个承灾载体实体抽象为一个独立的管理对象，再将相关属性信息直接赋予管理对象。在此基础上，运用定位、空间分布分析、缓冲区分析等方法实现对承灾载体的信息提取，这样，尽管实现了对气象灾害影响区域内的承灾载体实体的管理，但这种独立性（或称为离散性）、静态性却人为地分割了承灾载体实体之间在时间上、空间上以及其内在的相互联系，无法有效回答这些承灾载体之间实时、动态变化的潜在信息与规则。为了更科学合理地表达气象灾害的孕灾环境和承灾载体，需要引入地理本体论以及部分–整体论（mereology）、空间边界论（mereotopology）和空间定位论（theory of spatial location），并构建承灾载体地理本体信息表达模型，为解决气象灾害风险分析及应急决策时承灾载体信息提取的不足提供理论支持，并在更深层次上设计承灾载体信息提取算法。

地理本体的研究主要集中在基础理论研究与应用研究两个方面。

1）地理本体的基础理论研究

国外比较有代表性的工作有 Smith（1995，1997）、Smith 和 Mark（1998）及 Mark 等（1999a，1999b）对地理信息的认知类型和地理目标的本体特征的研究；维也纳工业大学的 Frank（2001，2003）对时空数据库的基础本体的研究；雅典工业大学的 Kavouras 和 Kokla（2001，2002）则对不同的地理本体进行了融合，在基于本体的地理信息集成方面做了较深入的研究。

国内一些学者也对地理本体进行了研究，如武汉大学的崔巍（2004）在其博士论文中把本体、网格技术和轻量目录访问协议有机地融合在一起，构造了一个基于本体的空间信息语义网格系统结构，并提出以本体代数作为空间信息语义网格的基础；武汉大学秦昆（2004）在其博士论文中把形式概念分析用于影像信息提取，对图像数据提取相关理论与方法进行了系统地研究，开发了一个数据提取原型系统 RSImageMiner 1.0。中国科学院陈建军等（2006）研究了基于本体的数据集成问题，提出了数据集成框架及实现方法，介绍了基于形式化概念分析的概念化过程和基于描述逻辑的形式化过程。

2）地理本体的应用研究

宾夕法尼亚州州立大学的 Fonseca 和 Davis（1999）、Fonseca 等（2002）则采用了 Guarino（1998）的“本体论驱动的信息系统”的理念，重点探讨了本体论在互操作环境下信息系统的设计和实现阶段的应用。雅典工业大学的 Kavouras 和 Kokla（2001，2002）以 CYC 顶级本体、WordNet 和 SDTS（USGS 的空间数据转换标准）本体中的“河流”概念为例，应用形式概念分析方法实现不同地理本体的具体集成方法。

1999 年，Findler 和 Malyankar 主持的题为“空间知识的表达与分发”的项目，研究建立沿海实体（如海岸线、潮汐面等）的本体；Mark 和 Smith 主持的项目“地理类别：本体论调查”，试图确立地理对象以及与认知关联分类的本体，该项目研究的主题是一般性常识地理学，重点测试不同语言条件下人们对一些地理概念的认知。采用了主体实验的方法对地理认知种类的本体进行了系统的研究，通过设计一些典型的实验，得到了一些调查结果。

武汉大学的安杨（2005）在其博士论文中系统全面地论述了基于本体的服务描述、发现和合成等相关理论和技术问题。论文当中使用 OWL 建立一个比较完整的地理领域本体模型，用于网络地理服务的概念层描述，并由此建立网络地理服务描述本体和应用本体；武汉大学的黄茂军等（2005）围绕地理本体的空间特性展开地理本体同哲学本体、信息本体之间的异同，提出了地理本体宏观和微观两种逻辑结构，采用 OWL 作为地理本体的形式化工具，并借助于部分-整体论、定位理论（location）及拓扑理论（topology）这三个理论工具，构造出形式化的空间特征及空间关系公理，加入 OWL 的建模原语当中，从而能够在 OWL 构建的地理本体中表达其空间特征；中国科学院遥感与数字地球研究所景东升（2004）在其博士论文中基于本体对地理空间信息的语义表达和语义服务进行了一些研究。

钱平和郑业鲁（2006）主编的《农业本体论研究与应用》，作为国内第一部关于农业本体理论与实践相结合的科学专著，介绍了农业本体论在农业信息阻滞、农业科技文献检索、家畜疾病诊断、花卉学本体模型构建中的应用及其开发基于本体论的知识管理平台等方面的实例，反映了我国在这一领域的研究进展。

武汉大学朱海国（2009）、黄全义等（2008，2009）研究了基于地理本体群模型的应急决策信息提取理论和方法，在探究突发事件机理及应急决策需求的基础上，引入地理本体理论，定义了静态与动态地理本体，建立了应急决策地理本体群；深入研究了应用数学中的概念格理论，设计了概念格构建算法并应用于应急决策地理本体群的形式化表达，改进了传统地理本体表达方法的不足；将空间拓扑理论从二维空间拓展至三维空间，结合应急决策的需要，研究了地理实体对象之间有"障碍"（即地理实体对象之间存在其他地理实体对象）的空间拓扑理论，并针对地理体实体、面实体、线实体及点实体定义了119种扩展拓扑关系，通过设计空间拓扑关系定性表达式进行表达，并对扩展空间拓扑理论的时刻演变进行了分析；构建了应急决策地理本体群模型（GOG-Model），设计了融入部分-整体论、空间边界论与空间定位论的粗粒度应急决策信息提取算法；并进一步设计了包含扩展拓扑关系判断、地理实体之间隶属度计算以及关联规则提取的细粒度应急决策信息的提取算法；设计了应急决策信息提取系统GOGM-Miner，应用地震应急决策信息提取实例证明了其研究方法和实现技术的可行性和有效性。

1.5.3　气象灾害风险评估

气象灾害风险评估就是从灾害致灾因子和孕灾环境角度，分析导致灾害发生的自然现象的频度和强度，对其危险性、潜在性进行估计（刘引鸽等，2005）。目前常用的评估方法有个例法、比较法和模式法（杜鹏和李世奎，1997；姜爱军等，1998；黄崇福，1999；牛叔超等，2000；宫德吉，1999）。

近年来，国内在气象灾害风险管理方面的研究主要集中在灾害静态风险分析、评价、评估方面（郭虎等，2008；朱静和唐川，2007；李铁鹰，2005；郑传新，2007；高进，2009），对综合灾害风险管理方面也有一些介绍和研究（史培军，2009；殷杰，2009；江治强，2008；彭贵芬，2010a）。气象灾害作为致灾因子可能引发一系列灾害，在自然和人文因素的相互作用下形成综合风险链，具有很大的危害性（胡爱军，2010）。根据气象灾害风险是相对静止或随时间动态变化，气象灾害风险分为静态风险和动态风险两类（彭贵芬，2010b）。通过归纳研究发现，气象灾害风险扩散的演化主要有串（链）型、辐射型、聚合型、逆向型等（邢开成，2011）。因此，风险扩散的物理模型可以转化为逻辑模型，并进行风险扩散计算和风险扩散结果的表示（邢开成，2011）。

针对旱灾、暴雨洪涝、台风、冰灾等的风险预测与评估，国内外研究现状主要如下。

1）旱灾

旱灾是我国气象灾害中频繁发生的主要灾害，对于我国农业生产和人民生活有很大的影响。针对旱灾风险的动态预测与评估，目前已有很多专家和学者从降水、蒸发等方面运用气象干旱指数对各地情况进行干旱发生及分布特征的分析。邵晓梅（2001）提出改进的 Z 指数并应用到河北省旱涝的时空分布特征研究中；朱业玉（2006）利用河南省 50 个站 1951~2004 年逐月降水量资料，对降水 Z 指数方法进行了分析，提出了 Z 指数的修改和订正方法；Palmer 在大量研究干旱和干旱指标基础上，于 1965 年提出了帕默尔干旱指标（Palmer drought severity index，PDSI），并建立了指标体系（范嘉泉和郑剑非，1984；郝晶晶，2010）；安顺清和邢久星（1986）及刘巍巍（2004）针对我国情况对帕尔默干旱指标进行了修正；赵林（2011）基于标准化降水指数（standardized precipitation index，SPI）对黄淮海平原及其附近地区干旱时空动态格局进行了分析；车少静（2010）和闫峰（2010）分别基于站点尺度和栅格尺度的 SPI 对河北省的干旱时空分布特征进行了刻画。帕尔默干旱指数主要反映的是土壤干旱状况，可以较好地监测土壤水分以及径流的变化，同时也有一定的局限性（Alley，1984；Karl，1986；Guttman，1991，1992，1998；邹旭恺等，2010）；相比之下，综合气象干旱指数（composite index，CI）同时考虑了降水和蒸发能力因子［《气象干旱等级》（GB/T 20481—2006）］；此外，还可以采用基于信息扩散理论的风险评估模型和模糊数学方法从致灾和承灾两个层面进行评估，从而给出不同程度旱灾发生的可能性（Zhang，2012；刘兰芳，2002；张顺谦，2008；张丽娟，2009）。

2）暴雨洪涝

暴雨灾害预警评估主要包括对暴雨事件本身的评估和暴雨灾害影响的评估。暴雨灾害影响评估主要是结合灾情对暴雨灾害进行等级划分，常用的方法有灰色关联法、模糊数学法（Edwards and McKee，1997；杨仕升，1996；冯利华，1997）和信息扩散法（张丽娟，2009；张永恒，2009；刘引鸽等，2005）。暴雨事件评估则主要使用气象降水资料，对暴雨事件进行等级划分，评估可能造成的影响，常采用的方法有统计分析法和主成分分析法（陈艳秋等，2007；袭祝香，2008；李春梅，2008）。汪志红（2011）运用 GM（1，1）模型与经济时间序列 ARIMA（p, d, q）模型对以后各年的洪涝灾害进行了预测，取得了良好的模拟结果。Yao

等（2012）基于灰色理论和气象灾害普查资料对黑龙江省暴雨洪涝灾害时空分布特征进行了分析并进行了灾变预测。

国内外很多学者对洪涝灾害风险进行了卓有成效的研究，并取得了丰硕的研究成果。黄诗峰（2001）、马宗伟（2005）、Haruyama（1996）等分别用河网密度、河流形态分维等地貌学特征进行洪涝风险评价；魏一鸣（2002）、余钟波（2006）、彭定志和游进军（2006）、刘贤赵（2005）、丁志雄等（2004）、Anselmo 等（1996）分别应用 Swarm、HMS、SCS、MIKE-11 等水文模型或自建模型（Tingsanchali and Karim，2005；谭维炎，1996；胡四一等，1996；陈凯，2009）对洪水演进进行数值模拟；而李柏年（2005）、刘新立和史培军（2001）、史培军（2003）等则通过灾情统计进行洪涝风险评估；其他很多学者则选取降雨、地形、河网、植被、土地利用类型等相关指标，通过计算洪涝灾害综合风险指数对洪水灾害风险进行评价（蒋新宇，2009；莫建飞，2010）。

国外对洪涝灾害的风险分析与损失评估也有较多的研究。由美国的 Das 和 Lee 提出的水深–损失曲线方法，用以计算特大洪水（如溃坝）时的经济损失（Das and Lee，1988）。加拿大的 Edward A. McBean 和 Jack Georrie 等将水深–损失曲线方法进一步改进，还考虑淹没历时和水流速度，以及预报时间对损失的影响（冯民权和周孝德，2002），成为目前洪水灾害损失研究中最为常用的评估方法。

3）台风

台风灾害研究一直以来都受到国内外学者的关注，对台风灾情的研究目前主要集中在灾情指标的选取、理论和方法的探讨以及灾情评估等方面（Fan and Liang，2000a，2000b；袁艺，2010；梁必骐，1999；刘少军，2010；吴红华和李正农，2006；陈香等，2007；卢文芳，1995；姚棣荣和刘孝麟，2001；唐晓春，2003；张丽佳，2009）。

国外自然灾害损失评估研究起步较早，成果较多，在沿海城市地区针对台风等灾害损失评估的研究中比较有代表性的评估方法和模型主要包括以下几种（殷杰，2011）。

HAZUS-MH（FEMA，2003）：由美国联邦应急管理局（Federal Emergency Management Agent，FEMA）和美国国家建筑科学院开发的多灾害损失评估模型，主要包括对飓风、地震和洪水等灾害的评估，形成了较为成熟的灾情评估技术方法体系。

ECLAC（国家减灾中心，2005）：由 UN-ECLAC（United Nations Economic Commission for Latin America and Caribbean，即联合国拉丁美洲和加勒比海经社理事会）提出，用于评估台风等自然灾害对社会经济影响的方法。

CM（IPCC and CZMS，1992）：由国际气候变化组织提出的七步式脆弱性评价方法。

MIKE 系列模型（殷杰，2011）：由丹麦水资源及水环境研究所（Danish Hydraulic Institute，DHI）开发。

灾害风险管理指标系统（Cardona et al.，2005）：由国立哥伦比亚大学和美洲发展银行开发。

4）冰灾

历史罕见的低温雨雪冰冻天气造成了历史罕见的灾害，防灾减灾以预防为先导，弄清这种极端天气形成的原因十分重要。王凌（2008）和高辉等（2008）对 2008 年 1 月我国大范围低温雨雪冰冻灾害开展了气候特征与影响评估及成因分析。吕胜辉等（2004）通过对天津机场出现的三次冻雨天气的对比分析，给出了冰晶层、暖层、冷层的大致温度范围；王崇洲和贝敬芬（1992）通过对一次罕见的暴雪、雨凇、冰雹天气过程的分析，指出晚冬、早春季节，当西太平洋副热带高压异常增强，若 500 百帕西藏高原南侧有长波槽发展东移，有利于在槽前的中低层形成大气逆温层，产生大范围雨凇天气；吴孝祥（1994）通过雨凇过程与降雪过程的对比分析，指出雨凇天气过程的平均气温、地温要比降雪天气过程低 2 摄氏度左右，近地面湿度则比降雪天气过程稍高。

Lang 等（2003）利用 IAP 9 层大气环流模式（IAP9L-AGCM）对我国冬季气候的可预报性进行了研究，发现模式对我国部分区域冬季气温变化趋势有一定的预测能力。陈红等（2008）及郎咸梅和陈红（2008）等利用 IAP 数值气候预测系统（IAP DCP-II）和 IAP 9 层大气环流模式对 2007 年冬季我国气候异常进行了预测，并检验了两个不同系统和模式对 2008 年 1 月我国气候异常的预测能力。郎咸梅和陈红（2008）利用这两个数值模式对我国冬季气候数值预测潜力进行了初步分析。卫捷（2008）根据欧洲中期天气预报中心（European Center for Medium Range Weather Forecasting，ECMWF）提供的每天大气环流预报资料，日本气象厅东京气候中心（Tokyo Climate Center，TCC）的 2008 年 1 月周平均 500 百帕环流形势和降水异常预报图以及月平均和季度平均预测图，以短期、中期和 1~3 个月尺度，分析这次冰雪灾害的可预报性问题。还有诸多学者从不同的侧重点或个例对雨凇天气进行了分析研究。此外，还可以从大气环流、海温异常讨论湖南极端低温雨雪冰冻天气形成的原因。通过数值模拟探讨冰冻天气的水成物空间分布状况，可以为冰冻天气预测提供技术支持（廖玉芳，2011）。

1.5.4 决策方案评估

在当前的信息社会，信息量的迅速增长对决策方案进行评估成为事务处理过程中必不可少的重要环节。随着决策科学的发展以及实际的需要，多属性决策的研究受到广泛的关注。

通常的决策是指多准则决策。1981 年，Hwang 和 Yoon（1981）根据决策空间的连续性和离散性，将多准则决策分为多目标决策和多属性决策。多目标决策是连续空间上的问题，并且它的任务是涉及最好的对象或方案。多属性决策是在离散空间上进行的，它是在方案集中选取最好的方案或对方案进行排序择优，因此也称为有限方案的多目标决策。由于这类决策需要在各种方案中精选出适合目标、期望、观念和价值取向的方案，因此，在做决策前首先要对不同备选方案进行评估，即评估是决策的基础（李荣钧，2002）。

与多属性决策相联系的决策方案评估，通常是给出评估对象（方案）集、属性（指标、特征）集以及评估对象在每个属性下的评价值，这种决策评估被称为基数评估模型，这类模型通常应用于专家评估中。

由于客观事物的复杂性、不确定性以及人类思维的模糊性，在实际决策问题中，决策信息往往以模糊语言形式来表达，如在描述灾情时会用“很严重”“严重”“较严重”“一般”等模糊语言形式给出。对于此类以模糊语言评估的多属性决策问题的研究已逐渐引起人们的重视。

1970 年，享有“动态规划之父”盛誉的南加州大学教授 R.E.Belloan 与 L.A.Zadeh 一起在多目标决策的基础上，提出了模糊决策的基本模型。在该模型中，凡决策者不能精确定义的参数、概念和事件等，都被处理成某种适当的模糊集合，蕴涵着一系列具有不同置信水平的可能选择。这种柔性的数据结构与灵活的选择方式大大增强了模型的表现力和适应性，被以后的研究人员引为发展和推广模糊决策的基础。

迄今为止，模糊集理论的应用已经渗透了决策科学的各个领域。无论是独裁决策还是群决策，是单一准则决策还是多准则决策，是一次性决策还是多阶段决策，或者是不同种类交叉的混合性决策，模糊集理论在决策思想、决策逻辑和决策技术等方面都发挥了重要的作用，并取得了良好的效果。

评估决策算法有：①简单加权评估决策，它是在实际决策中应用较为广泛的一种多属性决策方法。②模糊多属性评估决策（李荣钧，2002；李栋祥和郑兆青，2003；何新贵，1998；Bryson and Mobolurin，1996；张粉层和李建林，2000；Cook and Kress，1991；徐泽水，2002），评价项目 x 应当既接近正理想的项目 g，又远离负理想的项目 b，利用方案偏离项目 g 与 b 的远近程度来度量决策的优劣。③基于模糊偏序关系的评估决策（Topcu，2004；Xu，2004；Grzymala-Busse，2004；Li et al.，2007；张方修和仇国芳，2005；仇国芳和李怀祖，2002），该算法主要是使用模糊集的方法，根据给定的约简后的评估信息系统，建立互补一致的模糊偏序关系模型，并对该模糊偏序关系模型进行信息融合，实现偏序关系全序化，从而得到评估对象之间的优劣关系。

目前在应对决策方案评估和动态推演的应用在作战推演的研究中较多，朱江和白文涛（2012）利用仿真系统建立了方案评估动态推演模型，分析了动态推演在方案评估过程中的作用。首先设计了军事概念模型，然后提取作战的阶段、时节及划分任务，生成行动序列，并给出生成控制规则的方法。王锋等（2012）讨论了不同效用准则条件下的效用函数，分别建立了不同的评估模型，并利用 Agent 仿真比较了不同效用准则的评价结果。

在突发事件应对方面，张欣和钟耳顺（2008）讨论了基于 GIS 的应急预案过程动态推演模拟技术，采用图形标绘的方法表达应急预案中的相关要素，并为标绘的图形符号添加各种动画来模拟预案要素随时间的动态变化。陈艳秋等（2007）根据以往的气象资料来实现暴雨事件的灾前预评估和灾后快速评估，通过对辽宁省区域性暴雨事件历史资料的统计分析，利用平均降水量、降水强度和覆盖范围三个指标，建立基于距离函数的暴雨事件快速评估模型。在建模过程中，对每个指标进行正态化转化和正态性检验，并利用正态分布概率密度函数确立各指标数年一遇的等级标准。

参考文献

安顺清，邢久星. 1986. 帕默尔旱度模式的修正. 应用气象学报，1（1）：75-82.

安杨. 2005. 基于本体的网络地理服务中的关键问题研究. 武汉大学博士学位论文.

卜风贤. 1996. 灾害分类体系研究. 灾害学，3（1）：6-10.

车少静. 2010. 基于 SPI 的近 41 年（1965—2005）河北省旱涝时空特征分析. 中国农业气象，31（1）：137-143，150.

陈红，郎咸梅，周广庆，等. 2008. 2008 年 1 月中国气候异常的动力学预测及效果检验. 气候与环境研究，13（4）：531-538.

陈建军，周成虎，王敬贵. 2006. 地理本体的研究进展与分析. 地学前缘，13（3）：81-90.

陈凯. 2009. 基于 GIS 的洪水淹没评估系统的研究与实现. 灾害学，24（4）：35-39.

陈香，沈金瑞，陈静. 2007. 灾损度指数法在灾害经济损失评估中的应用——以福建台风灾害经济损失趋势分析为例. 灾害学，22（2）：31-35.

陈艳秋，袁子鹏，盛永，等. 2007. 辽宁暴雨事件影响的预评估和灾后速评估. 气象科学，12：626-632.

陈云峰，高歌. 2010. 近 20 年我国气象灾害损失的初步分析. 气象，36（2）：76-80.

崔巍. 2004. 用本体实现地理信息系统语义集成和互操作. 武汉大学博士学位论文.

丁燕，史培军. 2002. 台风灾害的模糊风险评估模型.自然灾害学报，11（1）：34-43.

丁志雄，李纪人，李琳. 2004. 基于 GIS 格网模型的洪水淹没分析方法. 水利学报，（6）：

56-60，67.
杜鹏，李世奎．1997. 农业气象灾害风险评价模型及应用. 气象学报，55（1）：95-102.
范嘉泉，郑剑非. 1984. 帕尔默气象干旱研究方法介绍. 气象科技，1（1）：63-71.
冯利华. 1997. 灾害等级的灰色聚类分析. 自然灾害学报，6（1）：14-18.
冯民权，周孝德. 2002. 洪灾损失评估的研究进展. 西北水资源与水工程，13（1）：32-36.
高辉，陈丽娟，贾小龙，等. 2008. 2008年1月我国大范围低温雨雪冰冻灾害分析Ⅱ.成因分析. 气象，34（4）：101-106.
高进. 2009. 综合自然灾害风险管理应用研究. 第26届中国气象学会年会气象灾害与社会和谐分会场论文集.
宫德吉．1999. 农业气象灾害损失评估方法及其在产量预报中的应用. 应用气象学报，3（1）：451-458.
郭虎，熊亚军，扈海波. 2008. 北京市奥运期间气象灾害风险承受与控制能力分析. 气象，34(2)：77-82.
郭进修，李泽椿. 2005. 我国气象灾害的分类与防灾减灾对策. 灾害学，20（4）：106-110.
国家减灾中心. 2005. 灾害评估的“利器”——ECLAC评估方法评析. 中国减灾，（12）：22-27.
郝晶晶. 2010. 气候变化下黄淮海平原的干旱趋势分析. 水电能源科学，（11）：12-14，115.
何新贵. 1998. 模糊知识处理的理论与技术. 北京：国防工业出版社.
胡爱军. 2010. 论气象灾害综合风险防范模式——2008年中国南方低温雨雪冰冻灾害的反思. 地理科学进展，29（2）：159-165.
胡明思，骆承政. 1992. 中国历史大洪水. 北京：中国书店出版社.
胡四一，王银唐，谭维炎，等. 1996. 长江中游洞庭湖防洪系统水流模拟——Ⅱ. 模型实现和率定检验. 水科学进展，7（4）：67-74.
黄崇福．1999. 自然灾害风险分析的基本原理．自然灾害学报，8（2）：21-30.
黄茂军，杜清运，杜晓初．2005. 地理本体空间特征的形式化表达机制研究. 武汉大学学报（信息科学版），30（4）：337-340.
黄全义，朱海国，郭际明. 2008. 网络GIS中基于Web Service混搭模型改进研究. 测绘通报，5：40-42.
黄全义，朱海国，钟少波，等. 2009. 主动式地理信息服务质量（QoAGIS）评估研究. 测绘学报，38（6）：545-548.
黄诗峰. 2001. GIS支持下的河网密度提取及其在洪水危险性分析中的应用. 自然灾害学报，10（4）：129-132.
姜爱军，郑敏，王冰梅．1998. 江苏省重要气象灾害综合评估方法研究. 气象科学，18（2）：197-202.
江治强. 2008. 我国自然灾害风险管理体系建设研究. 中国公共安全（学术版），（1）：48-51.
蒋新宇. 2009. 基于GIS的松花江干流暴雨洪涝灾害风险评估. 灾害学，24（3）：51-56.
金磊，明发源. 1996. 责任重于泰山——减灾科学管理指南. 北京：气象出版社.
景东升．2004. 基于本体的地理空间信息语义表达和服务研究，中国科学院研究生院博士学位论文.
郎咸梅，陈红. 2008. 我国冬季气候数值预测潜力的初步分析. 气候与环境研究，13（4）：539-547.
李柏年. 2005. 洪涝灾害评价的威布尔模型. 自然灾害学报，14（6）：32-36.

李春梅. 2008. 暴雨综合影响指标及其在灾情评估中的应用. 广东气象，30（4）：1-4.
李春梅，罗晓玲，刘锦銮. 2006. 层次分析法在热带气旋灾害影响评估模式中的应用. 热带气象学报，22（3）：223-228.
李栋祥，郑兆青. 2003. 模糊多属性决策方法及其在模糊优选中的应用. 山东理工大学学报，17（2）：51-55.
李荣钧. 2002. 模糊多准则决策理论与应用. 北京：科学出版社.
李荣钧，赵杰. 2002. 模糊环境下的多属性决策分析. 模糊系统与数学，16（2）：65-68.
李铁鹰. 2005. 城市综合自然灾害风险管理应用研究. 第三届湖北科技论坛优秀论文集.
李媛，孟晖，董颖. 2004. 中国地质灾害类型及其特征——基于全国县市地质灾害调查成果分析. 中国地质灾害与防治学报，（4）：29-34.
梁必骐. 1999. 热带气旋灾害的模糊数学评价. 热带气象学报，15（4）：305-311.
梁必骐，梁经萍，温之平. 1995. 中国台风灾害及其影响的研究. 自然灾害学报，4（1）：84-91.
廖玉芳. 2011. 2008 年湖南低温雨雪冰冻天气分析与数值模拟. 自然灾害学报，20（2）：169-176.
刘兰芳. 2002. 湖南省农业旱灾脆弱性综合分析与定量评价. 自然灾害学报，11（4）：78-83.
刘少军. 2010. 基于 GIS 的台风灾害损失评估模型研究. 灾害学，25（2）：64-67.
刘巍巍. 2004. 帕默尔旱度模式的修正及其应用. 中国气象学会 2004 年年会论文集.
刘贤赵. 2005. 基于地理信息的 SCS 模型及其在黄土高原小流域降雨-径流关系中的应用. 农业工程学报，21（5）：93-97.
刘新立，史培军. 2001. 区域水灾风险评估模型研究的理论与实践. 自然灾害学报，10（2）：66-72.
刘引鸽，缪启龙，高庆九. 2005. 基于信息扩散理论的气象灾害风险评价方法. 气象科学，25(1)：84-89.
娄伟平，陈海燕，郑峰. 2009. 基于主成分神经网络的台风灾害经济损失评估. 地理研究，28(5)：1243-1254.
娄伟平，吴利红，邓盛蓉，等. 2006. 0513 号台风“泰利”灾害成因及特征分析. 灾害学，2：85-89.
卢文芳. 1995. 上海地区热带气旋灾情的评估和灾年预测. 自然灾害学报，（3）：40-45.
吕胜辉，王积国，邱菊. 2004. 天津机场地区冻雨天气分析. 气象科技，32（6）：456-460.
马柱国，黄刚，甘文强. 2005. 近代中国北方干湿变化趋势的多时段特征. 大气科学，29（5）：671-681.
马宗伟. 2005. 河流形态的分维及与洪水关系的探讨——以长江中下游为例. 水科学进展，16（4）：530-534.
缪海波，殷坤龙，邢林啸，等. 2012. 极端冰雪灾害条件下松散堆积体边坡演化分析. 岩土力学，33（1）：147-154.
莫建飞. 2010. 基于 GIS 的广西洪涝灾害孕灾环境敏感性评估. 灾害学，25（4）：33-37.
牛叔超，朱桂林，刘月辉. 2000. 致洪大暴雨的风险评估及气象效益. 气象科技，（1）：30-35.
彭定志，游进军. 2006. 改进的 SCS 模型在流域径流模拟中的应用. 水资源与水工程学报，17（1）：20-24.
彭贵芬. 2010a. 气象灾害静动态风险管理析探. 灾害学，25（2）：134-139.
彭贵芬. 2010b. 云南春夏连旱气候变化趋势及致灾成因分析. 云南大学学报（自然科学版），（4）：443-448.

彭云峰. 2009. 我国气象灾害及其应急管理研究. 福建师范大学硕士学位论文.
钱平，郑业鲁. 2006. 农业本体论研究与应用. 北京：中国农业科技出版社.
钱彦凝. 2015. 我国气象灾害应急管理现状研究. 经济管理，（3）：289.
秦昆. 2004. 基于形式概念分析的图像数据挖掘研究. 武汉大学博士学位论文.
仇国芳，李怀祖. 2002. 模糊性偏序关系上的信息融合. 工程数学学报，（1）：37-45.
邵末兰，向纯怡. 2009. 湖北省主要气象灾害分类及其特征分析. 暴雨灾害，28（2）：179-185.
邵晓梅. 2001. 河北省旱涝指标的确定及其时空分布特征研究. 自然灾害学报，10（4）：133-136.
史培军. 2003. 中国自然灾害系统地图集. 北京：科学出版社.
史培军. 2009. 全球环境变化与综合灾害风险防范研究. 地球科学进展，24（4）：428-435.
苏高利，苗长明，毛裕定. 2008. 浙江省台风灾害及其对农业影响的风险评估. 自然灾害学报，17（5）：113-119.
谭维炎. 1996. 长江中游洞庭湖防洪系统水流模拟——Ⅰ. 建模思路和基本算法. 水科学进展，7（4）：57-66.
唐晓春. 2003. 广东沿海地区近50年登陆台风灾害特征分析. 理科学，23（2）：182-187.
汪志红. 2011. ARIMA（p，d，q）与GM（1，1）模型在洪涝灾害预测中之比较研究——以广东省做实证分析. 数学的实践与认识，41（24）：69-76.
王崇洲，贝敬芬. 1992. 次暴雪、雨凇、冰雹天气过程的综合分析. 气象，35（3）：48-52.
王锋，李远华，许长鹏. 2012. 基于动态推演的合同战斗作战方案评估研究. 装备指挥技术学院学报，23（1）：40-44.
王凌. 2008. 2008年1月我国大范围低温雨雪冰冻灾害分析Ⅰ.气候特征与影响评估. 气象，34（4）：95-100.
王迎春，郑大玮，李青春. 2009. 城市气象灾害. 北京：气象出版社.
韦方强，赵琳娜，江玉红，等. 2008. 2008年初南方雨雪冰冻灾害及其对山地灾害的影响. 山地学报，26（2）：253-254.
卫捷. 2008. 2008年1月南方冰雪过程的可预报性问题分析. 气候与环境研究，13（4）：520-530.
卫捷，张庆云，陶诗言. 2004. 1999及2000年夏季华北严重干旱的物理成因分析. 大气科学，28（1）：125-137.
魏一鸣. 2002. 基于Swarm的洪水灾害演化模拟研究. 管理科学学报，5（6）：39-46.
吴红华，李正农. 2006. 灾害损失评估的区间数模糊综合评判方法. 自然灾害学报，15（6）：149-153.
吴孝祥. 1994. 江苏雨凇分布概况及南京地区雨凇与降雪过程的对比分析. 气象科学，14（3）：267-274.
袭祝香. 2008. 吉林省重大暴雨过程评估方法研究. 气象科技，36（1）：78-81.
谢梦莉. 2007. 气象灾害风险因素分析与风险评估思路. 气象与减灾研究，30（2）：57-59.
邢开成. 2011. 气象灾害风险扩散机理及评估应用研究. 兰州大学硕士学位论文.
徐泽水. 2002. 多属性决策中四类偏好信息的一种集成途径. 系统工程理论与实践，22（11）：100-120.
闫峰. 2010. 近50年河北省干旱时空分布特征. 地理研究，（3）：423-430.
杨仕升. 1996. 自然灾害不同灾情的比较方法探讨. 灾害学，11（4）：35-38.
姚棣荣，刘孝麟. 2001. 浙江省热带气旋灾情的评估. 浙江大学学报（理学版），28（3）：344-348.

殷杰. 2009. 灾害风险理论与风险管理方法研究. 灾害学，24（2）：7-11，15.
殷杰. 2011. 沿海城市自然灾害损失分类与评估. 自然灾害学报，20（1）：124-128.
殷志强. 2008. 2008 年春季极端天气气候事件对地质灾害的影响. 防灾科技学院学报，10（2）：20-24.
余钟波. 2006. 水文模型系统在峨嵋河流域洪水模拟中的应用. 水科学进展，17（5）：645-652.
袁艺. 2010. 自然灾害灾情评估研究与实践进展. 地球科学进展，25（1）：22-32.
张方修，仇国芳. 2005. 基于粗糙集的不确定决策. 北京：清华大学出版社.
张粉层，李建林. 2000. 系统模糊优选理论在投资项目决策中的应用. 武汉水利大学（宜昌）学报，22（4）：346-349.
张丽佳. 2009. 中国东南沿海地区热带气旋特点与灾情评估. 华东师范大学学报（自然科学版），（2）：41-49.
张丽娟. 2009. 基于信息扩散理论的气象灾害风险评估方法. 地理科学，29（2）：250-254.
张明泉，张曼志，张鑫，等. 2009. 济南“2007 · 7 · 18”暴雨洪水分析. 中国水利，17：39-41.
张庆云，陶诗言，彭京备. 2008. 我国灾害性天气气候事件成因机理的研究进展. 大气科学，32（4）：815-825.
张庆云，卫捷，陶诗言. 2003. 近 50 年华北干旱的年代际和年际变化及大气环流特征. 气候与环境研究，8（3）：307-318.
张顺谦. 2008. 基于信息扩散和模糊评价方法的四川盆地气候干旱综合评价. 自然资源学报，23（4）：713-723.
张欣，钟耳顺. 2008. 基于 GIS 的应急预案过程动态推演模拟技术研究. 武汉大学学报（信息科学版），33（3）：281-284.
张永恒. 2009. 浙江省台风灾害影响评估模型. 应用气象学报，20（6）：772-776.
张珍，李世海，马力. 2005. 重庆地区滑坡与降雨关系的概率分析. 岩石力学与工程学报，25（17）：3185-3191.
章国材. 2009. 气象灾害风险评估与区划方法. 北京：气象出版社.
赵林. 2011. 黄淮海平原及其附近地区干旱时空动态格局分析——基于标准化降雨指数. 资源科学，33（3）：468-476.
郑传新. 2007. 柳州市积涝过程模拟及灾害风险评估. 气象，33（11）：72-75.
周创兵，李典庆. 2009. 暴雨诱发滑坡致灾机理与减灾方法研究进展. 地球科学进展，24（5）：477-487.
朱海国. 2009. 基于地理本体群模型的应急决策信息提取研究. 武汉大学博士学位论文.
朱江，白文涛. 2012. 方案评估动态推演模型设计. 指挥控制与仿真，34（1）：2.
朱静，唐川. 2007. 城市山洪灾害风险管理体系探讨. 水土保持研究，14（6）：407-409，413.
朱业玉. 2006. 降水 Z 指数在河南旱涝监测中的应用. 河南气象，（4）：20-22.
邹旭恺，任国玉，张强. 2010. 基于综合气象干旱指数的中国干旱变化趋势研究. 气候与环境研究，（4）：371-378.
Alley W M. 1984. The Palmer drought severity index-limitations and assumptions. Journal of Climate and Applied Meteorology，23：1100-1109.
Anselmo V，Galeati G，Palmieri S，et al. 1996. Flood risk assessment using an integrated hydrological and hydraulic modelling approach：a case study. Journal of Hydrology，175（1）：533-554.
Bryson N，Mobolurin A. 1996. An action learning evaluation procedure for multiple criteria decision

making problems. European Journal of Operational Research，96（2）：376-386.

Cardona O D，Hurtado J E，Chardon A C，et al. 2005. Indicators of disaster risk and risk management main technical report. Program for Latin America and the Caribbean IADB-UNC/DEA.

Chen C Y，Chen T C，Yu F C. 2005. Analysis of time-varying rainfall infiltration induced landslide. Environmental Geology，48（4~5）：466-479.

Cook W D，Kress M. 1991. A multiple criteria decision model with ordinal preference data.European Journal of Operational Research，54（2）：191-198.

Dahal R K，Hasegawa S，Nonomura A. 2008. GIS-based weights-of-evidence modeling of rainfall-induced landslides in small catchments for landslide susceptibility mapping. Environmental Geology，54（2）：311-324.

Das S，Lee R. 1988. A nontraditional methodology for flood stage-damage calculation. Journal of the American Water Resources Association，24（6）：1263-1272.

Edwards D C，McKee T B. 1997. Characteristics of 20th century drought in the United States at multiple time scales. Colorado State University Climatology Report.

Fan Q，Liang B Q. 2000a. The evaluation of disastrous losses caused by tropical cyclones. Acta Geographica Sinica，55（Sl）：52-56

Fan Q，Liang B Q. 2000b. The fuzzy mathematics evaluation of disastrous economic losses caused by tropical cyclones. Scientia Meteorologic Sinica，20（3）：360-365.

FEMA. 2003. HAZUS-MHMR1：Technical Manual. Washington DC: Federal Emergency Management Agency.

Fonseca F，Davis C. 1999. Using the internet to access geographic information：an open GIS prototype// Goodchild M，Egenhofer M，Fegeas R，et al. Interoperating Geographic Information Systems. Berlin：Springer：313-324.

Fonseca F，Egenhofer M，Davis C，et al. 2002. Semantic granularity in ontology-driven geographic information systems. AMAI Annals of Mathematics and Artificial Intelligence-Special Issue on Spatial and Temporal Granularity，36（1~2）：121-151.

Frank A U. 2001. Tiers of ontology and consistency constraints in geographic information systems. International Journal of Geographical Information Science，15（7）：667-678.

Frank A U. 2003. Ontology for spatio-temporal databases//Koubarakis M，Sellis T. Spatiotemporal Databases：The Chorochronos Approach. Berlin：Springer-Verlag：9-78.

Grzymala-Busse J W. 2004. Data with missing attribute values: generalization of indiscernibility relation and rule induction. Transactions on Rough Sets，3100：78-95.

Guarino N. 1998. Formal ontology and information systems//Guarino N. Formal Ontology in Information Systems. Amsterdam：IOS Press：3-15.

Guttman N B. 1991. A sensitivity analysis of the Palmer hydrologic drought index. Water Resources Bulletin，27：797-807.

Guttman N B. 1992. Spatial comparability of the Palmer drought severity index. Water Resources Bulletin，28：1111-1119.

Guttman N B. 1998. Comparing the Palmer drought index and the standardized precipitation index. Journal of the American Water Resources Association，34：113-121.

Haruyama S. 1996. Geomorphological zoning for flood inundation using satellite data. GeoJournal，38（3）：237-278.

Hwang C L，Yoon K. 1981. Multiple Attribute Decision Making. New York：Springer-Verlag.

IPCC，CZMS. 1992. Global climate change and the rising challenge of the sea. Report of the Coastal Zone Management Subgroup.

Karl T R. 1986. The sensitivity of the Palmer drought severity index and Palmer Z-index to their calibration coefficients including potential evapotranspiration. Journal of Climate and Applied Meteorology，25：77-86.

Kavouras M，Kokla M. 2001. Fusion of top-level and geographical domain ontologies based on context formation and complementarity. Geographical Information Science，15（7）：679-687.

Kavouras M，Kokla M. 2002. A method for the formalization and integration of geographical categorizations. International Journal of Geographical Information Science，16（5）：439-453.

Lang X M，Wang H J，Jiang D B. 2003. Extraseasonal ensemble numerical predictions of winter climate over China. Chinese Science Bulletin，48：2121-2125.

Li W Q，Ma L H，Liu T . 2007. Evaluation method of product development effect based on rough sets and unascertained number. International Conference on Management Science.

Mark D，Freksa C，Hirtl E S，et al. 1999a. Cognitive models of geographical space. International Journal of Geographical Information Science，13（8）：747-774.

Mark D，Smith B. Tversky B. 1999b. Ontology and geographic objects：an empirical study of cognitive categorization//Freksa C，Mark D M. Spatial Information Theory：A Theoretical Basis for GIS. Berlin：Springer-Verlag：283-298.

Smith B. 1995. The Emergence of Agriculture. New York：Scientific American Library.

Smith B. 1996. Mereotopology：theory of parts and boundaries. Data and knowledge Engineering，20（3）：287-303.

Smith B. 1997. Boundaries：an essay in mereotopology//Hahn L H. The Philosophy of Roderick Chisholm（Library of Living Philosophers）. LaSalle：Open Court：534-561.

Smith B，Mark D. 1998. Ontology and geographic kinds. Proceedings，Eighth International Symposium on Spatial Data Handing.

Tingsanchali T，Karim M F. 2005. Flood hazard and risk analysis in the southwest region of Bangladesh. Hydrological Processes，19：2055-2069.

Topcu I. 2004. A decision model proposal for construction contractor selection in Turkey. Building and Environment，（39）：469-481.

Xu Z H. 2004. A note on the subjective and objective integrated approach to determineattribute weights. European Journal Operational Research，156（2）：530-532.

Yao J，Zhu H R，Nan J Y，et al. 2012. Analysis of flood and disaster forecast in Heilongjiang Province based on grey theory. Journal of Catastrophology，27：59-63.

Zhang J. 2012. Assessment of risks of agricultural drought disasters in Henan Province based on the information diffusion theory. Resources Science，34：280-286.

第2章

气象因子时空分布估计

气象要素是指能够表征大气的物理现象和过程的一些物理量，如气温、气压、风、云、降水、能见度和空气湿度等。气温、降雨量等气象要素观测值是典型的时空数据，它们有明显的时间序列特征和很强的空间地域性。根据已知气象点数据对未知点进行插值预测，获取较为准确的气象要素空间分布，并给出气象要素未来一段时期发展趋势的合理建议，是很长时间以来气象科学研究以及气象灾害防治的一个热点，也是气象决策服务支持系统所面临的重大课题。

由于气象观测站点的数目有限且在空间上呈离散分布，现有的气象要素插值方法往往将时空分开来进行研究。时空插值主要应用于以下两个方面：一个是对不规则数据集插值，这样解决了气象数据时间序列的不完整对气象统计造成的困难；另一个是对气象站点缺失数据进行修补，这样可以解决由于样本点减少引起的插值精度降低的问题。

此外，灾害性气象事件是气象因子量积累的产物，其出现与区域环境、地形、地貌及承灾载体的特征都有关系。但追根溯源，研究灾害性气象事件的影响需要研究气象因子的时空分布规律。

基于这样的应用需求，本章就在现有时空插值算法的研究基础上，加入了估计的辅助变量，对气象因子时空分布估计进行应用研究。

2.1 气象因子时空分布估计系统

1. 气象因子时空分布估计框架

通过各种观测手段，我们可以获取气象因子在时空中离散的观测数据。基于现有的气象因子观测数据，气象因子时空分布数值估计系统按以下三个步骤对气象因子进行数值估计：①气象因子观测数据的收集和预处理；②计算和分析基本统计量；③选择合适的插值方法对气象因子的时空分布进行插值。通过插值获取气象因子时空分布的数值估计，可对气象因子的时空分布特征进行研究，为基于气象因子的气象灾害研究提供数据基础。气象因子时空分布数值估计系统框架见图 2-1。

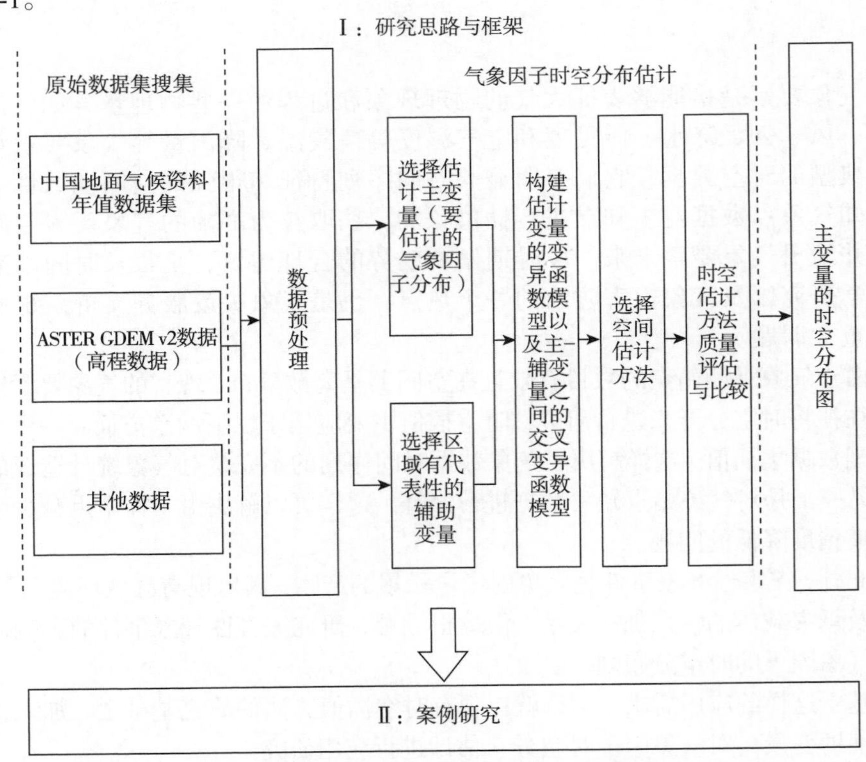

图 2-1 气象因子时空分布数值估计系统框架

气象数据的空间插值方法是填补离散样本点之间的空间中缺失数据的一种方法，即将空间上离散的气象监测数据转换为曲面数据，以便对气象分布进行建模研究。它是基于“地学第一定律”假设：彼此接近的对象往往具有相似的特征，而位置相距越远时，其特征值相似度越小。

传统的时空插值主要是针对历史气象数据的填补，实现气象统计的功能。但是很多时候，我们并不仅仅只关心站点的历史数据，精确的实时数据才是我们的关注要点。实时信息关系到气象部门各种决策的执行，还有许多对气象敏感的部门，如水利、电力部门都需要各气象站点的实时数据作为日常调度的一个重要参考。但是一些不可拒因素的影响，如极端天气、传输故障、观测机器故障等都会造成有的站点数据丢失，这时就需要用一定的预测手段由站点的历史记录来推断缺失站点的实时气象要素值。基于这样的应用需求，本小节就在现有时空插值算法的研究基础上，对其进行改进研究，加入时间序列模型，提出基于时间序列的时空插值方法。下文就对该算法的原理进行详细的描述，最后用图示的方法展示现有的插值方法和改进后的插值方法在插值精度上的对比。

一种气象因子的分布可视为一个区域化变量。区域化变量是以空间点 x 的三个直角坐标 (x_u, x_v, x_w) 为自变量的随机场 $Z(x_u, x_v, x_w) = Z(x)$。空间点 x_0 处的观测值 $Z(x_0)$ 可解释为一个随机变量在该点处的一个随机实现。空间各点处随机变量的集合构成一个随机函数。

一方面，区域化变量是一随机函数，具有局部、随机和异常的性质；另一方面，区域化变量具有一般或平均的结构性质，即变量在点 x 和 $x+h$ 处的数值 $Z(x)$ 和 $Z(x+h)$ 具有某种程度的相关性，自相关依赖于两点间的距离 h 及变量的特征，因此区域化变量适合于描述和研究气象因子的时空结构。

区域化变量可以反映气象因子的以下特征。

（1）局限性。区域化变量具有空间范围上的限制，该空间称为区域化变量的几何域。域内变量的属性表现明显（如具有一定程度的相关性），域外表现不明显甚至无表现（如相关性变弱以至消失）。

（2）连续性。不同的区域化变量具有不同程度的连续性，某些变量可能表现出较强的连续性，而某些变量表现出较强的不连续性，甚至在相邻点间也会有很大的变化，该现象被称为块金效应。

（3）异向性。当区域化变量在各个方向上具有相同性质时称各向同性，否则称为各向异性。

由于区域化变量具有上述特殊性质，经典概率统计方法不能处理这类问题，而地质统计学中的一个基本工具——变异函数，就能很好地研究区域化变量的这种特殊性质。

2. 气象因子时空分布辅助变量的选取

地形对气候具有很大的影响。研究发现，海拔越高，气温越低，海拔平均每上升 1 000 米，气温约下降 6 摄氏度。地形还会对降雨量产生重要的影响，这是因为暖气流在行进中如果受到山地的阻挡，会被迫抬升，遇冷凝结并降水，因此在山地迎风坡会形成地形雨，降水量大，植被茂盛，而在山地背风坡则形成雨影区，降水量少，植被稀疏。

我国是一个多山国家，山地面积约占我国面积的三分之二，西高东低的三级阶梯地形是我国主要的地形特征。复杂的地形对气候造成了显著的影响。用传统的插值方法对气象因子的分布进行研究时，由于气象站点分布稀疏，因此基于气象站点观测数据的插值结果不足以反映出由于地形变化造成的气象因子分布的变化。在插值中如何利用地形信息，更加精确地反映出气象因子的空间分布和局部变化，是一个值得研究的问题。

经纬度、海拔、坡度和坡向、距水域距离等地形要素与气温、降水量等气象因子关系密切，且可以较容易地从数字高程模型（digital elevation model，DEM）获得。将这些地形要素作为协变量，通过分析气象因子与它们的相关关系，包括协方差、相关系数和交叉变异函数等，将这些相关关系运用到 BME（bayesian maximum entropy）方法（Christakos，1990）中，可利用这些相关关系来提高气象因子分布的插值结果的精度。

以下简述地形要素对气象因子的主要影响。

1）经纬度

对我国来说，在大尺度上，经度自东向西减少，气候类型由海洋性气候向大陆性气候转变，气象因子主要的变化趋势为降水减少，湿度下降，昼夜温差增大。随着纬度增加，温度下降，降水量减少，光照强度减弱，夏季光照时间变长，冬季光照时间变短。

2）海拔

海拔高度每增高 1 000 米，气温约下降 6 摄氏度，大气压约下降 10 千帕。在夏季，我国的气温分布南北差异不大，青藏高原由于是我国海拔最高的地区而成为我国夏季气温最低区域，吐鲁番盆地由于是我国海拔最低的地区而成为我国夏季气温最高区域。

3）坡度和坡向

坡度和坡向影响该位置所受总辐射量的大小，北半球山地的南坡所受辐射量大于北坡。在中小尺度区域内，其他气象条件相同，接受的总辐射量越大，温度越高。此外，在我国季风性气候区，中尺度山地的夏季风迎风坡迫使湿润气流抬升，气流中的水分由于海拔升高而降温凝结形成降水，因此迎风坡一侧坡地的降水量较大。相对的，夏季风的背风坡位置由于气流下降，温度升高，较难形成降水。

4）距水域距离

水域包括海洋、湖泊、水库、河流等。水域相比陆地，一方面，对阳光的反射能力较弱，接受的太阳辐射更多，导致水上气温比陆地上高；另一方面，水的比热容大，温度变化较陆地慢，具有平稳气温的效应。由于水域的蒸发比陆地更强烈，有降温作用。对于深水域，夏季和白天降温效应起主导作用，秋冬水域主要起增温作用，春季除解冻造成的降温外影响不明显。总体上，水域处全年平均温度较高。我国季风区的降水主要集中在夏季，由于夏季水域上方气温较低，大气层较稳定，不利于对流，因此水域上方降水量比陆地少。但是对于干旱地区，由于水域蒸发强烈，水域上方的空气湿度比周边陆地大，因此有利于形成降水。在我国的季风区，夏季风携带从海洋带来的水汽进入陆地，形成降水。距海岸线较近的区域由于水汽充沛，降水量也较大。距海岸线较远的区域，由于水汽无法深入到该位置，降水量较少。

众多地形要素与气象因子的关系依具体研究区域、气象因子和地形要素的种类而异，在实际研究中，应当对地形协变量做具体分析，选择与所研究的气象因子相关程度高的协变量。

2.2　数据来源与数据预处理

气象因子的观测数据可以有多种来源，不同来源的数据其特点不同。从数据完整性、数据质量和采样密度角度考虑，主要可使用气象站数据、自动气象站数据、卫星遥感数据来满足我们对数据的需求。

1）气象站数据

我国的气象站分为国家基准气象站、国家基本气象站和国家一般气象站共三类，其类型是中国气象局根据地理分布、区域气候代表性等进行确定的。气象站测量数据一般经过严格的质量验证，数据可靠度高。由于存在部分气象站建站时间较晚、已撤站、季节性气象站及测量仪器故障等情况，气象站测量数据存在缺测。且气象站分布较为稀疏，通常一个地级行政区仅有 1~2 个气象站，西藏、新疆有大面积区域未设气象站。山区气象站多分布在河谷处，对于山区气候差异的反映不足。在研究较小尺度（如县级）的气象因子分布时，仅靠气象站数据无法准确反映气象因子值的空间变化。

气象台站常因观测环境条件变化或其他原因而进行迁移。由于台站迁移，其观测记录序列或多或少受到影响，影响程度由迁址距离、海拔高度、站址地形及周围环境条件决定。如果台站迁移后两地的地形、环境条件差异不大，且水平距离不超过 50 千米，海拔高度差在 100 米以内，其迁址后观测记录一般不会出现不连续现象。如果超出上述条件，对观测记录序列的影响则不容忽视。对这种情况，其观测记录一般应采取分别统计或进行序列订正等措施。

在使用气象站数据前，需根据研究的时间尺度选择合适的时间范围的数据，检查数据完整性，对缺测及无效的数据予以剔除。基于气象站长时间序列的观测数据，可对该地气象因子值的概率密度分布进行估计。

2）自动气象站数据

自动气象站是一种能自动地观测和存储气象观测数据的设备，随着观测环境的气象变化，各传感器的感应元件将相应的气象参数转换成电信号（如电压、电流、频率等），数据处理装置将对这些电信号进行处理，得出各个气象要素数值；再由通信系统将采集到的数据通过有线或者无线传输方式传送给用户，或存贮在介质上。

数字高精度自动气象站可观测的气象要素有环境温度、环境湿度、露点温度、风速、风向、气压、太阳总辐射、降雨量、地温（包括地表温度、浅层地温、深层地温）、土壤湿度、土壤水势、土壤热通量、蒸发、二氧化碳、日照时数、太阳直接辐射、紫外辐射、地球辐射、净全辐射、环境气体共 20 项数据指标，具有性能稳定、检测精度高、无人值守等特点，可满足专业气象观测的业务要求。自动气象站与 GPS（global positioning system，即全球定位系统）、GPRS（general packet radio service，即通用分组无线服务技术）、GMS（Google mobile service，即谷歌移动服务）和 Modem 等设备连接，可实时把监测数据传送回数据中心。

自 2005 年起，我国的自动气象站进入普及阶段。自动气象站大大提高了气象数据的观测密度。自动气象站数据主要的问题是由于建站时间晚，当前积累的数据还比较少，但随着观测时间越来越长，自动气象站数据将变得越来越重要。

3）卫星遥感数据

气象卫星是对大气层进行气象观测的人造卫星，属于一种专门的对地观测卫星或遥感卫星，具有范围大、及时迅速、连续完整的特点，并能把云图等气象信息发给地面用户。1988 年 9 月 6 日，我国首次发射气象卫星，目前我国的极轨气象卫星和静止气象卫星已经进入业务化。气象卫星网消灭了气象观测空白区，使人们能准确地获得连续的、全球范围内的大气运动规律，做出精确的气象预报。

气象卫星能获取丰富的观测内容，包括：①卫星云图；②云顶温度、云顶状况、云量和云内凝结物相位的观测；③陆地表面状况的观测，如冰雪和风沙，以及海洋表面状况的观测，如海洋表面温度、海冰和洋流等；④大气中水汽总量、湿度分布、降水区和降水量的分布；⑤大气中臭氧的含量及其分布；⑥太阳的入射辐射、地气体系对太阳辐射的总反射率以及地气体系向太空的红外辐射；⑦空间环境状况的监测，如太阳发射的质子、α 粒子和电子的通量密度。

这些观测内容有助于我们监测天气系统的移动和演变，为研究气候变迁提供了大量的基础资料，为空间飞行提供了大量的环境监测结果。

此外，利用卫星还能获取地表的地形地貌信息；利用极轨卫星上甚高分辨率扫描辐射计的资料可以监视地表和海表特征，服务于森林火灾监视、洪涝、农业病虫害、作物产量、渔业、海冰、泥沙等监测。卫星图像可以监视海冰情况，对远洋运输至关重要；可以监测河口泥沙，对航运、水利、港口的建设和发展十分重要；还可用于监测土壤湿度、地表温度、高原积雪、沙暴尘暴、城市热岛、地震前兆、森林虫害、地质构造、海洋水色和环境污染等，对科技、经济、环境以及人类生活各方面都有着深刻的影响。

卫星遥感数据的特点是数据覆盖范围广、空间分辨率高，但与气象站的观测数据相比对气象因子的测量精度较低。卫星遥感数据能够反映气象因子的空间分布情况，在气象站观测数据密度不足的情况下是重要的数据来源。此外，利用卫星获得的地形地貌信息在气象因子空间分布研究中也能发挥重要的作用。

2.3　气象因子数据统计分析

2.3.1　气象因子分析中的基本统计量

表示气象因子样本中数据分布特征的基本统计量主要分为位置统计量、离散统计量、形态统计量和相关统计量四种。

1）位置统计量

算术平均值代表了气象因子观测记录取值的集中趋势或位置，即

$$\overline{x} = \frac{1}{n}\sum_{i=1}^{n} x_i \tag{2-1}$$

2）离散统计量

距平表示单个变量值对平均值的正常情况的偏差。

$$x_{\mathrm{d}} = x - \overline{x} \tag{2-2}$$

标准差反映样本围绕平均值的总体偏差程度的统计量。

$$s = \sqrt{\frac{1}{n}\sum_{i=1}^{n}\left(x_i - \overline{x}\right)^2} \tag{2-3}$$

更常用的是标准差的平方，即方差。

$$s^2 = \frac{1}{n}\sum_{i=1}^{n}\left(x_i - \overline{x}\right)^2 = \frac{1}{n}\sum_{i=1}^{n} x_i^2 - \overline{x}^2 \tag{2-4}$$

由于不同数据单位不同，不便于比较，因此常常利用算术平均和标准差将数据做标准化处理，标准化的变量为

$$\frac{x-\overline{x}}{s} \tag{2-5}$$

3）形态统计量

偏度（skewness）和峰度（kurtosis）是衡量随机变量的概率密度分布曲线形状的特征量，其中偏度描述曲线峰值位置对期望的偏离程度，峰度描述曲线渐近于横轴时的陡度。

记 k 阶中心矩如下：

$$m_k=\frac{1}{n}\sum_{i=1}^{n}\left(x_i-\overline{x}\right)^k \tag{2-6}$$

偏度为

$$g_1=\frac{m_3}{s^3} \tag{2-7}$$

g_1 大于 0 为正偏，表示平均值大于众数；小于 0 为负偏。

峰度为

$$g_2=\frac{m_4}{s^4}-3 \tag{2-8}$$

g_2 大于 0 表示高峰态，小于 0 表示低峰态。如果数值为 0，则表示观测数据的分布非常接近正态分布。

4）相关统计量

衡量两个变量间关联密切程度的定量化指标有协方差和相关系数。

协方差为

$$C_{kl}=\operatorname{cov}\left(x_k,x_l\right)=\frac{1}{n}\sum_{i=1}^{n}\left(x_{ki}-\overline{x}_k\right)\left(x_{li}-\overline{x}_l\right) \tag{2-9}$$

协方差是一个带单位的量，在比较不同因子时常常带来不便，可将原变量标准化后再计算它们之间的协方差。这种协方差又称为相关系数，即

$$r=\frac{\sum_{i=1}^{N}\left(x_{ki}-\overline{x}_k\right)\left(x_{li}-\overline{x}_l\right)}{\sqrt{\sum_{i=1}^{N}\left(x_{ki}-\overline{x}_k\right)^2}\sqrt{\sum_{i=1}^{N}\left(x_{li}-\overline{x}_l\right)^2}} \tag{2-10}$$

相关系数 r 的值为正时，说明两个量呈正相关；r 的值为负时，说明两个量呈负相关；r 的绝对值越接近 1，则线性相关性越好。

衡量气象因子不同时刻之间密切程度的是自协方差和自相关系数。

设时间序列 $s_t\left(t=1,2,\cdots,n\right)$ 是一个平稳随机过程的某个实现，时间间隔 τ 的自协方差为

$$C(\tau)=\frac{1}{n-\tau}\sum_{t=1}^{n-\tau}(x_t-\bar{x})(x_{t+\tau}-\bar{x}) \tag{2-11}$$

相应的自相关系数是

$$r(\tau)=\frac{C(\tau)}{s^2}=\frac{1}{n-\tau}\sum_{t=1}^{n-\tau}\left(\frac{x_t-\bar{x}}{s}\right)\left(\frac{x_{t+\tau}-\bar{x}}{s}\right) \tag{2-12}$$

当 τ 为正时称为落后相关系数，反之称为超前相关系数。

2.3.2　概率密度函数

气象因子数值的概率密度函数 $f(x)$ 是各个确定值点附近的取值概率，反映了气象因子的分布规律，简称 PDF（probability density function）。对气象因子的概率密度函数进行积分，可得累积密度函数，表示气象因子的数值小于或等于某个数值的概率，简称 CDF（cumulative distribution function）。

$$F(x)=P(X\leqslant x) \tag{2-13}$$

$$F(x)=\int_{-\infty}^{x}f(t)\mathrm{d}t \tag{2-14}$$

1. 参数估计方法

如果气象因子的历史资料样本数超过 30 个，我们便可以选用适当的概率密度分布函数求得气象因子的概率分布。常见的气象因子的概率密度分布函数有以下几种。

1）正态分布函数

（1）正态分布。如随机变量 X 具有如下形式的概率密度函数：

$$f(x)=\frac{1}{\sigma\sqrt{2\pi}}\exp\left[-\frac{1}{2}\left(\frac{x-\mu}{\sigma}\right)^2\right] \tag{2-15}$$

则称 X 具有正态分布 $\mathrm{N}(\mu,\sigma^2)$，它的累计密度函数是

$$F(x)=\frac{1}{\sigma\sqrt{2\pi}}\int_{-\infty}^{x}\exp\left[-\frac{1}{2}\left(\frac{x-\mu}{\sigma}\right)^2\right]\mathrm{d}x \tag{2-16}$$

如 $\mu=0$，$\sigma^2=1$，则称 N（0，1）为标准正态分布。

（2）对数正态分布。当随机变量 x 的对数值服从正态分布时，称 x 的分布为对数正态分布。对于两参数正态分布而言，变量 x 的对数 $y=\ln x$ 服从正态分布时，y 的概率密度函数为

$$g(y)=\frac{1}{\sigma_y\sqrt{2\pi}}\exp\left[-\frac{(\ln x-a_y)^2}{2\sigma_y^2}\right],\quad -\infty<y<+\infty \tag{2-17}$$

式中，a_y 为随机变量 y 的数学期望；σ_y 为随机变量 y 的方差。由此可得到随机变量 x 的概率密度函数，即

$$f(x)=\frac{1}{x\sigma_y\sqrt{2\pi}}\exp\left[-\frac{(\ln x-a_y)^2}{2\sigma_y^2}\right],\quad x>0 \tag{2-18}$$

由于式（2-18）包含了 a_y 和 σ_y 两个参数，故称为两参数对数正态曲线。因 $x=\mathrm{e}^y$，故式（2-18）又可写为

$$f(x)=\frac{1}{x\sigma_y\sqrt{2\pi}}\exp\left[-\frac{(y-\overline{y})^2}{2\sigma_y^2}\right],\quad x>0 \tag{2-19}$$

由矩阵法可得各个统计参数，即

$$\overline{x}=\exp\left(a_y+\frac{1}{2}\sigma_y^2\right) \tag{2-20}$$

$$C_v=\left[\exp(\sigma_y^2)-1\right]^{\frac{1}{2}} \tag{2-21}$$

$$C_s=\left[\exp(\sigma_y^2)-1\right]^{\frac{1}{2}}\left[\exp(\sigma_y^2)+2\right]\geqslant 0 \tag{2-22}$$

所以，两参数对数正态分布是正偏的。

2）二项式分布

如随机变量 X 具有下列形式的函数：

$$P_x(r)=\mathrm{C}_n^r(1-p)^{n-r},\quad r=1,2,\cdots,n \tag{2-23}$$

则称 X 具有二项分布 b（p,n），其中 p 为一常数，$0<p<1$。它恰好是二项式$(p+q)^n$的展开式中的各项，且 $q=1-p$，则 X 的累积分布函数是

$$F_x(x)=P(X\leqslant x)=\sum_{r=0}^{[x]}\mathrm{C}_n^r p^r(1-p)^{n-r} \tag{2-24}$$

3）泊松分布

如随机变量 X 取可数的多个值 $r=0,1,2,\cdots$ 的概率分布是

$$P_x(r)=\mathrm{e}^{-\lambda}\frac{\lambda^2}{r!},\quad \lambda>0 \tag{2-25}$$

则称 X 是泊松分布 p（r，λ），其中 $\lambda>0$ 为一常数。注意这时也有

$$\sum_{r=0}^{\infty}P_x(r)=\mathrm{e}^{-\lambda}\sum_{r=0}^{\infty}\frac{\lambda^r}{r!}=\mathrm{e}^{-\lambda}\times\mathrm{e}^{\lambda}=1 \tag{2-26}$$

相应地，X的累积分布函数是

$$F_x(x)=P(X\leqslant x)=\sum_{r=0}^{[x]}\mathrm{e}^{-\lambda}\frac{\lambda^r}{r!} \tag{2-27}$$

4）柯西概率分布函数

设某种气象因子服从柯西分布，$X<x_p$ 的概率为

$$F\left(x_p\right)=P\left(X<x_p\right)=\mathrm{e}^{-\left(b/x_p\right)^a} \tag{2-28}$$

5）皮尔逊Ⅲ型曲线

皮尔逊Ⅲ型曲线是一条一端有限一端无限的不对称单峰正偏曲线，数学上常称伽马分布，其概率密度函数为

$$f(x)=\frac{\beta^\alpha}{\Gamma(\alpha)}\left(x-a_0\right)^{\alpha-1}\mathrm{e}^{-\beta(x-a_0)} \tag{2-29}$$

式中，$\Gamma(\alpha)$为α的伽马函数；α、β、a_0分别为皮尔逊Ⅲ型分布的形状尺度和位置未知参数，$\alpha>0$，$\beta>0$。

显然，三个参数确定以后，该密度函数随之可以确定。可以推论，这三个参数与总体三个参数$\overline{x}$、C_v、C_s具有如下关系：

$$\begin{cases}\alpha=\dfrac{4}{C_s^2}\\ \beta=\dfrac{2}{xC_vC_s}\\ a_0=\overline{x}\left(1-\dfrac{2C_v}{C_s}\right)\end{cases} \tag{2-30}$$

6）Fisher/Gumbel 分布

假设X为一随机变量（如某地的日最高气温或日降水量），而令x_1，x_2，…，x_n为X的一组随机样本，则若按由小到大的次序排列这个样本，就可写为$x_1^*<x_2^*<\cdots<x_n^*$。

显然，这里所有的$x_i^*\left(i=1,2,\cdots,n\right)$都是所谓次序随机变量，其中$x_n^*$就是该样本的极大值，而$x_1^*$就是该样本的极小值。所谓极值分布就是代表$x_n^*$或$x_1^*$的随机变量的概率分布，即对次序随机变量（又称次序统计量）

$$\begin{cases}x_n^*=\max\left(x_1,x_2,\cdots,x_n\right)\\ x_1^*=\min\left(x_1,x_2,\cdots,x_n\right)\end{cases} \tag{2-31}$$

寻求其分布函数和分布密度，显然，x_n^*或x_1^*取决于n的大小和原始变量x的分布形式。现以极大值为例，可以推得x_n^*或x_1^*的分布函数分别为

$$\begin{cases} F_n(x)=\left[P(X<x)\right]^n=\left[F(X)\right]^n \\ F_1(x)=1-\left[1-P(X<x)\right]^n=1-\left[1-F(X)\right]^n \end{cases} \tag{2-32}$$

（1）第Ⅰ型（指数原始分布或双指数原始分布）。

第Ⅰ型分布函数为

$$F(x)=P(X<x)=\exp\left[-\exp(-x)\right],\quad -\infty<x<+\infty \tag{2-33}$$

其标准化形式为

$$\varphi(X)=P\left(\frac{X-\theta}{\beta}<x\right)=\exp\left[-\exp\left(-\frac{X-\theta}{\beta}\right)\right],\quad -\infty<x<+\infty \tag{2-34}$$

此型称为 Fisher-Tippettd Ⅰ型分布。

（2）第Ⅱ型（柯西型原始分布）。

第Ⅱ型分布函数为

$$F(x)=P(X<x)=\exp\left[-X^{-\alpha}\right],\quad \alpha,x>0 \tag{2-35}$$

其标准化形式为

$$\varphi(X)=P\left(\frac{X-\theta}{\beta}<x\right)=\exp\left[-\left(\frac{X-\theta}{\beta}\right)^{-\alpha}\right],\quad 0<x<\infty,\alpha>0 \tag{2-36}$$

（3）第Ⅲ型（有界型）。

第Ⅲ型分布函数为

$$F(x)=\exp\left[-(-X)^{-\alpha}\right],\quad \alpha>0,x\leqslant 0 \tag{2-37}$$

其标准化形式为

$$\varphi(X)=P\left(\frac{X-\theta}{\beta}<x\right)=\exp\left[-\left(-\frac{X-\theta}{\beta}\right)^{-\alpha}\right],\quad x\leqslant 0 \tag{2-38}$$

此型适用于极小值的分布，可以证明它就是 Weibull 分布。

为求得气象因子的概率分布符合哪一种密度函数，首先需要对样本序列进行分布型判别，采用 K-S 检验法，通过检验且样本数大于 30，便可以使用这种概率分布密度函数。

2. 核密度估计方法

核密度估计是一种非参数的概率密度估计方法。

设 $K(\cdot)$ 为 R^1 上一个给定的概率密度，$h>0$ 是一个与 n 有关的常数，满足 $n\to\infty$，$h\to 0$，则 $f(x)$ 的一个核密度估计为

$$\hat{f}_n(x)=\frac{1}{n}\sum_{i=1}^{n}\frac{1}{h}K\left(\frac{x-X_i}{h}\right)=\int K_h(u-x)\mathrm{d}\hat{F}(u) \tag{2-39}$$

式中，h 为带宽（或称窗宽、光滑参数）；$K_h(\bullet)=K(\bullet/h)/h$，$K(\bullet)$ 为一已知核函数，满足

$$\sup_{-\infty<u<\infty}|K(u)|<+\infty, K(u)=K(-u) \tag{2-40}$$

$$\int_{-\infty}^{+\infty}K(u)\mathrm{d}u<+\infty \tag{2-41}$$

$$\lim_{|u|\to\infty}|uK(u)|=0 \tag{2-42}$$

核密度估计性能的好坏取决于核函数及带宽的选取。

常用的核函数有以下几种。

1）均匀核函数

$$K(u)=\frac{1}{2}I,\quad |u|\leqslant 1 \tag{2-43}$$

此时核估计即为 Rosenblatt 估计。

2）正态核函数

$$K(u)=\frac{1}{\sqrt{2\pi}}\exp\left(-\frac{u^2}{2}\right),\quad u\in(-\infty,+\infty) \tag{2-44}$$

3）Epanechnikov 核函数

$$K(u)=\begin{cases}\dfrac{3}{4\sqrt{5}}\left(1-\dfrac{1}{5}u^2\right), & -\sqrt{5}\leqslant u\leqslant\sqrt{5}\\ 0, & 其他\end{cases} \tag{2-45}$$

一般简记为

$$K(u)=0.75(1-u^2)I,\quad |u|\leqslant 1$$

4）双权核函数（biweight/quartic）

$$K(u)=\frac{15}{16}(1-u^2)^2 I,\quad |u|\leqslant 1 \tag{2-46}$$

5）三角核函数（triangle）

$$K(u)=(1-|u|)I,\quad |u|\leqslant 1 \tag{2-47}$$

式中，$I(\bullet)$ 为示性函数。

2.3.3 估计变量与辅助变量空间相关性的描述

变异函数（variogram）是地质统计学（geostatistics）中用来描述地学数据分布结构的基本工具。它的定义为区域化变量的增量的方差。由于地质统计学中主要使用的是区域化变量的增量的方差值的 1/2，称为半变异函数，因此变异函数常常实际代指的是半变异函数，本小节也采用这种代称。定义区域化变量 $Z(x)$ 在 x, $x+h$ 两点处差值的方差的 1/2 为 $Z(x)$ 的变异函数，记为 $\gamma(x,h)$，其表达式如下：

$$\begin{aligned}\gamma(x,h) &\equiv \frac{1}{2}\operatorname{var}\left[Z(x)-Z(x+h)\right] \\ &= \frac{1}{2}E\left\{\left[Z(x)-Z(x+h)\right]^2\right\}-\frac{1}{2}\left\{E\left[Z(x)\right]\right. \\ &\quad \left.-E\left[Z(x+h)\right]\right\}^2, \quad x,h\in \mathbf{R}^{\mathrm{d}}\end{aligned} \tag{2-48}$$

式中，h 被称为滞后距，它表示空间两点之间的距离。

当区域化变量的分布满足二阶平稳假设，即在研究区内 $Z(x)$ 的数学期望为常数，$Z(x)$ 的协方差函数存在且平稳时，有如下等式成立：

$$E\left[Z(x)\right]=E\left[Z(x+h)\right]=m(\text{常数}), \quad x,h\in \mathbf{R}^{\mathrm{d}} \tag{2-49}$$

$$\begin{aligned}\operatorname{cov}\left[Z(x),Z(x+h)\right] &= E\left[Z(x)Z(x+h)\right]-E\left[Z(x)\right]E\left[Z(x+h)\right] \\ &= E\left[Z(x)Z(x+h)\right]-m^2 \\ &= C(h), \quad x,h\in \mathbf{R}^{\mathrm{d}}\end{aligned} \tag{2-50}$$

将式（2-49）、式（2-50）代入式（2-48），可得二阶平稳假设下变异函数的表达式，即

$$\gamma(h)=\gamma(x,h)=\frac{1}{2}E\left\{\left[Z(x)-Z(x+h)\right]^2\right\}, \quad x,h\in \mathbf{R}^{\mathrm{d}} \tag{2-51}$$

实际应用中，通常用已有的样本数据，依据式（2-51）计算变异函数在特定滞后距 h 上的值，然后用变异函数模型对计算结果进行曲线拟合。常用的各向同性的变异函数模型有线性模型、球形模型、指数模型、高斯模型和孔效应模型等。

线性模型：

$$\gamma(h,\theta)=\begin{cases}0, & h=0 \\ c_0+b_l\|h\|, & h\neq 0\end{cases} \tag{2-52}$$

$$\theta=(c_0,b_l)'$$

式中，$c_0\geqslant 0$；$b_l\geqslant 0$。

球形模型：

$$\gamma(h,\theta)=\begin{cases}0, & h=0\\ c_0+c_s\left\{\dfrac{3}{2}\left(\dfrac{\|h\|}{a_s}\right)-\dfrac{1}{2}\left(\dfrac{\|h\|}{a_s}\right)^3\right\}, & 0<\|h\|\leqslant a_s\\ c_0+c_s, & \|h\|>a_s\end{cases} \tag{2-53}$$

$$\theta=(c_0,c_s,a_s)'$$

式中，$c_0\geqslant 0$；$c_s\geqslant 0$；$a_s\geqslant 0$。

指数模型：

$$\gamma(h,\theta)=\begin{cases}0, & h=0\\ c_0+c_e\left\{1-\exp\left(-\dfrac{\|h\|}{a_e}\right)\right\}, & h\neq 0\end{cases} \tag{2-54}$$

$$\theta=(c_0,c_e,a_e)'$$

式中，$c_0\geqslant 0$；$c_e\geqslant 0$；$a_e\geqslant 0$。

高斯模型：

$$\gamma(h,\theta)=\begin{cases}0, & h=0\\ c_0+c_g\left\{1-\exp\left[-\left(\dfrac{\|h\|}{a_g}\right)^2\right]\right\}, & h\neq 0\end{cases} \tag{2-55}$$

$$\theta=(c_0,c_g,a_g)'$$

式中，$c_0\geqslant 0$；$c_g\geqslant 0$；$a_g\geqslant 0$。

孔效应模型，该模型表示出了由于周期性造成的负相关：

$$\gamma(h,\theta)=\begin{cases}0, & h=0\\ c_0+c_w\left\{1-\dfrac{a_w}{\|h\|}\sin\left(-\dfrac{\|h\|}{a_w}\right)\right\}, & h\neq 0\end{cases} \tag{2-56}$$

$$\theta=(c_0,c_w,a_w)'$$

式中，$c_0\geqslant 0$；$c_w\geqslant 0$；$a_w\geqslant 0$。

各模型的函数曲线形状如图 2-2 所示。各模型在$\|h\|=0$ 位置有一个阶跃 c_0，被称为块金效应，它表示区域化变量自身随机性的大小。

针对较复杂的变异函数形状，可以采用套合模型，即利用以上模型进行线性组合，得到更为准确的变异函数曲线。

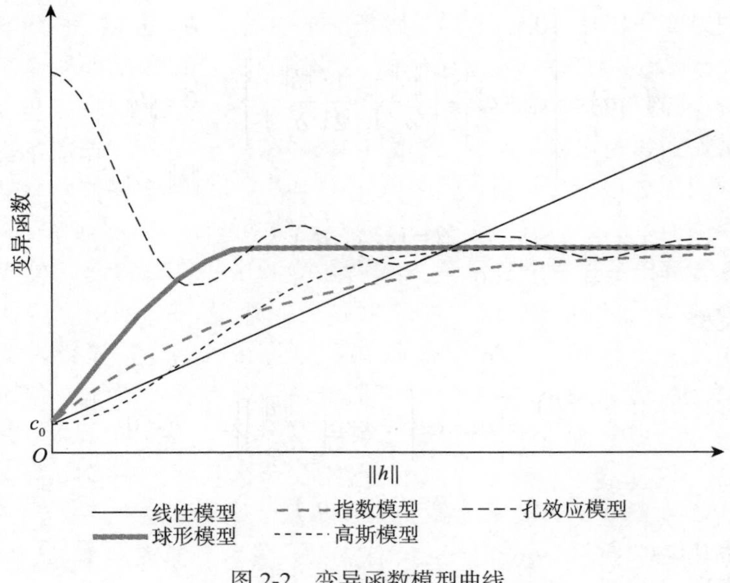

图 2-2　变异函数模型曲线

2.3.4　交叉变异函数

在多个变量的情形下，每个变量都有其各自的变异函数（Isaaks and Srivastava，1989）。

$$\gamma_{ii}(h)=\frac{1}{2}\mathrm{var}\left[Z_i(x)-Z_i(x+h)\right],\quad x,h\in\mathbf{R}^{\mathrm{d}};i=1,2,\cdots,k \tag{2-57}$$

为描述两个变量的相关性随距离变化的关系，定义两个变量间增量的协方差为交叉变异函数（Clark，1979），即

$$\nu_{ij}(h)\equiv\frac{1}{2}\mathrm{cov}\left\{\left[Z_i(x)-Z_i(x+h)\right],\left[Z_j(x)-Z_j(x+h)\right]\right\},\quad x,h\in\mathbf{R}^{\mathrm{d}} \tag{2-58}$$

式中，$\nu_{ij}(h)$为第 i 个变量 Z_i 与第 j 个变量 Z_j 的交叉变异函数；h 为滞后距。如果两个变量呈正相关，则交叉变异函数$\nu_{ij}(h)$的值为正；如果两个变量呈负相关，则$\nu_{ij}(h)$的值为负；两个变量不相关，则$\nu_{ij}(h)$的值为零。

2.4　空间估计方法

空间数据最大的特点是数据量大，要获得整个研究区内的数据，通常采用空

间插值方法根据已有的观测样本数据来估算未采样区域的数据值。空间插值分为内插和外推两种情况，利用研究区内的观测样本数据来估算研究区内未采样点的数据值的过程叫做内插，而估算研究区外未采样点的数据值的过程叫做外推。本节采用笼统的空间插值概念，没有细分为内插和外推。现有的空间插值方法很多，但是很难找到一种可以适用于所有应用的空间插值方法。对于不同的插值对象，相同的空间插值方法的插值精度不同，而对于相同的插值对象，不同的空间插值方法所得到的插值结果也截然不同，应在众多插值方法中选择一个最符合当前应用的插值方法。下面介绍在气象要素空间插值中最常用的几种空间插值方法。

2.4.1　Kriging 方法

克里金（Kriging）方法最先由南非矿产地理学家 P. G. Krige 于 20 世纪 50 年代提出，并在法国统计学家 Matheron 的大量理论研究工作的贡献下，于 20 世纪 60 年代发展成熟完善。克里金方法是建立在地质统计学理论的基础之上的。它假设空间变量是二阶平稳的，可用变异函数（variogram）来描述空间变量分布的结构特点（Isaaks and Srivastava，1989），并根据概率统计理论求出待估计点的无偏、最小方差估计。由于这种方法的理论基础坚实，能够克服传统方法对误差难以估计的缺点，对每个估计点的误差大小都能做出理论预测，且插值过程考虑了采样点的几何特征（大小、形状）和空间关系，所以插值结果精度较高且可靠。且这种方法通过不断发展，从普通克里金（ordinary Kriging）发展形成了考虑协同变量的协克里金（Co-Kriging），考虑空间异质性的泛克里金（universal Kriging）等一系列方法。

设 $Z(x), x \in \mathbf{R}^{\mathrm{d}}$ 是区域化变量，满足二阶平稳假设，$Z(x_i)$ 是对空间中的点 $x_i (i=1,2,\cdots,n)$ 观测得到的一组离散的采样数据，点 x_0 处的待估计值为 $\hat{Z}(x_0)$。$\hat{Z}(x_0)$ 的值如下：

$$\hat{Z}(x_0) = \sum_{i=1}^{n} \lambda_i Z(x_i) \tag{2-59}$$

式中，$\lambda_i (i=1,2,\cdots,n)$ 为各采样数据的权重。

根据估计量无偏的约束，有

$$E\left[\hat{Z}(x_0)\right] = \sum_{i=1}^{n} \lambda_i E\left[Z(x_i)\right] = E\left[Z(x_i)\right] \tag{2-60}$$

在二阶平稳条件下，可得

$$\sum_{i=1}^{n} \lambda_i = 1 \tag{2-61}$$

在估计量无偏的约束下，用拉格朗日乘数法求取使估计方差最小的权重系数 λ_i，得到如下方程组：

$$\begin{cases}\sum_{i=1}^{n}\lambda_i\gamma\left(x_i,x_j\right)+\mu=\gamma\left(x_i,x_0\right), \quad j=1,2,\cdots,n \\ \sum_{i=1}^{n}\lambda_i=1\end{cases} \tag{2-62}$$

式中，$\gamma(\cdot)$ 为变异函数。由式（2-62）求得权重系数 λ_i 后，代入式（2-59）即可得到点 x_0 处的克里金插值的估计值。

2.4.2　Co-Kriging 方法

协克里金法是多元地统计学研究的基本方法，其建立在协同区域化变量理论基础之上，利用多个区域化变量之间的互相关性，通过建立交叉协方差函数（cross covariance）和交叉变异函数（cross variogram）模型，用易于观测和控制的变量对不易观测的变量进行局部估计。与普通克里金法相比，该方法能有效改进估计精度和采样效率。

与普通克里金法相似，点 x_0 处的待估计值为 k 个协同区域化变量的全部有效数值的线性组合，即

$$\hat{Z}_1\left(x_0\right)=\sum_{i=1}^{n}\sum_{j=1}^{k}\lambda_{ji}Z_j\left(x_i\right) \tag{2-63}$$

式中，$Z_j\left(x_i\right)$ 为第 j 个协变量在点 x_i 处的值；λ_{ji} 为权重系数。

要使估计值无偏且系数归一化，可得如下充要条件：

$$\sum_{i=1}^{n}\lambda_{1i}=1, \sum_{i=1}^{n}\lambda_{ji}=0, \quad \forall j=2,3,\cdots,k \tag{2-64}$$

在普通克里金的估计量无偏和估计方差最小的假设约束条件的基础上，协克里金还增加了两个变量之间差值的方差最小的约束条件。

$$\operatorname{var}\left[Z_1(x)-Z_j(x+h)\right]=2v_j(h), \quad x,h\in\mathbf{R}^{\mathrm{d}};j=2,3,\cdots,k \tag{2-65}$$

式中，$Z_j(x)$ 为与待估计量 $Z_1(x)$ 相关的第 j 个协变量。

在上述约束条件下，用拉格朗日乘数法求使估计误差方差最小的权重系数 λ_{ji}，方程如下：

$$\begin{cases}\sum_{i=1}^{n}\sum_{j=1}^{k}\lambda_{ji}C_{jj'}\left(x_i,x_{i'}\right)-m_{j'}=C_{1j'}\left(x_0,x_{i'}\right), & i'=1,2,\cdots,n;\ \ j'=1,2,\cdots,k\\ \sum_{i=1}^{n}\lambda_{1i}=1,\ \sum_{i=1}^{n}\lambda_{ji}=0, & \forall j=2,3,\cdots,k\end{cases} \tag{2-66}$$

2.4.3　BME 方法

Christakos（1990）提出了贝叶斯最大熵（Bayesian maximum entropy，BME）方法。该方法最大的特点是能够将多种数据类型和多种信息融入到插值过程中。这些数据和信息被划分为普遍知识（general knowledge）和专用知识（site-specific knowledge）两部分。普遍知识（K_G）包括各阶统计矩（数学期望、方差、协方差等）、物理定律和专家经验等，它对空间的整体特征做了概括性的先验的描述；专用知识（K_S）不但包括精确的测量数据（硬数据），还包括以区间或概率分布等形式表示的非精确的数据（软数据），它描述了与研究区域相关的变量的实际分布。

BME 方法的计算过程分为三步，如图 2-3 所示。具体计算步骤分为先验阶段、预后验阶段和后验阶段。

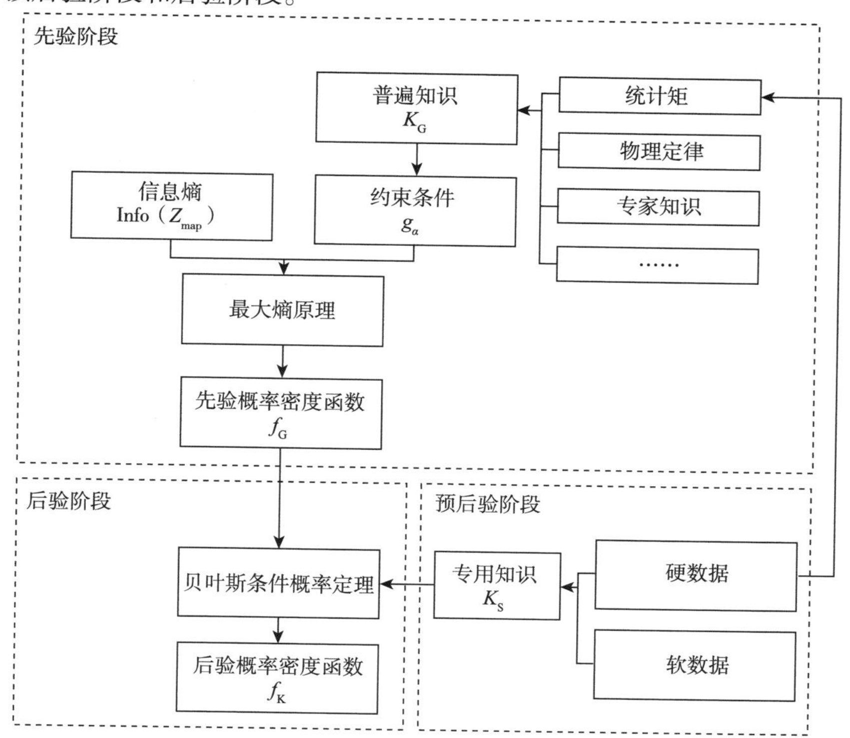

图 2-3　BME 方法计算步骤

1. 先验阶段

先验阶段（prior stage）的任务是根据最大熵原理（principle of maximum entropy）求得待估计量基于普遍知识 K_G 的概率密度函数，称为先验概率密度函数（prior PDF）。

根据 Shannon 的信息论，定义信息熵为

$$\text{Info}_G\left(Z_{\text{map}}\right)=-\log f_G\left(Z_{\text{map}}\right) \tag{2-67}$$

式中，Z_{map} 为研究区域内的空间随机变量，$Z_{\text{map}}=\left(Z_{\text{hard}},Z_{\text{soft}},Z_0\right)$，$Z_{\text{hard}}$、$Z_{\text{soft}}$ 和 Z_0 分别表示硬数据的值、软数据的值和待估计位置的未知值；$f_G\left(Z_{\text{map}}\right)$ 表示基于普遍知识 K_G 的概率密度函数。整个系统的信息熵为

$$H\left[f_G\left(Z_{\text{map}}\right)\right]=E\left[\text{Info}_G\left(Z_{\text{map}}\right)\right]=-\int_{D_z} f_G\left(Z_{\text{map}}\right)\log f_G\left(Z_{\text{map}}\right)\text{d}Z_{\text{map}} \tag{2-68}$$

依据已知的普遍知识 K_G，可以写出系统的约束条件，表示如下：

$$E\left[g_\alpha\left(Z_{\text{map}}\right)\right]=\int g_\alpha\left(Z_{\text{map}}\right)f_G\left(Z_{\text{map}}\right)\text{d}Z_{\text{map}}\text{，}\quad \alpha=0,1,\cdots,N_c \tag{2-69}$$

式中，$g_\alpha\left(Z_{\text{map}}\right)$ 表示基于 K_G 的关于 Z_{map} 的已知函数；N_c 为条件个数。K_G 中的基本统计约束包括正规化约束，以及基于硬数据得出的数学期望、方差或协方差约束。其中，正规化约束定义为

$$g_0\left(Z_{\text{map}}\right)=1\Rightarrow E\left[g_0\right]=1 \tag{2-70}$$

代入式（2-69），得 $\int f_G\left(Z_{\text{map}}\right)\text{d}Z_{\text{map}}=1$，即先验概率密度函数归一化。

数学期望约束表示为

$$g_\alpha\left(Z_k\right)=Z_k\Rightarrow E\left[g_\alpha\right]=E\left[Z_k\right] \tag{2-71}$$

式中，$k=0,1,\cdots,n$；$\alpha=1,2,\cdots,n+1$；n 表示待估计点 x_0 周围一定范围（变程）内硬数据的个数。

关于方差的约束表示为

$$g_\alpha\left(Z_k\right)=\left(Z_k-m_k\right)^2\Rightarrow E\left[g_\alpha\right]=E\left[\left(Z_k-m_k\right)^2\right] \tag{2-72}$$

式中，$k=0,1,\cdots,n$；$\alpha=n+2,n+3,\cdots,2(n+1)$。

与协方差相关的约束表示为

$$g_\alpha\left(Z_k,Z_l\right)=\left(Z_k-m_k\right)\left(Z_l-m_l\right)\Rightarrow E\left[g_\alpha\right]=E\left[\left(Z_k-m_k\right)\left(Z_l-m_l\right)\right] \tag{2-73}$$

式中，$k,l=0,1,\cdots,n$；$\alpha=2(n+1)+1,2(n+1)+2,\cdots,(n+1)(n+4)/2$；$m_k$、$m_l$ 分别表示随机变量 Z_k 和 Z_l 在点 x_k 和 x_l 的数学期望。

根据最大熵原理（Shannon，1948），要在考虑各种已知信息的前提下求取系统的最大信息熵，即在式（2-70）~式（2-73）的约束条件下求式（2-67）的最大

值。用拉格朗日乘数法，引入拉格朗日乘数 μ_α，构造如下拉格朗日函数：

$$L\left[f_{\mathrm{G}}\left(Z_{\mathrm{map}}\right)\right]=-\int f_{\mathrm{G}}\left(Z_{\mathrm{map}}\right)\log f_{\mathrm{G}}\left(Z_{\mathrm{map}}\right)\mathrm{d}Z_{\mathrm{map}} -\sum_{\alpha=0}^{N_c}\left[\mu_\alpha\left[\int g_\alpha\left(Z_{\mathrm{map}}\right)f_{\mathrm{G}}\left(Z_{\mathrm{map}}\right)\mathrm{d}Z_{\mathrm{map}}\right]-E\left[g_\alpha\left(Z_{\mathrm{map}}\right)\right]\right] \tag{2-74}$$

令式(2-74)偏导为 0，解方程组，得到 $f_{\mathrm{G}}\left(Z_{\mathrm{map}}\right)$，此即先验概率密度函数，即

$$f_{\mathrm{G}}\left(Z_{\mathrm{map}}\right)=\frac{1}{A}\exp\left(\sum_{\alpha=1}^{N_c}\mu_\alpha g_\alpha\left(Z_{\mathrm{map}}\right)\right) \tag{2-75}$$

式中，A 为归一化系数，即

$$A=\int\exp\left(\sum_{\alpha=1}^{N_c}\mu_\alpha g_\alpha\left(z_{\mathrm{map}}\right)\right)\mathrm{d}z_{\mathrm{map}} \tag{2-76}$$

2. 预后验阶段

预后验阶段（pre-posterior stage）的任务是收集、组织并以合适的形式量化可被用于 BME 方法的信息，构成专用知识 K_{S}。其中，硬数据在先验阶段已被间接利用，在预后验阶段又被直接利用。

3. 后验阶段

后验阶段（posterior stage）的任务是依据贝叶斯条件概率（Bayesian conditional probability theorem），基于专用知识 K_{S} 来更新先验概率密度函数，以获得后验概率密度函数（posterior PDF）。

在已知条件（硬数据和软数据分布）下，由贝叶斯条件概率公式，可按式（2-77）更新先验概率密度函数，得到在待估计点 x_0 处，空间变量 Z 的后验概率密度函数为

$$f_K\left(Z_0\right)=f_{\mathrm{G}}\left(Z_0\mid Z_{\mathrm{hard}},Z_{\mathrm{soft}}\right)=\frac{f_{\mathrm{G}}\left(Z_0,Z_{\mathrm{hard}},Z_{\mathrm{soft}}\right)}{f_{\mathrm{G}}\left(Z_{\mathrm{hard}},Z_{\mathrm{soft}}\right)} \tag{2-77}$$

式中，$Z_{\mathrm{hard}}=\left[x_1,x_2,\cdots,x_n\right]'$，$Z_{\mathrm{soft}}=\left[x_{n+1},x_{n+2},\cdots,x_m\right]'$，其中 n 为距待估计点的最大距离为 $d_{\max}$ 的范围内硬数据的个数，$m-h$ 为该范围内软数据的个数。若软数据以概率密度函数的形式表示，则

$$f_K\left(Z_0\right)=\frac{\int_\alpha^\beta f_{\mathrm{G}}\left(Z_0,Z_{\mathrm{hard}},Z_{\mathrm{soft}}\right)f_{\mathrm{S}}\left(Z_{\mathrm{soft}}\right)\mathrm{d}Z_{\mathrm{soft}}}{\int_\alpha^\beta f_{\mathrm{G}}\left(Z_{\mathrm{hard}},Z_{\mathrm{soft}}\right)f_{\mathrm{S}}\left(Z_{\mathrm{soft}}\right)\mathrm{d}Z_{\mathrm{soft}}} \tag{2-78}$$

式中，$f_{\mathrm{S}}\left(Z_{\mathrm{soft}}\right)$ 为软数据的概率密度函数。若软数据以区间的形式表示，如 $x\in\left[\alpha_k,\beta_k\right]$，则 $f_{\mathrm{S}}\left(Z_{\mathrm{soft}}\right)$ 为在指定区间上的均匀分布，式（2-78）可化简为

$$f_K\left(Z_0\right)=\frac{\int_\alpha^\beta f_{\mathrm{G}}\left(Z_0, Z_{\text{hard}}, Z_{\text{soft}}\right) \mathrm{d} Z_{\text{soft}}}{\int_\alpha^\beta f_{\mathrm{G}}\left(Z_{\text{hard}}, Z_{\text{soft}}\right) \mathrm{d} Z_{\text{soft}}} \tag{2-79}$$

经过以上三个步骤，得到了待估计点的后验概率密度函数。用 BME 方法得到的后验概率密度函数的形状一般为非高斯分布。利用后验概率分布，可以根据需要选择概率最大值、数学期望、中位点等统计量作为待估计位置的估计值，并可以用概率密度函数的方差、标准差来评价估计值的不确定度。

BME 方法提供了一个通用的科学框架，用于时空分析和插值。它的主要优点有：①能够在插值中吸收和利用多种先验知识，包括低阶和高阶的统计矩、物理法则、科学定理及专家知识。②能够利用不确定的观测结果（即软数据），在 BME 插值中无须对软数据进行硬化，因此能够融合不同来源、不同精度的数据样本。③无须对数据分布形式做出先验假设，可以适用于各种分布类型的数据。④估值过程通常是非线性的。⑤所得估值结果是一个概率密度分布，能基于该结果按实际需要取均值、中位数等统计量作为插值结果的代表，还能基于分布函数对插值结果的不确定度做出全面的估计。

2.5　插值精度评价

为对气象因子分布的插值估计结果的精度进行量化评价及比较，可使用独立的验证数据集或采用交叉验证法（cross-validation）作为验证方法。精度评价的指标选取了平均误差 ME、平均绝对误差 MAE 和均方根误差 RMSE，估计结果与实际值的线性相关度平均指标为散点图和皮尔逊相关系数。

为计算插值结果的不确定度，一种方法是采用独立的验证数据集对插值结果进行验证。这种方法用额外采样的验证数据来对插值结果进行检验，或从已有数据中划分出一部分作为独立的验证集，不参与插值运算。这种方法在计算上比较简便，只需要一一对比验证数据集与估计结果即可。然而由于这种方法需要采集额外的验证数据，对于气象因子来说，气象站点分布本就稀疏，若额外的采样则需要高昂的成本，若划分独立的验证集则在插值中将损失一部分信息。

交叉验证法又被称为循环估计。这种方法可利用已有数据，比较所有点的采样值和估计值，无须额外的验证数据，具有经济快速的特点，常被用于不同方法或不同参数设置下插值结果的比较。交叉验证法包括两种：一种是去一法交叉验证，这种方法的实施步骤是，去除一个采样点的数据，用该点之外所有采样点的数据估计该点的值，得到跟采样值对应的估计值。按上述步骤遍历全部采样点，即可依次计算出所有采样值对应的估计值。另一种是 k 折交叉验证，该方法将所有采样点划分为 k 个集合，每次去除其中一个集合，用其余 k–1 个集合的采样数据计算该集合采样点对应的估计值。依次遍历全部 k 个集合，即可计算出所有采样值对应的估计值。去一法交叉验证可以说是 k 折交叉验证在每个集合只有一个采样点时的特殊情况。交叉验证流程见图 2-4。

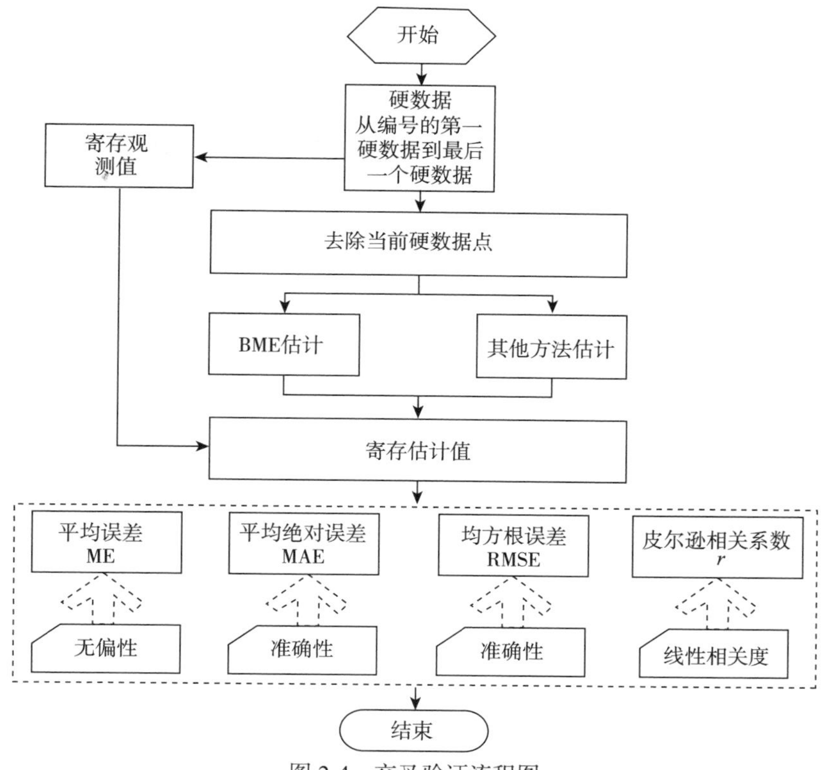

图 2-4　交叉验证流程图

在插值结果对比中，平均误差 ME、平均绝对误差 MAE 和均方根误差 RMSE 是最常用的三个衡量插值精度的评价指标。ME 用于衡量估计结果的无偏性，它的绝对值越小，说明估计结果的无偏性越好；MAE 和 RMSE 用于衡量估计结果的准确性，它们的值越小，说明估计结果的整体误差越小，插值越精确。

设有 N 个验证点，依次为 $x_1, x_2, \cdots, x_N$。根据每个验证点的实际观测值 $Z(x_i)(i=1,2,\cdots,N)$ 和估计值 $Z^*(x_i)(i=1,2,\cdots,N)$，ME 的计算公式如下：

$$\mathrm{ME}=\frac{1}{N}\sum_{i=1}^{N}\left[Z(x_i)-Z^*(x_i)\right] \tag{2-80}$$

MAE 的计算公式如下：

$$\mathrm{MAE}=\frac{1}{N}\sum_{i=1}^{N}\left|Z(x_i)-Z^*(x_i)\right| \tag{2-81}$$

RMSE 的计算公式如下：

$$\mathrm{RMSE}=\sqrt{\frac{1}{N}\sum_{i=1}^{N}\left[Z(x_i)-Z^*(x_i)\right]^2} \tag{2-82}$$

除了 ME、MAE 和 RMSE 这三个指标外，估计值和观测值的散点图也常被用以直观地表现和评价插值结果的质量。如果散点图中点集中分布在 1∶1 线附近，说明插值结果较好。

为量化估计值和观测值之间相关关系的密切程度，可采用皮尔逊相关系数 r，它的计算公式如下：

$$r=\frac{\sum_{i=1}^{N}\left(Z(x_i)-\overline{Z}\right)\left(Z^*(x_i)-\overline{Z^*}\right)}{\sqrt{\sum_{i=1}^{N}\left(Z(x_i)-\overline{Z}\right)^2}\sqrt{\sum_{i=1}^{N}\left(Z^*(x_i)-\overline{Z^*}\right)^2}} \tag{2-83}$$

式中，

$$\overline{Z}=\frac{1}{N}\sum_{i=1}^{N}Z(x_i) \tag{2-84}$$

$$\overline{Z^*}=\frac{1}{N}\sum_{i=1}^{N}Z^*(x_i) \tag{2-85}$$

$\overline{Z}$ 和 $\overline{Z^*}$ 分别为采样值和估计值的算术平均。相关系数 r 的值为正时，说明估计值与观测值呈正相关，r 的绝对值越接近 1，则线性相关性越好。

2.6 气象因子时空分布案例研究

2.6.1 研究区域设置

本节研究选取的研究区域是京津冀地区，该区域的经纬度的大致范围为 113°E~120°E，36°N~43°N，如图 2-5 所示。区域内有北京、天津、石家庄等 11 个城市，总土地面积约为 21.6 万平方千米，有常住人口约 1.1 亿人。该区域位于华北平原北部，是中国主要的粮食产区，东临渤海，西北有太行山脉穿过，气候类型为温带季风气候，春季降水稀少且蒸发强烈，易发生旱灾；夏季高温多雨，常有暴雨洪涝灾害；冬季寒冷干燥，易受寒潮影响。

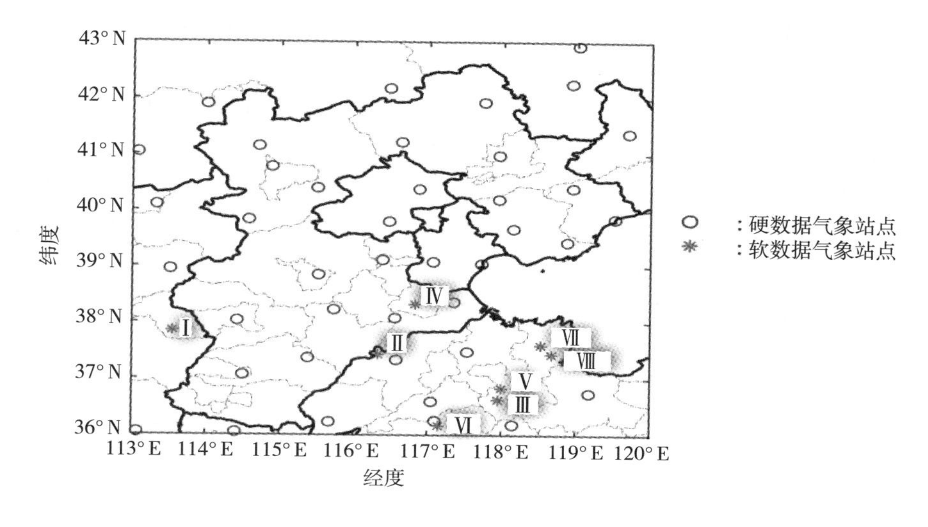

图 2-5　研究区域的气象站点分布

2.6.2　数据预处理

本小节研究使用中国气象数据网（http://cdc.nmic.cn）发布的中国地面气候资料年值数据集，该数据集包含中国 756 个气象站点 1951~2012 年历年的年降水量、年平均温度、年平均水汽压等气象因子的年值数据。本小节研究选择研究区域内及其周边共 49 个气象站点的 1983~2012 年共计 30 年的年降水量、年平均温度和年平均水汽压的数据。其中年降水量数据作为插值主变量的数据，年平均温度和年平均水汽压的数据作为协变量数据。

在全部 49 个气象站点中，有 8 个站点在所研究的时间段内出现过年降水量数据缺测的情况（在原始文件中缺测值被记录为 32 766 或–32 766）。在本小节研究中，根据这 8 个站点 1951~2012 年的 60 年间降水量的值，用核密度估计法分别拟合出各个站点的降水量概率密度函数，作为软数据来代替缺测值。这 8 个站点则被称为软数据气象站点，用罗马数字Ⅰ~Ⅷ分别编号，而其他 41 个气象站点被称为硬数据气象站点。软数据气象站点和硬数据气象站点分别已在图 2-5 中标明，其中各软数据气象站点的软数据如图 2-5 所示。在研究的时间范围内，硬数据气象站点的历年观测数据，以及软数据气象站点无缺测情况的年份的观测数据被称为硬数据。

本小节研究还基于数字高程模型（digital elevation model，DEM）获取了京津冀地区的海拔高度数据，选用的数字高程模型是 ASTER GDEM v2。该模型是基于 Terra 卫星的详尽观测结果制成的，模型的水平空间分辨率为 1 弧度秒，约 30 米，垂直精度为 20 米。

此外，基于全球海岸线，用 ArcGIS 10.2.2 软件的近邻分析功能计算了京津冀地区各点距海岸线的最近距离，空间分辨率为 0.1 度，约 11 千米。

综上所述，气象数据中的硬数据、海拔高度数据和距海岸线最近距离共同构成了插值中使用的硬数据集，软数据气象站点位置年降水量的概率密度函数构成了软数据集。图 2-6 展示了完整的数据整理与预处理流程，图 2-7 则给出了气象站点距海岸线最近距离的图示。

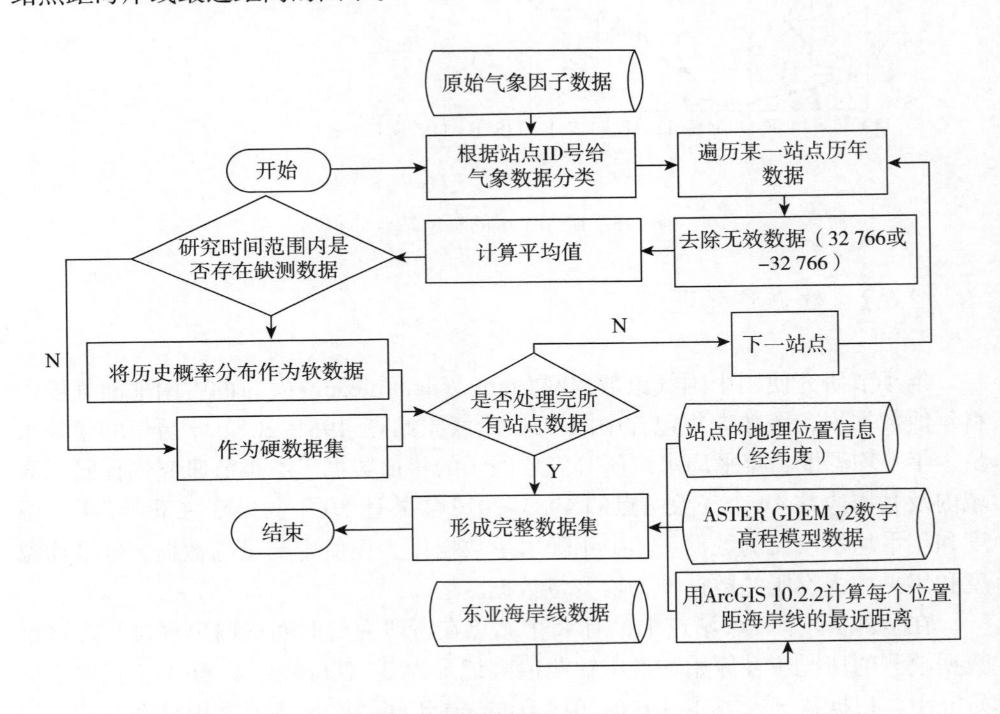

图 2-6　数据整理与预处理流程

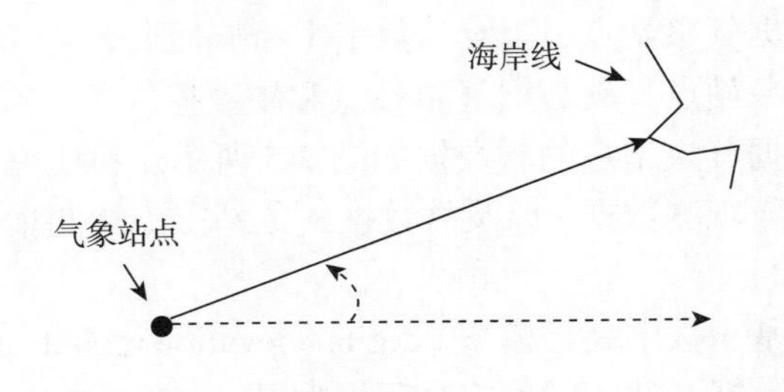

图 2-7　气象站点距海岸线最近距离

2.6.3　使用变量的基本统计量和变异函数计算

对研究区域内各个气象站 2003~2012 年的年降水量、年平均气温、年平均水汽压数据，分别计算它们的均值和标准差，如表 2-1 所示。

表 2-1　京津冀地区气象因子的均值和标准差

项目	年降水量/毫米	年平均气温/摄氏度	年平均水汽压/帕
均值	625.3	10.35	977.1
标准差	192.3	3.764	241.0

分别在区间[0，2 000]、[−10，30]、[0，2 000]上划分 20 个等宽度的区间，统计各区间内的气象因子值出现的频次，绘制出概率分布直方图。再用核密度估计的方法，分别设定核密度估计使用的高斯核的方差为 2×10^4、5、5×10^3，估计出各气象因子的概率密度函数，如图 2-8 所示。

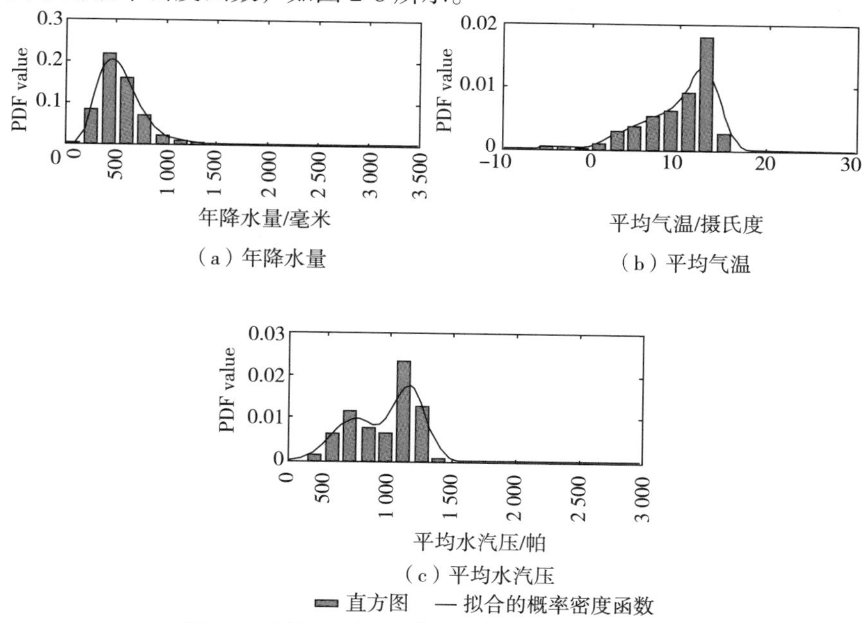

（a）年降水量

（b）平均气温

（c）平均水汽压

图 2-8　研究区域内气象因子值的概率密度分布

对年降水量、年平均气温、年平均水汽压的概率密度函数积分，得到它们的累积密度分布函数，如图 2-9 所示。

图 2-10 显示了软数据位置得到的轴对称概率密度函数，软数据概率密度函数的形状是基于 30 年气象因子数据序列（1983~2012 年）的统计分析，并考虑了因子的局部变化性等专家知识。年降水量的变异函数能够刻画年降水量空间分布

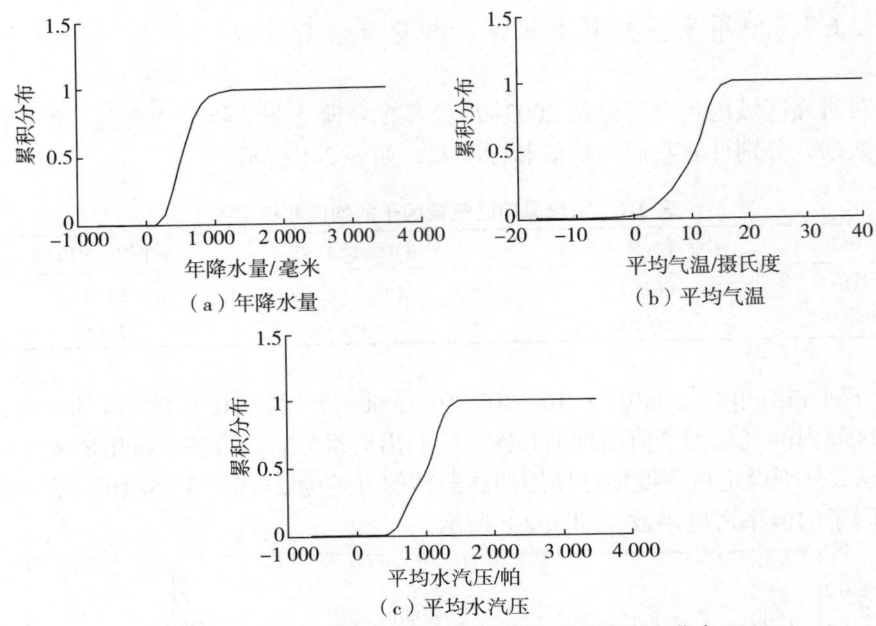

图 2-9　研究区域内气象因子值的累积概率密度分布

的结构性和随机性。首先用年降水量的硬数据按式（2-86），以 0.9 度的滞后距变化为间隔，计算（0，7）的定义域区间上的变异函数值，如图 2-11 所示。接着，选择变异函数的套合模型。通过尝试和调整，选用带块金效应的高斯模型，经最小二乘法对计算值拟合，得到如下变异函数表达式：

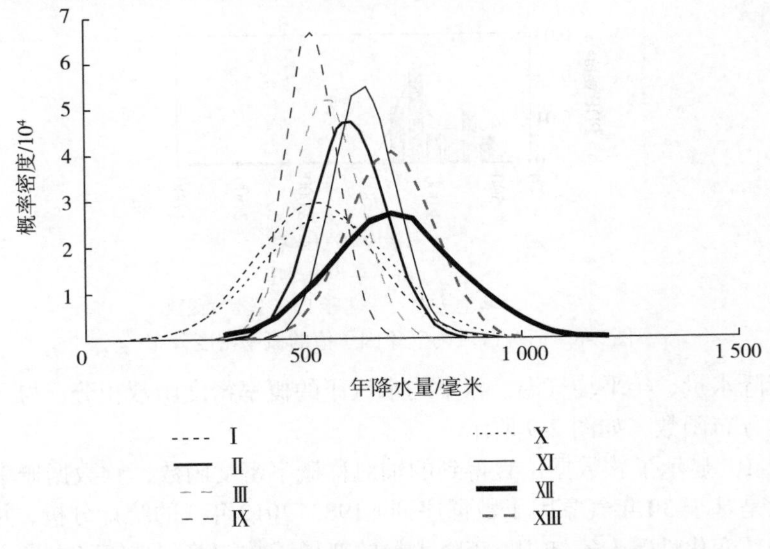

图 2-10　各软数据气象站点的年降水量软数据

$$\gamma(h)=1.808\times10^{6}+7.095\times10^{8}\times\left[1-\exp\left(-\frac{3h^{2}}{158.7^{2}}\right)\right],\quad h>0 \tag{2-86}$$

式中，第一项为块金效应的部分；第二项为高斯模型的部分。拟合的变异函数曲线如图 2-11 中的实线所示。可以看出，变异函数的拟合结果与计算值吻合得很好。随着距离的增大，变异函数值增大，说明年降水量的相关性随着距离增大而减弱。

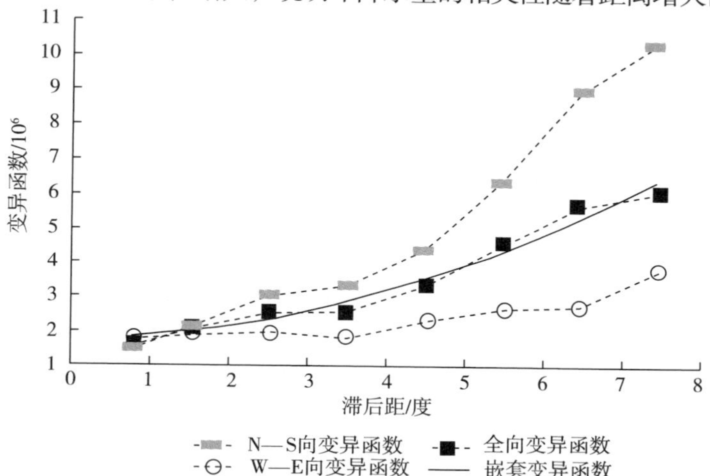

图 2-11　年降水量的变异函数

年降水量与协变量间的交叉变异函数刻画了年降水量与其他变量空间分布的相关性。与变异函数的计算过程相似，先按式（2-58）计算交叉变异函数的值，然后同样选用块金模型和高斯模型组合得到的套合模型，用最小二乘法对计算值拟合，得到交叉变异函数的表达式，即

$$V_1(h)=-7.994\times10^{3}+9.485\times10^{4}\times\left[1-\exp\left(-\frac{3h^{2}}{7.0^{2}}\right)\right] \tag{2-87}$$

$$V_2(h)=-8.396\times10^{2}+6.881\times10^{4}\times\left[1-\exp\left(-\frac{3h^{2}}{7.0^{2}}\right)\right] \tag{2-88}$$

$$V_3(h)=1.947\times10^{6}-1.223\times10^{7}\times\left[1-\exp\left(-\frac{3h^{2}}{7.0^{2}}\right)\right] \tag{2-89}$$

$$V_4(h)=1.573\times10^{5}-2.106\times10^{8}\times\left[1-\exp\left(-\frac{3h^{2}}{7.0^{2}}\right)\right] \tag{2-90}$$

式中，$h>0$；$V_1(h)$、$V_2(h)$、$V_3(h)$ 和 $V_4(h)$ 分别为年降水量与年平均温度、年平均水汽压、海拔和距海岸线最近距离的交叉变异函数。交叉变异函数曲线如图 2-12 所示。从图 2-12 中可以看出，年降水量与年平均温度和年平均水

汽压的交叉变异函数值为正，说明年降水量与这两个协变量之间为正相关关系；年降水量与海拔和距海岸线最近距离的交叉变异函数值为负，说明年降水量与这两个协变量之间为负相关关系。这些交叉变异函数的值的绝对值都随着距离的增大而增大，反映年降水量与这些协变量的空间相关性随着距离的增大而减弱。变量间的相关系数如图 2-13 所示。

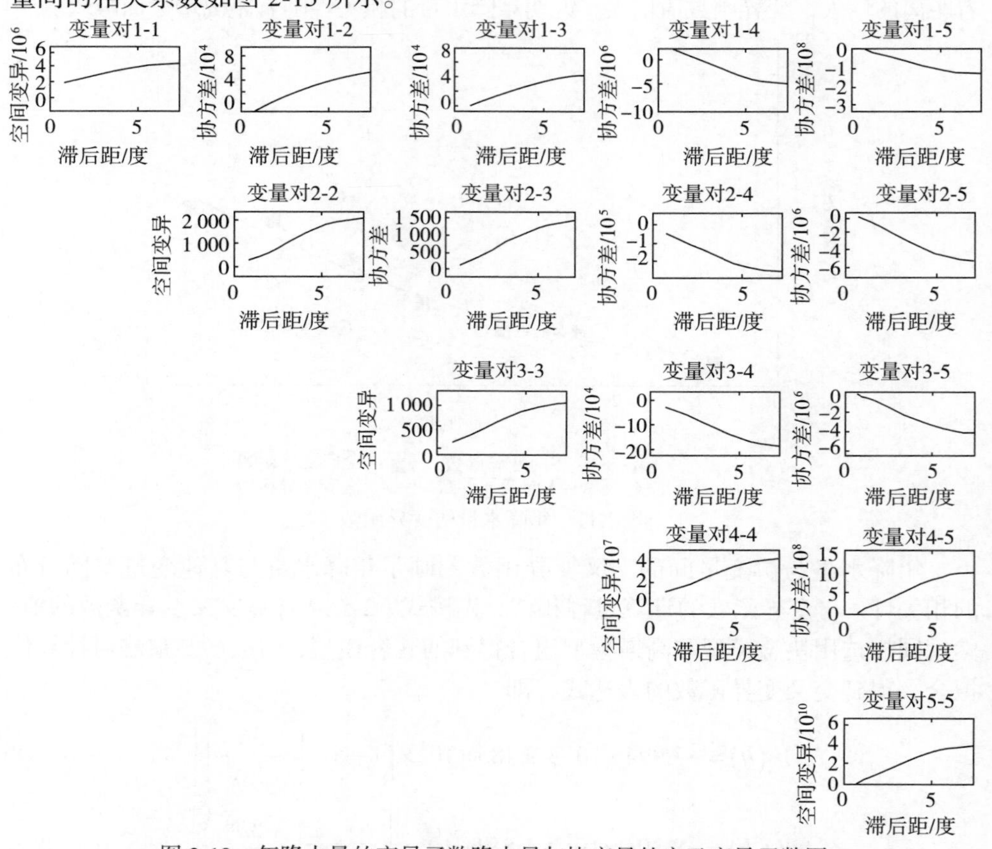

图 2-12　年降水量的变异函数降水量与协变量的交叉变异函数图

变量 1 为年降水量；变量 2 为平均温度；变量 3 为平均水汽压；变量 4 为海拔；变量 5 为距海岸线最近距离

年降水量的估计值—测量值散点图见图 2-14，四种估计方法的估计结果见图2-15。

2.6.4　误差研究

四种方法的交叉验证结果如图 2-16 所示，去除一个辅助变量的交叉验证结果如表 2-2 所示。

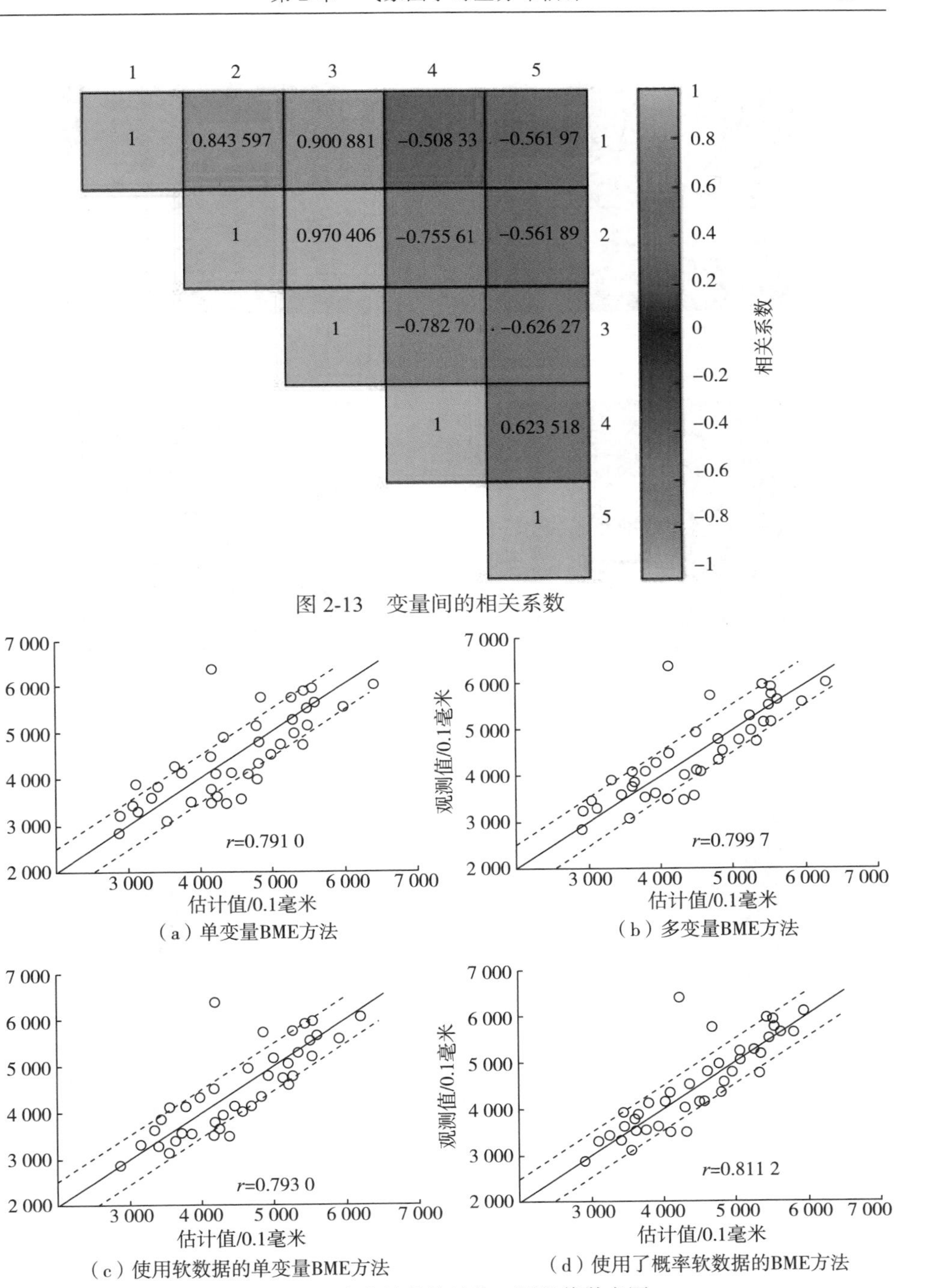

图 2-13　变量间的相关系数

（a）单变量BME方法

（b）多变量BME方法

（c）使用软数据的单变量BME方法

（d）使用了概率软数据的BME方法

图 2-14　年降水量的估计值—测量值散点图

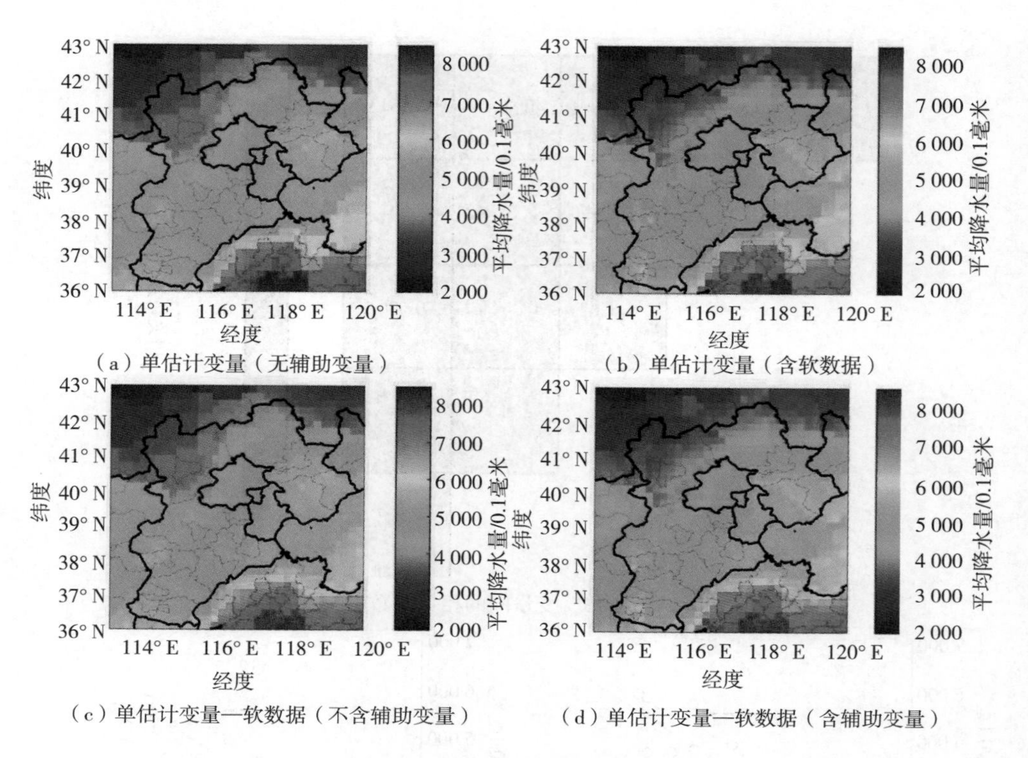

图 2-15　四种估计方法的估计结果

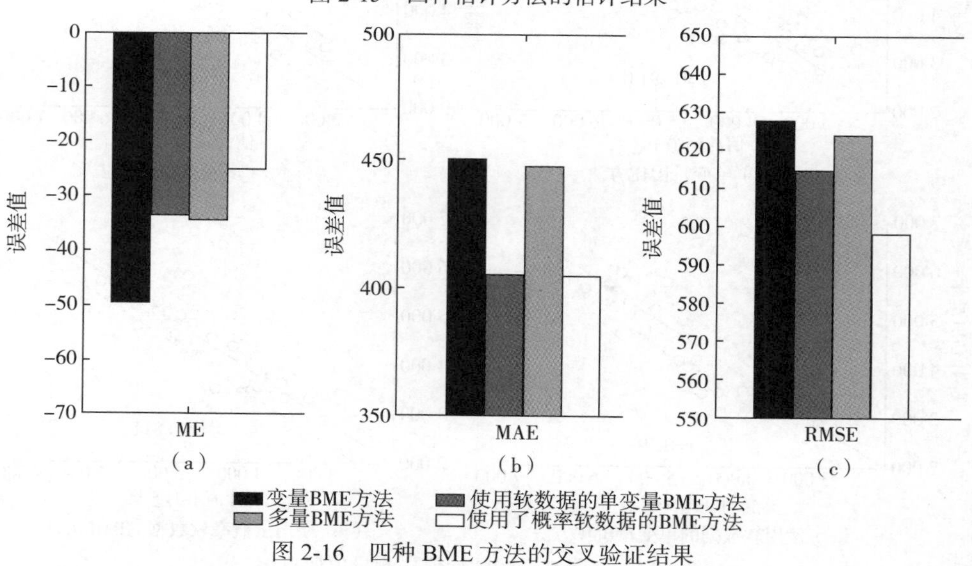

图 2-16　四种 BME 方法的交叉验证结果

表 2-2　去除一个辅助变量的交叉验证结果

移除辅助变量后的交叉验证结果	移除变量：平均水汽压	移除变量：温度	移除变量：海拔	移除变量：距海岸线最近距离
|ME′|	30.065 8	29.542 3	28.236 2	27.023 2
MAE′	433.651 1	426.586 2	421.238 3	419.923 5
RMSE′	607.235 7	603.253 0	601.671 2	599.761 4

通过对比交叉验证结果，考虑了协变量的多变量 BME 的插值结果要优于单变量 BME。

2.6.5　估计结果分析与讨论

采用四种估计方法对上述区域进行了年平均降水量分布估计，也就是单估计变量（无辅助变量）方法、单估计变量（含软数据）方法、单估计变量—软数据（不含辅助变量）方法以及单估计变量—软数据（含辅助变量）方法。估计结果表明，该区域的东南部，也就是山东省，年平均降水量最高；该区域的西北部，也就是山西省北部、河北省北部以及内蒙古南部，年平均降水量分布较低。

在这个研究区域内，年均降水量的分布与海拔呈现负相关的关系，也就是海拔较低的地区其年均降水量的分布较高，而海拔较高的区域年均降水量分布较低。从统计相关性及变异函数的角度分析，这个区域的分析结果与常识符合。然而，相对而言其较小的相关系数（–0.508 33）表明，在该区域海拔因素对年平均降水量的影响较小。影响较小的原因与这个研究区域的自然特征有关，尤其是这个区域平原的分布较多且总体来讲海拔较低，海拔变化不大，仅有少数区域覆盖着较高的山脉。此外，该区域地形地貌的结构变化也不大。另外，该区域的气象站主要建设在地势较为平坦的地方，较少的气象站建立在山顶或者山坡。

在年平均降水量（估计变量）与距海岸线最近距离（辅助变量）二者之间亦存在负相关关系。从四种方法获取的年均降水量的分布图中也表明，在相同的纬度下，距海岸线距离越近年降水量的数值就越高。从统计相关性及变异函数的角度分析，这个区域的分析结果与常识符合。

从变异函数的角度来看，主估计变量的 N—S 方向变异函数与 W—E 方向具有显著的空间异质性，在 N—S 方向的分布差异较 W—E 方向更为显著。

通过变异函数和空间相关性分析，在该区域内平均水汽压对年平均降水量的影响较本小节研究使用的其他辅助变量相关性最大，平均水汽压与年降水量密切相关，平均水汽压与年降水量呈正相关。相关系数排在第二的是年平均温度，从相关性的角度来讲，第二显著变量是平均温度，但与平均水汽压相比，相关系数较小。总体而言，在本小节进行的研究区域的年均降水量分布估计使用的辅助变量中，相关性降序排列是平均水汽压>平均温度>海拔>距海岸线最近距离。

此外，当移除辅助变量平均水汽压之后再通过单估计变量—软数据（含辅助变量）方法进行估计，交叉验证的指标（|ME′|、MAE′和 RMSE′）均大于移除辅助变量平均水汽压之前的结果。同样，分别移除辅助变量平均水汽压、温度、海拔和距海岸线最近距离交叉验证的指标（|ME′|、MAE′和 RMSE′）均大于移除辅助变量平均水汽压之前的结果。通过比较其数值，较小的相关系数移除后对估计结果的影响较小，较大的相关系数移除后对估计结果的影响较大。这进一步印证了辅助变量相关系数的排序。

上面我们分析了辅助变量对于提高估计主变量准确度的影响。接下来将讨论单估计变量（无辅助变量）方法、单估计变量（含软数据）方法、单估计变量—软数据（不含辅助变量）方法及单估计变量—软数据（含辅助变量）方法对估计变量准确度的影响。

单估计变量—软数据（含辅助变量）方法交叉验证的 ME 项接近于 0。此外，单估计变量—软数据（含辅助变量）方法交叉验证的 MAE 和 RMSE 项也是最小值。观测值—估计值的散点图同样证明单估计变量—软数据（含辅助变量）方法估计最为准确。因此，认为单估计变量—软数据（含辅助变量）方法较之单估计变量（无辅助变量）方法，单估计变量（含软数据）方法和单估计变量—软数据（不含辅助变量）方法更为优越。

基于以上分析，单估计变量—软数据（含辅助变量）方法用于气象因子的时空分布估计，主要优点有：①能够在插值中吸收和利用多种先验知识，包括低阶和高阶的统计矩、物理法则、科学定理以及专家知识。②能够利用不确定的观测结果（即软数据），在插值中无须对软数据进行硬化，因此能够融合不同来源、不同精度的数据样本。③无须对数据分布形式做出先验假设，可以适用于各种分布类型的数据。④估值过程通常是非线性的。⑤所得估值结果是一个概率密度分布，能基于该结果按实际需要取均值、中位数等统计量作为插值结果的代表，还能基于分布函数对插值结果的不确定度做出全面的估计。

参考文献

Christakos G. 1990. A bayesian maximum-entropy view to the spatial estimation problem. Mathematical Geology，22（7）：763-777.

Christakos G，Li X Y. 1998. Bayesian maximum entropy analysis and mapping：a farewell to Kriging estimators? Mathematical Geology，30（4）：435-462.
Clark I. 1979. Practical Geostatistics. London：Applied Science Publishers.
Douaik A，van Meirvenne M，Tóth T. 2005. Soil salinity mapping using spatio-temporal Kriging and Bayesian maximum entropy with interval soft data. Geoderma，128（3~4）：234-248.
Isaaks E H，Srivastava R M.1989. An Introduction to Applied Geostatistics. Oxford：Oxford University Press.
Shannon C E. 1948. A mathematical theory of communication. Bell System Technical Journal，27（4）：623-656.

第3章

受灾害性气象事件影响的承灾载体综合分析

3.1 灾害性气象事件中的承灾载体

3.1.1 几种灾害性气象事件的主要影响目标与次生灾害

不同极端天气灾害中，承灾载体往往是不同的。但对于某一确定的天气灾害而言，其承灾载体通常是确定的。本小节以2006年台风桑美和碧利斯、2012年北京“7·21”暴雨、2010年甘肃舟曲暴雨泥石流灾害和2008年南方雪灾为例，总结出台风、暴雨和低温雨雪灾害的典型承灾载体。对于承灾载体的名称，为规范起见，本小节中采用《国家应急平台体系信息资源分类与编码规范》中的5.3.2——危险源和风险隐患区分类与编码表与 5.3.3——防护目标分类与编码表中所用名称。

1. 台风灾害的主要影响目标与次生灾害

台风，指的是产生于大洋上的强烈热带气旋。台风过境时，会带来人员伤亡、房屋倒塌、基础设施破坏等不利影响。我国东临太平洋，南面南海，是世界上受台风影响最严重的国家之一。每年夏秋季节都会有台风频繁登陆，给我国东部、南部沿海地区造成了严重的人员伤亡和财产损失。本小节以发生在 2006 年的台风桑美与碧利斯为研究对象，通过大量搜集灾害相关图文资料，总结出台风灾害中的典型承灾载体，如表 3-1 所示。

表 3-1　台风灾害中的典型承灾载体

灾害名称	典型承灾载体
台风	电线杆、电线塔、电线
	车辆
	飞机
	船舶、港口设施
	通信线路、通信铁塔
	大棚、农田作物、林木
	风暴潮风险区
	其他设施（简易厂房、仓库、农舍等易损的建筑）

台风自身携带大量水汽，在向高纬度地区运动时，常常与较冷的大陆气团作用，极易引发强降水，由此引发系列灾害；同时，由于台风内对流强烈，携带巨大能量，过境时伴随着能量的释放（通常表现为大风），由此也会带来系列灾害。在我国，通常由于不同的环境条件，台风灾害的事件链主要有台风—暴雨—洪水，台风—暴雨—山洪、地质灾害（滑坡、塌方、泥石流）和台风—大风—巨浪、风暴潮三种。

下面以发生在 2006 年的台风桑美与碧利斯为研究对象，分析说明台风的主要灾害链。

1）台风—暴雨—洪水

2006 年 7 月 14 日~16 日，受台风碧利斯影响，位于湖南省东南部的郴州、永州和衡阳等地普降暴雨和大暴雨，在 3 天时间里，东江水库以上平均降雨 301 毫米，东江到耒阳区间平均降雨 286 毫米，耒水全流域平均降雨 293 毫米，降水总量多达 50 亿立方米。如此巨量的降水，致使湘江一级支流耒水发生了百年一遇超历史特大洪水，湘江干流全线告急。

此次事件中，由于台风本身所含水汽释放造成强降雨，致灾因子为水。强降水使土壤发生显著的增量作用。当土壤的自然渗漏不能满足排水需要时，就发生了洪水或内涝灾害。随后，积水或洪水又会对公路、铁路、电力设施产生淹没、浸泡、冲击作用，造成公路、铁路中断（冲毁或淹没），电力系统中断（被冲毁）。

例如，在湖南，积水淹没了京珠高速公路 K502 至 K505 路段，水深达 3.6 米；京珠国道主干线湖南境内的耒宜高速公路和 106、107 国道及 6 条省道被洪水淹没或者毁坏中断；京广铁路白石渡至坪石北区间，由于积水泡坏铁轨、枕木和路基而出现下沉，造成京广线铁路交通中断，部分列车不得不在出发后又返回。湖南全省共有 804 条公路因灾中断，2 538 千米输电线路被损坏，1 106 千米通信线路被损坏。

2）台风—暴雨—山洪、地质灾害（滑坡、塌方、泥石流）

台风携带大量水汽造成强降水时，在一些特定的风险区容易诱发地质灾害，如山洪、泥石流、滑坡、塌方等。由于这几种灾害通常为水混杂着大量土石等固体，会产生强大的冲击作用、掩埋作用，对交通设施、电力设施、房屋等带来巨大破坏。

在湖南受台风碧利斯影响时，郴州、永州和衡阳市连续降下暴雨，促使土壤含水量饱和，在一些风险区导致了地质灾害。

例如，在郴州市，由于这里的地质结构主要由浅变质岩和花岗岩等发育而成，地面表层因长期风化而形成了厚达近 2 米的风化层砂砾土。这一土质的土壤颗粒之间的间隔大，透水性很强，但黏性较差。再加上地表还有一定的堆积物分布，使泥石流固体物的来源极为丰富。在这种特殊的地质条件下，当遇到暴雨灾害时，降水使风化层及堆积物受到"润滑"作用，导致泥石流固体物之间的摩擦减小，由于斜坡的存在，在自身重力作用下，固体物沿着斜坡滑下，形成山体滑坡或泥石流。在此次特大暴雨灾害中，郴州市共发生 8 000 多处山体滑坡和泥石流灾害。由于在当地，村民经常在山坡、河流附近建房而居，房屋大多位于坡度较大的山坡附近，由此多处房屋在事件中被泥石流、滑坡损毁。

暴雨引发的山洪，导致三地大面积停电。至 7 月 17 日 16 时，这些受灾地区有超过 10 万户的城乡用电户处于停电状态。在衡阳的耒阳市，由暴雨引发的山洪造成主网多条线路停电，一批乡镇农配网遭到严重破坏，耒阳城区及周边区域用电处于瘫痪状态；在郴州，山洪导致郴州电网一些地方拉线悬空，供电设施受灾严重，城区配电变压器多处遭水淹，城乡电网大面积停电。在永州，到 7 月 17 日至少有 7 条以上线路停电，6 座变电站受损。

3）台风—大风—巨浪、风暴潮

2006 年 8 月 10 日，台风桑美于浙江苍南登陆，不久其中心进入福建。其登陆时中心气压特别低，风速特别大，在苍南县霞光测得最大阵风每秒 68 米（破全省最高阵风纪录）。当天是农历七月十七，适逢农历天文大潮期，形成风暴潮灾害（宁德沿海的沙埕镇潮位达 1 050~1 080 厘米）。

在这次灾害中，由于此次台风是登陆我国的最强台风，风速极大，对电力设施造成巨大的冲击作用，故而导致大面积的电网破坏。华东全网共出现 4 次 500 千伏线路跳闸，6 次 220 千伏线路跳闸，32 次 110 千伏线路跳闸，浙江、福建各有 1 座 220 千伏变电站全停。

而强风经过海面，造成巨浪，对渔船等设备造成巨大的冲击作用。例如，在福建福鼎市沙埕镇，台风到来前，共有 12 000 余艘大小渔船进港避风。由于台风风力及潮位过于强大，远超人们预期，造成 952 艘各类渔船沉没，70 000 多个网箱被毁。

从上述分析我们可看出，在台风灾害中，主要的致灾因子为风和水。在不同的孕灾环境下，会对特定的承灾载体产生作用，致其受到破坏。此时，风主要表现为冲击作用，水主要表现为冲击作用、增量作用、淹没作用和浸泡作用。

2. 暴雨灾害的主要影响目标与次生灾害

暴雨，指的是雨量很大的强降水情况。由于各地气候存在差异，因而对暴雨的定义标准不尽相同。通常我国气象部门规定，当某地 24 小时内的降水量超过 50 毫米时即可称为暴雨天气。按照降水量具体的数值范围又可将暴雨分为三个等级：当 24 小时降水量为 50~99.9 毫米时，称为“暴雨”；当 24 小时降水量为 100~249.9 毫米时，称为“大暴雨”；当 24 小时降水量超过 250 毫米时，则称为“特大暴雨”。随着气候变暖及城市热岛效应，我国暴雨天气的发生频次逐渐增多，由暴雨造成的损失也越来越大。本小节以 2012 年北京“7 · 21”暴雨灾害以及 2010 年甘肃舟曲暴雨泥石流灾害为研究对象，在深入分析的基础上，总结出暴雨灾害中的典型承灾载体，如表 3-2 所示。

表 3-2　暴雨灾害中的典型承灾载体

<table>
<tr><th>灾害名称</th><th>典型承灾载体</th></tr>
<tr><td rowspan="10">暴雨</td><td>电线杆、电线塔</td></tr>
<tr><td>公路、公路桥梁、公路隧道、车辆</td></tr>
<tr><td>铁路、铁路桥梁、铁路隧道</td></tr>
<tr><td>机场跑道、飞机</td></tr>
<tr><td>通信铁塔</td></tr>
<tr><td>河流</td></tr>
<tr><td>大棚、农田作物、林木</td></tr>
<tr><td>泥石流风险区、塌方风险区、滑坡风险区</td></tr>
<tr><td>排水管道</td></tr>
<tr><td>其他设施（简易厂房、仓库、农舍等易损的建筑）</td></tr>
</table>

暴雨形成的过程是相当复杂的，一般来说，产生暴雨的主要物理条件是充足的水汽、持久的气流上升运动和不稳定的大气层结构。在我国，暴雨的水汽来源主要有两个：一是来自偏南方向的南海或孟加拉湾；二是来自偏东方向的东海或黄海。当从海上而来的水汽云团与大陆的云团相遇时，由于两股气流具有不同的温度、湿度，会产生波动或涡旋。在这些有波动的地区，常伴随气流运行出现上升运动，并产生水平方向的水汽迅速向同一地区集中的现象，形成暴雨中心。我国是一个暴雨灾害频发的国家，每年都会在多省区发生多起暴雨事件。通常在我

国，由于不同的环境条件，暴雨灾害的主要事件链有暴雨—内涝和暴雨—地质灾害两种。

1）暴雨—内涝

2012 年 7 月 21 日，北京突降暴雨。此次强降雨持续时间近 16 个小时，全市平均降水量达 170 毫米，其中北京城区平均降水量更是达 215 毫米。全市最大降水点出现在房山区的河北镇，降水量高达 460 毫米，接近 500 年一遇水平；北京城区的最大降水点出现在石景山模式口，降水量达 328 毫米，达到了 100 年一遇水平；全市共有多达 20 个气象站的小时降水量超过 70 毫米；平谷、房山及顺义等山区地带的平均降水量均超过了 200 毫米，整个北京市 86%以上的地区降雨量超过 100 毫米。如此强度的降水，再加上排水不畅，导致市区大面积积水，致使交通陷于瘫痪。

此次事件中，城市地区地面硬化率高，导致自然渗水不足。再加上排水系统设计标准过低，无法抵御如此高强度的降雨，因而导致城市严重积水。致灾因子主要为水，发生的作用主要有淹没作用、浸泡作用，主要承灾载体为城区交通低洼地。北京城区共有 95 处道路因积水断路。而机场积水也导致飞机不能起降。首都机场国内进出港航班取消 229 班，延误 246 班，国际进出港取消 14 班、延误 26 班，近 8 万人滞留机场。

2）暴雨—地质灾害

如前文所述，暴雨在一些特定的风险区，极易诱发地质灾害。2010 年 8 月 7 日晚 11 时左右，甘肃省舟曲县城东北部山区突降特大暴雨，持续 40 多分钟，降雨量达 97 毫米，引发三眼峪、罗家峪等四条沟系特大山洪地质灾害，总体积 750 万立方米，流经区域被夷为平地。

此次事件中，由于舟曲县城附近的地质构造岩性松软、比较破碎，风化程度较高，为泥石流的发生提供了条件；同时，2008 年的汶川地震，导致舟曲县城周边山体松动、岩层破碎，带来了新的不稳定因素；并且灾害前，舟曲县持续半年干旱，造成城区周边岩石解体，部分山体、岩石裂缝暴露在外，使雨水容易进入，导致滑坡。在这一条件下，当暴雨降下时，土壤中雨水含量显著上升，并发生“润滑”作用，与土石形成半流体状物，具有巨大的冲击作用、掩埋作用和阻塞作用。灾害中，舟曲县近三分之二被掩埋、冲毁，流经县城的白龙江河道也被泥石流阻塞，形成堰塞湖，造成持续险情。

3. 低温雨雪灾害的主要影响目标与次生灾害

低温雨雪灾害，是一个较为宽泛的定义，它包括了常见的强降雪、寒潮、冷冻害等，通常发生在第一年秋末至第二年春初。由于我国地域辽阔，南北方温度、湿度差异大，因而具体的灾害形式会有所不同，如北方地区表现为强降雪后长期积雪；南方地区则常表现为低温降水，又结冰（或降雪，很快融化后又结冰）。本小节以 2008 年发生的南方低温雨雪灾害为例，依据对灾害资料的研究，总结出低温雨雪灾害中的典型承灾载体，如表 3-3 所示。

表 3-3　低温雨雪灾害中的典型承灾载体

灾害名称	典型承灾载体
低温雨雪	电线杆、电线塔、电线
	公路、车辆
	铁路
	机场跑道、飞机
	航道
	通信铁塔、通信线路
	大棚、农田作物、牲畜、林木、养殖鱼
	供水管道
	其他设施（简易厂房、仓库、农舍等易损的建筑）

由表 3-1~表 3-3 可见，台风、暴雨与低温雨雪灾害的承灾载体有部分是相同的。这与气象因子、孕灾环境及承灾载体的属性有关。而对于同一承灾载体，在不同的天气灾害中，其可能受到的作用往往是不同的。通过分析实际案例可发现，不同的承灾载体，在天气灾害中是否受到作用、受到何种作用，是有其内在机理的。对于这一内在关系，我们将在下文中详细论述。

低温雨雪灾害，泛指秋末至春初发生在我国的诸如暴雪、寒潮、冷冻害等事件。我国南北方都会发生这一类灾害，但由于南北环境差异，其具体标准及灾害形式不尽相同。通常在我国，低温雨雪事件的灾害链为低温雨雪—积冰积雪—交通停滞、低温雨雪—积冰积雪—电力系统破坏。本小节以 2008 年发生在我国南方的低温雨雪灾害为例，来进行说明。

1）低温雨雪—积冰积雪—交通停滞

从 2008 年 1 月 10 日起，在我国南方发生大范围低温雨雪灾害，持续时间近 2 个月，南方交通运输受到严重阻碍。

事件中，主要致灾因子为冰雪、温度（绝对温度并不是特别低，但足以使水结冰），降温和积雪是灾害的主要影响形式。大雪过后，白天温度较高，积雪融化，但由于南方湿度大，雪水并没有及时蒸发，夜间低温又在路面上结冰。如此反复几次，加之降水较多，使积冰不断变厚（部分路段积冰甚至超过 200 毫米）致使车辆、列车无法正常运行，飞机也因跑道积冰和机身覆冰而无法正常飞行。京珠高速公路湖南段因路面积雪、结冰而封闭，导致超过 1 万辆车辆滞留；广州火车站，因京广铁路受阻，有 200 万人滞留在火车站广场及周边地方。上海虹桥国际机场及浦东国际机场也因积雪、积冰而关闭。

2）低温雨雪—积冰积雪—电力系统破坏

积冰积雪同样使电力系统受到极大破坏。主要致灾因子为冰雪，元作用方式为静压作用。由于输电线路位于高空，其下方没有任何有效支撑，而降水极易在电线和电线塔上滞留并结冰，在空气湿度较大时又会促进空气中的水汽吸附在电线上结冰。随着积冰不断增多，积冰因自身受重力作用而施加在电线、电线塔上的压力就不断增大，当这一压力超过电线、电线塔的承载能力时，就使电线断裂、电线塔倒塌。

此次灾害中，积冰现象非常普遍，导致电力设施受到大范围的破坏，因而后果也十分巨大。以贵州省为例，灾害中，贵州省电力线路积冰普遍达到60~80毫米，最大甚至达到240毫米；整个贵州省电网共倒塌电线杆（塔）184 875基；10千伏及以上线路受损5 072条，占总数的77.28%；500千伏线路有29条受损停运，占总数的64.44%；220千伏线路有94条受灾停运，占总数的63.95%；变电站停运648座，占总数的83%。如此多的线路受损、变电站停运，使贵州省电网陷于瘫痪，造成大范围的停电、断电事故。灾害期间，全省变压器停电85 403台，占总数的73.23%；全省停电线路4 675条，占总数的77.6%；自1月25日11时起，整个都匀地区八县两市先后断电，持续时间超过11天。

3.1.2　灾害性气象事件中的元作用

极端天气灾害中，承灾载体所受到的作用往往是不同的；即使同一承灾载体，在不同的天气灾害中，其可能受到的作用也不同。但是，通过实际案例可发现，不同的承灾载体，在天气灾害中是否受到作用、受到何种作用，是有其内在机理的。同时，它们受到的作用形式，也是有规律可循的。可以将天气灾害中，所有承灾载体所受到的作用形式归结为一些基本的“元作用”。任何天气灾害中承灾载体受到的作用形式，都可以由这些元作用组合而成；灾害中的任一承灾载体所受到的作用，都可以找到一种或几种元作用与之对应。

通过对典型极端天气灾害的案例分析，可以得到天气灾害中的元作用。例如，低温雨雪灾害中，积冰覆压在电线、电线塔等设施上，其重力对电力设施有“静压”的作用；暴雨灾害中，积水对大棚、建筑等也有“静压”的作用。“静压”作用体现了具有重力作用的水、冰雪，对承载水、冰雪的承灾载体的一种普遍作用，其强度取决于水、冰雪的质量大小。因此，“静压”作用可以作为一种元作用。

本小节通过对台风、暴雨、低温雨雪等灾害的典型案例进行大量深入调研分析，结合一些研究人员提出的“突发事件元作用”概念（李藐，2012；袁宏永等，

2014），给出了天气灾害中的典型元作用，并对天气灾害中的元作用形式进行了具体描述，如表 3-4 所示。

表 3-4　灾害性气象事件中的典型元作用及其描述

元作用	作用形式描述
冲击	水流、气流沿流动方向对承灾载体产生力的作用，使承灾载体结构发生破坏，进而影响其使用功能
撞击	一般为冰凌或水中较大固体杂物对桥梁产生力的作用，使桥梁结构受破坏
静压	雨水、积雪、积冰的重力对承灾载体产生压力，使承灾载体受到破坏
浸泡	承灾载体部分或全部处于水中，逐渐发生形状或功能变化，受到损坏
电击	承灾载体被雷电击中，发生功能失效
覆盖	积雪、积冰覆盖在承灾载体上，造成承灾体与外界隔绝
热传递	承灾载体与所处环境之间存在温度差，发生热量传递，进而使结构或功能受损
阻塞	河流、湖泊或海洋中，航道被冰凌阻塞
增量	河流、湖泊水位上升，土壤含水量上涨
减量	对应“增量”，指的是水量的减少
润滑	雨、雪使路面变得湿滑
障化	雨、雪等天气，使能见度显著降低

3.1.3　承灾载体与其所受元作用分析

正如前文所述，天气灾害中，不同承灾载体受到的作用往往是不同的；即使同一承灾载体，在不同的天气灾害中，受到的作用也不尽相同。在具体的天气灾害中，其元作用是确定的。对于某一承灾载体而言，究竟会受到哪种元作用，与其内在属性有关。

例如，电线是电能传输的通道，呈细长状，通常悬于高空，在电塔与电塔之间缺少有效支撑，因而在大风天气中，易受到风力的冲击作用；同时在低温雨雪天气中，则可因承载积雪（积冰）而受到由积雪（积冰）的重力引起的静压作用。飞机是一种空中交通工具，对飞行条件有着严格要求。在起飞和降落阶段，飞机需在跑道上滑行，且跑道需要提供足够的摩擦力。当跑道上存有积水、积雪时，会显著降低摩擦系数，因而飞机易受到雨雪导致的润滑作用。农作物是生长于农田的作物，由于长期的人为选择原因，通常直立生长，叶片较大，茎秆相对柔弱，因而易受风力的冲击作用；而农田通常位于平原低地，尽管土壤可自然渗水，但由于排水较难，遭遇高强度降水时，容易受到水淹作用。

通过对前文所列举的典型天气灾害案例调研分析，可以总结出天气灾害中的典型承灾载体所受到的元作用种类，如表 3-5 所示。

表 3-5　典型承灾载体与其所受元作用对应表

承灾载体	元作用
电线杆、电线塔	冲击，静压，电击
电线	冲击，静压
公路	冲击，覆盖，浸泡，润滑
公路桥梁	冲击，撞击
公路隧道	浸泡
车辆	冲击，浸泡，覆盖
铁路	冲击，覆盖
铁路桥梁	冲击，撞击
铁路隧道	浸泡
机场跑道	覆盖，浸泡
飞机	冲击，覆盖
船舶	冲击
航道	阻塞
地铁等低地	浸泡
通信线路	冲击，静压
通信铁塔	冲击，静压，电击
大棚	冲击，静压
农田作物	冲击，浸泡，热传递
林木	冲击，电击，热传递，静压
牲畜	热传递，电击，减量
渔业	热传递
河流	增量
泥石流风险区、滑坡风险区、塌方风险区、风暴潮风险区	增量
供水管道	热传递
排水管道	冲击（水）
简易厂房、仓库、文物、农舍等易损建筑	冲击，静压，浸泡，电击

3.1.4　承灾载体的受损形式分析

实际中，对于某一承灾载体而言，我们关注它会受到何种作用，也关注它最终的受损形式。这样，便可有针对性地积极采取防灾措施，减小灾害损失。经过进一步的案例分析，我们总结出主要承灾载体的受损形式，并与元作用对应，如表 3-6 所示。

表 3-6　承灾载体与其所受元作用及受损形式对应表

承灾载体	元作用	受损形式
电线杆、电线塔	冲击，静压，电击	倒塌，短路
电线	冲击，静压	断裂
公路	冲击，覆盖，浸泡，润滑	掩埋，淹没，湿滑

续表

承灾载体	元作用	受损形式
公路桥梁	冲击，撞击	断裂，倾斜
公路隧道	浸泡	淹没
车辆	冲击，浸泡，覆盖	移位，掩埋，淹没
铁路	冲击，覆盖	掩埋，淹没
铁路桥梁	冲击，撞击	断裂，倾斜
铁路隧道	浸泡	淹没
机场跑道	覆盖，浸泡	掩埋，湿滑
飞机	冲击，覆盖	积雪，积冰
船舶	冲击	倾覆
航道	阻塞	阻塞
地铁等低地	浸泡	淹没
通信线路	冲击，静压	断裂
通信铁塔	冲击，静压，电击	倒塌，短路
大棚	冲击，静压	倒塌
农田作物	冲击，浸泡，热传递	倒伏，淹没，冻害
林木	冲击，电击，热传递，静压	折断，火灾，冻害
牲畜	热传递，电击，减量	冻害，致死
渔业	热传递	冻害
河流	增量	洪水
泥石流风险区、滑坡风险区、塌方风险区、风暴潮风险区	增量	泥石流，滑坡，塌方，风暴潮
供水管道	热传递	断裂
排水管道	冲击（水）	断裂
简易厂房、仓库、文物、农舍等易损建筑	冲击，静压，浸泡，电击	倒塌，倾斜，火灾

由表 3-6 可见，承灾载体与其所受到的元作用及受损形式之间，存在着对应关系；而元作用，又与灾害的致灾因子及孕灾环境存在着密切联系。这表明，可以通过分析致灾因子、孕灾环境、元作用、承灾载体及受损形式的属性关系，建立五者之间映射关系模型，以系统地认知天气灾害。

3.1.5　灾害性气象事件与元作用的对应关系

在表 3-4 中，列出了天气灾害中的元作用，并进行了具体的描述。正如前文所述，在实际中，对于承灾载体而言，在天气灾害中是否受到元作用，有其内在机理。在一次天气灾害中，会发生什么作用，从相互作用的角度讲，与致灾因子及承灾载体的内在属性均有关系。但从事实上的逻辑先后顺序来讲，天气灾害中会发生哪些元作用，主要与致灾因子有关。因为对于一次天气灾害而言，承灾载体的内在属性，只是决定了哪些具体的承灾载体会受到破坏。

对于天气灾害，其主要的致灾因子为风、温度和水（雨雪）。致灾因子的属性，决定了由该致灾因子带来的元作用。例如，“风”是流动的空气，具有动能，因而遭遇障碍物时，就会对物体产生力的作用，表现为“冲击”。“温度”指的是大气环境温度，由于几乎所有人类社会均处在大气中，当大气温度变化时，在大气与物体之间，就会存在温度差，引起“热传递”。“雨雪”是大气中的水的转化形式，由于水和雪粒会在地面与交通工具之间形成一层“泥状物”，因而会带来“润滑”作用；同时，在降雨、降雪过程中，大气中的固态、液态物显著增加，会使大气能见度降低，带来“障化”作用。其他元作用都可以依据这几种致灾因子的属性得出（有些元作用，需要几种致灾因子的共同作用）。基于这一分析，结合典型天气灾害案例，本小节总结出灾害性气象事件、致灾因子与元作用之间的对应关系，如表 3-7 所示。

表 3-7　灾害性气象事件、致灾因子与元作用之间的对应关系

灾害性气象事件	致灾因子	元作用
台风	风，水	冲击，静压，电击
暴雨	水	冲击，静压，浸泡，电击，障化，增量
低温雨雪	温度，水，冰雪	撞击，静压，覆盖，热传递，阻塞，障化

3.2　承灾载体脆弱性分析

本节将进行受灾害性气象事件影响的承灾载体的脆弱性分析。首先对承灾载体脆弱性的构成要素进行分析，即通过从破坏机理的角度对气象灾害的发生和发展的分析提炼出这些脆弱性的构成要素，以及对承灾载体间的次生作用对承灾载体的破坏的影响、环境对承灾载体破坏的影响进行分析和概括，进而给出承灾载体综合脆弱性的解析计算模型。

3.2.1　区域承灾载体综合脆弱性的构成

在承灾载体的脆弱性上，学术界对此存有不同的理解。就本质而言，脆弱性应当是承灾载体的本身属性，无论灾害是否发生，这些属性都存在。亦有文献对易损性和脆弱性进行了区分：①易损性侧重于个体，脆弱性既面对个体，又面对系统，特别是针对区域的脆弱性研究；②易损性侧重于承灾载体物理结构方面的特性，脆弱性除此之外，还要考虑恢复力、应对能力等社会经济要素。本小节研究沿用上述的易损性和脆弱性区分方法，将易损性看做承灾载体个体的属性，将脆弱性看做区域的属性，即将区域脆弱性认为是由区域内所有承灾载体综合易损性的加和，而每个承灾载体的综合易损性是综合单个承灾载体自身易损性以及环境对承灾载体受破坏的影响与承灾载体间的次生作用对承灾载体破坏的影响后的数值，见图 3-1。

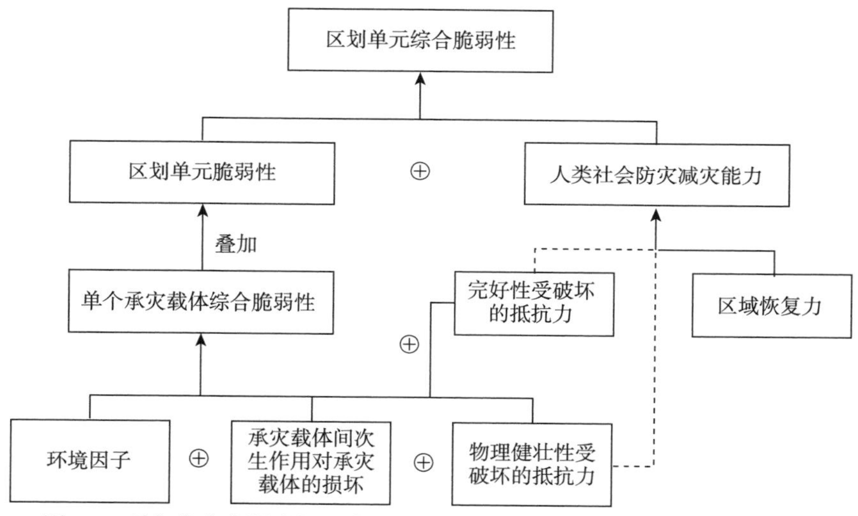

图 3-1　受气象灾害影响的区域承灾载体综合脆弱性的构成要素及逻辑关系

3.2.2　单个承灾载体受气象灾害破坏的自身易损性

为实现对各类气象灾害承灾载体受损情况进行统一描述，需要一种能够对各类承灾载体遭受破坏情况进行统一分析的方法。任何承灾载体遭受破坏，都认为是对其完好程度造成的损坏。本小节用“完好度”描述气象灾害受损害的承灾载体所遭受破坏的程度，即承灾载体物理健壮性完好度与承灾载体功能完好度。

作为客观事物，任何承灾载体都有自身的本体结构。气象灾害发生后，当致灾因子作用于承灾载体时，会对承灾载体造成影响。当这种影响体现在承灾载体自身的本体上时，认为承灾载体的本体遭到了破坏，本小节用承灾载体物理健壮性完好度来刻画承灾载体这一自身属性，即 $p_i(t)$，表示 t 时刻承灾载体 i 的物理健壮性完好度函数，取值范围设为[0,1]。物理健壮性完好度函数取值为 1 代表承灾载体自身本体结构没有遭到任何破坏，物理健壮性完好度函数取值为 0 代表承灾载体自身本体结构遭到了彻底的破坏，0~1 的取值意味着承灾载体自身本体结构遭到了部分破坏。

承灾载体一般都具有一定的功能性，以实现其对人类社会的价值。例如，道路作为承灾载体时，它的功能性是通行车辆；农作物作为承灾载体时，它的功能性是为人类提供农产品；等等。功能完好度体现了气象灾害发生后，承灾载体遭受破坏对于人类社会的自身自然功能或设计功能的保留程度。与物理健壮性完好度类似，即 $c_i(t)$ 表示承灾载体 i 在 t 时刻的功能完好性，类似地，本小节亦将功能完好度函数的取值范围设为[0,1]。功能完好度值为 1 代表承灾载体自身功能完好，没有失去任何功能；功能完好度为 0 代表承灾载体无法实现原有的功能；0~1 的取值意味着承灾载体的功能遭到了部分损坏，可实现部分原有功能。

针对不同承灾载体的物理健壮性和功能完好性，结合人们对承灾载体的看法与认识程度，可设置不同的取值规则。有些承灾载体完好度比较直观，取值规则可以用精确的数学公式表达；而有些承灾载体的完好度评判则涉及人们的主观因素，因此并没有精确的取值规则，需要根据具体条件设定近似的取值规则，表 3-8 给出了本小节应用的承灾载体物理健壮性完好度和功能完好度的描述。

表 3-8　承灾载体物理健壮性完好度和功能完好度的描述

承灾载体物理健壮性完好度的描述	物理健壮性完好度取值范围	承灾载体功能完好度的描述	功能完好度的取值范围
本体完好无损	$p(t)=1$	功能完好无损	$c(t)=1$
本体局部受到了轻微破坏	$0.8\leqslant p(t)<1$	部分功能受到了破坏	$0.8\leqslant c(t)<1$
本体局部受到了严重破坏	$0.6\leqslant p(t)<0.8$	功能受到较大损坏，但仍能修复	$0.6\leqslant c(t)<0.8$
本体大部分受到了严重破坏	$0.4\leqslant p(t)<0.6$	功能受到严重损坏，很难恢复	$0.4\leqslant c(t)<0.6$
本体消失	$p(t)=0$	丧失原有全部功能	$c(t)=0$

承灾载体能够修正或者改变自身特征的行为，以便更好地应对现实存在或预期发生的外部打击的能力。本小节为了表示承灾载体的这一自身特征行为，用 $r_i^{\mathrm{P}}(t)$ 来刻画 t 时刻承灾载体 i 对气象灾害发生过程中物理健壮性受破坏的抵抗力，用 $r_i^{\mathrm{C}}(t)$ 来刻画 t 时刻承灾载体 i 对气象灾害发生过程中功能完好性受破坏的

抵抗力。这种抵抗的直接结果是灾害发生过程中降低承灾载体的易损性，提高系统应对外部打击的能力，从而可在一定程度上降低灾害风险。另外需要说明的是，物理健壮性受破坏的抵抗力与功能完好性受破坏的抵抗力和区域恢复力共同构成了人类社会防灾减灾能力。

根据上述的定义和分析，承灾载体受第 j 种气象灾害作用后的自身易损性的计算如下：

$$v_{ij}^{\mathrm{S}}(t)=\alpha_{ij}^{\mathrm{P}}(t)\bullet\int_{t_0}^{t_1}\left[-\frac{\partial p_{ij}(t)}{\partial t}+r_{ij}^{\mathrm{P}}(t)\right]\mathrm{d}t+\alpha_{ij}^{\mathrm{C}}(t)\bullet\int_{t_0}^{t_1}\left[-\frac{\partial c_{ij}(t)}{\partial t}+r_{ij}^{\mathrm{C}}(t)\right]\mathrm{d}t \quad (3\text{-}1)$$

式中，$p_{ij}(t)$ 为 t 时刻承灾载体 i 受气象灾害 j 影响的瞬时物理健壮性完好度；$c_{ij}(t)$ 为 t 时刻承灾载体 i 受气象灾害 j 影响的瞬时功能完好度；$r_{ij}^{\mathrm{P}}(t)$ 为 t 时刻承灾载体 i 受气象灾害 j 影响的物理健壮性抵抗力；$r_{ij}^{\mathrm{C}}(t)$ 为 t 时刻承灾载体 i 受气象灾害 j 影响的功能完好性抵抗力；$\alpha_{ij}^{\mathrm{P}}(t)$ 为 t 时刻承灾载体 i 受气象灾害 j 影响的物理健壮性重要度；$\alpha_{ij}^{\mathrm{C}}(t)$ 为 t 时刻承灾载体 i 受气象灾害 j 影响的功能完好性重要度；$\frac{\partial p_{ij}(t)}{\partial t}$ 表示 t 时刻承灾载体 i 受气象灾害 j 影响的物理健壮性瞬时损坏速度；$\frac{\partial c_{ij}(t)}{\partial t}$ 表示 t 时刻承灾载体 i 受气象灾害 j 影响的功能完好性瞬时损坏速度。

有 β 种气象灾害同时作用于承灾载体，如暴雨、大风和冰雹同时作用，对承灾载体的破坏不是简单的线性破坏，有如下计算公式：

$$v_{i,\beta}^{\mathrm{S}}(t)=\alpha_{i,\beta}^{\mathrm{P}}(t)\bullet\int_{t_0}^{t_1}\left[-\frac{\partial p_{i,\beta}(t)}{\partial t}+r_{i,\beta}^{\mathrm{P}}(t)\right]\mathrm{d}t+\alpha_{i,\beta}^{\mathrm{C}}(t)\bullet\int_{t_0}^{t_1}\left[-\frac{\partial c_{i,\beta}(t)}{\partial t}+r_{i,\beta}^{\mathrm{C}}(t)\right]\mathrm{d}t \quad (3\text{-}2)$$

为了方便后文中基于本体的推理计算风险，用作用强度的平均值代替瞬时值进行计算，则单承灾载体受某一种气象灾害作用的自身易损性为

$$\begin{aligned}v_{i,j}^{\mathrm{S}}&\approx\alpha_{i,j}^{\mathrm{P}}\bullet\left[\int_{t_0}^{t_1}-\frac{p_{i,j}(t_0+\tau)-p_{i,j}(t)}{\tau}\mathrm{d}t+\int_{t_0}^{t_1}\overline{r_{i,j}^{\mathrm{P}}}\mathrm{d}t\right]\\&\quad+\alpha_{i,j}^{\mathrm{C}}\bullet\left[\int_{t_0}^{t_1}-\frac{c_{i,j}(t_0+\tau)-c_{i,j}(t_0)}{\tau}\mathrm{d}t+\int_{t_0}^{t_1}\overline{r_{i,j}^{\mathrm{C}}}\mathrm{d}t\right]\\&\approx\alpha_{i,j}^{\mathrm{P}}\bullet\left[p_{i,j}(t_0)-p_{i,j}(t_0+\tau)+r_{i,j}^{\mathrm{P}}\bullet\tau\right]\\&\quad+\alpha_{i,j}^{\mathrm{C}}\bullet\left[c_{i,j}(t_0)-c_{i,j}(t_0+\tau)+r_{i,j}^{\mathrm{C}}\bullet\tau\right]\end{aligned} \quad (3\text{-}3)$$

此外，单承灾载体受多种气象灾害作用的自身易损性为

$$
\begin{aligned}
v_i^{\mathrm{S}} &\approx \alpha_i^{\mathrm{P}} \cdot \left[\int_{t_0}^{t_1} -\frac{p_i(t_0+\tau)-p_i(t)}{\tau} \mathrm{d}t + \int_{t_0}^{t_1} \overline{r_i^{\mathrm{P}}} \mathrm{d}t \right] \\
&\quad + \alpha_i^{\mathrm{C}} \cdot \left[\int_{t_0}^{t_1} -\frac{c_i(t_0+\tau)-c_i(t_0)}{\tau} \mathrm{d}t + \int_{t_0}^{t_1} \overline{r_i^{\mathrm{C}}} \mathrm{d}t \right] \\
&\approx \alpha_{i,j}^{\mathrm{P}} \cdot \left[p_i(t_0) - p_i(t_0+\tau) + r_i^{\mathrm{P}} \cdot \tau \right] \\
&\quad + \alpha_{i,j}^{\mathrm{C}} \cdot \left[c_i(t_0) - c_i(t_0+\tau) + r_i^{\mathrm{C}} \cdot \tau \right]
\end{aligned} \tag{3-4}
$$

3.2.3　单个承灾载体综合易损性

单个承灾载体综合易损性是指在承灾载体自身易损性的基础上，综合考虑单个承灾载体自身易损性、承灾载体周围环境对承灾载体受损坏的影响与承灾载体受损后对周围承灾载体造成次生损坏后的承灾载体易损性数值。这里，考虑一个有向网络 $\mathrm{DC}=(\mathrm{HBB},E,R)$ 来代表承灾载体组成的网络，其中 HBB 代表网络中的承灾载体，包含节点 $i\in \mathrm{HBB}:=\{1,2,\cdots,n\}$ ；E 代表承灾载体周围环境对承灾载体损坏造成的影响；和边 $(i,j)\in R\times R$ ，分别代表承灾载体和承灾载体之间的相互关系。以气象灾害中局部受影响的承灾载体为例，单个承灾载体综合易损性构成要素如图 3-2 所示。

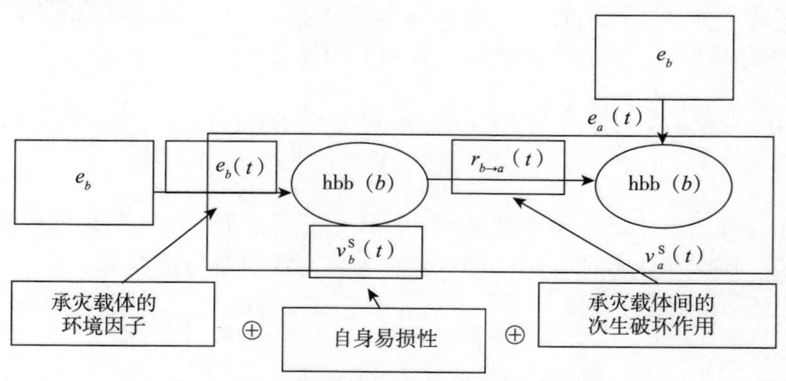

图 3-2　单个承灾载体综合易损性构成要素

在图 3-2 中，hbb_a 和 hbb_b 为气象灾害中局部受影响的承灾载体，$v_a^{\mathrm{S}}(t)$ 和 $v_b^{\mathrm{S}}(t)$ 表示 t 时刻两个受损的承灾载体的自身易损性，定向连接边 $r_{b\to a}(t)$ 表示 hbb_a 受损害后诱发 hbb_a 受损的行为；$e_a(t)$ 和 $e_b(t)$ 表示承灾载体 hbb_a 和 hbb_b 周围环境对承灾载体损坏带来的影响。

因此，对于承灾载体 i 单个承灾载体综合易损性可表示为

$$v_i(t)=v_i^{S}(t)+v_i^{S}(t)\otimes\left[\lambda_i(n)\cdot\sum r_i(t)+e_i(t)\right] \tag{3-5}$$

式中，$v_i(t)$ 为单个承灾载体的综合易损性；$v_i^{S}(t)$ 为单个承灾载体的受气象灾害影响的自身易损性；$\sum r_i(t)$ 为气象灾害灾害链网络中别的承灾载体受到破坏后对该承灾载体带来的影响；$e_i(t)$ 表示环境要素对承灾载体的影响；$\lambda_i(n)$ 为给承灾载体 i 损坏带来影响的别的承灾载体的个数。

$r_i(t)$ 由两部分构成，即 $P_i(t)$ 和 $\zeta_i(t)$。前者为该链发生的概率，后者为关系强度因子，即

$$r_i(t)=P_i(t)\cdot\zeta_i(t) \tag{3-6}$$

表 3-9 为 $P_i(t)$ 的定量描述。

表 3-9　$P_i(t)$ 的定量描述

可能性的描述	$P_i(t)$ 数值
必然发生	$P_i(t)=1$
可能性很高	$0.8\leqslant P_i(t)<1$
一般可能性	$0.6\leqslant P_i(t)<0.8$
可能性较差	$0.4\leqslant P_i(t)<0.6$
无可能	0

$\zeta_i(t)$ 为关系强度因子，以图 3-2 中的 hbb_a 和 hbb_b 为例，衡量作用关系强度 $\zeta_{b\to a}(t)$ 分为四种模式，即连续作用、单次瞬时作用、多次瞬时作用和混合作用，见图 3-3。

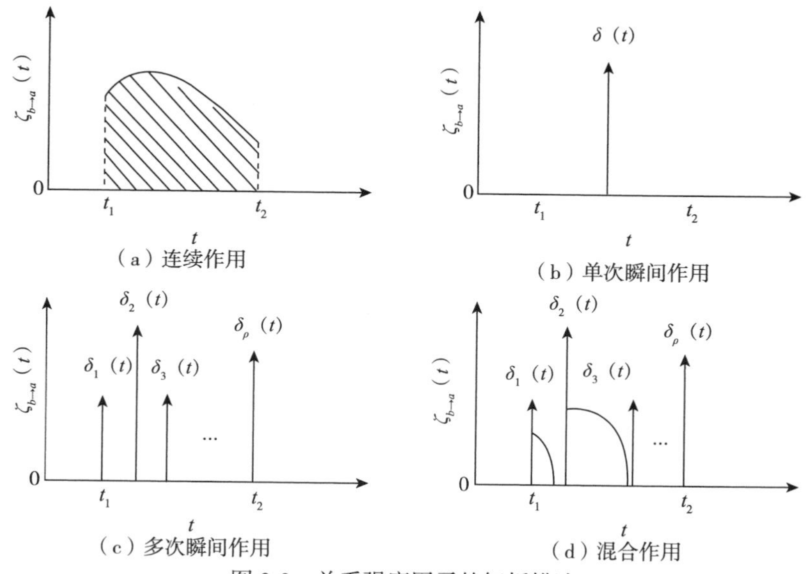

图 3-3　关系强度因子的解析描述

在实际承灾载体易损性评估中，用$\zeta_i(t)$的定量描述来代替这部分的计算结果，如表 3-10 所示。

表 3-10　$\zeta_i(t)$ 的定量描述

描述	$\zeta_i(t)$ 数值
关系特强（1 级）	$\lambda=1$
关系强（2 级）	$0.8\leqslant\lambda<1$
关系较强（3 级）	$0.6\leqslant\lambda<0.8$
关系中等（4 级）	$0.4\leqslant\lambda<0.6$
关系弱（5 级）	$\lambda=0$

承灾载体周围环境对承灾载体受损的影响主要体现在两个方面，即地形因子与地貌因子对承灾载体造成损坏的影响。气象灾害发生后，承灾载体周围的地形因子会某种程度上影响承灾载体是否受损以及受损的情况。例如，山上降雨引发滑坡泥石流，山下有一条河，滑坡泥石流顺着山体滑到河中，在河的靠山一侧有一些房子，在河的另一侧也有一些房子，显然靠山一侧的房子受损的可能性远大于河的另一侧的承灾载体。又如，暴雨后会产生积水，积水对承灾载体的破坏主要体现在积水的浸泡作用上，而形成积水的条件与地形和地貌都有关系，洼地更易引起积水，地势较高的地方不容易产生积水；此外，地貌对积水的产生也有很大的影响，在草地上积水很容易被土壤吸收从而不易产生浸泡作用，相反在渗水性不好的地方就容易产生积水对承灾载体造成损坏。基于以上分析，承灾载体周围环境对承灾载体受损坏的影响可定义为

$$e_i(t)=T_i(t)\cdot L_i(t) \tag{3-7}$$

式中，$e_i(t)$为承灾载体i周围环境对其受损坏的影响；$T_i(t)$和$L_i(t)$分别表示地形因子与地貌因子对承灾载体受损的影响（表 3-11）。

表 3-11　地形因子与地貌因子对承灾载体受损的影响

地形因子	$T_i(t)$ 的描述	地貌因子	$L_i(t)$ 的描述
承灾载体受其周围地形影响必然遭到损坏	$T_i(t)=1$	承灾载体受其周围地貌影响必然遭到损坏	$L_i(t)=1$
承灾载体受其周围地形影响有极大可能性遭到损坏	$0.8\leqslant T_i(t)<1$	承灾载体受其周围地貌影响有极大可能性遭到损坏	$0.8\leqslant L_i(t)<1$
承灾载体受其周围地形影响有一般可能性遭到损坏	$0.6\leqslant T_i(t)<0.8$	承灾载体受其周围地貌影响有一般可能性遭到损坏	$0.6\leqslant L_i(t)<0.8$

续表

地形因子	$T_i(t)$ 的描述	地貌因子	$L_i(t)$ 的描述
承灾载体受其周围地形影响而受损的可能性较差	$0.4 \leqslant T_i(t) < 0.6$	承灾载体受其周围地貌影响而受损的可能性较差	$0.4 \leqslant L_i(t) < 0.6$
承灾载体受其周围地形影响对其易损性不会有影响	$T_i(t)=0$	承灾载体受其周围地貌影响对其易损性不会有影响	$L_i(t)=0$

基于以上的分析，单个承灾载体的综合易损性可表示如下：

$$
\begin{aligned}
v_i(t) &= v_i^{\mathrm{S}}(t) + v_i^{\mathrm{S}}(t)\cdot\left[\lambda(i)\cdot\sum r_i(t) + e_i(t)\right] \\
&= \left\{\alpha_i^{\mathrm{P}}(t)\cdot\int_{t_0}^{t_1}\left[-\frac{\partial p_i(t)}{\partial t} + r_i^{\mathrm{P}}(t)\right]\mathrm{d}t + \alpha_i^{\mathrm{C}}(t)\cdot\int_{t_0}^{t_1}\left[-\frac{\partial c_i(t)}{\partial t} + r_i^{\mathrm{C}}(t)\right]\mathrm{d}t\right\} \\
&\quad \left[1 + \lambda(i)\cdot\sum P_i(t)\cdot\zeta_i(t) + T_i(t)\cdot L_i(t)\right]
\end{aligned}
\tag{3-8}
$$

3.2.4　区域气象灾害恢复力

物理健壮性抵抗力、功能完好性抵抗力以及区域恢复力是人类社会在区域内防灾减灾能力的组成部分。上文对承灾载体物理健壮性抵抗力、功能完好性抵抗力进行了定义和描述，它们侧重于灾害发生的过程中，承灾载体如何自我调节（这里讲的自我调节也包括承灾载体内的人员的自救行为）以降低灾害风险；本小节所讨论的恢复力侧重的是区域承灾载体承受灾害打击，遭受损失和破坏后，能够通过系统调整来恢复常态的能力。恢复力越强，恢复越快，意味着可能遭受的后续影响和损失越小，遭受下一轮打击之前的区域脆弱性越低。系统如何恢复以前以及其恢复的水平和速度受系统前期区域脆弱性状态和水平的影响，恢复的结果又会影响着系统未来的脆弱性。

因此，恢复力对于当前区域内承灾载体的脆弱性是没有影响的，但是决定着未来承灾载体的脆弱性。恢复力要用于灾后恢复、重建计划的制订，即找出薄弱环节及灾后高效恢复的措施和途径。本小节列举三个重要的恢复力指标来评估区域恢复力，如下所示：

$$
C_{\mathrm{Rec,mc}_k} = \omega_1 \times \mathrm{Res}_{\mathrm{mc}_k} + \omega_2 \times \mathrm{Ep}_{\mathrm{mc}_k} + \omega_3 \times \mathrm{Reb}_{\mathrm{mc}_k} \tag{3-9}
$$

式中，$C_{\mathrm{Rec,mc}_k}$ 表示基本单元 mc_k 的恢复力；$\mathrm{Res}_{\mathrm{mc}_k}$ 表示区域救援可达度；$\mathrm{Ep}_{\mathrm{mc}_k}$ 表示应急方案有效性；$\mathrm{Reb}_{\mathrm{mc}_k}$ 表示灾后重建计划有效性。

区域救援可达度、应急方案有效性、灾后重建计划有效性描述如表 3-12 所示。

表 3-12　区域救援可达度、应急方案有效性、灾后重建计划有效性描述

描述	Res_{mc_k} 数值	描述	Ep_{mc_k} 数值	描述	Reb_{mc_k} 数值
区域应急救援可达度为优	$0.8 \leqslant Res_{mc_k} < 1$	应急方案针对性强，非常有效	$0.8 \leqslant Ep_{mc_k} < 1$	灾后重建计划非常有效	$0.8 \leqslant Reb_{mc_k} < 1$
区域应急救援可达度良好	$0.6 \leqslant Res_{mc_k} < 0.8$	应急方案针对性较强，有效性高	$0.6 \leqslant Ep_{mc_k} < 0.8$	灾后重建计划有效性高	$0.6 \leqslant Reb_{mc_k} < 0.8$
区域应急救援很难及时抵达	$0.4 \leqslant Res_{mc_k} < 0.6$	应急方案有效性一般	$0.4 \leqslant Ep_{mc_k} < 0.6$	灾后重建计划有效性一般	$0.4 \leqslant Reb_{mc_k} < 0.6$
区域应急救援很难抵达	$0.2 \leqslant Res_{mc_k} < 0.4$	应急方案有效性差	$0.2 \leqslant Ep_{mc_k} < 0.4$	灾后重建计划有效性差	$0.2 \leqslant Reb_{mc_k} < 0.4$
区域应急救援力量配置薄弱，且很难抵达	$0 \leqslant Res_{mc_k} < 0.2$	应急方案几乎不起作用	$0 \leqslant Ep_{mc_k} < 0.2$	灾后重建计划几乎不起作用	$0 \leqslant Reb_{mc_k} < 0.2$

参 考 文 献

陈智军. 2002. 基于改进遗传算法的前馈神经网络优化设计. 计算机工程，28（4）: 120-121.

贵州省气象局. 2009. 2008 年贵州特大凝冻灾害. 北京：气象出版社.

黄敏，方晓柯，黄建辉，等. 2004. 基于多值编码的混合遗传算法的小波神经网络. 系统仿真学报，16（9）：2080-2082.

李茂军，罗安，童调生. 2004. 人工免疫算法及其应用研究. 控制理论与应用，21（2）：153-156.

李藐. 2012. 突发事件及其链式效应研究. 清华大学博士学位论文.

李藐，陈建国，陈涛，等. 2010. 突发事件的事件链概率模型. 清华大学学报（自然科学版），（8）：1173-1177.

李详飞，邹莉华. 2004. 前馈神经网络的混沌 BP 混合学习算法. 控制与决策，19（4）：462-464.

隆国东，冯钧. 2006-07-21. 湖南抗御“碧利斯”强热带风暴最新情况通报. 新浪新闻中心，http://news.sina.com.cn/o/2006-07-21/18129532217s.shtml.
彭喜元，彭宇，戴毓丰. 2003. 群智能理论及应用. 电子学报，31（12）：1982-1988.
徐春梅，尔联洁，刘金琨. 2005. 动态模糊神经网络及其快速自调整学习算法. 控制与决策，20（2）：26-229.
闫雪静. 2012-07-23. “7·21”特大暴雨造成全市近百亿元经济损失. 北京日报，http://bjrb.bjd.com.cn/html/2012-07/23/content_114242.htm.
袁宏永，苏国锋，陈建国，等. 2014. 突发事件及其链式效应理论研究与应用. 北京：科学出版社.

第4章

基于灾损的气象灾害风险研究

本章从灾害性气象事件历史灾损的角度衡量风险，并进行风险区划研究。

4.1 灾害性气象事件灾情信息归纳

灾情获取是进行基于灾损的灾害性气象事件风险研究的基础，国家目前正在大力建设自然灾害灾情信息上报制度，本节参考民政部《特别重大自然灾害损失统计制度》中的相关章节，提取如下可用于灾害性气象事件影响评估的灾情信息。

4.1.1 人口灾损统计指标

涉及灾害性气象事件人口灾损的统计指标如下。

（1）受灾人口，指本行政区域内因自然灾害遭受损失的人员数量（含非常住人口）。

（2）因灾死亡人口，指以自然灾害为直接原因导致死亡的人员数量（含非常住人口）。

（3）因灾失踪人口，指以自然灾害为直接原因导致下落不明，暂时无法确认死亡的人员数量（含非常住人口）。

（4）因灾伤病人口，指以自然灾害为直接原因导致受伤或引发疾病的人员数量（含非常住人口）。

（5）紧急转移安置人口，指因自然灾害造成不能在现有住房中居住，需由政府进行安置并给予临时生活救助的人员数量（包括非常住人口）。其包括受自然灾害袭击导致房屋倒塌、严重损坏（含应急期间未经安全鉴定的其他损房）造成无房可住的人员；或受自然灾害风险影响，由危险区域转移至安全区域，不能返回家中居住的人员。安置类型包含集中安置和分散安置。对于台风灾害，其紧急转移安置人口不含受台风灾害影响从海上回港但无须安置的避险人员。

（6）集中安置人口，指由政府统一安置在集中搭建的帐篷或避灾场所、学校、体育场馆、厂房等场所内的紧急转移安置人员数量。

（7）分散安置人口，指由政府安排安置在分散搭建的帐篷、指定的临时居住场所等地点，或通过投亲靠友等方式安置的紧急转移安置人员数量。

（8）需紧急生活救助人口，指一次灾害过程后，住房未受到严重破坏、不需要转移安置，但因灾造成当下吃、穿、用等发生困难，不能维持正常生活，需要给予临时生活救助的人员数量（含非常住人口）。主要包括以下六种情形：①因灾造成口粮、衣被和日常生活必需用品毁坏、灭失，无法维持正常生活；②因灾造成交通中断导致人员滞留或被困，无法购买或加工口粮、饮用水、衣被等，造成生活必需用品短缺；③因灾造成在收作物（如将要或正在收获并出售，且作为当前口粮或经济来源的粮食、蔬菜、瓜、果等作物，以及近海养殖水产等）严重受损，导致收入锐减，当前基本生活出现困难；④作为主要经济来源的牲畜、家禽等因灾死亡，导致收入锐减使当前基本生活出现困难；⑤因灾导致伤病需进行紧急救治；⑥因灾造成用水困难（人均用水量连续 3 天低于 35 升），需政府进行救助（旱灾除外）。

（9）需过渡性生活救助人口，指因自然灾害造成房屋倒塌或严重损坏，无房可住、无生活来源、无自救能力（上述三项条件必须同时具备），需政府在应急救助阶段结束、恢复重建完成之前帮助解决基本生活困难的人员数量（含非常住人口）。不统计冬春期间因灾生活困难需救助人数。

（10）因旱需生活救助人口，指因旱灾造成饮用水、口粮、衣被等临时生活困难，需政府给予生活救助的人员数量（含非常住人口），不含冬春期间因灾生活困难需救助人数。

（11）因旱饮水困难需救助人口，指因旱灾造成饮用水获取困难，需政府给予救助的人员数量（含非常住人口），具体包括以下情形：①日常饮水水源中断，且无其他替代水源，需通过政府集中送水或出资新增水源的；②日常饮水水源中断，有替代水源，但因取水距离远、取水成本增加，现有能力无法承担需政府救助的；③日常饮水水源未中断，但因旱造成供水受限，人均用水量连续 15 天低于 35 升，需政府予以救助的。因气候或其他原因导致的常年饮水困难的人口不统计在内。

（12）被困人口，指由于自然灾害造成道路中断等原因被围困，生命受到威胁或生活受到严重影响，需紧急转移或救助的人员数量（含非常住人口）。

4.1.2 农作物灾损统计指标

涉及灾害性气象事件农作物灾损的统计指标主要有以下几点。

（1）农作物，包括粮食作物、经济作物和其他作物，其中粮食作物是稻谷、小麦、薯类、玉米、高粱、谷子、其他杂粮和大豆等粮食作物的总称，经济作物是棉花、油料、麻类、糖料、烟叶、蚕茧、茶叶、水果等经济作物的总称，其他作物是蔬菜、青饲料、绿肥等作物的总称。

（2）农作物受灾面积，指因灾减产 1 成以上的农作物播种面积，如果同一地块的当季农作物多次受灾，只计算一次。

（3）农作物成灾面积，指农作物受灾面积中，因灾减产 3 成以上的农作物播种面积。

（4）农作物绝收面积，指农作物受灾面积中，因灾减产 8 成以上的农作物播种面积。

（5）草场受灾面积，因灾造成牧草减产的草场面积。

4.1.3 倒塌房屋指标

涉及灾害性气象事件倒塌房屋灾损的统计指标主要有以下几种。

（1）倒塌房屋，指因灾导致房屋整体结构塌落，或承重构件多数倾倒或严重损坏，必须进行重建的房屋。以具有完整、独立承重结构的一户房屋整体为基本判定单元（一般含多间房屋），以自然间为计算单位；因灾遭受严重损坏，无法修复的牧区帐篷，每顶按 3 间计算。房屋承重结构主要包括以下类型：①钢筋混凝土结构，梁、板、柱。②砖混结构，竖向承重结构包括承重墙、柱，水平承重构件包括楼板、大梁、过梁、屋面板或木屋架。③砖木结构，竖向承重结构包括承重墙、柱，水平承重构件包括楼板、屋架（木结构）。④土木结构，土墙、木屋架。⑤木结构，柱、梁、屋架（均为木结构）。⑥石砌结构，石砌墙体、屋盖（木结构或板）。以下同。

（2）倒塌农房，指因灾倒塌的农村住房。农村住房指农村住户以居住为使用目的的房屋，不统计独立的厨房、牲畜棚等辅助用房、活动房、工棚、简易房和临时房屋。以自然间为计算单位；因灾遭受严重损坏、无法修复的牧区帐篷，每顶按 3 间计算（以下同）。农村住户指长期（一年以上）居住在乡镇（不含城关镇）行政管理区域的住户，以及长期居住在城关镇所辖行政村范围的住户（以下同）。

（3）严重损坏房屋，指因灾导致房屋多数承重构件严重破坏或部分倒塌，需采取排险措施、大修或局部拆除、无维修价值的房屋数量。以自然间为计算单位；因灾遭受严重损坏，需进行较大规模修复的牧区帐篷，每顶按 3 间计算。

（4）严重损坏农房，指因灾严重损坏的农村住房。

（5）一般损坏房屋，指因灾导致房屋多数承重构件轻微裂缝，部分明显裂缝；个别非承重构件严重破坏；需一般修理，采取安全措施后可继续使用的房屋间数。以自然间为计算单位；因灾遭受损坏，需进行一般修理，采取安全措施后可继续使用的牧区帐篷，每顶按 3 间计算。

（6）一般损坏农房，指因灾一般损坏的农村住房。

4.1.4　经济损失

涉及灾害性气象事件经济损失的统计指标主要有以下几点。

（1）直接经济损失，指承灾载体遭受自然灾害后，自身价值降低或丧失所造成的损失。直接经济损失的基本计算方法是：承灾载体损毁前的实际价值与损毁率的乘积。

（2）农业损失，指因自然灾害造成种植业、林业、畜牧业、渔业的直接经济损失。

（3）工矿企业损失，指因自然灾害造成采矿、制造、建筑、商业等企业的直接经济损失。

（4）基础设施损失，指因自然灾害造成交通、电力、水利、通信等公共设施的直接经济损失。

（5）公益设施损失，指因自然灾害造成教育、卫生、科研、文化、体育、社会保障和社会福利等公益设施的直接经济损失。

（6）家庭财产损失，指因自然灾害造成居民住房及其室内附属设备、室内财产、农机具、运输工具、牲畜等的直接经济损失。

4.1.5　区域

涉及灾害性气象事件区域的统计指标主要有以下几点。

（1）毁坏耕地面积，指因灾导致被冲毁、掩埋、沙砾化等，在短期内不能恢复的耕地面积。

（2）受淹城区，指江河洪水进入城区或降雨产生严重内涝的城区个数。城区是指在市辖区和不设区的市，区、市政府驻地的实际建设连接到的居民委员会和其他区域。

（3）受淹镇区，指江河洪水进入镇区或降雨产生严重内涝的镇区个数。镇区是指在城区以外县人民政府驻地和其他镇，政府驻地的实际建设连接到的居民委员会和其他区域。与政府驻地的实际建设不连接，且常住人口在 3 000 人以上的独立的工矿区、开发区、科研单位、大专院校等特殊区域及农场、林场的场部驻地均视为镇区。

（4）受淹乡村，指江河洪水进入乡村或降雨产生严重内涝的乡村个数。乡村是指城区、镇区以外的区域。

4.2　灾害性气象事件灾损风险估计与区划

基于灾损的气象灾害影响估计及空间制图流程主要包括三部分内容，即灾损数据整理与预处理（Ⅰ）、气象灾害灾损空间风险分布估计及制图（Ⅱ）、气象灾害影响因素对区域灾损影响分析（Ⅲ），见图 4-1。下文将依次介绍。

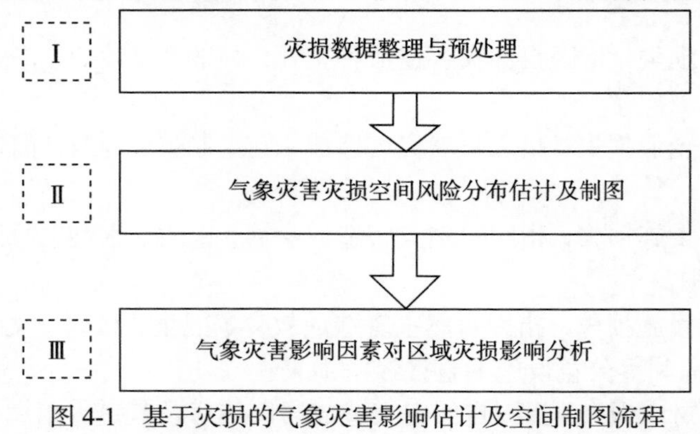

图 4-1　基于灾损的气象灾害影响估计及空间制图流程

4.2.1　灾损数据整理与预处理

基于灾损的气象灾害影响估计及空间制图首先要做的是灾损数据整理与预处理。在进行分析时，搜集的数据存在不同的信息类型，其组织与处理的方式不同，提供服务的表现方式也不同。因此，对这些数据进行划分和处理不仅可以节省数据存储空间，而且也方便信息的处理和复用。对搜集的数据进行良好的信息组织及预处理对更好地发挥功效能起到推进作用。数据整理与预处理流程（图4-2）主要有以下步骤：①确定研究的时空范围；②确定灾损变量和灾损影响因素变量；③数据搜集；④数据预处理；⑤构建灾损变量数据表及影响因素数据表；⑥构建区域“灾损变量—灾损影响因素变量”映射表。

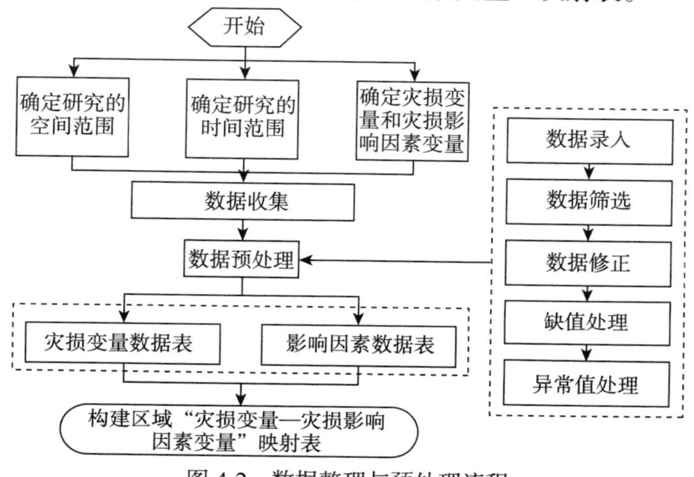

图 4-2　数据整理与预处理流程

4.2.2　气象灾害灾损空间风险分布估计及制图

区域气象灾害的损失估计是一个较为复杂的系统，上述小节分析了气象灾害对区域造成破坏的影响因素，这些影响因素往往处于动态变化之中。因此做到灾损的完全定量分析有一定困难。本小节主要从灾损统计资料的历史角度来探讨如何估计气象灾害灾损的空间分布及制图。

图 4-3 给出了气象灾害灾损空间风险分布估计及制图流程，主要步骤如下。

1）将灾损数据划分为硬数据集和软数据集

按照行政区划进行灾损统计，由于人力所限或者由于统计资料的模糊性，统计资料常会出现诸如“某省东北部某月出现 4 次暴雨”之类的描述，其灾损就不是按照行政区划进行描述的，为了不浪费这部分的统计描述，可以将其归结为软数据，参与灾损分布的估计；还有情况是由于统计资料的限制，某年某区域的灾损统计资料出现缺失，这部分也可以将其视作软数据。

那些具有详细而准确灾损统计资料的区域则将其作为硬数据进行灾损分布估计。

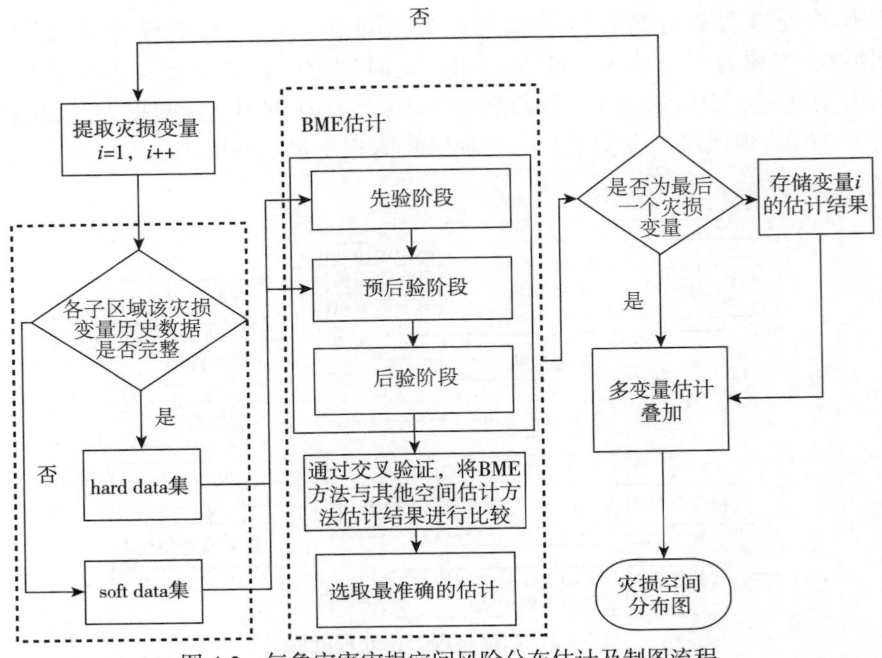

图 4-3　气象灾害灾损空间风险分布估计及制图流程

2）灾损分布的 BME 估计

在第二章中，介绍了 BME 估计的原理，并应用于气象因子时空分布的估计。在进行气象灾害灾损空间分布估计中，依然是分为三个估计阶段，即先验阶段、预后验阶段及后验阶段。估计充分利用气象灾害损失的精确资料（硬数据集）、气象灾害损失的不精确资料（软数据集），并融入与灾损存在空间相关性的灾损影响因素变量作为辅助变量估计，提高估计的精准度以及降低不精确资料带来的影响。

3）获取灾损空间分布图

每个区域灾损的统计不同，获取的资料也有不同，为了更客观地反映出区域的灾损分布情况，需要将区域多个灾损变量估计的结果进行叠加，得到灾损的综合分布图。

4.2.3　气象灾害影响因素对区域灾损影响分析

在进行完区域灾损的空间分布估计，获取区域灾损的空间分布图后。为了进一步解读气象灾害区域灾损的影响成因以及分布的空间变化和变异规律，需要进行气象灾害影响因素对区域灾损影响的分析。本小节的研究分为两块内容，即灾害成灾原因分析、空间变化规律及变异性分析。图4-4显示了气象灾害影响因素对区域灾损影响分析的流程图。

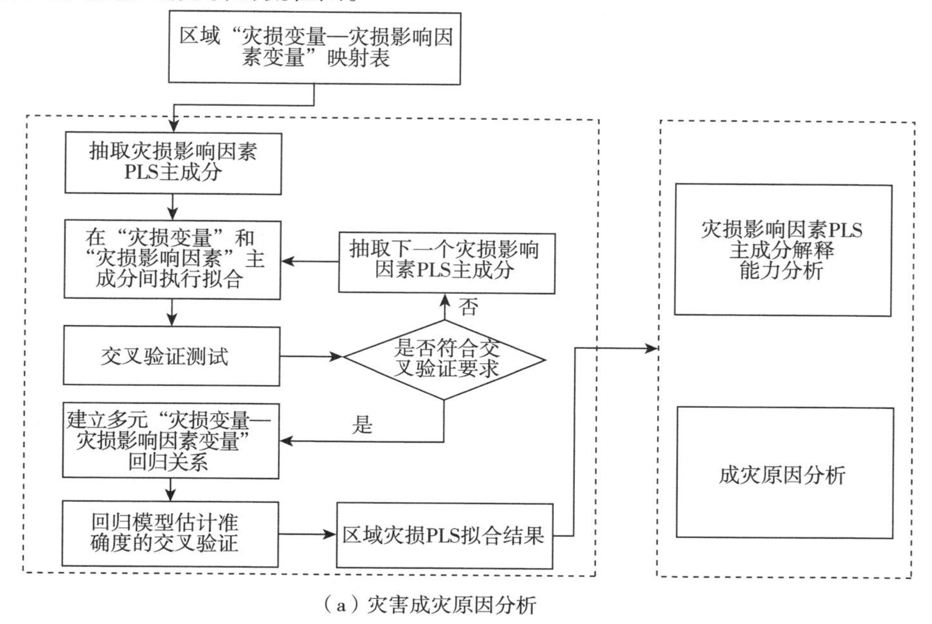

（a）灾害成灾原因分析

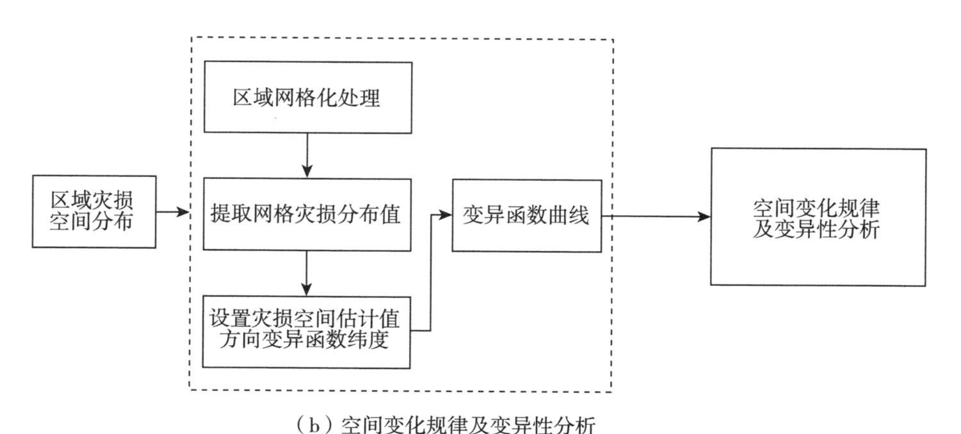

（b）空间变化规律及变异性分析

图4-4　气象灾害影响因素对区域灾损影响分析的流程图

（1）通过偏最小二乘拟合建立区域多元“灾损变量—灾损影响因素变量”回归关系。

考虑q个灾损变量$\{Y_1,Y_2,\cdots,Y_q\}$和p个灾损影响因素变量$\{X_1,X_2,\cdots,X_p\}$，有n个硬数据样本，由此构造出灾损变量与灾损影响因素变量的数据表$\boldsymbol{X}=\left(x_1,x_2,\cdots,x_p\right)_{n\times p}$和$\boldsymbol{Y}=\left(y_1,y_2,\cdots,y_q\right)_{n\times q}$。

首先将灾损变量和灾损影响因素变量数据做标准化处理。$\boldsymbol{X}$经标准化处理后的数据矩阵记为 $\boldsymbol{E}_0=\left(E_{01},E_{02},\cdots,E_{0p}\right)_{n\times p}$，$\boldsymbol{Y}$经标准化处理后的数据矩阵记为 $\boldsymbol{F}_0=\left(F_{01},F_{02},\cdots,F_{0q}\right)_{n\times q}$。

第一步记$\boldsymbol{t}_1$是$\boldsymbol{E}_0$的第一个成分，$\boldsymbol{t}_1=\boldsymbol{E}_0\boldsymbol{w}_1$，$\boldsymbol{w}_1$是$\boldsymbol{E}_0$的第一个轴，它是一个单位向量，即$\|\boldsymbol{w}_1\|=1$。

记$\boldsymbol{u}_1$是$\boldsymbol{F}_0$的第一个成分，$\boldsymbol{u}_1=\boldsymbol{F}_0\boldsymbol{c}_1$，$\boldsymbol{c}_1$是$\boldsymbol{F}_0$的第一个轴，并且$\|\boldsymbol{c}_1\|=1$。

如果$\boldsymbol{t}_1$、$\boldsymbol{u}_1$能分别很好地代表$\boldsymbol{X}$和$\boldsymbol{Y}$中的数据变异信息，根据主成分分析原理，应该有

$$\begin{aligned}&\mathrm{Var}\left(\boldsymbol{t}_1\right)\to\max\\&\mathrm{Var}\left(\boldsymbol{u}_1\right)\to\max\end{aligned}\tag{4-1}$$

另外，由于回归建模的需要，又要求$\boldsymbol{t}_1$对$\boldsymbol{u}_1$有最大解释能力，由典型相关分析的思路，$\boldsymbol{t}_1$与$\boldsymbol{u}_1$的相关系数应达到最大值，即

$$r\left(\boldsymbol{t}_1,\boldsymbol{u}_1\right)\to\max\tag{4-2}$$

因此，综合起来，在偏最小二乘回归中，我们要求$\boldsymbol{t}_1$与$\boldsymbol{u}_1$的协方差达到最大，即

$$\mathrm{cov}\left(\boldsymbol{t}_1,\boldsymbol{u}_1\right)=\sqrt{\mathrm{Var}\left(\boldsymbol{t}_1\right)\mathrm{Var}\left(\boldsymbol{u}_1\right)}r\left(\boldsymbol{t}_1,\boldsymbol{u}_1\right)\to\max\tag{4-3}$$

正规的数学表述应该是求解下列优化问题，即

$$\begin{aligned}&\max_{\boldsymbol{w}_1,\boldsymbol{c}_1}\left\langle\boldsymbol{E}_0\boldsymbol{w}_1,\boldsymbol{F}_0\boldsymbol{c}_1\right\rangle\\&\text{s.t.}\begin{cases}\boldsymbol{w}_1'\boldsymbol{w}_1=1\\\boldsymbol{c}_1'\boldsymbol{c}_1=1\end{cases}\end{aligned}\tag{4-4}$$

因此，将在$\|\boldsymbol{w}_1\|^2=1$和$\|\boldsymbol{c}_1\|^2=1$的约束条件下，去求$\left\langle\boldsymbol{E}_0\boldsymbol{w}_0,\boldsymbol{F}_0\boldsymbol{c}_1\right\rangle$的最大值。

根据拉格朗日法求得第一个轴$\boldsymbol{w}_1$和$\boldsymbol{c}_1$后，即可得到成分

$$\boldsymbol{t}_1=\boldsymbol{E}_0\boldsymbol{w}_1\tag{4-5}$$

$$\boldsymbol{u}_1=\boldsymbol{F}_0\boldsymbol{c}_1\tag{4-6}$$

$\boldsymbol{w}_1$是对应于矩阵$\boldsymbol{E}_0'\boldsymbol{F}_0\boldsymbol{F}_0'\boldsymbol{E}_0$最大特征值的单位特征向量，$\boldsymbol{c}_1$是对应于矩阵$\boldsymbol{F}_0'\boldsymbol{E}_0\boldsymbol{E}_0'\boldsymbol{F}_0$最大特征值的单位特征向量。

然后，分别求$\boldsymbol{E}_0$和$\boldsymbol{F}_0$对$\boldsymbol{t}_1$和$\boldsymbol{u}_1$的三个回归方程

$$\boldsymbol{E}_0=\boldsymbol{t}_1\boldsymbol{p}_1'+\boldsymbol{E}_1\tag{4-7}$$

$$\boldsymbol{F}_0=\boldsymbol{u}_1\boldsymbol{q}_1'+\boldsymbol{F}_1^*\tag{4-8}$$

$$\boldsymbol{F}_0=\boldsymbol{t}_1\boldsymbol{r}_1'+\boldsymbol{F}_1\tag{4-9}$$

式中，回归系数向量为

$$\boldsymbol{p}_1 = \frac{\boldsymbol{E}_0'\boldsymbol{t}_1}{\|\boldsymbol{t}_1\|^2} \tag{4-10}$$

$$\boldsymbol{q}_1 = \frac{\boldsymbol{F}_0'\boldsymbol{u}_1}{\|\boldsymbol{u}_1\|^2} \tag{4-11}$$

$$\boldsymbol{r}_1 = \frac{\boldsymbol{F}_0'\boldsymbol{t}_1}{\|\boldsymbol{t}_1\|^2} \tag{4-12}$$

而 $\boldsymbol{E}_1$、$\boldsymbol{F}_1'$、$\boldsymbol{F}_1$ 分别是三个回归方程的残差矩阵。

第二步用残差矩阵 $\boldsymbol{E}_1$ 和 $\boldsymbol{F}_1$ 取代 $\boldsymbol{E}_0$ 和 $\boldsymbol{F}_0$，然后，求第二个轴 $\boldsymbol{w}_2$ 和 $\boldsymbol{c}_2$ 以及第二个成分 $\boldsymbol{t}_2$、$\boldsymbol{u}_2$，有

$$\boldsymbol{t}_2 = \boldsymbol{E}_1\boldsymbol{w}_2 \tag{4-13}$$

$$\boldsymbol{u}_2 = \boldsymbol{F}_1\boldsymbol{c}_2 \tag{4-14}$$

$\boldsymbol{w}_2$ 是对应于矩阵 $\boldsymbol{E}_1'\boldsymbol{F}_1\boldsymbol{F}_1'\boldsymbol{E}_1$ 最大特征值的单位特征向量，$\boldsymbol{c}_2$ 是对应于矩阵 $\boldsymbol{F}_1'\boldsymbol{E}_1\boldsymbol{E}_1'\boldsymbol{F}_1$ 最大特征值的单位特征向量。计算回归系数

$$\boldsymbol{p}_2 = \frac{\boldsymbol{E}_1'\boldsymbol{t}_2}{\|\boldsymbol{t}_2\|^2} \tag{4-15}$$

$$\boldsymbol{r}_2 = \frac{\boldsymbol{F}_1'\boldsymbol{t}_2}{\|\boldsymbol{t}_2\|^2} \tag{4-16}$$

因此，有回归方程

$$\boldsymbol{E}_1 = \boldsymbol{t}_2\boldsymbol{p}_2' + \boldsymbol{E}_2 \tag{4-17}$$

$$\boldsymbol{F}_1 = \boldsymbol{t}_2\boldsymbol{r}_2' + \boldsymbol{F}_2 \tag{4-18}$$

如此计算下去，如果 $\boldsymbol{X}$ 的秩是 A，则会有

$$\boldsymbol{E}_0 = \boldsymbol{t}_1\boldsymbol{p}_1' + \boldsymbol{t}_2\boldsymbol{p}_2' + \cdots + \boldsymbol{t}_A\boldsymbol{p}_A' \tag{4-19}$$

$$\boldsymbol{F}_0 = \boldsymbol{t}_1\boldsymbol{r}_1' + \boldsymbol{t}_2\boldsymbol{r}_2' + \cdots + \boldsymbol{t}_A\boldsymbol{r}_A' + \boldsymbol{F}_A \tag{4-20}$$

由于 $\boldsymbol{t}_1,\boldsymbol{t}_2,\cdots,\boldsymbol{t}_A$ 均可表示成 $E_{01},E_{02},\cdots,E_{0p}$ 的线性组合，因此，式（4-20）还可以还原成 $y_k^* = F_{0k}$ 关于 $x_k^* = E_{0k}$ 的回归方程（Lohmoeller，1989；Mateosaparicio，2011），即

$$y_k^* = \alpha_{k1}x_1^* + \alpha_{k2}x_2^* + \cdots + \alpha_{kp}x_p^* + F_{Ak}, \quad k = 1,2,\cdots,q \tag{4-21}$$

F_{Ak} 中 k 是残差矩阵 $\boldsymbol{F}_A$ 的第 k 列。

又有

$$y_k^* = \frac{y_k - E(y_k)}{S_{y_k}}, \qquad k = 1,2,\cdots,q \tag{4-22}$$

$$x_i^* = \frac{x_i - E(x_i)}{S_{x_i}}, \qquad i = 1,2,\cdots,p \tag{4-23}$$

式中，$E(y_k)$ 和 $E(x_i)$ 分别为 y_k 和 x_i 的样本均值；S_{y_k} 和 S_{x_i} 分别为 y_k 和 x_i 的样本均方差。

回归方程还可以写成原始变量的偏最小二乘回归方程（秦蓓蕾等，2003），即

$$\hat{y}_k=\left[E(y_k)-\sum_{i=1}^{p}\alpha_{ki}\frac{S_{y_k}}{S_{x_i}}E(x_i)+\alpha_{k1}\frac{S_{y_k}}{S_{x_1}}x_1+\alpha_{k2}\frac{S_{y_k}}{S_{x_1}}x_1+\cdots+\alpha_{kp}\frac{S_{y_k}}{S_{x_p}}x_p\right] \tag{4-24}$$

（2）PLS 中的主成分选取方法。

灾损影响因素变量的主成分是通过构造多个灾损影响因素变量的适当的线性组合，以产生一系列互不相关的新变量，从中选出少数几个新变量并使它们含有尽可能多的原变量带有的信息，从而使用这几个新变量代替原变量分析问题和解决问题成为可能。变量中含有信息的多少，通常用该变量的方差或样本方差来度量。图 4-5 为主成分选取流程图。

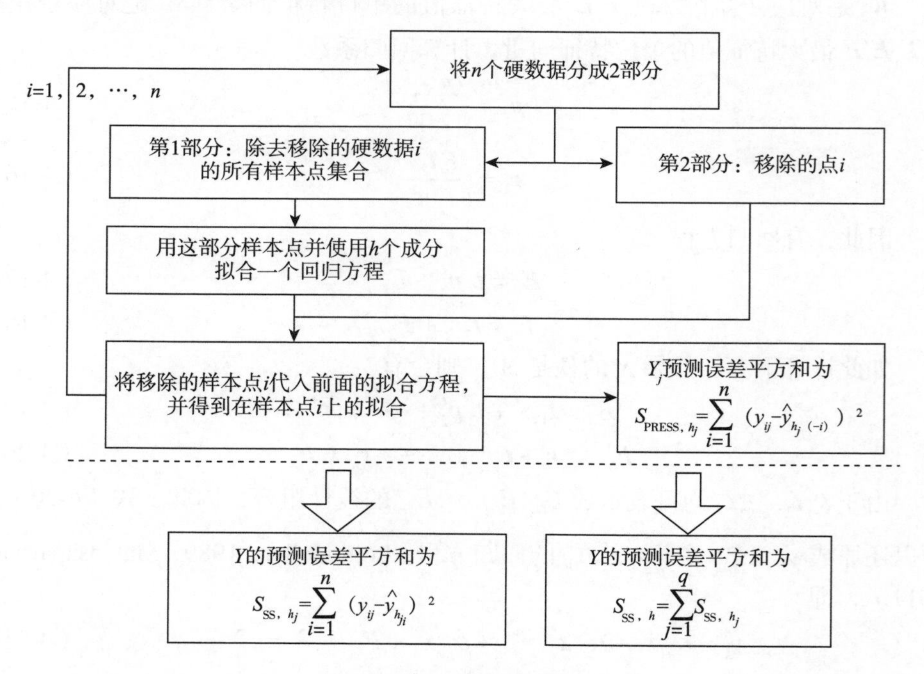

图 4-5　主成分选取流程图

下面给出主成分分析的计算过程（李寿安等，2005）。

设 $\boldsymbol{X}_{(k)}=(x_{k1},x_{k2},\cdots,x_{kp})^{\mathrm{T}}$，$k=1,2,\cdots,n$，为来自总体 $\boldsymbol{X}=\left(\boldsymbol{X}_{(1)},\boldsymbol{X}_{(2)},\ldots,\boldsymbol{X}_{(p)}\right)^{\mathrm{T}}$ 的一个容量为 n 的样本，记样本数据矩阵为 $\boldsymbol{X}=(x_{ij})_{n\times p}=\left[\boldsymbol{X}_{(1)},\boldsymbol{X}_{(2)},\cdots,\boldsymbol{X}_{(p)}\right]$，其

中 $\boldsymbol{X}_{(k)}$ 表示样本数据矩阵的各行，即变量的第 k 个样本，$\boldsymbol{X}_j$ 表示样本数据矩阵的第 j 列，表示样本数据的第 j 个分量。所以，样本矩阵的方差矩阵 $\boldsymbol{S}$ 为

$$\boldsymbol{S}=\sum_{k=1}^{n}\left(\boldsymbol{X}_{(k)}-\bar{\boldsymbol{X}}\right)\left(\boldsymbol{X}_{(k)}-\bar{\boldsymbol{X}}\right)\Big/(n-1)=\left(S_{ij}\right)_{p\times p} \tag{4-25}$$

式中，$\bar{\boldsymbol{X}}=\dfrac{1}{n}\sum_{k=1}^{n}\boldsymbol{X}_{(k)}=\left(\bar{x}_1,\bar{x}_2,\cdots,\bar{x}_p\right)^{\mathrm{T}}$，$S_{ij}=\sum_{k=1}^{n}\left(x_{ki}-\bar{x}_i\right)\left(x_{kj}-\bar{x}_j\right)\Big/(n-1)$ $(i,j=1,2,\cdots,p)$。

样本的相关系数矩阵 $\boldsymbol{R}$ 为

$$\boldsymbol{R}=\frac{1}{n-1}\sum_{k=1}^{n}\boldsymbol{X}_{(k)}^{*}\boldsymbol{X}_{(k)}^{*\ \mathrm{T}}=\left(r_{ij}\right)_{p\times p} \tag{4-26}$$

式中，$\boldsymbol{X}_{(k)}^{*}=\left[\left(x_{k1}-\bar{x}_1\right)\Big/\sqrt{s_{11}},\left(x_{k2}-\bar{x}_2\right)\Big/\sqrt{s_{22}},\cdots,\left(x_{kp}-\bar{x}_p\right)\Big/\sqrt{s_{pp}}\right]$；$r_{ij}=s_{ij}\Big/\sqrt{s_{ii}s_{jj}}$。

（1）从协方差矩阵 $\boldsymbol{S}$ 出发求主成分。

从样本协方差矩阵 $\boldsymbol{S}$ 出发求主成分，设 $\lambda_1\geqslant\lambda_2\geqslant\cdots\geqslant\lambda_p\geqslant0$ 为样本协方差矩阵 $\boldsymbol{S}$ 的特征值，$\boldsymbol{\alpha}_1,\boldsymbol{\alpha}_2,\cdots,\boldsymbol{\alpha}_p$ 为相应的单位特征向量，且彼此正交。则第 i 个主成分 $z_i=\boldsymbol{\alpha}_i^{\mathrm{T}}\boldsymbol{x}$，$i=1,2,\cdots,p$。其中 $\boldsymbol{x}=\left(\boldsymbol{x}_1,\boldsymbol{x}_2,\cdots,\boldsymbol{x}_p\right)^{\mathrm{T}}$。记 $\boldsymbol{Q}=\left(\boldsymbol{\alpha}_1,\boldsymbol{\alpha}_2,\cdots,\boldsymbol{\alpha}_p\right)$，则样本主成分为 $\boldsymbol{Z}_{(k)}=\boldsymbol{Q}^{\mathrm{T}}\boldsymbol{X}_{(k)}$。

$$\boldsymbol{Z}=\begin{bmatrix} z_{11} & z_{12} & \cdots & z_{1p}\\ z_{21} & z_{22} & \cdots & z_{2p}\\ \vdots & \vdots & & \vdots\\ z_{n1} & z_{n2} & \cdots & z_{np}\end{bmatrix}=\begin{bmatrix}\boldsymbol{Z}_{(1)}^{\mathrm{T}}\\ \boldsymbol{Z}_{(2)}^{\mathrm{T}}\\ \vdots\\ \boldsymbol{Z}_{(n)}^{\mathrm{T}}\end{bmatrix}=\begin{bmatrix}\boldsymbol{X}_{(1)}^{\mathrm{T}}\boldsymbol{Q}\\ \boldsymbol{X}_{(2)}^{\mathrm{T}}\boldsymbol{Q}\\ \vdots\\ \boldsymbol{X}_{(n)}^{\mathrm{T}}\boldsymbol{Q}\end{bmatrix}=\begin{bmatrix} x_{11} & x_{12} & \cdots & x_{1p}\\ x_{21} & x_{22} & \cdots & x_{2p}\\ \vdots & \vdots & & \vdots\\ x_{n1} & x_{n2} & \cdots & x_{np}\end{bmatrix}\boldsymbol{Q} \tag{4-27}$$

$$=\left[\boldsymbol{X}\boldsymbol{\alpha}_1,\boldsymbol{X}\boldsymbol{\alpha}_2,\cdots,\boldsymbol{X}\boldsymbol{\alpha}_p\right]=\left[\boldsymbol{Z}_1,\boldsymbol{Z}_2,\cdots,\boldsymbol{Z}_p\right]$$

式中，$\boldsymbol{Z}_{(k)}$ 表示样本主成分的各行；$\boldsymbol{Z}_j$ 表示样本主成分的各列。对于样本主成分有如下性质：① $\mathrm{Var}\left(\boldsymbol{Z}_j\right)=\lambda_j$，$j=1,2,\cdots,p$。② $\mathrm{cov}\left(\boldsymbol{Z}_i,\boldsymbol{Z}_j\right)=0$，$i\neq j$，$i,j=1,2,\cdots,p$。③样本的总方差 $\sum_{j=1}^{p}\lambda_j=\sum_{j=1}^{p}s_{jj}$。④ $\boldsymbol{X}_j$ 与 $\boldsymbol{Z}_i$ 的样本相关系数 $r\left(\boldsymbol{X}_j,\boldsymbol{Z}_i\right)=\left(\sqrt{\lambda_i}\Big/\sqrt{s_{jj}}\right)q_{ji}$。

在实际应用中，常常将样本数据中心化，这样不影响样本协方差矩阵，对于中心化后数据的主成分为

$$\boldsymbol{Z}=\begin{bmatrix} z_{11} & z_{12} & \cdots & z_{1p} \\ z_{21} & z_{22} & \cdots & z_{2p} \\ \vdots & \vdots & & \vdots \\ z_{n1} & z_{n2} & \cdots & z_{np} \end{bmatrix}=\begin{bmatrix} \boldsymbol{Z}_{(1)}^{\mathrm{T}} \\ \boldsymbol{Z}_{(2)}^{\mathrm{T}} \\ \vdots \\ \boldsymbol{Z}_{(n)}^{\mathrm{T}} \end{bmatrix}=\begin{bmatrix} \left(\boldsymbol{X}_{(1)}-\bar{\boldsymbol{X}}\right)^{\mathrm{T}}\boldsymbol{Q} \\ \left(\boldsymbol{X}_{(2)}-\bar{\boldsymbol{X}}\right)^{\mathrm{T}}\boldsymbol{Q} \\ \vdots \\ \left(\boldsymbol{X}_{(n)}-\bar{\boldsymbol{X}}\right)^{\mathrm{T}}\boldsymbol{Q} \end{bmatrix} \tag{4-28}$$

称 $\lambda_k\Big/\sum_{j=1}^{p}\lambda_j$ 为第 k 个主成分 $\boldsymbol{Z}_k$ 的贡献率，前 k 个样本主成分的累计贡献率定义为 $\sum_{j=1}^{k}\lambda_j\Big/\sum_{j=1}^{p}\lambda_j$ 。主成分分析的目的是简化数据，用尽可能少的数据来代替原来的 p 个变量，可以通过累计贡献率确定主成分的个数，使主成分的累计贡献率达到一定的比例，如 80%或者 90%，也可以计算所有特征值的平均值，然后取大于平均值的特征值个数为主成分的个数。

（2）从相关系数矩阵 $\boldsymbol{R}$ 出发求主成分。

当各变量的单位不全相同，或虽然单位相同，但是变量间的数值大小相差较大时，为消除量纲的影响，常常先将原始变量做标准化处理，从相关系数矩阵 $\boldsymbol{R}$ 出发求主成分。令 $\boldsymbol{X}_j^*=\left(\boldsymbol{X}_j-\bar{\boldsymbol{X}}_j\right)\Big/\sqrt{s_{jj}}$ ，$j=1,2,\cdots,p$。显然，$\boldsymbol{X}^*=\left(\boldsymbol{X}_1^*,\boldsymbol{X}_2^*,\cdots,\boldsymbol{X}_p^*\right)^{\mathrm{T}}$ 的协方差矩阵就是 X 的相关系数矩阵 $\boldsymbol{R}$ 。由 $\boldsymbol{R}$ 出发得到的样本主成分称为表转化样本主成分。

设 $\lambda_1^*\geqslant\lambda_2^*\geqslant\cdots\geqslant\lambda_p^*\geqslant 0$ 为样本相关矩阵 $\boldsymbol{R}$ 的特征值，$\boldsymbol{\alpha}_1^*,\boldsymbol{\alpha}_2^*,\cdots,\boldsymbol{\alpha}_p^*$ 为相应的单位特征向量，且彼此正交，则相应的 p 个主成分为 $\boldsymbol{Z}_i^*=\left(\boldsymbol{\alpha}_i^*\right)^{\mathrm{T}}\boldsymbol{X}_i^*$ ，$i=1,2,\cdots,p$ 。令 $\boldsymbol{Q}^*=\left(\boldsymbol{\alpha}_1^*,\boldsymbol{\alpha}_2^*,\cdots,\boldsymbol{\alpha}_p^*\right)$，于是

$$\boldsymbol{Z}^*=\begin{bmatrix} z_{11}^* & z_{12}^* & \cdots & z_{1p}^* \\ z_{21}^* & z_{22}^* & \cdots & z_{2p}^* \\ \vdots & \vdots & & \vdots \\ z_{n1}^* & z_{n2}^* & \cdots & z_{np}^* \end{bmatrix}=\begin{bmatrix} \boldsymbol{Z}_{(1)}^{*\,\mathrm{T}} \\ \boldsymbol{Z}_{(2)}^{*\,\mathrm{T}} \\ \vdots \\ \boldsymbol{Z}_{(n)}^{*\,\mathrm{T}} \end{bmatrix}=\begin{bmatrix} \boldsymbol{X}_{(1)}^{*\,\mathrm{T}}\boldsymbol{Q}^* \\ \boldsymbol{X}_{(2)}^{*\,\mathrm{T}}\boldsymbol{Q}^* \\ \vdots \\ \boldsymbol{X}_{(n)}^{*\,\mathrm{T}}\boldsymbol{Q}^* \end{bmatrix}=\boldsymbol{X}^*\boldsymbol{Q}^* \tag{4-29}$$

$$=\left[\boldsymbol{X}^*\boldsymbol{a}_1^*,\boldsymbol{X}^*\boldsymbol{a}_2^*,\cdots,\boldsymbol{X}^*\boldsymbol{a}_p^*\right]=\left[\boldsymbol{Z}_1^*,\boldsymbol{Z}_2^*,\cdots,\boldsymbol{Z}_p^*\right]$$

式中，$\boldsymbol{Z}_{(k)}^*$ 表示样本主成分的各行；$\boldsymbol{Z}_j^*$ 表示样本主成分的各列。

对于样本主成分有如下性质：① $\mathrm{Var}\left(\boldsymbol{Z}_j^*\right)=\lambda_j^*$ ，$j=1,2,\cdots,p$ ；② $\mathrm{cov}\left(\boldsymbol{Z}_i^*,\boldsymbol{Z}_j^*\right)=0$ ，$i\neq j$ ，$i,j=1,2,\cdots,p$；③ $\sum_{j=1}^{p}\lambda_j^*=p$；④原始变量 $\boldsymbol{X}_j^*$ 与主成分

Z_i^* 的样本相关系数为 $\rho\left(X_j^*, Z_j^*\right)=\sqrt{\lambda_i^*}q_{ji}^*$，$j,i=1,2,\cdots,p$，称为因子负荷量。用因子负荷量 $\rho\left(X_j^*, Z_j^*\right)$ 可以解释第 j 个变量对第 i 个主成分的重要性，而不是采用变换系数来解释。此时，第 k 个主成分的贡献率为 λ_k^*/p，前 k 个主成分的累计贡献率为 $\sum_{j=1}^{k}\lambda_k^*/p$。

在许多情形下，偏最小二乘回归方程并不需要选用全部的成分 $t_1,t_2,\cdots,t_r$ 进行回归建模，而是可以像在主成分分析时一样，采用截尾的方式选择前 m 个成分（$m<r$），仅用这 m 个成分 $t_1,t_2,\cdots,t_m$ 就可以得到一个预测性能较好的模型。在偏最小二乘回归建模中，主要采用交叉有效性的方法确定提取成分的个数。

此方法通过考察增加 1 个新的成分后，能否对模型的预测功能有明显的改进来考虑。把所有 n 个样本点分成 2 部分：第 1 部分是除去某个样本点 i 的所有样本点集合（共含 $n-1$ 个样本点），用这部分样本点并使用 h 个成分拟合一个回归方程；第 2 部分是把刚才被排除的样本点 i 代入前面拟合的回归方程，得到 Y_j 在样本点 i 上的拟合值 $\hat{y}_{hj}(-i)$。对于每一个 $i=1,2,\cdots,n$，重复上述测试，可得到 Y_j 的预测误差平方和，即

$$S_{\mathrm{PRESS},hj}=\sum_{i=1}^{n}\left(y_{ij}-\hat{y}_{hj(-i)}\right)^2 \tag{4-30}$$

则 Y 的预测误差平方和为

$$S_{\mathrm{PRESS},h}=\sum_{j=1}^{q}S_{\mathrm{PRESS},hj} \tag{4-31}$$

另外，再采用所有的样本点，拟合含 h 个成分的回归方程。这时，记第 i 个样本点的预测值为 $\hat{y}_{hji}$，则可得到 Y_j 的误差平方和为

$$S_{\mathrm{SS},hj}=\sum_{i=1}^{n}\left(y_{ij}-\hat{y}_{hji}\right)^2 \tag{4-32}$$

则 Y 的误差平方和为

$$S_{\mathrm{SS},h}=\sum_{i=1}^{q}S_{SS,hj} \tag{4-33}$$

对每一个因变量 Y_k 定义 $Q_{hk}^2=1-\dfrac{S_{\mathrm{PRESS},h}}{S_{\mathrm{SS},(h-1)k}}$，对于全部因变量 Y，成分 t_h 的交叉有效性定义为

$$Q_h^2=1-\frac{S_{\mathrm{PRESS},h}}{S_{\mathrm{SS},h-1}} \tag{4-34}$$

用交叉有效性测量成分 t_h 对预测模型精度的边际贡献有如下两个尺度（王惠文，1999）。

当 $Q_h^2 \geqslant 1-0.95^2=0.0975$ 时，t_h 成分的边际贡献是显著的。

对于 $k=1,2,\cdots,q$，至少有 1 个 k，使 $Q_{hk}^2 \geqslant 0.0975$。这时增加成分 t_h，至少使 1 个因变量 Y_k 的预测模型得到显著的改善，因此，也可以考虑增加成分 t_h 是明显有益的。

4.3 灾损风险估计案例研究

4.3.1 研究区域设置

本小节研究区域位于 105.0°E~115.0°E，25°N~35°N 范围内。该区域近似以秦岭—淮河为分界线，南部为亚热带季风气候，北部为温带季风气候。区域内人口超过 3 亿人，主要集中居住在城镇中，也有部分居住在村庄中，村庄的人口为百余人到上千人不等。气象灾害常常给该区域的交通、生产和居民日常生活带来负面影响。该区域主要的气象灾害有干旱、雨涝、高温和霜冻。图 4-6 展示了该区域的地理位置和坐落在区域内的 121 个气象站点的位置。

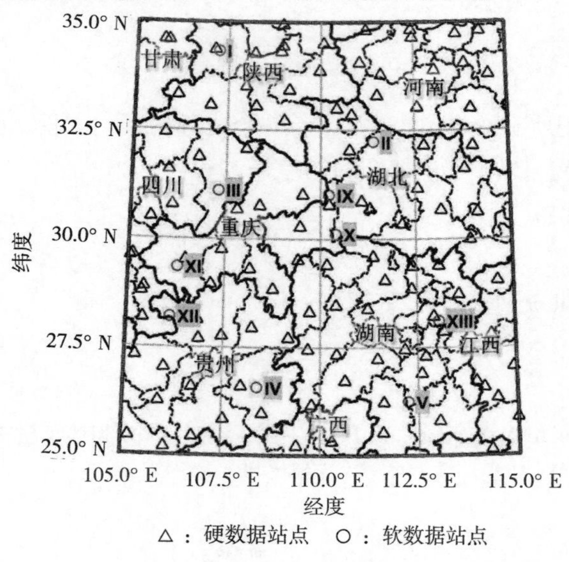

图 4-6　研究区域位置

研究中使用的数据集包括 121 个气象站点对 7 种气象因子的 60 年平均值观测值。该数据集源于对每个气象站点的长时间原始观测序列的预处理。

在 111 个气象站所在的位置可获取气象因子的观测值，该观测值被认为是准确的，被称作“硬数据”。

在其余 10 个气象站位置，通过统计每种气象因子在该位置附近的历史分布规律，可得到以概率密度函数表示的带有不确定性的数据，被称为“软数据”。这些软数据反映了该位置气象因子分布的历史统计。通过对以上 10 个站点的历史观测序列进行统计分析，可得到以概率密度函数形式表示的软数据，被称为概率型软数据。

4.3.2　灾损风险估计与区划

从图 4-7 可知，这些概率密度函数通常是非对称的，这与经典的地统计学方法（克里金法）的高斯分布假设不符。而 BME 方法提出的通用框架对任意分布的数据都适用，能严格地将软数据应用到插值中。

图 4-8 展示了区域内各气象因子的相关关系。图 4-8（a）的散点图和图 4-8（b）的相关系数图表明，除了第三个变量，即平均风速以外，其余气象因子之间存在明显的相关关系。

图 4-9 展示了克里金、协同克里金、单变量 BME 和多变量 BME 方法插值的结果，其中 BME 方法中使用了概率型软数据。

从平均绝对误差（MAE）和均方根误差（RMSE）这两个指标来看，多变量 BME 方法相比其他方法更接近零，如图 4-9 所示。由于正的误差和负的误差相互抵消，平均误差（ME）的值存在涨落，图 4-9（a,c,f,g）中多变量 BME 方法的插值结果的平均误差最接近于零，图 4-9（b,d,e）中单变量 BME 的插值结果的平均误差最接近于零。多变量方法（协同克里金和多变量 BME）的插值结果比单变量方法（克里金和单变量 BME）的结果更加精确，BME 类方法（单变量 BME 和多变量 BME）的插值结果比克里金类方法（克里金和协同克里金）的插值结果更加精确。综合比较所有插值结果，多变量 BME 方法的结果比其他方法更加精确。因此，研究采用多变量 BME 方法作为气象因子的空间分布的插值方法。

图 4-10 展示了用多变量 BME 方法得到的研究区域内七种气象因子的空间分布。

图 4-11 显示了研究区域内前三个 PLS 成分的空间分布。图 4-11（a）为从七种气象因子的硬数据中提取的前三个 PLS 成分。利用插值得到的七种气象因子的

空间分布和七种气象因子对每个 PLS 成分的负载系数，得出了图 4-12（b）所示的 PLS 成分的空间分布。

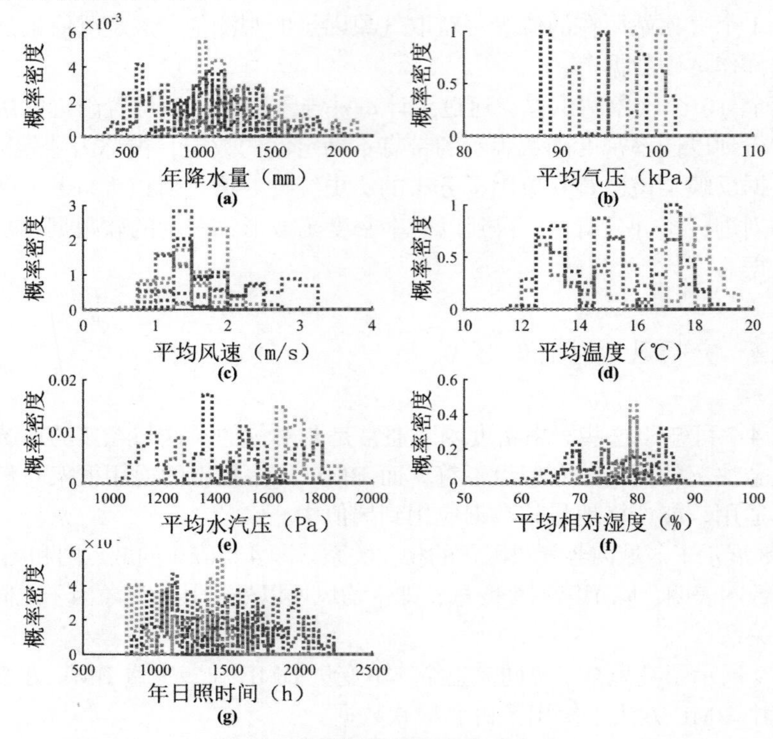

图 4-7　软数据的概率密度形式表示

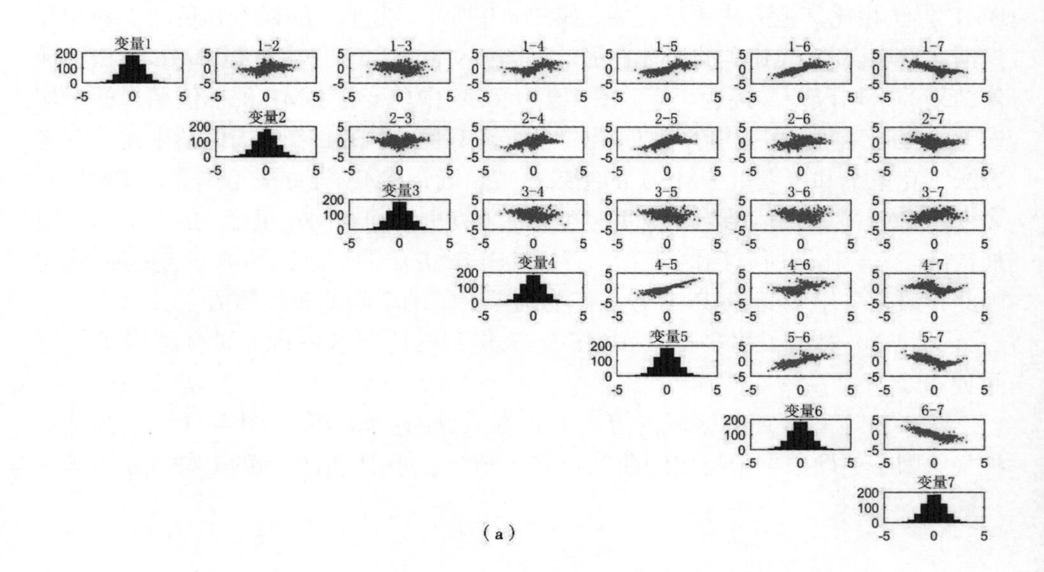

（a）

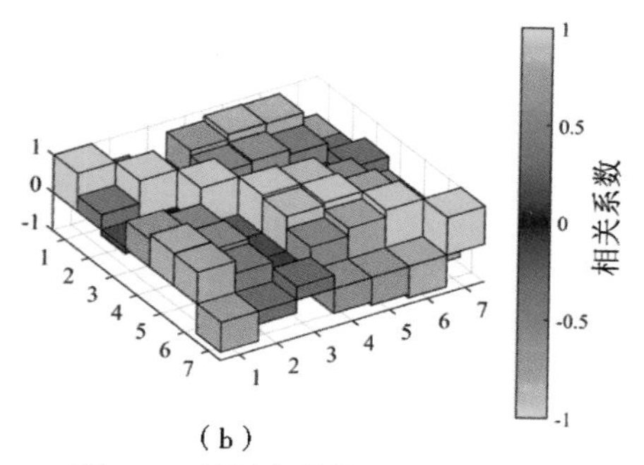

（b）

图 4-8　使用变量的空间相关度

图（a）中横轴名为滞后距/度，纵轴名为空间相关度

图（b）中变量 1：年均降水量；变量 2：大气压；变量 3：平均风速；变量 4：平均温度；变量 5：平均水汽压；变量 6：平均相对湿度；变量 7：日照时长

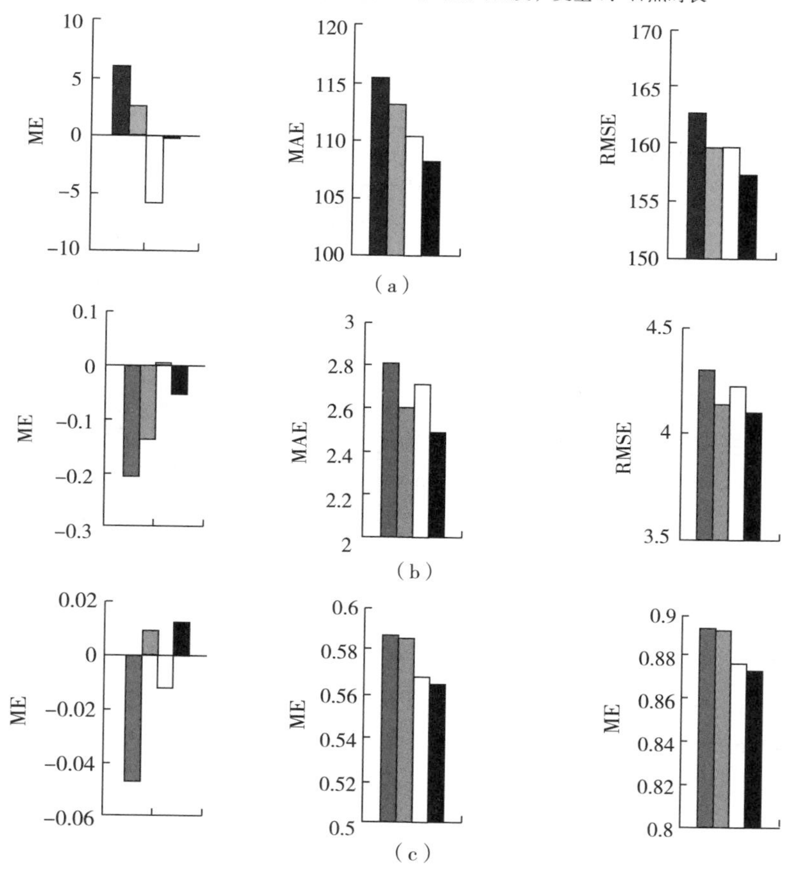

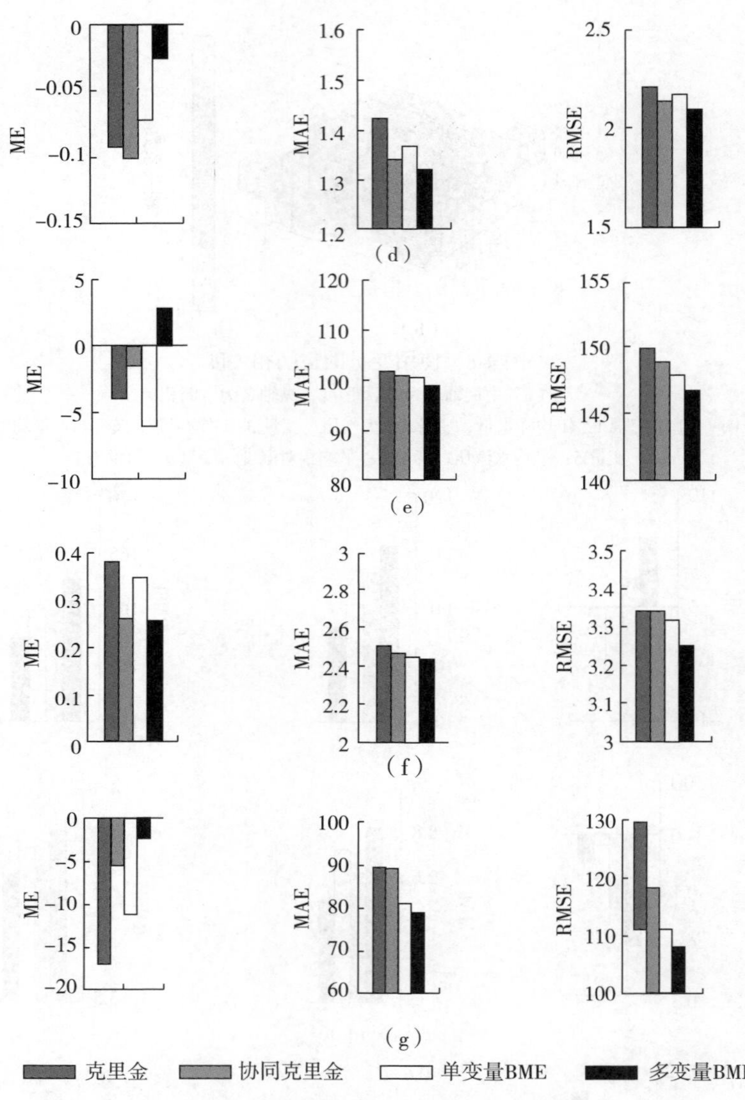

图 4-9　不同灾损估计方法的交叉验证结果

通过 PLS 回归方法得到了如下回归模型：

$$
\begin{aligned}
\text{loss} &= 48.62 + 0.56\text{comp}_1 + 0.71\text{comp}_2 + 2.11\text{comp}_3 \\
&= 48.62 + 5.02f_1 + 8.90f_2 + 1.54f_3 - 3.24f_4 - 0.17f_5 + 2.76f_6 + 4.53f_7
\end{aligned}
\tag{4-35}
$$

式中，$\text{comp}_k\left(k=1,2,3\right)$ 为第 k 个 PLS 成分；$f_n\left(n=1,2,\cdots,7\right)$ 为标准化处理后的第 n 个气象因子的值，这些气象因子分别是年降水量、平均气压、平均风速、平均温度、平均水汽压、平均相对湿度、年日照时间。每个系数的置信度为 95%的置信区间分别为（46.91，50.34），（3.85，6.19），（6.16，11.64），（0.71, 2.36），

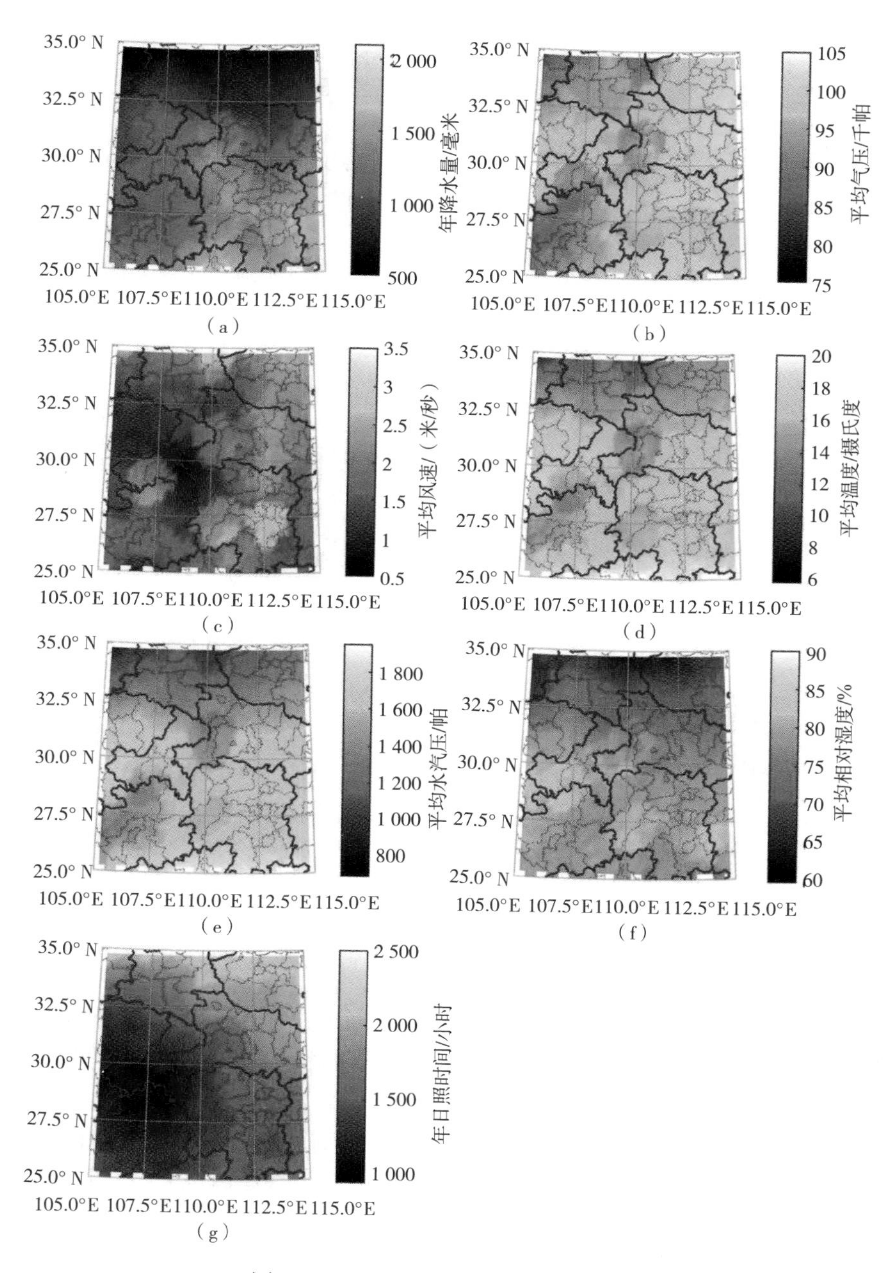

图 4-10　七种气象因子的空间分布图

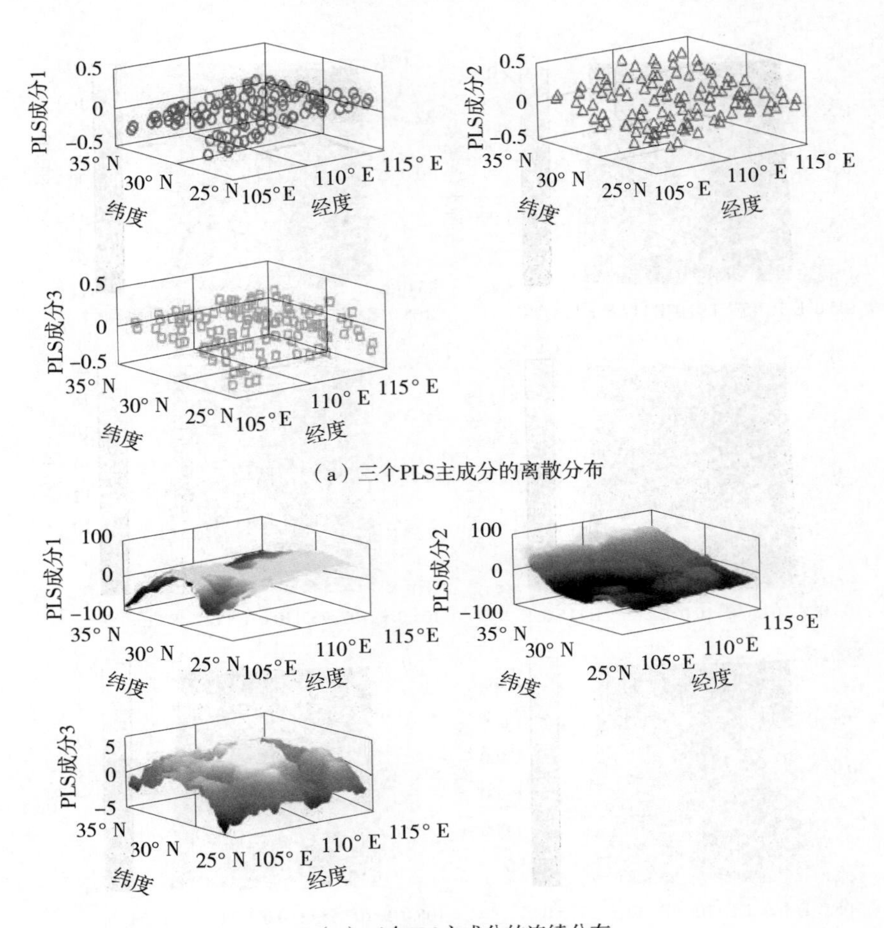

（a）三个PLS主成分的离散分布

（b）三个PLS主成分的连续分布

图 4-11　选用的主成分散点分布与空间连续分布

（−5.09，−1.40），（−0.85，0.51），（1.59，3.92）和（3.48，5.57）。图 4-12（a）为 PLS 回归模型的预测结果的残差图。图 4-12（b）展示了模型预测结果的相关散点图，预测值与实际值的相关系数 r 为 0.77。

在全部七种气象因子中，式（4-35）所示回归模型表明，平均气压对气象灾害灾损贡献最大。气压与海拔密切相关，海拔越低，气压越高。研究区域内低海拔的位置主要是长江平原、华北平原和四川盆地。这些区域人口多，农业、商业繁荣，气象灾害能造成的损失也较大。模型中气压的权重间接反映了这一点。年降水量是模型中对灾损贡献第二显著的因子。它解释了暴雨洪涝灾害对该区域的影响。第三显著的因子是年日照时间，它反映了一年中无降水的时长，解释了干旱灾害带来的损失大小。平均温度的负系数表明，该区域温度造成的损失主要是

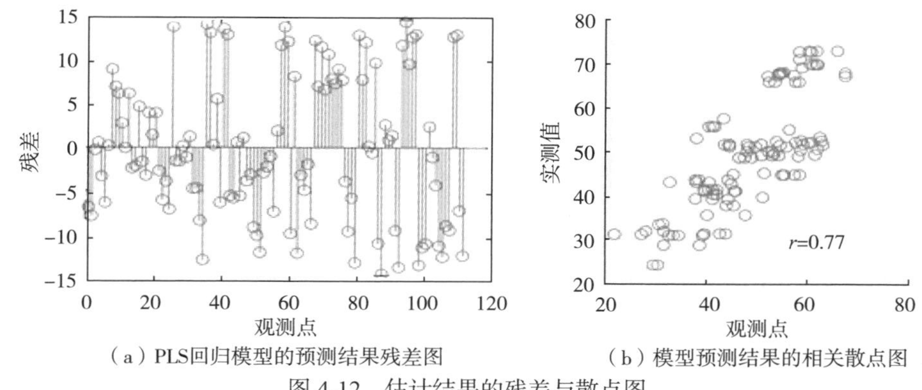

（a）PLS回归模型的预测结果残差图　（b）模型预测结果的相关散点图

图 4-12　估计结果的残差与散点图

由低温灾害引起的。第五显著的因子是平均相对湿度，它是对洪涝和干旱灾害的补充信息。平均风速在七种气象因子中显著性排在倒数第二，这说明该区域大风成灾较少，在总的气象灾害损失中所占比重较小。最后，平均水汽压在模型中的系数接近于 0，说明平均水汽压对气象灾害灾损影响微弱。

图 4-13 展示了研究区域的气象灾害灾损风险分布。区域中部，即湖南北部，气象灾害灾损风险最高。在区域的西南和西北部，即甘肃省的东南部和贵州省的西部，气象灾害灾损风险相对最低。

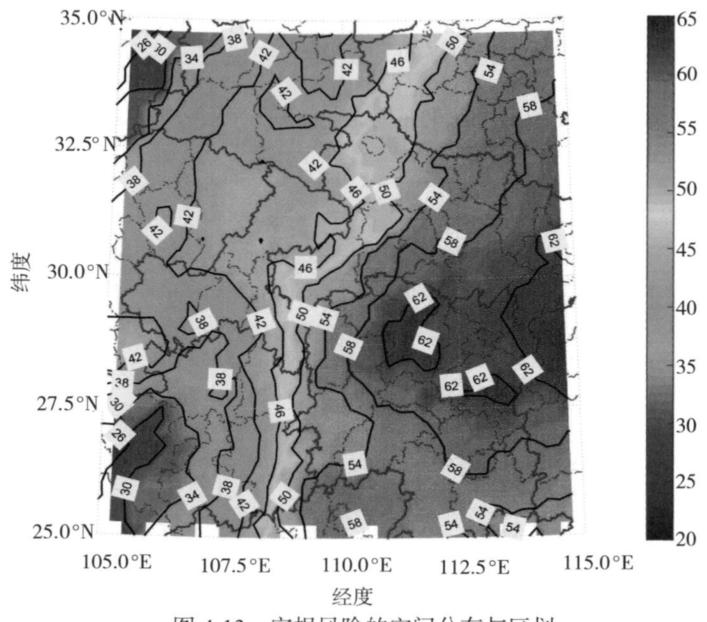

图 4-13　灾损风险的空间分布与区划

参 考 文 献

李寿安，张恒喜，郭基联，等. 2005. 一种基于主元选择的偏最小二乘回归方法. 计算机工程，31（16）：7-9.

秦蓓蕾，王文圣，丁晶. 2003. 偏最小二乘回归模型在水文相关分析中的应用. 四川大学学报（工程科学版），35（4）：115-118.

王惠文. 1999. 偏最小二乘回归方法及其应用. 北京：国防工业出版社.

Burrough P A. 2001. GIS and geostatistics：essential partners for spatial analysis. Environmental and Ecological Statistics，8（4）：361-377.

Christakos G，Li X Y. 1998. Bayesian maximum entropy analysis and mapping：a farewell to Kriging estimators? Mathematical Geology，30（4）：435-462.

Demir G，Aytekin M，Akgun A. 2015. Landslide susceptibility mapping by frequency ratio and logistic regression methods: an example from Niksar-Resadiye（Tokat，Turkey）. Arabian Journal of Geosciences，8（3）：1801-1812.

Douaik A，van Meirvenne M，Tóth T. 2005. Soil salinity mapping using spatio-temporal Kriging and Bayesian maximum entropy with interval soft data. Geoderma，128（3~4）：234-248.

Gong Z，Forrest J Y. 2014. Special issue on meteorological disaster risk analysis and assessment：on basis of grey systems theory. Natural Hazards，71（2）：995-1000.

Lei T，Huang Y，Lee B，et al. 2014. Development of an empirical model for rainfall-induced hillside vulnerability assessment：a case study on Chen-Yu-Lan watershed，Nantou，Taiwan. Natural Hazards，74（2）：341-373.

Lohmoeller J B. 1989. Latent Variables Path Analysis with Partial Least Squares. Heidelberg：Physicaverl.

Mateosaparicio G. 2011. Partial least squares（PLS）methods：origins，evolution，and application to social sciences. Communications in Statistics-Theory and Methods，40（13）：2305-2317.

Ramlal B，Baban S M J. 2008. Developing a GIS based integrated approach to flood management in Trinidad，West Indies. Journal of Environmental Management，88（4）：1131-1140.

Shao M，Gong Z，Xu X. 2014. Risk assessment of rainstorm and flood disasters in China between 2004 and 2009 based on gray fixed weight cluster analysis. Natural Hazards，71（2）：1025-1052.

Tong Z J，Zhang J Q，Liu X P. 2009. GIS-based risk assessment of grassland fire disaster in western Jilin Province，China. Stochastic Environmental Research and Risk Assessment，23（4）：463-471.

Xie N，Xin J，Liu S. 2014. China's regional meteorological disaster loss analysis and evaluation based on grey cluster model. Natural Hazards，71（2）：1067-1089.

第5章

灾害性气象事件本体建模

灾害性气象事件建模以及气象灾害应急管理已经有很多学者用不同的方法进行研究，已经积累了许多成熟的方法，但是数据组织分散，往往以数据文件和数据库形式保存，形成了一个个分离的数据孤岛，无法进行综合利用，且无法进行具体的评估，仅仅是侧重于数据的管理。本体论（ontology）的概念起源于哲学，在哲学中它是指“对世界上客观存在物的系统的描述，即存在论”，是一种存在的系统化的解释，用来描述事物的本质。近年来，随着不断深入研究本体，更多的领域开始引入本体，关于本体的定义也越来越多。

本体作为一种可以有效地表达语义和概念层次的模型，已经广泛应用于知识表达、知识共享和知识重用等方面。目前，医学、生物学、制造业等领域已经采用了本体论的思想，取得了一定的成就。一般来说，应用本体的作用主要包括有益于人与人之间的交流、更加有利于系统之间的交互和利于系统工程这三部分，主要体现在知识获取、重用性、可靠性和规范化说明四个方面。

综上所知，本体作为一种建模工具，既能准确地描述概念语义，又可以描述概念间的关系，因此它可以有效地表达特定领域内的通用知识，使知识定义明确唯一，成为该领域内的标准。将本体论思想应用于洪水风险分析应用领域，正好可以解决领域内难于共享与重用的这个难题。由此，本章引入了本体思想，构建了气象灾害本体（meteorological disaster ontology，MDO），MDO 以气象灾害的构成要素为知识源，并采用 Protégé 本体编辑工具进行本体录入，基于 SWRL（semantic web reasoning language）语言建立了气象灾害多主题的推理系统，利用报表、图形的数据展现方式辅助进行推理结果分析，实现区域气象灾害综合脆弱性评估以及气象数据、灾损数据集成管理与查询。

5.1　本体的概念以及基本理论

5.1.1　本体的概念

近年来，随着不断深入研究本体，更多的领域开始引入本体，关于本体的定义也越来越多。本体的定义多种多样，各不相同，但从内涵上来看其实是统一的，目前比较公认的定义是 Tom Gruber 提出的“本体是关于共享概念的协议”。Fensel 对这个定义进行分析后，将它概括为概念化（conceptualization）、明确（explicit）、形式化（formal）和共享（share）四个方面。

从知识工程的角度，我们可以把本体的逻辑结构看做一个五元组 O={*C*,*R*,*F*,*A*,*I*}，其中：①*C* 是概念，该概念是广义上的概念，除了包括“洪水”“风险”这种一般意义上的概念，还包括“分析”“决策”“估计”等。②*R* 是概念之间的关系，本体中概念之间的关系通常包括继承关系（is-a）、聚合关系（has-a）、关联关系（association）和实例化关系（instance-of）。③*F* 是函数，这是一种特殊的关系，可用 F：$C_1 \times C_2 \times \cdots \times C_{n-1} \rightarrow C_n$ 来表示。④*A* 是指概念或者概念之间的关系所必须满足的规则，称为公理。⑤*I* 是指领域内概念实例的集合。

图 5-1 是本体概念的认知发展过程。

5.1.2　本体的类型

随着本体研究的深入，本体的种类也越来越多，至今为止，还没有一种统一的分类方法。通常情况下从以下三个角度来对本体进行分类。

1）根据本体的研究主题

从这个角度来看，我们通常将本体划分为五种类型，具体情况如表 5-1 所示（崔巍，2004）。

2）根据本体表示的形式化程度

从这个角度来看，我们通常将本体划分为四个部分，结果如表 5-2 所示（秦昆，2004）。

3）根据本体的研究层次

从这个角度来看，我们通常将本体划分为四部分，其层次结构如图 5-2 所示（秦昆，2004）。

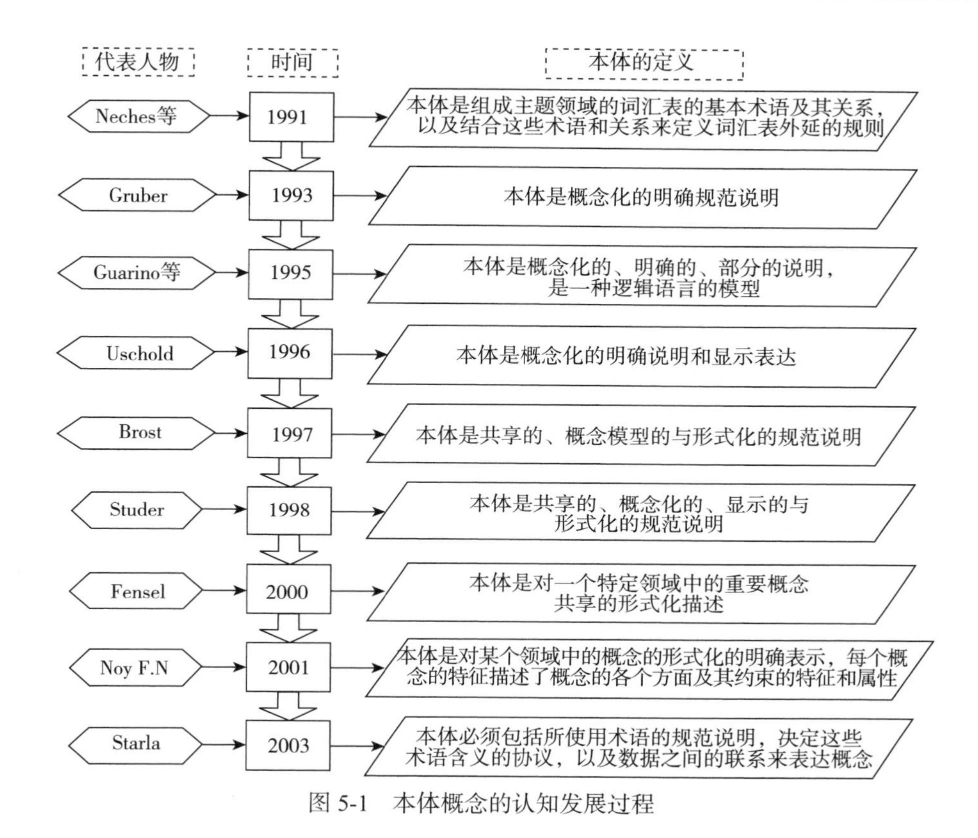

图 5-1　本体概念的认知发展过程

表 5-1　按研究主题对本体的分类

本体类别	适用主题
领域本体	特定领域中的概念及概念关系，如生物学
通用本体	常识性知识的使用，如 OpenCyo
知识本体	语言对知识的表达能力，如 KIF
语言学本体	关于语言和词汇的本体，如 GUM
任务本体	问题的求解方法，如 Ghandrasekaran

表 5-2　按形式化程度对本体的分类

结构化程度	表达手段
完全非形式化	完全用自然语言描述
结构非形式化	用受限或结构化的自然语言表示
半形式化	用人工定义的形式化语言表示
完全形式化	本体具有形式化语义

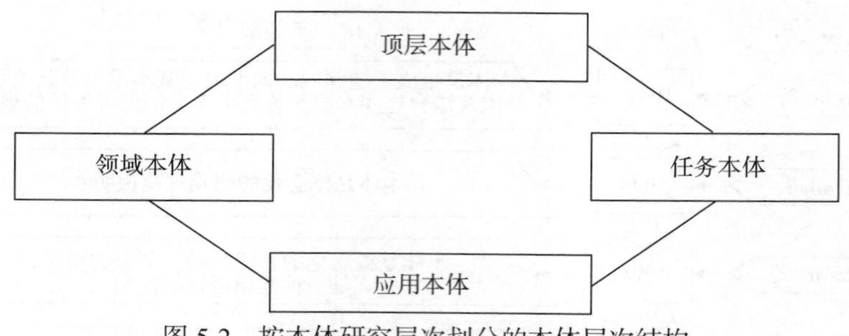

图 5-2　按本体研究层次划分的本体层次结构

5.1.3　本体建模的主要方法

国内外众多学者专家一直都在关注和研究本体建设的方法，迄今为止，已有很多的构建方法诞生。大多数方法都是在实践项目中诞生的，具有一定的局限性。下面将介绍一些比较典型的有影响的本体构建方法。

1）骨架法

骨架法是一种专门构建企业本体的方法，该方法提出了“确定构建本体的目的和范围—构建本体—对本体进行评估—将相关内容文档化”的方法学框架，但它没有准确地描述完成以上各个步骤的技术，只是指导本体的开发过程。其开发流程如图 5-3 所示。

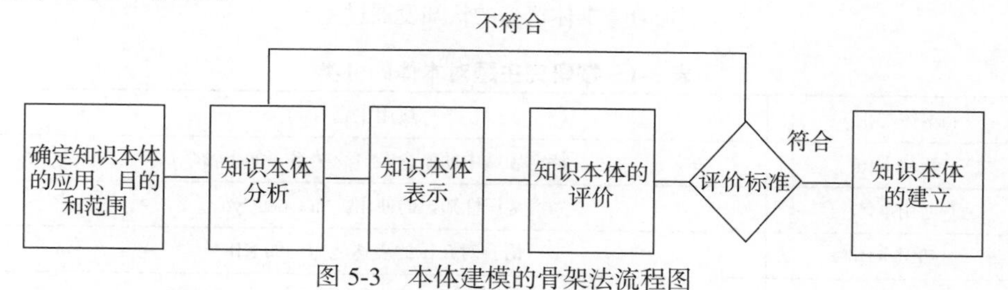

图 5-3　本体建模的骨架法流程图

2）IDEF-5 方法

IDEF（integrated definition for ontology description capture method，即实体描述获取方法）是一种开发和维护领域本体的软件工程方法，它是 IDEF 家族建模语言中的一部分。在本体的开发过程中有两种语言支持本体的开发，分别是 IDEF 原理语言和 IDEF 细化语言。原理语言是一种图形语言，是表示本体信息最常见的形式，其他是细化语言，一种结构化的文本语言，允许在对本体中的特征进行详细描述，两种语言互为补充。

该方法包括以下五个步骤：①确定范围；②数据收集；③数据分析；④初始化的本体建立；⑤本体的精炼与确认。

这五个步骤虽然是按顺序列出的，但在本体的构建过程中，有相当数量的活动是重叠和迭代进行的。

3）企业建模法

企业建模法是由 Gruninger 和 Fox 提出的，是 Enterprise Intergration Laboray 这个项目中所采用的方法。

该方法包含以下几个步骤（秦昆，2004）：①定义一组激发场景。②非形式化的能力问题。为了支持激发场景，定义了一系列的形式能力问题，这些问题需要本体来回答。③术语的形式化。采用一阶逻辑的方法定义本体中的术语。④用形式化方法定义的系统所能处理的问题。用一阶逻辑和术语来重新定义上面所提出的能力问题。⑤用形式化方法将规则定义为公理。采用一阶逻辑的形式对术语的语义和其约束进行表达。⑥完整性理论。在该理论的指导下使本体得到进一步的完善。

其设计和评价步骤如图 5-4 所示。

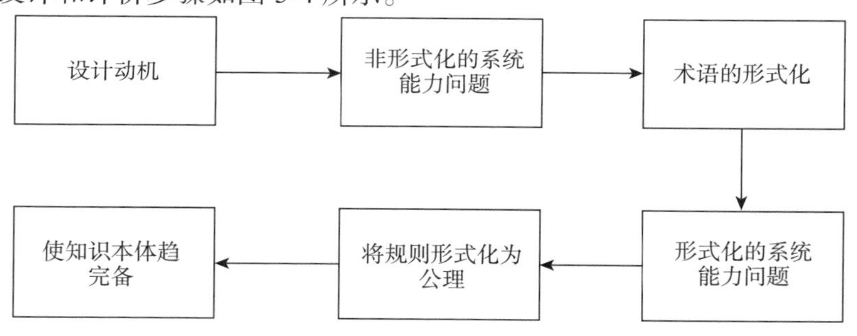

图 5-4　TOVE 方法设计与评价的流程图

4）Methontology

Methontology（Fernández-López et al.，1997）方法是一种更为通用的综合的本体工程化方法，因为它既可以从无到有地构建本体，又可以重用已存在的其他本体来构建本体。该方法开发过程中包含本体管理活动、本体开发活动和本体支持活动三大类。

该方法的基本流程如下。

（1）规格说明书。规格说明书中用自然语言或形式化语言定义了本体的目的和范围。

（2）知识获取。可采用知识启发式等方式获取领域知识，然后再通过半自动或自动的方法从中抽取所需要的知识。

（3）概念化。将领域知识用某些方法转换为一种中间表示模型，以缩小领域专家对领域理解和本体实现语言之间的差距。

（4）集成。这个步骤只有在共享其他已经存在的本体才会存在。

（5）实现。用本体实现语言对本体数据模型进行编码实现。

（6）评价。在该阶段要对开发的本体、软件和文档进行评价。评价活动要在本体投入使用前进行，包括技术评价和用户评价两种。

（7）文档化。文档中详细记录每个已完成的步骤和产品。

5）七步法

该方法是由斯坦福大学医学院开发的，它是在研究以往的本体构建方法之后，总结提出的。该方法主要是提出了领域本体构建需要遵循的步骤流程，在宏观上指导领域本体构建。其步骤流程如图 5-5 所示。

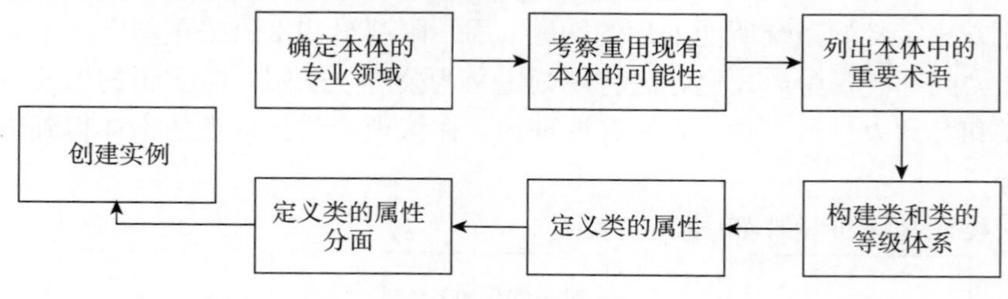

图 5-5 七步法流程图

综上所介绍的这些研究方法均是采用手工方式、自动化程度较低，概念和关系形式化程度低、受主观影响大，这些缺点都不利于本体的重用、共享和互操作，也不利于本体的协同工作式开发、领域本体后期的进一步完善和维护管理。鉴于传统构建方法表现出来的这些局限性，为了解决以往构建方法所带来的一些问题，众多学者开始将希望投向了形式概念分析（formal concept analysis，FCA）。

5.2 气象灾害本体建模与应用框架

气象灾害本体的构建属于构建领域本体的范畴，构建一个领域本体是一项复杂的系统工程。目前对于领域本体的构建没有一个标准的方法，为确保能建立一个适用于气象灾害应急管理以及脆弱性评估涉及的各个环节的需要，参考已有的本体建模方法的优点，进而确立气象灾害本体建模与应用框架，如图 5-6 所示。

1. 灾害性气象事件知识源

这个阶段首先需要明确气象灾害应急管理面临的任务，即主要考虑构建该本体模型覆盖的专业领域知识、该本体模型应用的目的以及该本体模型面向的使用者。

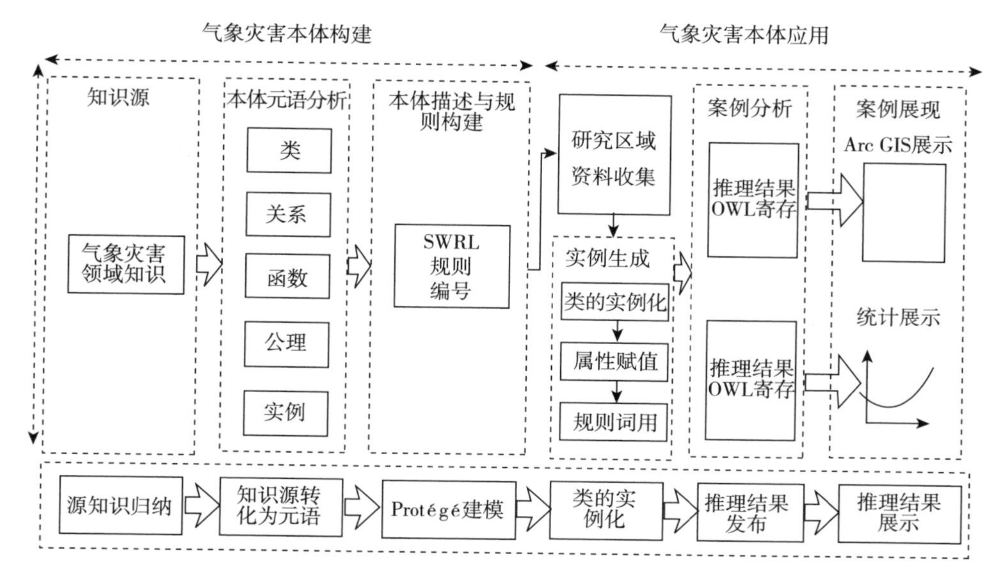

图 5-6　气象灾害本体建模与应用框架

在本体创建的初始阶段，领域知识数量庞大，错综复杂，在没有众多领域专家参与的情况下，需要阅读大量的专业文献，从而较好地把握所需的领域整体知识框架。首先要做的是详细列举出本体模型中需要吸收的所有概念，在这个阶段，暂时不用考虑表达的概念之间的意思是否重叠，也不用考虑这些概念到底用何种方式（类、属性还是实例）来表达。其次，需要反复对这些涉及的概念术语是否有必要纳入本体模型的必要性进行思索，选出关键性概念，摒弃那些不必要或者超出气象灾害领域本体范围的概念，尽可能准确而精简地表达这些概念。

在本小节中，所需要涉及的领域知识的来源主要有以下几项：①来源于气象因子时空分布数值估计系统的估计结果；②来源于区域气象灾害灾损分布估计的结果；③来源于气象灾害作用于区域承灾载体的脆弱性表达与计算解析模型；④ 来源于气象灾害构成要素的分析，主要由孕灾环境、致灾因子、承灾载体组成，并进行扩展延伸和扩展，认为气象灾害相关的领域知识由气象因子、气象灾害类型、承灾载体、孕灾环境、基础作用方式、灾害网络构成。

通过气象灾害知识源归纳，有助于厘清思路，在整体上把握本体的建立。

2. 本体元语转化

在本体构建的第一个阶段，已经产生了领域中大量的概念术语，但却是一张毫无组织结构的词汇表。在本体的构建中最重要的是要建立概念与概念之间的关系，使一个一个独立的词汇连成一个立体的网状结构，形成客观世界的概念知识模型。

首先要区分开类、属性和个体（实例）。类指的是具有相同属性的一系列个体组成的概念。而上一步骤中所得到的术语一部分要分化成为属性，其中包括对象属性和数值属性，分别用来描述类之间的关系和类的特征。个体则是某个类的具体对象。其次需要建立类之间的关系，除了继承关系之外，类之间还普遍存在着各种语义关系，通常可用对象属性来表达。最后需要建立属性之间的层次关系，对属性的应用和取值范围进行限定，并对属性进行各种不同的约束和限制。图 5-7 为气象灾害领域知识转化为本体建模语言。

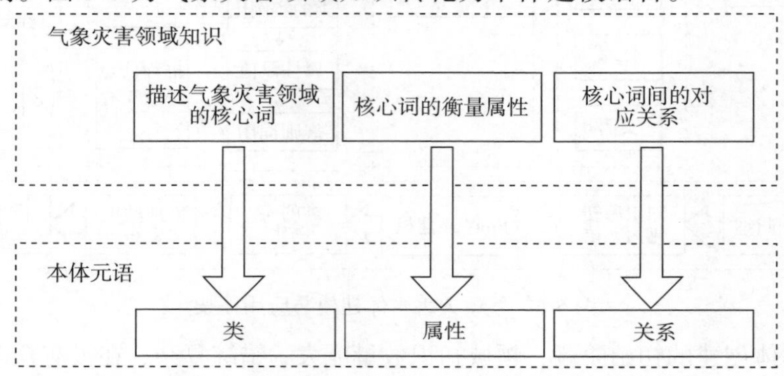

图 5-7　气象灾害领域知识转化为本体建模语言

3. 本体描述与推理规则构建

本体的构建最终是为了让机器能理解现实社会，因此在建立领域本体框架结构的基础上，必须使用显式的方式对本体进行形式化的表达。可用于本体描述的语言如表 5-3 所示。

表 5-3　可用于本体描述的语言

本体描述语言分类	具体语言
基于问题逻辑	KIF，Ontolingua，Cycl，Loom，F-logic
基于 web 语言	SHOE，XOL，RDF，RDF-S，OIL，DAML，DAML+OIL，OWL
基于图的本体表示语言	WorldNet，概念图（CG）

综合考虑了气象灾害本体所需要的约束的可表达性和推理能力，本小节采用 W3C（world wide web consortium，即万维网联盟）于 2004 年 2 月发布的推荐标准 OWL 的子语言 OWL DL 作为本体形式化描述语言。为了提高编码效率，通常可以使用一些辅助工具来完成，本小节采用斯坦福大学的 Stanford Medical Informatics 小组开发的 Protégé3.4.1（Gennari et al.，2003）作为本体建模工具来

进行本体描述，并通过嵌于其中的 SWRL Jess Tab 来编写推理规则。使用 SWRL Jess Tab 可以从 OWL 本体结合 SWRL 规则库推断出知识。

经过以上几个步骤，就基本形成了气象灾害本体的一个雏形，以下的步骤是根据任务需要进行推理分析与展示。

4. 推理结果展示

推理结果可以寄存在 OWL 文件中，但寄存在 OWL 文件中不方便查阅以及进一步进行分析，所以用 ArcGIS 将推理结果结合行政区划进行展示；如需要，亦可进行统计分析。这样就能更直观地为气象灾害应急管理与应对提供帮助。

MDO 的创建是一个复杂的、不断完善的系统工程，从理论上来说，需要众多领域专家的参与，但由于诸多客观条件的限制，而且研究区域内的承灾载体以及孕灾环境总是在不断发生变化，因此，我们所创建的本体，也只能说在某一个阶段比较完善，只是一个相对完善的本体，并不是一个绝对完善的本体。因此，本体工程的开发应该是一个反复的过程，即特定领域本体的初始版本建立后，还要反复地将其应用到实际系统中或与领域专家交流，来评价和排错，直至满意。这个反复的过程将贯穿于本体的整个生命周期。

与其他的本体构建方法论相比，本小节提出的这种构建方法具有如下主要特点。

（1）突出迭代进化的特点。这与人们对领域知识的认识过程是一样的，都是由简单到复杂、由粗糙到精细。尤其适合本体开发团队较小，或者领域专家参与力度较小的情况。

（2）明确区分了本体知识框架建立和形式化语言描述两个阶段，并阐明了本体重用在两个阶段中各自的作用，其中本体重用在知识框架建立阶段主要是帮助理解和组织领域知识，是知识上的重用，而非直接的形式化表达上的重用。

（3）将描述逻辑推理机引入本体的评价和验证中，用于对所创建本体的类和实例进行自动语意推理和验证，弥补了人工验证的不足。

5.3　气象灾害知识源

5.3.1　气象灾害的集合描述

在一次天气灾害中，有哪些承灾载体会受灾，承灾载体又会受到怎样的作用形式，与致灾因子、孕灾环境和承灾载体的客观属性都存在着关联。我们可以采用数学语言对气象灾害的发生及条件进行描述。为了叙述需要，我们进行以下定义，引入相关数学符号。

定义天气灾害事件集D、致灾因子集H、承灾载体集S、孕灾环境集E、元作用集Λ、受损形式集D_{m}，分别可以集合表示为$D=\{D_1, D_2, D_3, \cdots\}$，$H=\{H_1, H_2, H_3, \cdots\}$，$S=\{S_1, S_2, S_3, \cdots\}$，$E=\{E_1, E_2, E_3, \cdots\}$，$\Lambda=\{\lambda_1, \lambda_2, \lambda_3, \cdots\}$，$D_{\mathrm{m}}=\{D_{\mathrm{m}1}, D_{\mathrm{m}2}, D_{\mathrm{m}3}, \cdots\}$。

同时，本小节定义致灾因子、孕灾环境和承灾载体的属性集分别为致灾因子属性集Φ、承灾载体属性集Ψ、孕灾环境属性集Ω，分别可表示为$\Phi=\{\Phi_1, \Phi_2, \Phi_3, \cdots\}$，$\Psi=\{\Psi_1, \Psi_2, \Psi_3, \cdots\}$，$\Omega=\{\Omega_1, \Omega_2, \Omega_3, \cdots\}$。

致灾因子、孕灾环境和承灾载体的属性集分别见表5-4~表5-6。

表5-4　致灾因子属性表

致灾因子	致灾因子属性
水	液体、重力
雪（冰）	固体、重力
温度	热能
风	气体、动能

表5-5　孕灾环境属性表

孕灾环境	孕灾环境属性
地形	平原、山地、高原、盆地、丘陵
大气	气温、气压、湿度、风向和风速、能见度、云、降水、雷暴、雾、辐射
水体	淡水水体（河流、淡水湖）、咸水水体（咸水湖、海洋）、河流、湖泊、海洋

表5-6　承灾载体属性表

承灾载体	承灾载体属性
电线杆、电线塔	固体、电气设备
电线	固体
公路	固体、地面
公路桥梁	固体
公路隧道	固体、地面
车辆	固体
铁路	固体、地面
铁路桥梁	固体
铁路隧道	固体、地面

续表

承灾载体	承灾载体属性
机场跑道	固体、地面
飞机	固体
船舶	固体
航道	液体
地铁等低地	地面
通信线路	固体、电气设备
通信铁塔	固体、电气设备
大棚	固体
农田作物	固体、生命体
林木	固体、生命体
牲畜	生命体
渔业	生命体
河流	河流
泥石流风险区、滑坡风险区、塌方风险区、风暴潮风险区	土壤、液体
供水管道	固体
排水管道	固体

对于某一致灾因子、某一承灾载体与某一孕灾环境而言，往往只具有部分属性，因而记作$\varphi(H_i)$、$\psi(S_i)$、$\omega(E_i)$，则有$\varphi(H_i)\subseteq\Phi$；$\psi(S_i)\subseteq\Psi$；$\omega(E_i)\subseteq E$。

实际中，致灾因子是否与承灾载体作用，取决于二者的属性关系；对于致灾因子H_i，承灾载体S_j与某一元作用Λ_k，定义元作用函数$\xi_\lambda\left(\varphi_i,\psi_j\right)$，其值域为$\{0,1\}$，其中$\varphi_i$，$\psi_j$分别为承灾载体和致灾因子的属性。

当$\xi_\lambda(\varphi_i,\psi_j)=1$时；表示致灾因子$H_i$与承灾载体$S_j$之间能够发生该元作用$\Lambda_k$；当$\xi_\lambda(\varphi_i,S_j)=0$时，表示致灾因子$H_i$与承灾载体$S_j$之间不能发生该元作用$\Lambda_k$。

类似的，为了表示一种致灾因子与某承灾载体是否发生作用，本小节定义作用函数：$\xi_\Lambda(\varphi_i,\psi_j)=\max\{\xi_\lambda(\varphi_i,\psi_j)\}$，其值域也为$\{0,1\}$，其中$\varphi_i$、$\psi_j$分别表示致灾因子和承灾载体的属性。

当$\xi_\Lambda(\varphi_i,\psi_j)=1$时；表示致灾因子$H_i$与承灾载体$S_j$之间能够发生作用；当$\xi_\Lambda(\varphi_i,S_j)=0$时，表示致灾因子$H_i$与承灾载体$S_j$之间不能发生作用。

实际中，对于一种天气灾害事件D_i，往往具有多种致灾因子，其属性集合可记作$\varphi(D_i)$；某一承灾载体也具有多种属性，记其为集合$\psi(S_j)$，则该天气灾害中，承灾载体受到作用的充分必要条件为：$\exists\,\varphi_i\in\varphi(D_i)$，$\psi_j\in\psi(S_j)$，$\forall\,\xi_\Lambda(\varphi_i,\psi_j)=1$。即只要存在一种致灾因子的属性，与承灾载体的一种属性发生关系，则该承灾载体会受到作用。

进而，为了表示一种灾害天气中，某承灾载体是否受到元作用，本小节定义函数$O_\lambda(D_i, S_j) = \max(\xi_\lambda(\varphi_i, \psi_j))$，$\varphi_i \in \varphi(D_i)$，$\psi_j \in \psi(S_j)$，其值域为$\{0,1\}$。当函数值为1时，表示灾害天气$D_i$与承灾体$S_j$可发生元作用$\lambda$，函数值为0，表示灾害天气$D_i$与承灾体$S_j$不可发生元作用$\lambda$。

进一步，我们定义天气灾害事件D_i中，某一承灾载体S_j的可作用形式集为$\Lambda_{D_i,S_j} = \{\lambda \mid \xi_\lambda(\varphi_i, \psi_j) = 1$，$\varphi_i \in \varphi(D_i)$，$\psi_j \in \psi(S_j)$，$\lambda \in \{\Lambda\}\}$；$\Lambda_{D_i,S_j}$即为天气灾害事件$D_i$中，其致灾因子与承灾载体可发生的所有元作用形式的集合。

当Λ_{D_i,S_j}为空集时，表明在某天气灾害中，承灾载体不会受到作用，因而不会受到损坏；当Λ_{D_i,S_j}不是空集时，表明在某天气灾害中，承灾载体会受到作用，因而会受到损坏。

5.3.2　气象因子、孕灾环境、元作用、承灾载体与受损形式的对应关系

元作用，体现了天气灾害中致灾因子与承灾载体之间的基本作用关系。但是，在天气灾害中，承灾载体的种类较多，其可能受到的具体作用更是数量庞大。因此，分析每一个承灾载体在天气灾害中的可能作用形式来研究致灾因子和元作用之间的相互作用关系是较难完成的。对于“静压”作用来说，水、冰雪作为致灾因子，对大棚、房屋、电线、电线塔、路面、树木、农作物等承灾载体都会产生这种作用。从根本上来说，“静压”作用体现的是具有重力的水、冰雪等致灾因子，对承灾载体一种普遍性的力的作用，而“重力”是客观事物的一种属性。因而，只要承灾载体具有能够承接水、冰雪等的属性，在相应的天气灾害中，就可能受到这样的“静压”作用。我们引入“属性”这一概念，用以描述天气灾害中致灾因子、孕灾环境和承灾载体具有的性质。致灾因子与承灾载体属性之间的关系，决定了二者是否会发生作用，又会发生哪种元作用。

对于某一天气灾害下的一定承灾载体而言，其受到的损坏与其受到的元作用是对应的。例如，当电线受到大风的冲击作用时，其可能受到的损坏即为“断裂”；农作物受到大风的冲击作用时，其可能受到的损坏即为“倒伏”。

这样，对于某承灾载体S_j而言，对于某一种元作用λ，当$O_\lambda(D_i, S_j) = 1$时，表明该承灾载体会受到元作用λ，其可能受到的损坏为D_{m1}。进一步，定义某一天气灾害下，承灾载体的受损形式集$D_{mD_i,S_j} = \{D_{m1}, D_{m2}, D_{m3}, \cdots\}$。当在某一天气灾害中，$\Lambda_{D_i,S_j}$不为空集时，表明该承灾载体会受到元作用，则其可能受到的损坏即为

集合 D_{mD_i,S_j}。元作用、气象因子与气象因子属性、孕灾环境属性及承灾载体属性的对应关系如表 5-7 所示。

表 5-7　元作用、气象因子与气象因子属性、孕灾环境属性及承灾载体属性的对应关系表

元作用	气象因子	气象因子属性	孕灾环境属性	承灾载体属性
冲击	雨、风	气体、液体（水）	大气、地形、土地	固体
撞击	雨雪、温度	冰凌（水体中）	大气、水文	固体
静压	雨、雪（冰）	重力	大气	固体
浸泡	雨	水	大气、地形	固体、电气设备
电击	雷电	电能	大气	生命体、电气设备
覆盖	雪（冰）	固体	大气	固体、生命体
热传递	温度	热能	大气	固体、气体、液体、生命体
阻塞	冰雪、温度	固体	大气、水文	河流、湖泊
增量	雨	水	大气、土地	土壤
减量	温度	温度	大气	生命体
润滑	雨、雪	水、雪	大气、土地	道路、地面
障化	雨、雪	水、雪	大气	空气
电磁干扰	雷电	电磁	大气	电器设备

5.3.3　气象灾害中的集合关系

从上文中可以看出，致灾因子、孕灾环境、元作用、承灾载体和受损形式等集合之间，存在一定的逻辑对应关系。就某次具体的天气事件而言，其致灾因子与孕灾环境可以认为是确定的，而该事件中，会有哪些承灾载体，承灾载体会受到怎样的作用，造成怎样的破坏，则可以根据各自属性一次确定。

我们定义集合间逻辑关系符 Rel，用以表示集合间的一种关系。集合 A=Rel{集合 B，集合 C，集合 D}，表示集合 A 由集合 B、C、D 之间的属性关系决定，即若我们已知集合 B、C、D 之间的属性关系，则集合 A 中的每一个元素，都可以由此确定。

将关系符 Rel 应用于表征某次气象灾害中，则对其致灾因子集 H_i 、承灾载体集 S_i 、孕灾环境集 E_i 、元作用集 Λ_i 、受损形式集 D_{mi}（ H_i 、S_i 、E_i 、Λ_i 、D_{mi} 分别为致灾因子集 H 、承灾载体集 S、孕灾环境集 E、元作用集 Λ 和受损形式集 D_m 的子集），依据属性对应关系，可得到如下关系式。

（1）元作用集 Λ_i =Rel{致灾因子集 H_i ，孕灾环境集 E_i}。

这一关系式表明，在一次具体的天气灾害事件中，在已知灾害的致灾因子与孕灾环境的情况下（通常对于天气灾害而言，二者是已知的），可依据属性作用关系，确定出此次事件中具体的元作用形式。例如，在一次台风灾害中，致灾因子有风与水，对于沿海地区而言，孕灾环境为大气、水体，则可能发生的元作用形式为冲击作用、浸泡作用和增量作用。

（2）承灾载体集 S_i =Rel{致灾因子集 H_i ，孕灾环境集 E_i ，元作用集 Λ_i}。

这一关系式表明，在一次具体的天气灾害事件中，在已知灾害的致灾因子集、孕灾环境集合元作用集时，可依据属性作用关系，确定出事件中会有哪些物体成为承灾载体。对（1）中例子继续分析，致灾因子、孕灾环境、元作用如（1）中所述。则根据属性关系可知，可能的承灾载体分别为：电线杆、电线塔、电线、通信线路、通信铁塔、船舶、飞机、林木（冲击作用）；房屋、电气设备、农田（浸泡作用）；河流、山体土壤（增量作用）。

（3）受损形式集=Rel{致灾因子集 H_i ，孕灾环境集 E_i ，元作用集 Λ_i ，承灾载体集 S_i }。

这一关系式表明，在一次具体的天气灾害事件中，在已知灾害的致灾因子集、孕灾环境集、元作用集和承灾载体集时，可依据属性作用关系，确定出事件中的承灾载体可能会受到怎样的破坏。对（1）（2）中例子继续分析，致灾因子、孕灾环境、元作用、承灾载体如（2）中所述。则根据属性关系可知，承灾载体可能的受损形式为：倒塌（电线杆、通信铁塔、房屋）；断裂（电线、通信线路、林木）；倾覆（船舶、飞机）；倒伏（农作物）；淹没（农田）；洪水（河流）；地质灾害（山体）。

在上文对几个集合间的关系进行描述时，本小节列举了台风灾害来进行说明。事实上，对任一种天气灾害而言，都可以按照（1）（2）（3）这一逻辑关系顺序，由致灾因子及孕灾环境起始，分析灾害中发生的元作用，由属性关系确定灾害中的承灾载体，并最终确定天气灾害事件中承灾载体的受损形式。

通过分析各种灾害性气象事件过程和致灾机理，结合相关研究，提出灾害性气象事件的基本结构，并采用集合方法对其进行表达。对于特定灾害性气象事件，哪种承灾载体会受影响，承灾载体会受什么形式的作用，取决于致灾因子、孕灾环境、承灾载体及其属性。灾害性气象事件系统可使用如下的集合形

式进行描述：M：$=<M_e, M_a, R>$，其中 $M_e=\{H_b, D_f, H_e, \Lambda, M_f\}$，$M_a=\{\Psi,\varphi\}$，以及 $\Lambda=\{\lambda_i|i=1,2,\cdots,13\}$，如图 5-8 所示。

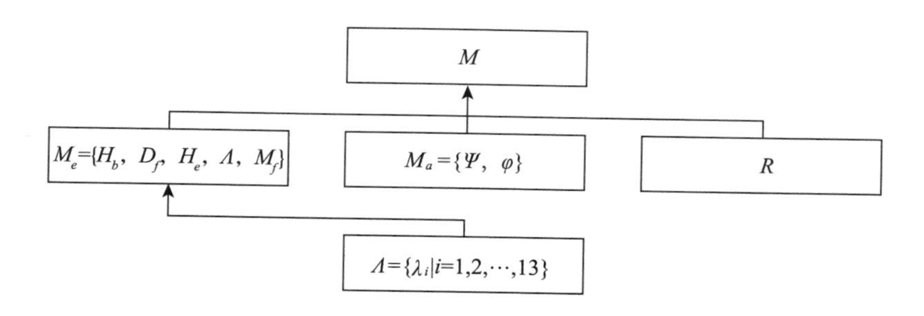

图 5-8　将气象灾害本体元语转化为对象、属性和关系的映射图

5.4　气象灾害本体构建

5.4.1　气象灾害本体描述

基于上文对气象灾害要素的对应关系分析，利用 Protégé 软件，构建出气象灾害的本体模型。软件的起始界面如图 5-9 所示。

在 Protégé 软件中构建本体时，主要内容包括类与属性。类是本体结构的基本组织单元和主要的知识单元，其主要作用是描述和表示一类具有某种共性的抽象的实例对象；在某一类事物下，可包含多层级的子类事物。本体的框架结构由类构成，但本体内部关系的说明则是由类的属性构成的。本体的属性分为对象属性和数据属性两类。对象属性用于描述不同类之间的关系，包括定义域和值域；数据属性则为使用 RDF（S）的数据类型，包括定义域、值域和公理。

建立气象灾害本体模型时，首先在 classes 下，建立气象灾害本体的一级子类，分别为气象灾害的五个要素，如图 5-10 所示。

之后在 classes 下，依据各要素集合，建立气象灾害本体的二级子类，分别为各要素集合的元素，如图 5-11 所示。

随后，本小节定义此本体模型中的几个基本对象属性，分别为“Rel1”、“Rel2”、“Rel3”、“作用于”和“表现”，并设置它们的定义域和值域。其中，“Rel1”“Rel2”“Rel3”用于表示五个要素集合之间的映射关系，其作用与 Rel 符号一致，依次代表了元作用、承灾载体和受损形式由哪几种要素决定；“作用于”用

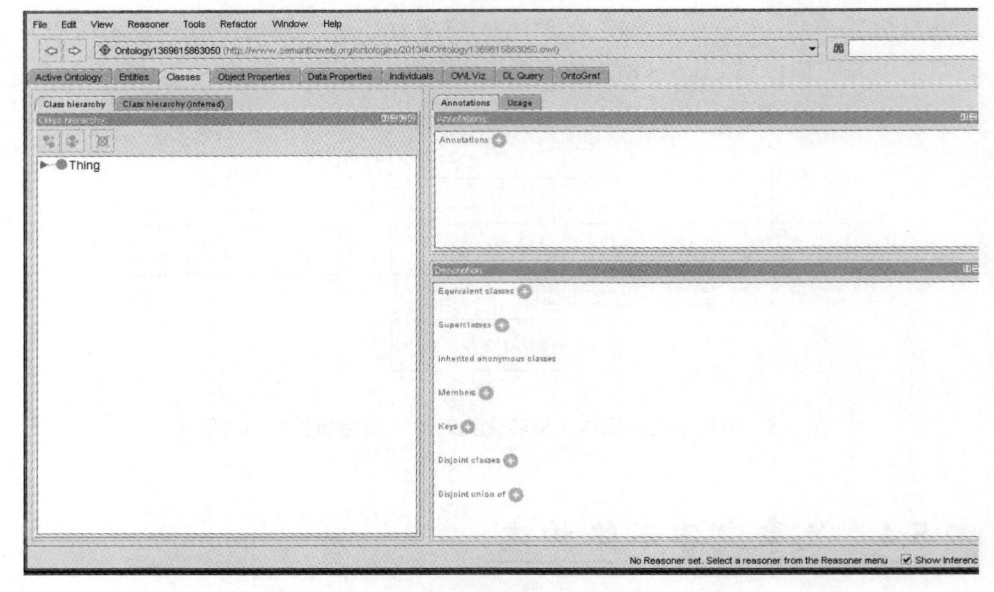

图 5-9　Protégé 软件的起始界面

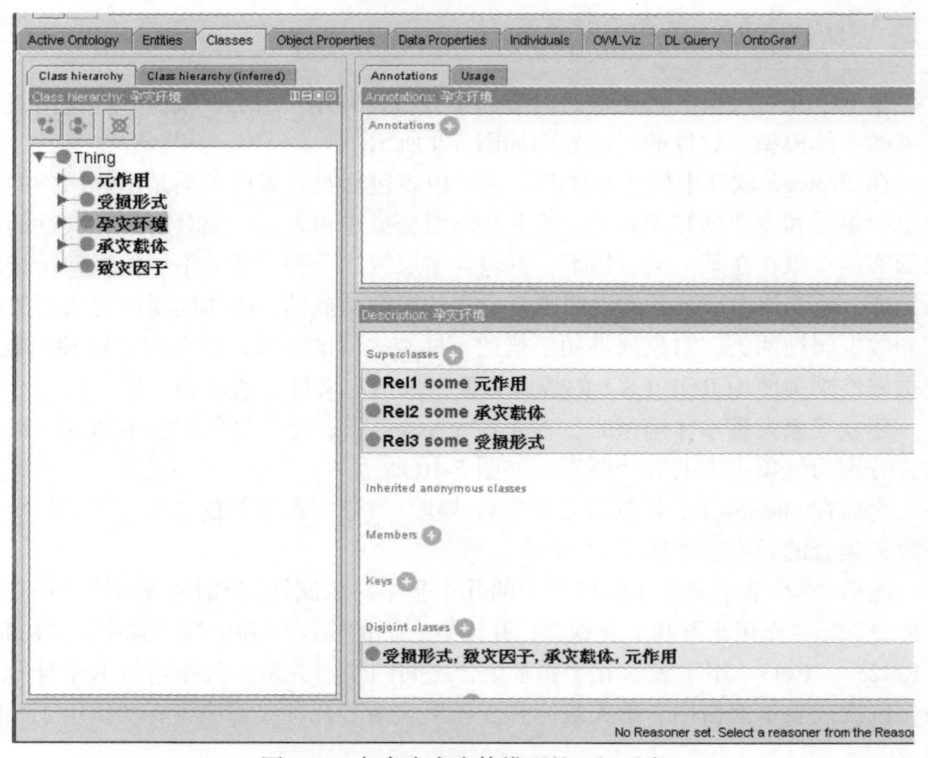

图 5-10　气象灾害本体模型的一级子类

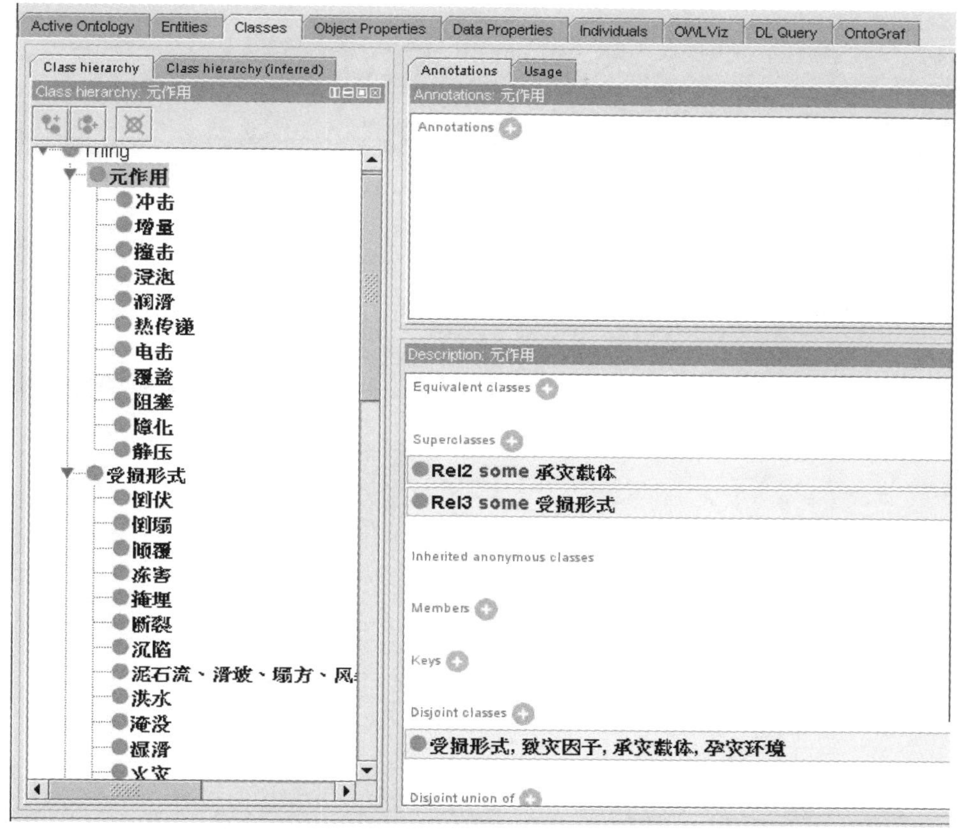

图 5-11　气象灾害本体模型的二级子类

于联系具体的元作用与承灾载体，表示一种承灾载体会受到哪种元作用；“表现”用于联系具体的承灾载体和受损形式，表示一种承灾载体的受损形式。气象灾害本体模型的对象属性如图 5-12 所示。

进一步，在 classes 下，对要素集合、元素的各类对象属性进行对应的设置，便完成了气象灾害本体模型的初步建立。可以得到气象灾害要素集合的本体模型关系图，见图 5-13。

图 5-14 表示的是气象灾害本体模型的基本构架，图中有类的层次结构，以及各类之间的关系（由于关系线条过多，较难辨认，图 5-14 中并没有表示出联系承灾载体与受损形式之间的对象属性“表现”。承载载体与受损形式在气象灾害本体模型中的对应关系见图 5-15）。

在完成本体模型的构建后，在 Java 环境下，借助 jess、jena 等工具包的帮助，可以实现对于气象灾害的承灾载体、受损形式等的推理；进一步结合 GIS 等工具，导入相关信息，便可进行实际地域的气象灾害分析。

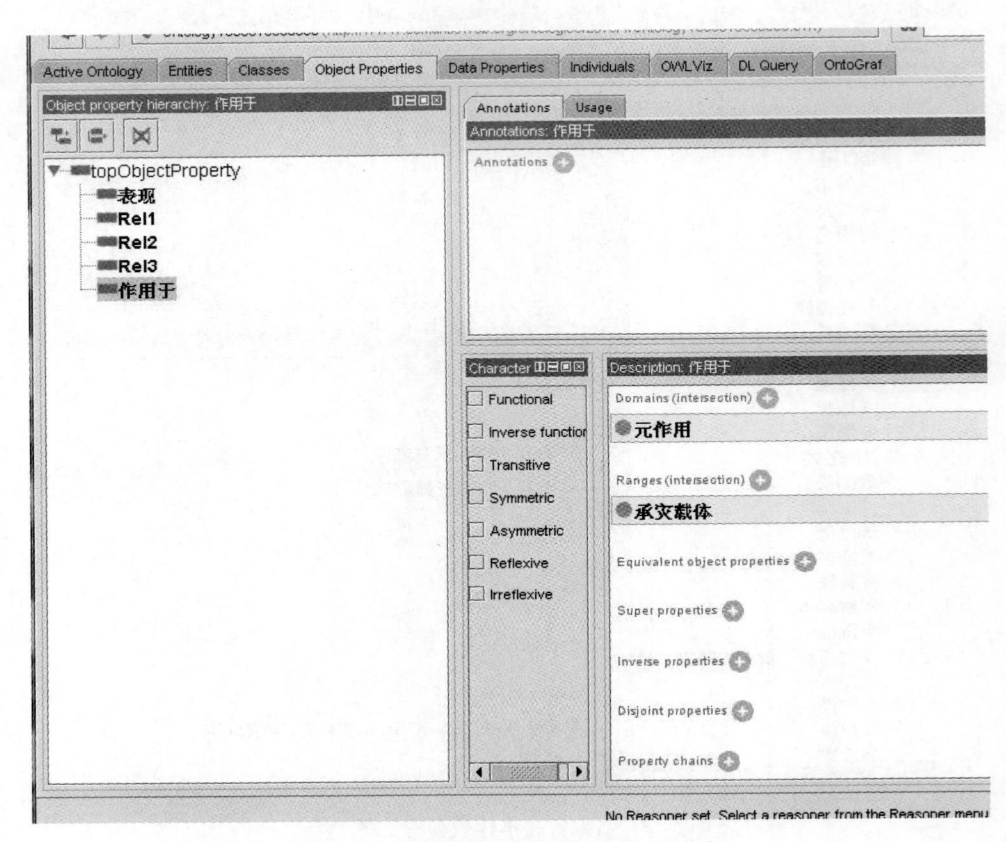

图 5-12　气象灾害本体模型的对象属性

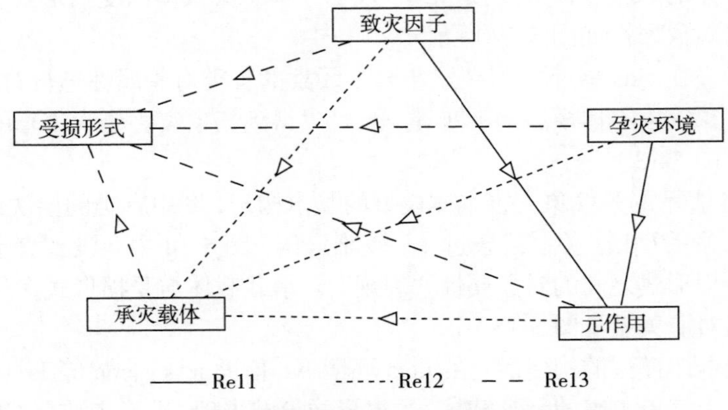

图 5-13　气象灾害要素集合的本体模型关系图

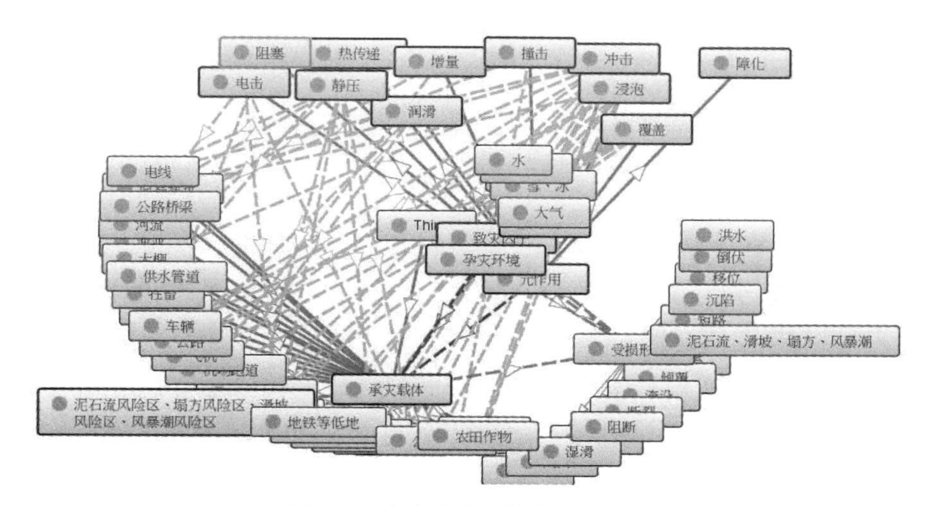

图 5-14　气象灾害本体模型基本构架图

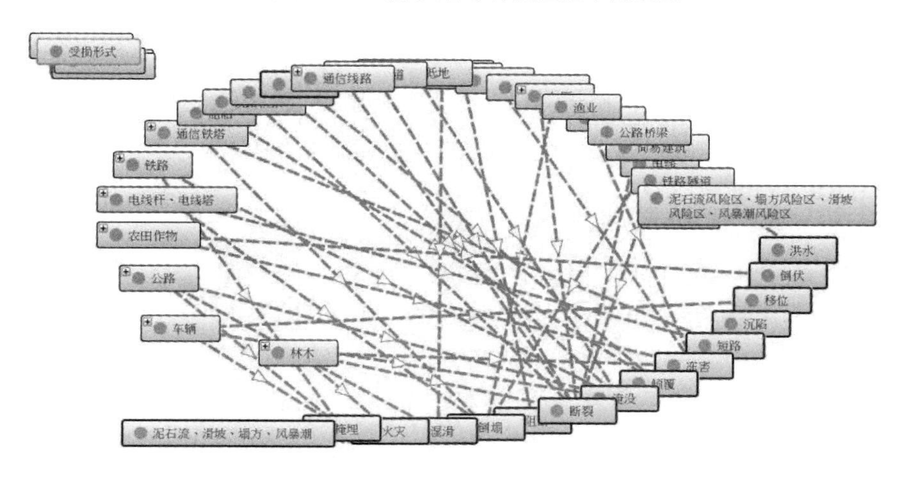

图 5-15　承灾载体与受损形式在气象灾害本体模型中的对应关系图

5.4.2　气象灾害功能分析本体

在上述小节分析的基础上，用 OWL 对气象灾害本体进行表示。气象灾害本体概念分类主要采用 OWL 中的类来表达，并用子类 subClassOf 来建立概念分类的层次关系。具体的气象灾害综合风险评估本体概念分类的类层次见图 5-16。

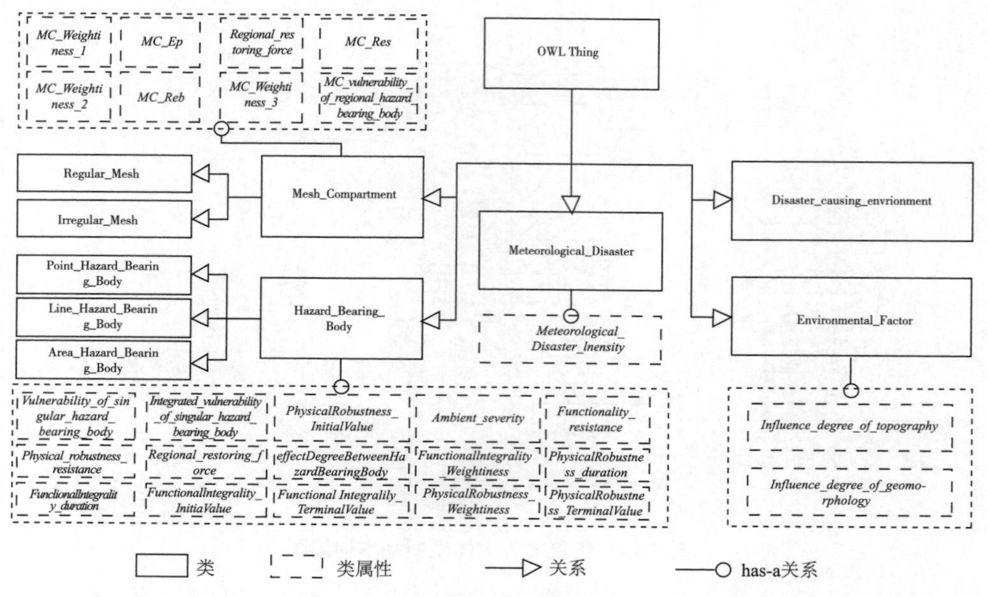

图 5-16　气象灾害本体概念分类的类层次图

对于气象灾害综合风险评估本体一级子类的 RDF/XML 描述部分如下：

```
<?xml version="1.0"?>
<!DOCTYPE rdf:RDF [
<!ENTITY owl "http://www.w3.org/2002/07/owl#" >
<!ENTITY swrl "http://www.w3.org/2003/11/swrl#" >
<!ENTITY swrlb "http://www.w3.org/2003/11/swrlb#" >
<!ENTITY xsd "http://www.w3.org/2001/XMLSchema#" >
<!ENTITY rdfs "http://www.w3.org/2000/01/rdf-schema#" >
<!ENTITY rdf "http://www.w3.org/1999/02/22-rdf-syntax-ns#" >
<!ENTITY protege "http://protege.stanford.edu/plugins/owl/protege#" >
<!ENTITY xsp "http://www.owl-ontologies.com/2005/08/07/xsp.owl#" >
]>

<rdf:RDF xmlns="http://www.owl-ontologies.com/Ontology1440579163.owl#"
     xml:base="http://www.owl-ontologies.com/Ontology1440579163.owl"
     xmlns:xsd="http://www.w3.org/2001/XMLSchema#"
     xmlns:xsp="http://www.owl-ontologies.com/2005/08/07/xsp.owl#"
     xmlns:swrl="http://www.w3.org/2003/11/swrl#"
     xmlns:protege="http://protege.stanford.edu/plugins/owl/protege#"
```

```
        xmlns:swrlb="http://www.w3.org/2003/11/swrlb#"
        xmlns:rdfs="http://www.w3.org/2000/01/rdf-schema#"
        xmlns:rdf="http://www.w3.org/1999/02/22-rdf-syntax-ns#"
        xmlns:owl="http://www.w3.org/2002/07/owl#">
  <owl:Ontology rdf:about=""/>
  <owl:Class rdf:ID="Meteorological_factor"/>
  <owl:Class rdf:ID="Hazard_bearing_body"/>
  <owl:Class rdf:ID="Basic_action"/>
        <owl:Class rdf:ID="Environmental_factor"/>
  <owl:Class rdf:ID="Mesh_compartment"/>
  <owl:Class rdf:ID="Meteorological_disaster_type"/>
  </rdf:RDF>
```

在各个一级子类下，都有对其进行的进一步划分，这里以一个示例来说明：类 Mesh_compartment 定义了“研究区域的网格区划单元”，它由两个部分组成，即“Regular_Mesh_compartment”和“Irregular_Mesh_compartment”，从中可以看出，用 disjointWith 体现了二者是互不相交的特性。采用类似的定义方法，可以对其他类的子类进行定义。

```
<owl:Class rdf:ID=" Regular_Mesh_compartment ">
        <rdfs:subClassOf rdf:resource="#Mesh_compartment"/>
        <owl:disjointWith rdf:resource="# Irregular_Mesh_compartment "/>
</owl:Class>
<owl:Class rdf:ID=" Irregular_Mesh_compartment ">
        <rdfs:subClassOf rdf:resource="#Mesh_compartment"/>
        <owl:disjointWith rdf:resource="# Regular_Mesh_compartment "/>
</owl:Class>
```

1. Class 和 rdfs:subClassOf

Class 定义了一组共享了某些相同属性的个体（individual）。Class 能通过 subClassOf 定义出一个特定的类层次。OWL 中有一个内置的公共基类 Thing，它是所有 individual 的 Class，也是所有 Class 的 superclass。OWL 也可以定义空类，owl:Nothing。

OWL 中类的定义可以是增量的和分布式的。语法 rdf:ID="Mesh_compartment"被用于引入一个名称（作为定义的一部分）。该 rdf:ID 属性（attribute）类似于 XML 中的 ID 属性(attribute)。在同一本体中，则可以用# Mesh_compartment

来引用 Mesh_compartment 类，如 rdf:resource="# Mesh_compartment "。而其他的本体可以在导入（import）该本体的情况下通过完整的命名空间或者预定义的前缀来引用该名称。另一种引用类的形式是用语法 rdf:about="# Mesh_compartment "来扩展对一个资源的定义。语法 rdf:about=" "的使用在分布式本体的创建中是一个关键要素。它允许导入其他类的定义并对它进行扩展，而不需修改源定义文档，从而支持增量构建更大的本体。

另外需要指出的是，OWL Lite 中 subClassOf 只能应用于命名了的 superclass，而不能是任意的逻辑表达式，在 OWL DL 和 OWL Full 中则可以应用于任意的逻辑表达式。

2. individual

individual 除了描述类，我们还希望能够描述类的成员。我们通常认为类的成员是我们所关心的范畴中的一个个体（而不是另一个类或属性），用 individual 来表示。

3. rdfs:Property

可以被用来说明 Class 的共同特征以及某些 individual 的专有特征。一个 property 是一个二元关系，用于建立个体与个体之间或者个体与基础数据类型之间的关系。property 中有两个重要的约束 domain 和 range，其中 domain 是用于指定能够应用该 property 的类，或者说指定哪些类拥有该 property，再或者可以认为 domain 是建立 property 和 Class 之间的组合关系；而 range 则是约束该 property 的取值范围。一个属性 P 可以简单表示为二元组 P（domain，range）。有两种 property，如下。

（1）DatatypeProperty：建立 Class 元素和基础数据类型（XML datatype）之间的关系；OWL 使用 XML Schema 内嵌数据类型中的大部分，即 DatatypeProperty 的 range 为 XML Schema 中的基础数据类型。对这些数据类型的引用是通过对 http://www.w3.org/2001/XMLSchema 这个 URI 引用进行的。

（2）ObjectProperty：建立两个类元素之间的关系。与 DatatypeProperty 的 range 不一样的是，ObjectProperty 的取值范围 range 不再是 XML Schema 内嵌的基础数据类型，而也应是所建立本体中的类。

4. rdfs:subPropertyOf

属性层次可以通过给出诸如一个属性是另一个或多个属性的子属性这样的声明来创建。例如，定义类“Hazard_bearing_body”为地理对象的空间形状的基类，它有多个子类。其中包含了“Hazard_bearing_body_Point”、“Hazard_bearing_ body_Line”和“Hazard_bearing_body_Area”，分别代表承灾载体是点状承灾载体、线状承灾载体和面状承载载体。

对于承灾载体基类以及其子类的 RDF/XML 描述部分如下：

```
<owl:Class rdf:ID="Hazard_bearing_body"/>
<owl:Class rdf:ID=" Hazard_bearing_body _Point">
<rdfs:subClassOf rdf:resource="# Hazard_bearing_body "/>
<owl:disjointWith rdf:resource="# Hazard_bearing_body _Line "/>
<owl:disjointWith rdf:resource="# Hazard_bearing_body _Area"/>
</owl:Class>
<owl:Class rdf:ID=" Hazard_bearing_body _Line">
<rdfs:subClassOf rdf:resource="# Hazard_bearing_body "/>
<owl:disjointWith rdf:resource="# Hazard_bearing_body _Point "/>
<owl:disjointWith rdf:resource="# Hazard_bearing_body _Area"/>
</owl:Class>
<owl:Class rdf:ID=" Hazard_bearing_body _Area">
<rdfs:subClassOf rdf:resource="# Hazard_bearing_body "/>
<owl:disjointWith rdf:resource="# Hazard_bearing_body _Point "/>
<owl:disjointWith rdf:resource="# Hazard_bearing_body _Line"/>
</owl:Class>
```

定义“hazardBearingBodyAttributeVector”用来表示承灾载体的属性，它属于“DatatypeProperty”类型，它包含以下“DatatypeProperty”子类型“comprehensiveVulnerability”、“effectDegreeBetweenHazardBearingBody”、“funcitonalIntegrality”、“multipleVulnerablity”、“physicalRobustness”、“reslienceOfFunctionalIntegrality”、“resilienceOfPhysicalRobustness”、“selfVulnerablity”及“spatialCoordinatesOfHazardBearingBody”。

对于承灾载体基类以及其子类的 RDF/XML 描述部分如下：

```
<owl:DatatypeProperty rdf:ID=" hazardBearingBodyAttributeVector">
<rdfs:domain rdf:resource="# Hazard_bearing_body "/>
<rdfs:range rdf:resource="&xsd;float"/>
</owl:DatatypeProperty>
<owl:DatatypeProperty rdf:ID=" comprehensiveVulnerability">
<rdfs:domain rdf:resource="# Hazard_bearing_body "/>
        <rdfs:range rdf:resource="&xsd;float"/>
        <rdfs:subPropertyOfrdf:resource="#hazardBearingBodyAttributeVector
```

```
"/>
    </owl:DatatypeProperty>
    <owl:DatatypeProperty  rdf:ID="effectDegreeBetweenHazardBearingBody">
    <rdfs:domain rdf:resource="# Hazard_bearing_body "/>
        <rdfs:range rdf:resource="&xsd;float"/>
        <rdfs:subPropertyOf  rdf:resource="#  hazardBearingBodyAttributeVector
    "/>
    </owl:DatatypeProperty>
    <owl:DatatypeProperty rdf:ID=" funcitonalIntegrality">
    <rdfs:domain rdf:resource="# Hazard_bearing_body "/>
        <rdfs:range rdf:resource="&xsd;float"/>
        <rdfs:subPropertyOf  rdf:resource="#  hazardBearingBodyAttributeVector
    "/>
    </owl:DatatypeProperty>
    <owl:DatatypeProperty rdf:ID=" multipleVulnerablity">
    <rdfs:domain rdf:resource="# Hazard_bearing_body "/>
        <rdfs:range rdf:resource="&xsd;float"/>
        <rdfs:subPropertyOf  rdf:resource="#  hazardBearingBodyAttributeVector
    "/>
    </owl:DatatypeProperty>
    <owl:DatatypeProperty rdf:ID=" physicalRobustness">
    <rdfs:domain rdf:resource="# Hazard_bearing_body "/>
      <rdfs:range rdf:resource="&xsd;float"/>
      <rdfs:subPropertyOf  rdf:resource="#  hazardBearingBodyAttributeVector
    "/>
    </owl:DatatypeProperty>
    <owl:DatatypeProperty rdf:ID=" reslienceOfFunctionalIntegrality">
    <rdfs:domain rdf:resource="# Hazard_bearing_body "/>
        <rdfs:range rdf:resource="&xsd;float"/>
        <rdfs:subPropertyOf  rdf:resource="#  hazardBearingBodyAttributeVector
    "/>
    </owl:DatatypeProperty>
    <owl:DatatypeProperty rdf:ID=" resilienceOfPhysicalRobustness">
    <rdfs:domain rdf:resource="# Hazard_bearing_body "/>
        <rdfs:range rdf:resource="&xsd;float"/>
```

```
        <rdfs:subPropertyOf rdf:resource="# hazardBearingBodyAttributeVector
"/>
</owl:DatatypeProperty>
<owl:DatatypeProperty rdf:ID=" selfVulnerablity">
<rdfs:domain rdf:resource="# Hazard_bearing_body "/>
      <rdfs:range rdf:resource="&xsd;float"/>
      <rdfs:subPropertyOf rdf:resource="# hazardBearingBodyAttributeVector
"/>
</owl:DatatypeProperty>
<owl:DatatypeProperty rdf:ID=" spatialCoordinatesOfHazardBearingBody">
<rdfs:domain rdf:resource="# Hazard_bearing_body "/>
      <rdfs:range rdf:resource="&xsd;float"/>
      <rdfs:subPropertyOf rdf:resource="# hazardBearingBodyAttributeVector
"/>
</owl:DatatypeProperty>
```

5.5　本体规则构建

SWRL 可以视作规则和本体的结合，这里采用 SWRL 规则来实现气象灾害风险评估的推理。SWRL 是由 OWL 子语言 OWL DL 与 OWL Lite 及 Unary/Binay Datalog RuleML 为基础的规则描述语言，其目的是驱使 Horn-like 规则可与 OWL 知识库产生结合。SWRL 是由 RuleML 演变而来。SWRL 规则由 Imp 组成，在 Imp 中保留了 RuleML 中以 head 表示推理结果，body 表示推理前提的基本形态。head 和 body 中的允许出现的基本成分是 Atom，即其架构中所使用的 Horn 子句都是由 Atom 组成的。Imp 的 head 部分只允许出现一个 Atom，而 body 部分允许出现若干个 Atom 的合取，即规则具有 Horn 子句的特征，而具有 Horn 子句形式可以便于推理。Atom 的类型主要有如下两种：①$C(x)$，C 是 OWL 的类描述；②$P(x, y)$，P 是 OWL 的属性而 x，y 可以是变量、OWL individuals 或是 OWL data value。

此外，Built-in 是 SWRL 模块化的组件，Built-ins 中记录了 SWRL 可以引用的逻辑比较关系，这就增强了 SWRL 的逻辑表达能力，因此，开发者可以方便地引用这些逻辑比较关系，而不必去自己定义。

5.5.1　案例推理模块的体系结构

推理系统的结构框架如图 5-17 所示，其建立步骤如下：①建立本体模型；② 设置 SWRL 规则；③将本体和规则的格式转换为推理引擎的事实库和规则库；④将转换后的结果导入推理引擎；⑤推理引擎进行推理，产生新的本体结构；⑥ 将推理后产生的新的本体结构导出。

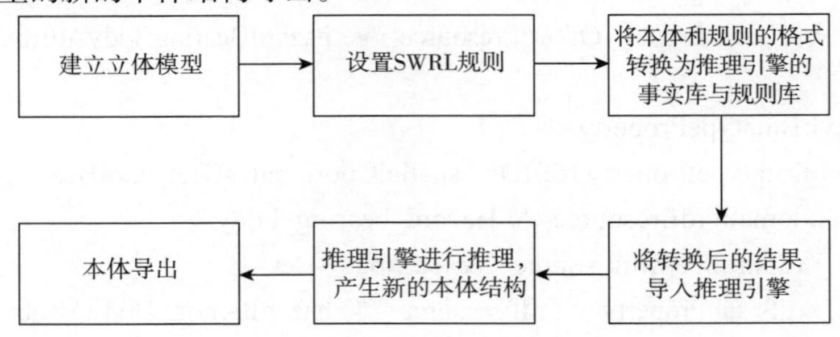

图 5-17　推理系统的结构框架

在以上步骤中，前两步是知识库和规则的来源。SSRD 系统用 Protégé 编辑本体，在本体之上构架 SWRL。目前的引擎不能直接解释本体的 OWL 语法。在规则方面也同样如此，RuleML、SWRL 所编排的规则也无法在推理引擎中直接运算，需要额外的转换步骤。因此才有了后两步，将其转换为推理引擎可接受的格式并导入推理引擎，最后是推理及将结果导出。

Jess 和 JessTab_Jess（Java Expert System Shell）是用 Java 语言开发的一种流行的规则系统，Jess 使用 Rete 算法处理规则，采用产生式规则作为基本的知识表达模块，Jess 的核心是由三大部分组成，即事实库、规则库、推理机。

SWRL JessTab_是一个 Protégé 插件用来桥接 Protégé OWL、RACER 和 Jess，以使用 OWL 和 SWRL 进行推理。使用 SWRL JessTab 可以从 OWL 本体结合 SWRL 规则库推断出知识，而且都用 Protégé OWL 表示。SWRL JessTab 是基于已扩展的几个工具和小程序：Protégé OWL 用来编辑本体，RACER 用来将本体分类和识别个体类，JessTab 用来融合 Jess 和 Protégé，Jess 被用做规则推理工具，RICE 用来形象化推理结果。Jess 扩展允许 SWRL 和 Jess 之间的交互：SWRL 规则实例映射到 Jess 规则，OWL 个体映射到 Jessfacts。

5.5.2　区域气象灾害灾损分布查询推理规则

图 5-18 为气象灾害致灾因子危险度推理涉及的类和属性。Rule 1 和 Rule 2 为这部分典型的两个推理规则。前者为历史灾损推理；后者为区域气象灾害致灾因

子危险度定量分级推理规则。推理语句详细见表 5-8。

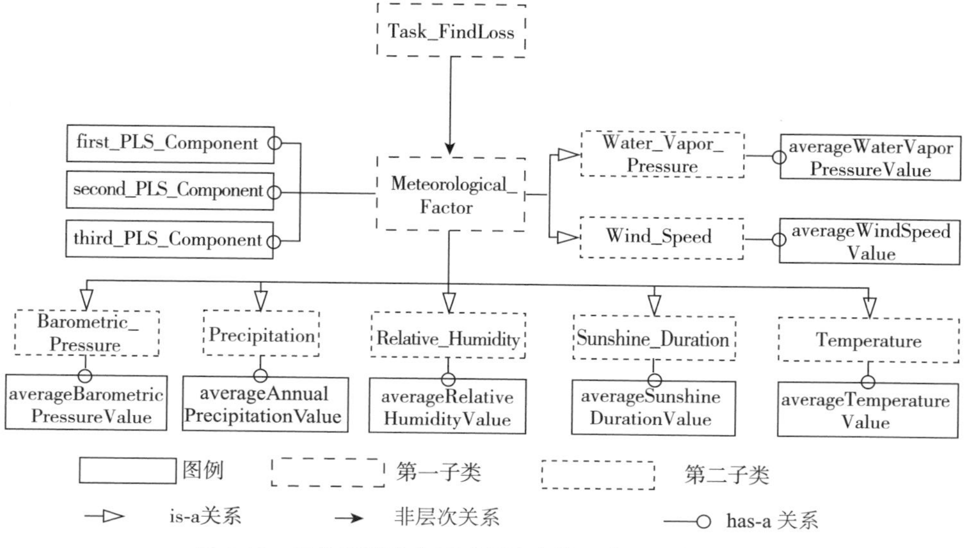

图 5-18　气象灾害致灾因子危险度推理涉及的类和属性

表 5-8　推理规则 Rule1 和 Rule2

ID	规则语句
Rule 1	*SingleHazardBearingBody（?x）∧precipitation（?x,?p）∧berometriPressure（?x,?b）∧windSpeed（?x,?ws）∧temperature（?x,?t）∧waterPressure（?x,?wp）∧relativeHumidity（?x,?r）∧sunshineHours（?x,?s）∧swrlb:multiply（?pc,?p,5.02）∧swrlb:multiply（?bc,?b,8.90）vswrlb:multiply（?wsc,?ws,1.54）∧swrlb:multiply（?tc,?t,3.24）∧swrlb:multiply（?wpc,?wp,0.17）vswrlb:multiply（?rc,?r,2.76）∧swrlb:multiply（?sc,?s,4.53）∧swrlb:add（?l, ?pc, ?bc, ?wsc, ?tc, ?wpc, ?rc, ?sc, 48.62）→historicalLoss（?x, ?l）*
Rule 2	*Mesh_Compartment（?m）∧MC_H（?m,?h）∧swrlb:multiply（?t,?h,5）∧swrlb:ceiling（?kc, ?t）→MC_kc（?m, ?kc）*

5.5.3　单个承灾载体易损性 SWRL 规则

以暴雨为例，将单个承灾载体受暴雨损坏的自身易损性计算转译成 SWRL 推理规则，即可以推理出单个承灾载体受某种气象灾害作用的自身易损性，见 SWRL Rule1。其他气象灾害推理单个承灾载体受单种气象灾害的推理规则与 SWRL Rule 2 类似，这里不做进一步的阐述。将单个承灾载体受多个气象灾害损坏的自身易损性按照计算转译成 SWRL 推理规则，即可以推理出单个承灾载体受多个气象灾害损坏的自身易损性数值，见 SWRL Rule 3。承灾载体周围环境对其受损坏的影响可分为两部分，即地形因子和地貌因子。将单个承灾载体受多个气象灾害损坏的自身易损性按照其计算公式转译成SWRL推理规则，即有承灾载体周围环境对承灾载体受损坏的影响推理规则，见 SWRL Rule 4。进而，可以推理出单个单承灾载体受多种气象灾害作用的自身易损性，见 SWRL Rule5（图 5-19 和表 5-9）。

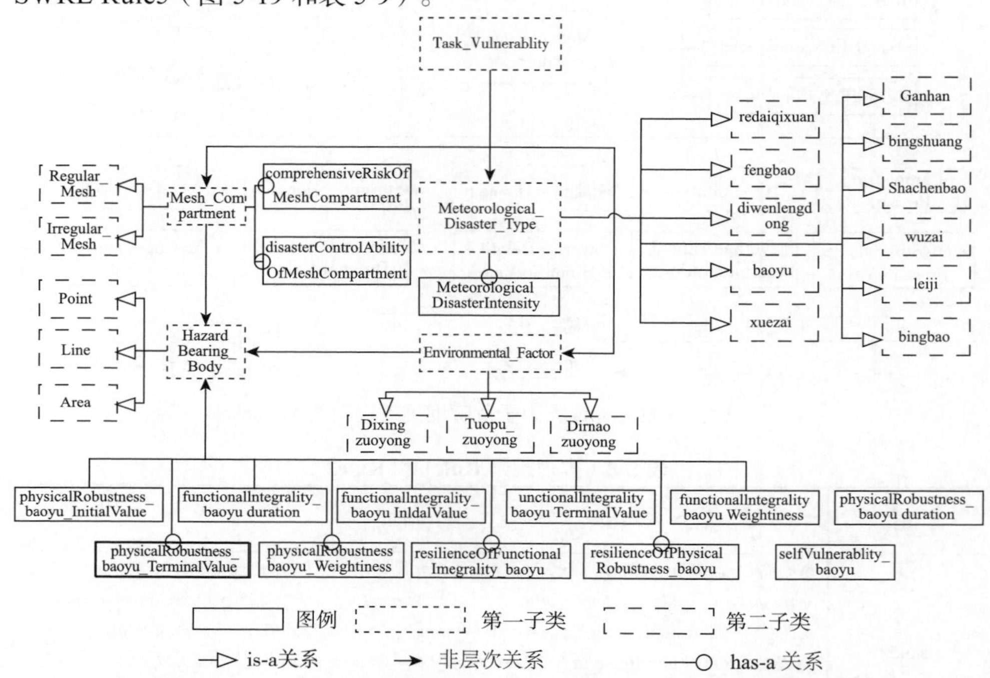

图 5-19　SWRL Rule 2、Rule 3、Rule 4 和 Rule 5 涉及的类和属性

表 5-9　推理规则 Rule 3、Rule 4、Rule 5 和 Rule 6

ID	规则语句
Rule 3	*Hazard_Bearing_Body（?hbb）∧functionalIntegrality_baoyu_duration（?hbb, ?fbyd）∧ functionalIntegrality_baoyu_InitialValue（?hbb,?fbyi）∧ unctionalIntegrality_baoyu_TerminalValue（?hbb,?fbyt）∧ functionalIntegrality_baoyu_Weightiness（?hbb,?fbyw）∧physicalRobustness_baoyu_duration（?hbb,?pbyd）∧physicalRobustness_baoyu_InitialValue（?hbb,?pbyi）∧ physicalRobustness_baoyu_TerminalValue（?hbb,?pbyt）∧physicalRobustness_baoyu_Weightiness（?hbb,?pbyw）∧resilienceOfFunctionalIntegrality_baoyu（?hbb,?rfby）∧ resilienceOfPhysicalRobustness_baoyu（?hbb,?rpby）∧swrlb:subtract（?fbyst,?fbyi,?fbyt）∧ swrlb:divide（?fbydt,?fbyst,?fbyd）∧swrlb:add（?fbyss,?fbydt,?rfby）∧swrlb:multiply（?fbymt,?fbyss,?fbyw）∧swrlb:subtract（?pbyst,?pbyi,?pbyt）∧swrlb:divide（?pbydt,?pbyst,?pbyd）∧swrlb:add（?pbyss,?pbydt,?rpby）∧swrlb:multiply（?pbymt,?pbyss,?pbyw）∧swrlb:add（?sby, ?fbymt, ?pbymt）→selfVulnerablity_baoyu（?hbb, ?sby）*

续表

ID	规则语句
Rule 4	*Hazard_Bearing_Body（?hbb）∧multipleVulnerability_functionalIntegrality_duration（?hbb, ?mfd）∧multipleVulnerability_functionalIntegrality_InitialValue（?hbb,?mfi）∧multipleVulnerability_functionalIntegrality_TerminalValue（?hbb, ?mft）∧multipleVulnerability_functionalIntegrality_Weightiness（?hbb, ?mfw）∧multipleVulnerability_physicalRobustness_duration（?hbb, ?mpd）∧multipleVulnerability_physicalRobustness_InitialValue（?hbb, ?mpi）∧multipleVulnerability_physicalRobustness_TerminalValue（?hbb, ?mpt）∧multipleVulnerability_physicalRobustness_Weightiness（?hbb, ?mpw）∧resilienceOfMultipleFunctionalIntegrality（?hbb, ?rmf）∧resilienceOfMultiplePhysicalRobustness（?hbb, ?rmp）∧swrlb:subtract（?mfst, ?mft, ?mfi）∧swrlb:divide（?mfdt, ?mfst, ?mfd）∧swrlb:subtract（?mfss, ?mfdt, ?rmf）∧swrlb:multiply（?mfmt, ?mfss, ?mfw）∧swrlb:subtract（?mpst, ?mpt, ?mpi）∧swrlb:divide（?mpdt, ?mpst, ?mpd）∧swrlb:subtract（?mpss, ?mpdt, ?rmp）∧swrlb:multiply（?mpmt, ?mpss, ?mpw）∧swrlb:add（?mv, ?mfmt, ?mpmt）→ multipleVulnerability（?hbb, ?mv）*
Rule 5	*Hazard_Bearing_Body（?hbb）∧environmentalEffectDegree_dimao（?hbb, ?edm）∧environmentalEffectDegree_dixing（?hbb, ?edx）∧ swrlb:multiply（?e, ?edm, ?edx）→ environmentalEffectDegree（?hbb, ?e）*
Rule 6	*Hazard_Bearing_Body（?hbb）∧environmentalEffectDegree（?hbb, ?en）∧effectDegreeBetweenHazardBearingBody（?hbb,?ef）∧ multipleVulnerability（?hbb,?m）∧swrlb:add（?ct, ?en, ?ef, 1）∧swrlb:multiply（?c, ?m, ?ct）→comprehensiveVulnerablity（?hbb, ?c）*

5.5.4　承灾载体按照综合易损性分类推理与区域物理暴露量推理

本小节将编写承灾载体依照其受气象灾害影响的程度进行分类的 SWRL 规则。承灾载体的分类推理分为三步，第一步是寻找区划单元内承灾载体综合易损性的最大数值，第二步是寻找研究区域内所有区划单元内的承灾载体综合易损性最大数值，第三步是根据受气象灾害影响的受损程度对研究区域内的承灾载体进行分类，见表 5-10。

表 5-10　推理规则 Rule 7、Rule 8、Rule 9、Rule 10、Rule 11 和 Rule 12

ID	规则语句
Rule 7	*Mesh_Compartment（?m）∧Hazard_Bearing_Body（?h）∧isPartOf（?h, ?m）∧comprehensiveVulnerablity（?h, ?vc）→sqwrl:select（?m）∧ sqwrl:max（?vc）*
Rule 8	*Hazard_Bearing_Body（?h）∧ comprehensiveVulnerablity（?h, ?vc）→ sqwrl:max（?vc）*

续表

ID	规则语句
Rule 9	*Hazard_Bearing_Body（?h）∧Mesh_Compartment（?m）∧isPartOf（?h, ?m）∧ comprehensiveVulnerablity（?h, ?vc）∧maxVcOfMeshCompartment（?m, ?v） ∧ swrlb:divide（?d, ?vc, ?v） ∧ swrlb:multiply（?t, ?d, 5） ∧ swrlb:ceiling（?c, ?t）→ category（?h, ?c）*
Rule 10	*Mesh_Compartment（?m） ∧ Hazard_Bearing_Body（?h） ∧ isPartOf（?h, ?m）→ sqwrl:select（?m） ∧ sqwrl:count（?h）*
Rule 11	*Mesh_Compartment（?m）∧Hazard_Bearing_Body（?h）∧isPartOf（?h, ?m）∧MC_kc（?kc）∧category（?h, ?c）∧swrlb:greatEqual（?kc, ?c）→ sqwrl:select（?m） ∧ sqwrl:count（?h）*
Rule 12	*Mesh_Compartment（?m） ∧ MC_t（?m, ?t） ∧ MC_tkc（?m, ?tkc） ∧ swrlb:divide（?e, ?tkc, ?t）→ MC_E（?m, ?e）*

5.5.5 网格单元综合脆弱性推理规则

网格区划单元的承灾载体脆弱性推理规则见表 5-11。

表 5-11 推理规则 Rule 13、Rule 14、Rule 15 和 Rule 16

ID	规则语句
Rule 13	*Mesh_Compartment（?m）∧Hazard_Bearing_Body（?h）∧isPartOf（?h, ?m）∧ comprehensiveVulnerablity（?h, ?c）→sqwrl:select（?m）∧ sqwrl:sum（?c）*
Rule 14	*Mesh_Compartment（?m）∧Hazard_Bearing_Body（?h）∧isPartOf（?h, ?m）∧ comprehensiveVulnerablity（?h, ?c）→sqwrl:select（?m）∧ sqwrl:sum（?c）*
Rule 15	*Mesh_Compartment（?m）∧MC_omg1（?m, ?o1）∧MC_omg2（?m, ?o2）∧MC_omg3（?m, ?o3）∧MC_Res（?m, ?res）∧MC_Ep（?m, ?ep） ∧ MC_Reb（?m, ?reb）∧ swrlb:multiply （?t1, ?o1, ?res） ∧ swrlb:multiply （?t2, ?o2, ?ep） ∧ swrlb:multiply （?t3, ?o3, ?reb） ∧ swrlb:add（?c, ?t1, ?t2, ?t3） → MC_C（?m, ?c）*
Rule 16	*Mesh_Compartment（?m）∧MC_H（?m,?h）∧MC_E（?m,?e）∧MC_g（?m,?g）∧ MC_V（?m,?v）∧MC_C（?m,?c）∧swrlb:subtract（?tc,1,?c）∧swrlb:multiply（?t1,?e,?g）∧swrlb:multiply（?t2,?t1,?v）∧swrlb:multiply（?t3,?h,?t2）∧ swrlb:multiply（?r,?t3,?tc）→MC_R（?m,?r）*

5.6 本体推理案例

5.6.1 案例研究区域介绍

研究区域位于中国东南部某地（图 5-20），研究区域长 1.7 千米，宽 1.6 千米，面积 3.8 平方千米。该区域台风、暴雨、风害和雷电为频发气象灾害。研究区域根据街道被划分为 14 个基本网格区划单元。将区域内的基础设置、建筑作为需要评估的承灾载体，总计 10 789 个。

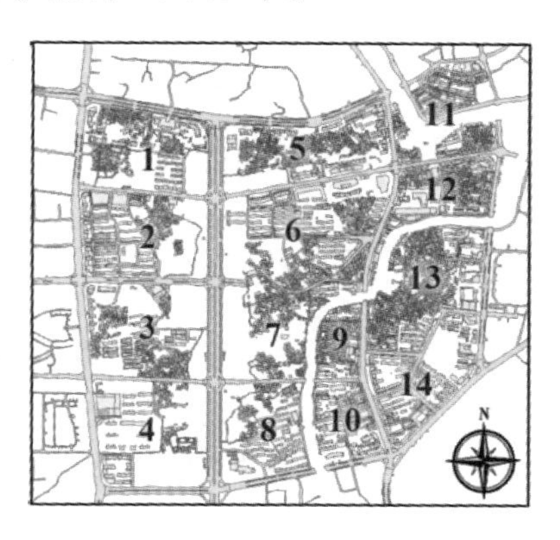

图 5-20　研究区域的位置

假定输入条件——研究的气象灾害持续时长为 3.5 小时，气象灾害预警等级为二级。输入条件中的数据怎样获取需要结合专家知识，构建重点区域承灾载体属性数据库，根据建筑物等承灾载体结构、功能等评级标准填入实际承灾载体属性。

案例研究区域内承灾载体总计 10 789 个。暴雨灾害对该区域承灾载体的损害主要表现在期间对承灾载体的冲击作用，以及其次生灾害中导致承灾载体的倒塌、长期浸泡对承灾载体地基基础及墙体结构的影响等。

图 5-21 为研究区域的承灾载体属性赋值方法流程图。其中 Θ的取值为 10 189，抽样承灾载体的数量为 100 个。

承灾载体经过浸泡作用后，水分子进入颗粒之间，使结构的连接变得松散，土体的抗碱强度有所下降，并表现出较高的压缩性。如果承灾载体的地质分布不均匀，将导致基础的差异沉降，进而严重的会引起承灾载体开裂，结构受损。承灾载体经过浸泡作用后，对承灾载体的地基也会产生影响：湿陷性黄土受水浸泡后，在土自重压力和附加压力作用下，将发生湿陷性现象，对建筑物造成危害；膨胀土吸水后体积膨胀，失水后体积收缩，会造成承灾载体基础位移，进而造成承灾载体开裂、变形，甚至遭到更加严重的破坏；软土地基的压缩性与含水量呈线性关系，受浸泡作用后，地基含水量增加，土质软化，土体的强度降低，有导致承灾载体倾斜、墙体开裂、结构损坏的可能。

对于砌筑砂浆质量较差或者等级较低的建筑物，在长期的浸泡中其砂浆软化，强度降低，严重的将影响到结构安全。这类承灾载体主要是旧房屋。另外，浸泡使钢结构锈蚀也是一个较为严重的问题。

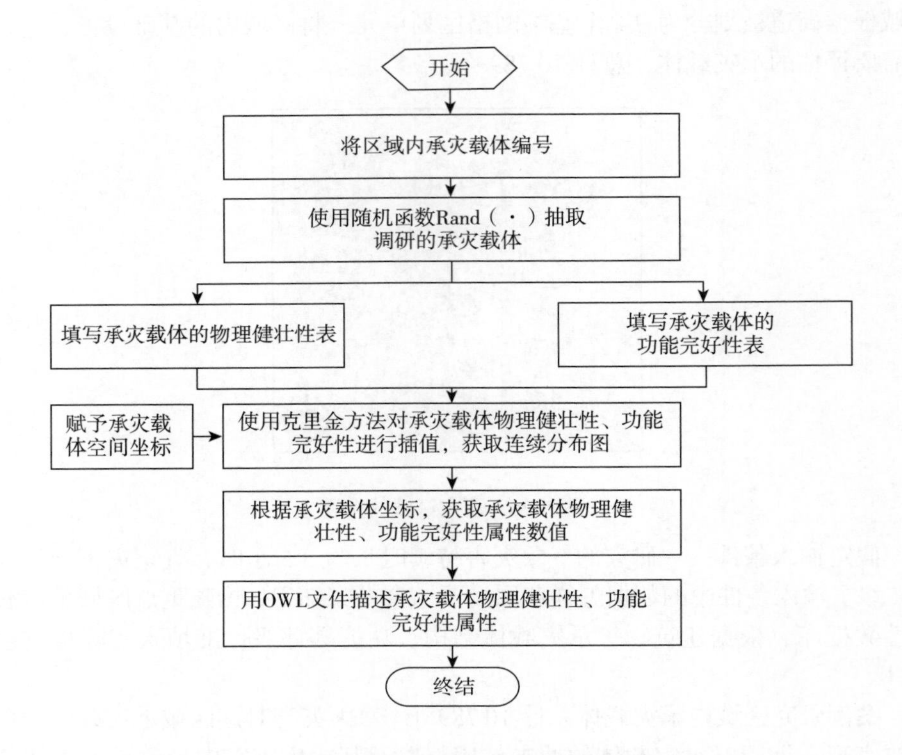

图 5-21　研究区域的承灾载体属性赋值方法

抽样的物理健壮性和功能完好度调查表对抽样调查的承灾载体进行调查后，采用克里金方法对上述属性进行空间插值，即可初步获取区域承灾载体的末端物理健壮性和末端功能完好性程度的数值。

进而通过对照空间估计值和承灾载体的位置，即可给区域内的承灾载体属性值进行赋值。

5.6.2　推理结果分析与讨论

调用上文所述的推理规则，依据承灾载体属性赋值方法得到各个属性值，进行推理，推理流程如图 5-22 所示。图 5-22 中的代码为 SWRL 规则的推理结果形式表达。

图 5-23 为研究案例中的由规则推理出的承灾载体按照受气象灾害影响的综合易损性数值分类，该图是将推理结果用 ArcGIS 表示的。

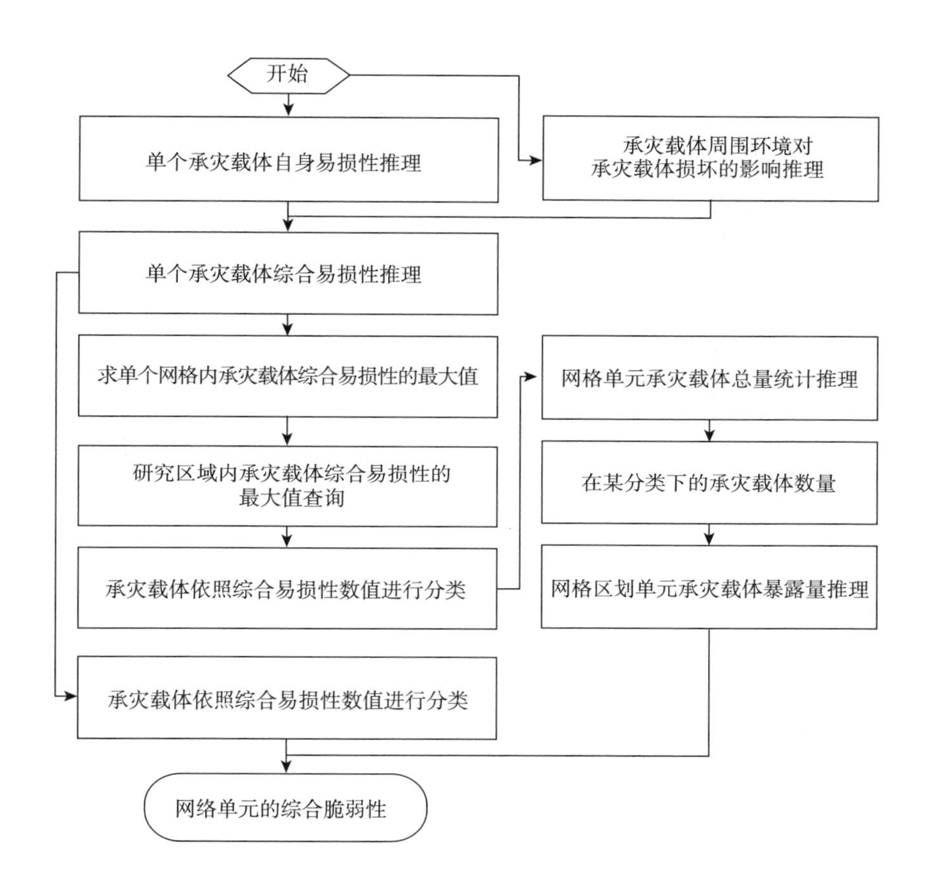

图 5-22　推理流程图

图 5-23 中，将承灾载体根据其推理出的综合脆弱性数值分为五类，图中分别用红色（综合易损性数值最高类）、黄色（综合易损性数值次高类）、紫色（综合易损性数值中等类）、绿色（综合易损性数值较低类）和蓝色（综合易损性数值低类）来表示其分类。

表 5-12 为推理出的研究区域内各个区划单元的综合风险构成要素的评估数值以及其综合风险数值。另外，表 5-12 中综合脆弱性归一化结果为将网格的区域综合脆弱性的数值归一化后的结果。

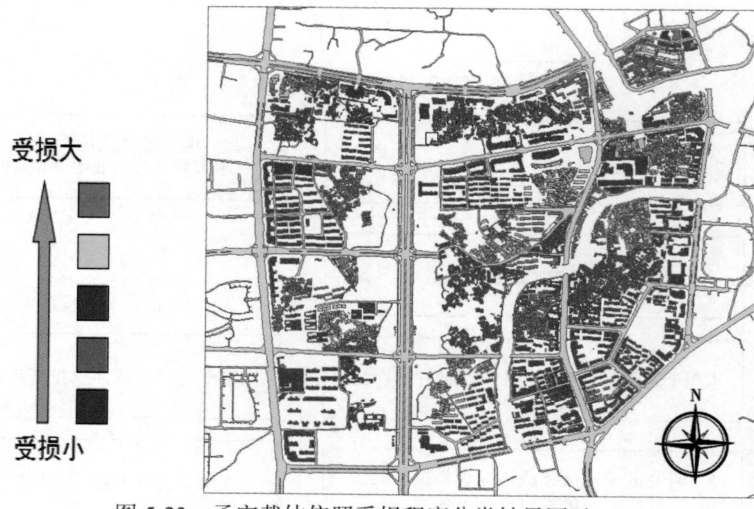

图 5-23　承灾载体依照受损程度分类结果图示

表 5-12　气象灾害的主要形式以及其危害归纳

网格编号	区域脆弱性	区域暴露量	区域承灾载体脆弱性	综合脆弱性归一化结果
1	28.526 8	0.733 8	7.593 6	0.004 9
2	26.267 8	0.742 9	6.753 4	0.000 0
3	30.851 2	0.760 3	7.392 5	0.003 8
4	40.674 5	0.428 7	23.236 0	0.096 8
5	102.732 5	0.018 1	100.868 5	0.552 9
6	83.127 8	0.156 5	70.116 6	0.372 2
7	87.457 3	0.203 2	69.681 1	0.369 7
8	47.239 2	0.427 5	27.043 5	0.119 2
9	109.345 5	0.023 8	106.740 0	0.587 4
10	91.523 8	0.231 3	70.351 0	0.373 6
11	121.546 7	0.032 1	117.635 9	0.651 4
12	153.785 3	0.002 3	153.425 4	0.861 6
13	178.123 9	0.006 4	176.983 9	1.000 0
14	81.467 8	0.214 4	63.993 6	0.336 3

表 5-13 为网格区划单元综合脆弱性（vmc）的分级规则表，按照该表可以将 14 个网格区划单元根据其区域脆弱性进行分级（图 5-24）。需要指出的是，该分级是一种相对的分级标准，属于该区域网格间的相对比较。

表 5-13　区域脆弱性分级

分级描述	范围描述
高	0.8<vmc ≤1
较高	0.6< vmc ≤0.8
中等	0.4< vmc ≤0.6
低	0.2< vmc ≤0.4
较低	0< vmc ≤0.2

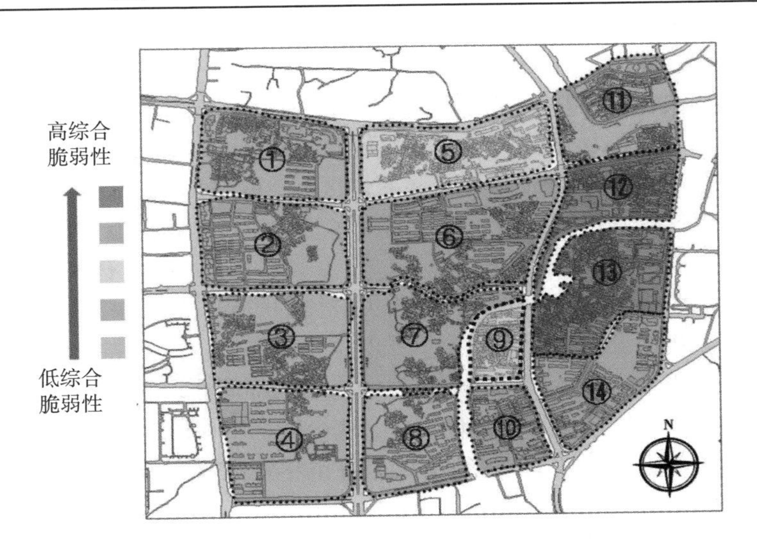

图 5-24　研究区域 14 个网格的综合脆弱性图示

网格 12 和网格 13 被评估为高脆弱性区域。因为网格区划中的承灾载体主要是在老城区，老城区的基础设施、房屋等建设时间较为久远，历史累计灾损大；另外，由于这些网格单元的承灾载体多是老旧的基础设施和房屋，物理健壮性抵抗力和功能完好性抵抗力差，承灾载体受气象灾害影响的自身易损性和综合易损性数值较高，因而网格单元的脆弱性高，物理暴露量大；此外，政府相关部门在这些地区安装的应急救援人力物力数量较少，再加上这些网格属于老城区街道狭窄，应急救援力量可达度低，应急方案的有效性也低，尚未开展老城区改造导致了人类防灾减灾能力差。总体来讲，这些区划单元的脆弱性数值最高。

网格 11 被评估为较高脆弱性区域。因为网格区划中的承灾载体主要在老城区与新城区的结合部，历史累积灾害仍然较大；但是，正是由于这些区划单元内的承灾载体处于老城区与新城区的结合部，部分承灾载体是新建的，其物理健壮性抵抗力和功能完好性抵抗力较强，承灾载体受气象灾害影响的自身易损性和综合易损性数值较高，另一部分的承灾载体仍是老旧的基础设施和房屋，物理健壮性抵抗力和功能完好性抵抗力差，承灾载体受气象灾害影响的自身易损性和综合易损性数值较高，所以网格单元的脆弱性仍然较高，物理暴露量较大（但低于网格 12 和 13）；此外，市政部门在老城区改造中配置安装了一定数量的应急救援人力物力，人类防灾减灾能力要强于脆弱性最高的那些网格区划单元。总体来讲，这些区划单元的脆弱性数值仍然较高。

网格 5 和网格 9 被评估为中等脆弱性区域。因为是改造后的区域，承灾载体大多是新建的，物理健壮性抵抗力和功能完好性抵抗力较强，承灾载体受气象灾害影响的自身易损性和综合易损性数值较低，因而网格单元的脆弱性低。因此，网格区划单元综合风险的“物理暴露量”方面较低。此外，由于是刚刚改造后的区域，市政的相关部门还没有规划好区域救援的路径，以及应急方案，这就是为什么综合风险的“人类社会防灾减灾能力”较弱的原因。

网格 6、7、10、14 被评估为较低脆弱性区域，网格 1、2、3、4、8 被评估为低脆弱性区域。这些网格区划单元所处的城区是新建城区，功能完备，承灾载体建造的时间不长，区域利于应急救援，应急方案针对性高，因此有利于防灾减灾。因此，构成该区域综合脆弱性的“区域承灾载体的脆弱性”低，“人类社会防灾减灾能力”强，进而反映到网格区划单元的综合脆弱性。

上述分析采用承灾载体属性的赋值方法采用局部调研，采用承灾载体属性空间插值的方法来确定区域承灾载体的属性，这个案例阐述的重点是本体建模应用于区域承灾载体的脆弱性评估，在现有的条件下尽管对承灾载体的调研不是很详尽，但整体考虑区域综合脆弱性的构成要素，能够反映出区域脆弱性的分布情况，并根据区域脆弱性构成部分的数值采取有针对性的措施来降低气象灾害对网格区划单元带来的破坏。

参 考 文 献

安杨. 2005. 基于本体的网络地理服务中的关键问题研究. 武汉大学博士学位论文.
陈建军，周成虎，王敬贵. 2006. 地理本体的研究进展与分析. 地学前缘，13（3）：81-90.
崔巍. 2004. 用本体实现地理信息系统语义集成和互操作. 武汉大学博士学位论文.
黄茂军，杜清运，杜晓初. 2005. 地理本体空间特征的形式化表达机制研究. 武汉大学学报（信息科学版），30（4）：337-340.
钱平，郑业鲁. 2006. 农业本体论研究与应用. 北京：中国农业科技出版社.
秦昆. 2004. 基于形式概念分析的图像数据挖掘研究. 武汉大学博士学位论文.
景东升. 2004. 基于本体的地理空间信息语义表达和服务研究. 中国科学院研究生院博士学位论文.
朱海国. 2009. 基于地理本体群模型的应急决策信息提取研究. 武汉大学博士学位论文.

Fernández-López M，Gómez-Pérez A，Juristo N. 1997. Methontology：from ontological art towards ontological engineering.AAAI Technical Report.

Fonseca F，Davis C. 1999. Using the internet to access geographic information：an opengis prototype//Goodchild M，Egenhofer M，Fegeas R，et al. Interoperating Geographic Information Systems. Norwell：Kluwer Academic Publishers：313-324.

Fonseca F，Egenhofer M，Davis C，et al. 2002. Semantic granularity in ontology-driven geographic information systems. AMAI Annals of Mathematics and Artificial Intelligence-Special Issue on Spatial and Temporal Granularity，36（1~2）：121-151.

Frank A U. 2001. Tiers of ontology and consistency constraints in geographic information systems. International Journal of Geographical Information Science，15（7）：667-678.

Gennari J H，Musen M A，Fergerson R W，et al. 2003. The evolution of Protégé：an environment for knowledge-based systems development. International Journal of Human-computer Studies，58（1）：89-123.

Guarino N. 1998. Formal ontology and information systems//Guarino N. Formal Ontology in Information Systems. Amsterdam：IOS Press：3-15.

Kavouras M，Kokla M. 2002. A method for the formalization and integration of geographical categorizations. International Journal of Geographical Information Science，16（5）：439-453.

Kokla M，Kavouras M. 2001. Fusion of top-level and geographical domain ontologies based on context formation and complementarity. Geographical Information Science，15（7）：679-687.

第6章

灾害性气象事件场景推演与应对方案预评估

6.1 灾害性气象事件应急演练与评估研究概述

近年来，随着全球气候变化与社会经济活动强度的加剧，世界各地的灾害性气象事件频发，给人民的生命和财产安全带来了巨大威胁。因此，政府对灾害性气象事件的应急处置能力显得尤为重要。一个国家对灾害性气象事件的应急响应时间体现了国家应对灾害的综合处置能力。当前，我国对灾害性气象事件应急处置主要停留在理论政策和概要式策略的宏观研究，应急演练模式单一、系统性不强，同时鲜见基于灾害性气象事件真实演化过程的应急预案、演练方案定量分析和模型表达以及对应急预案的制定与评估。然而，对于任何一种灾害性气象事件，其演化过程必然存在着某种关联，这种关联是基于"公共安全三角形"模型的灾害性气象事件场景分类与演化逻辑的场景推演框架。因此，基于灾害性气象事件发生、发展推演规则和场景构成的推演模型和应急预案演化过程研究更具紧迫性。

国内外学者对灾害性气象事件演化过程研究比较丰富，他们将灾害性气象事件的检测预警、灾害减缓、灾难处置和灾后重建作为研究对象，取得了很多有价值的成果。覆盖了突发事件的灾害监控、灾害减缓、灾害处置和灾害恢复（Shi，1996）。例如，灾害链是一种描述灾害的很好的模型（Li et al.，2010），结合了场景分析和概率论后得到的场景发生概率和分析模型（David，2002）。王颜新等

（2012）对灾害性气象事件情景进行了分析，给出情景与情境概念，对孕灾环境、致灾因子和承灾载体进行了阐述。采用 IF-THEN 的形式对情景推理规则进行研究，并对情景演化研究进展进行概括，研究实现了事件的次生、衍生关系分析以及情景发展推演过程。傅鹂和陈庆锋（2009）提出一种基于本体的 RBAC 模型的研究。但是，既有对灾害性气象事件的推演和应急研究多停留在对演化规律的普适性剖析，缺少对灾害性气象事件发生、发展的推演规则和场景构成的系统考虑，鲜见基于灾害性气象事件真实演化过程的应急预案制定与评估及应急演练开展。

针对不同类型的灾害性气象事件，本章主要提取灾害性气象事件作为研究对象。基于以上考虑，本章首先提出场景元的概念和模型，架构灾害性气象事件和应急处置的场景框架。其次，以城市暴雨为例，系统划分具体的灾害和应急场景及其场景元组成要素，统一表达基于场景元理论的暴雨内涝事件应急预案演化过程。旨在为灾害性气象事件应急管理领域提供一种新的研究思路和模式，为应急演练的动态推演和应急预案评估提供有效的理论依据。目前我国对灾害性气象事件应急的研究多停留在理论政策层面，演练模式方法单一、对应急演练分析聚焦在单一灾害却缺少共性的研究。而通过对灾害性气象事件的场景分析，对整个应急场景进行分类和场景元的划分，来实现以场景元为基础的场景构建与范式表达方法，实现灾害性气象事件应急中动态适应灾害性气象事件外部影响条件变化的场景组合，建立多层次、动态化灾害性气象事件关键场景普适性的表达方法，从而为实现应急演练的动态推演和模拟方案提供理论依据和研究基础。

灾害性气象事件的灾害性气象事件的构成比较复杂，涉及自然、人文、组织机构及资源调配等各种因素，场景理论的构建可以比较完整地描述灾害性气象事件的实际状况，提取有用的实时信息，进而比较客观地抽取出需要决策的目标。分析灾害性气象事件的场景元要素，建立表达场景的模糊规则，通过结合不同灾种的模型，最终生成完整的灾害性气象事件应急方案。将灾害性气象事件的应急以量化指标的方式表达出来。同时对产生的方案选取不同的决策目标进行方案预评估，实现以目标为导向的回溯操作。

6.2　灾害性气象事件场景的构建与表达

6.2.1　场景元的定义

灾害性气象事件及其处置过程包含一系列的场景，而每个场景又包含若干元素，通过本章的研究，可以对灾害性气象事件中的若干场景进行构建，有针对性地对灾害性气象事件应急处置过程中的不同环节和场景进行模拟及演练，提升灾害事件应对能力。灾害性气象事件具有时空演化的特性，在不同的时空载体，灾害性气象事件场景将依序转化。场景元则是组成各类场景的不可再分的基本要素，如图 6-1 所示。在一个灾害事件中，往往从致灾因子、承灾载体、孕灾环境三个角度对灾害性气象事件进行定性表达。

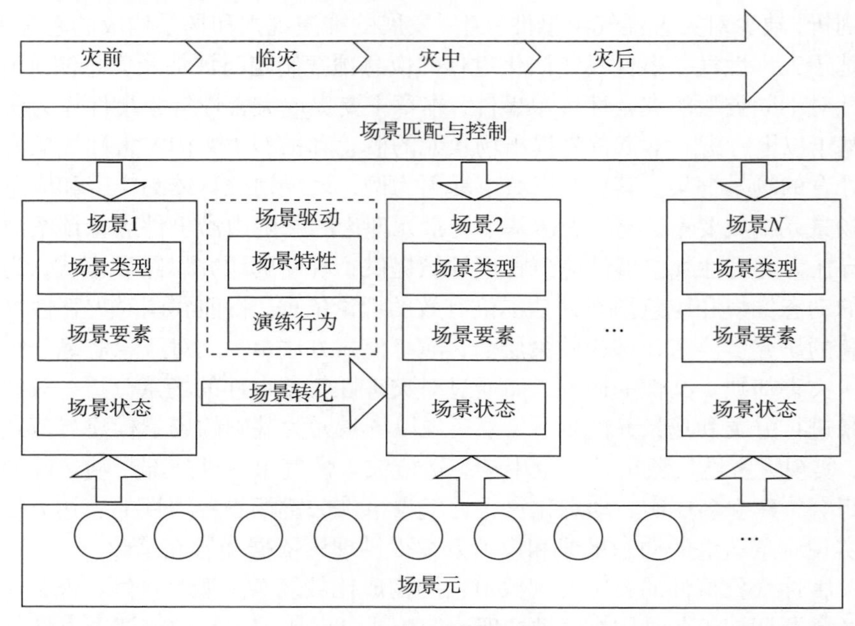

图 6-1　场景元构成逻辑图

灾害性气象事件和场景是多对多的关系，一个事件可以划分不同的场景，如地震事件，会包含人员搜救、医疗救援、工程破拆与支护、人员疏散、灾民安置、道路抢通、通信抢通、电力抢通、救灾物资调配等场景；而一个场景又可能对应不同的灾害性气象事件，如人员疏散场景（场景属性结构与参数会随不同的灾害性气象事件变化），会在地震、洪水、滑坡泥石流、台风、危化品泄漏等灾害性气象事件中出现。基于灾害性气象事件场景的应急演练，既可以针对某一种灾害性气象事件划分多个场景，逐个场景进行演练；也可以针对某一具体场景（如人员疏散场景），对不同事件（如地震、洪水、台风等）应急处置进行演练。

灾害性气象事件场景元模型的构建与表达是实现基于场景驱动应急推演的基础，在应急推演的过程中，对不同场景进行连接、叠加等操作，可以形成与真实灾害性气象事件具有较高相似度的场景，提高应急行为的效果。灾害事件的发展及应急处置过程是由若干不同场景构成的，每类灾害事件及其处置过程中所包含的场景各不相同，本章的研究利用场景元模型，对灾害性气象事件及其处置过程中的若干核心场景进行构建，实现基于场景驱动的应急推演。

结合在灾害性气象事件中的背景因素以及应对措施中的各类资源，可以定义灾害性气象事件中包括四类场景元，即致灾场景元（hazard element）、承灾场景元（bearing element）、背景场景元（condition element）与资源场景元（resource element），可分别用 H、S、C、R 来表示。

灾害性气象事件场景元模型的结构分为三层，如图 6-2 所示。最底层是场景元，场景元是通过对场景元素与结构的分析与研究，从场景中抽离，不依赖于具体场景的元素，如道路、桥梁、交通工具、交通控制、地形、人群规模等，场景元是灾害性气象事件场景元模型的基本元素，不可再分。模型的中层是场景层，每个场景均是由若干场景元组成的，不同的场景可以拥有相同的场景元，但场景元的参数与属性将会不同。模型的最上层是灾害性气象事件，如暴雨、洪水等，可以通过对不同的灾害性气象事件及其处置过程进行分析与整理，对事件应急处置的核心场景进行构建，有针对性地进行灾害性气象事件应急模拟和推演。

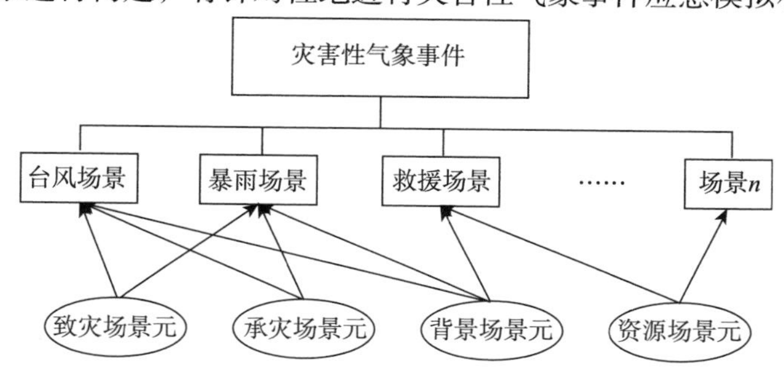

图 6-2　场景元的构成逻辑关系

致灾场景元表达的是在灾害性气象事件中导致灾害发生的场景元，如在暴雨灾害中的强降雨、泥石流事故中的泥浆、洪涝灾害中的淹没等，致灾场景元具有很强的不确定性并满足一定的演化规则。承灾场景元是在灾害性气象事件中灾难影响的直接受体，如地震灾害中的人与建筑、反季节雪灾中的农作物、泥石流中的道路等。背景场景元是在灾害性气象事件中伴随灾害发生的背景因素，如踩踏事件中的空间区域及日期、暴雨发生的地区和海拔。不同的灾害事件拥有迥异的背景场景元，也将导致不同的应急预案和实施措施。资源场景元是灾害性气象事件中用于应急处置的人财物，如救援车辆、通信设备、医疗设备等。灾害性气象事件及其应急预案的发生演化场景均有以上四类场景元组成。

在此基础上，对场景元的时空特性、基本权限、功能和规则进行划分与抽象，场景元的数学定义如下所示。

定义 6.1：$\mathrm{SE}=\{\mathrm{H},\mathrm{S},\mathrm{C},\mathrm{R}\},\mathrm{SE}=F(a,t,\varphi,W,v)$

式中，SE 为场景元，任意一个场景元都表示为 a,t,φ,W,v 的关系 F 的函数；a 为空间；t 为时间；φ 为权限；W 为属性；v 为场景元的演化规则，规则可源于事物发展的客观规律或应急预案中的规定。以洪涝灾害为例，当 SE=H 时，则致灾场景元为洪水。致灾场景元具备了特定的状态属性 W，符合洪水漫堤模型 v，满足一定的时间 t 和空间 a 的时空演化规律，并带来了对应的危害和效果 φ。

6.2.2　灾害性气象事件场景元模型的分类

通过上述分析可知，灾害性气象事件场景可由致灾场景元、承灾场景元、背景场景元与资源场景元组合而成，是灾害性气象事件时空演化的基本载体。灾害性气象事件的发展只有在某一具体场景下，才能沿着真实的演化路径发展，脱离灾害性气象事件发生的场景，演化将会偏离正确的方向。同时，灾害性气象事件场景之间是一种潜在的关联关系，场景推演决定了事件的演化方向。为了满足灾害性气象事件应急预案的基本要求，降低灾害性气象事件场景演化的分析难度，正确预测事件的演化路径，使决策者对灾害性气象事件应急预案有充分的、正确的估计，需要对灾害性气象事件演化进行约简，使灾害性气象事件形成基于不可再分、不可或缺场景的实际关联。场景分类逻辑化表达如下所示。

对灾害性气象事件应急预案和案例进行分析，抽取灾害性气象事件和应急要素，构成监测场景、灾害场景和应急场景。

根据灾害场景与应急场景的时空关系，依序构建准备场景、处置场景和恢复场景。

依据处置场景中致灾场景元和准备场景的相互关系，分类获得疏导场景、救护场景和辅助场景。

通过以上三步构建灾害性气象事件及其应急方案的场景分类。值得说明的是，各类场景根据一定的自然法则和人为规则进行演化，但由于组成场景的场景元未发生改变，则将其约简定义为对应场景的子场景，逻辑关系图如图 6-3 所示。

在此基础上，对场景的组成要素、基本类型和逻辑规则进行划分与抽象，场景的数学定义如下所示。

定义 6.2：$\mathrm{M_S} = f\left(\mathrm{H,S,C,R}\right)$

式中，$\mathrm{M_S}$ 为灾害性气象事件场景，由各类场景元组成，按照功能和目的不同，$\mathrm{M_S}$ 的场景元构成也不尽相同，主要包括监测场景、灾害场景和应急场景，其中应急场景可分为准备场景、处置场景和恢复场景，依据处置场景中致灾场景元和资源场景元的相互关系，分类获得疏导场景、救护场景和辅助场景。灾害性气象事件场景的时间演化逻辑图如图 6-4 所示。

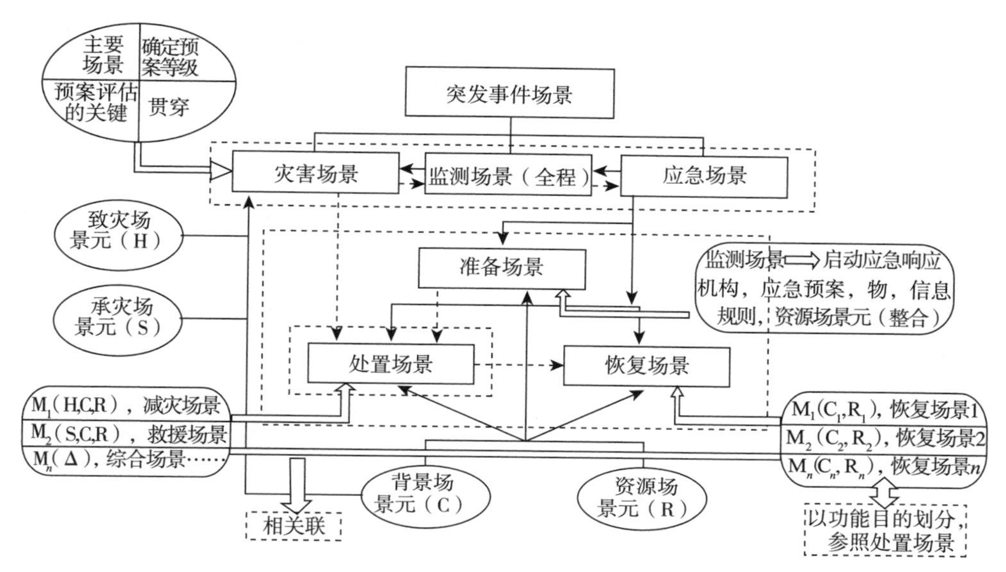

图 6-3　灾害性气象事件场景元和场景的逻辑构成关系

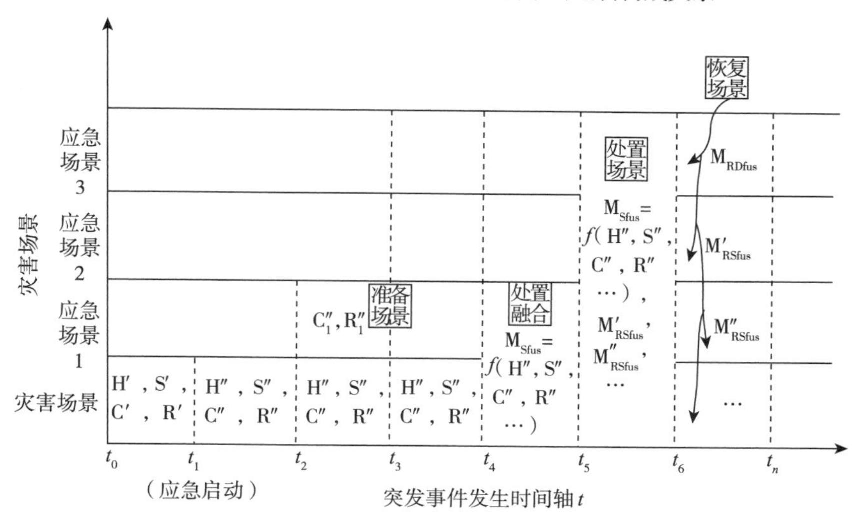

图 6-4　灾害性气象事件场景的时间演化逻辑图

6.2.3　灾害性气象事件场景分析——以暴雨为例

城市暴雨事件多发生在夏秋两季，具有突发性，不可预测性，非常严重地影响着庞大的城市运转，一旦发生灾害将造成严重的人员伤亡和经济损失。例如，北京的“7 · 21”特大暴雨事件，北京遭遇 61 年来最强暴雨灾害，共有 79 人死亡，此次暴雨造成房屋倒塌 10 660 间，160.2 万人受灾，经济损失 116.4 亿元。

根据灾害场景的表达，我们可以划分暴雨场景关系，见图 6-5。

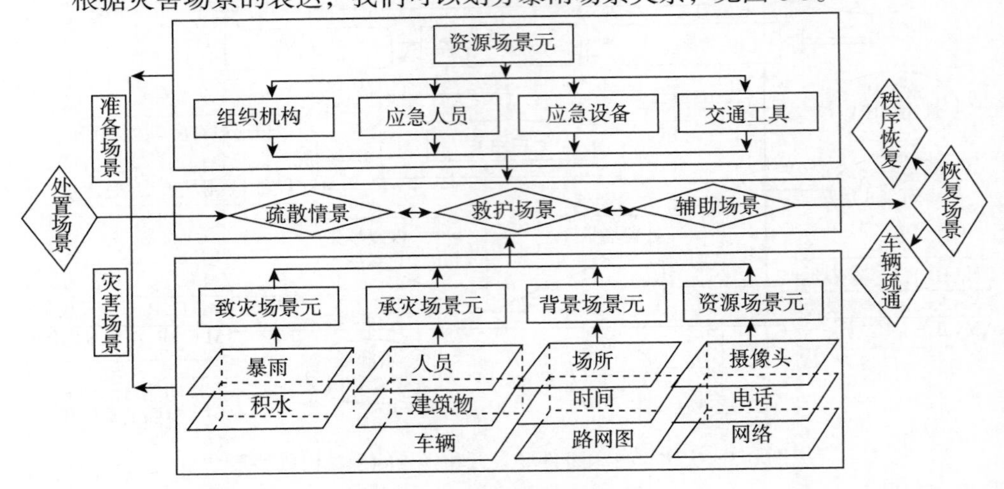

图 6-5　划分暴雨场景关系图

暴雨作为一类典型的灾害性气象事件，可划分为灾害场景和应急场景两大类，应急场景又可划分为准备场景、处置场景和恢复场景三类，其中处置场景是应急场景和灾害场景的融合，根据定义 6.2，按照致灾场景元和承灾场景元的特性又可将处置场景划分为疏散场景和救护场景。对暴雨事件灾害场景的演化分析，源于对城市降雨和排水的规则推演，也是形成处置场景及其子场景的重要前提。采用暴雨相关模型，对灾害场景中的致灾场景元、承灾场景元进行推演，获取致灾场景元 H 和承灾场景元 S 的数量属性，进而评估暴雨事件中人与交通堵塞的风险值，为处置场景中的资源安排以及启动应急响应的资源准备提供科学支撑。其中，疏散场景是从控制致灾场景元 H 的角度构建的场景，通过对致灾场景元的疏散抑制交通堵塞事件的恶化。救护场景是以承灾场景元 S 为核心结合各种资源场景元和背景场景元构建的场景，其和疏散场景同步进行，主要是对事件中的伤员进行医疗和救治，要结合医疗救援措施对伤员进行救治，对道路进行警力指挥，且辅助变量是被动服务于救援和事故处理场景，包括辅助人群疏散、封锁道路、取消活动，以灾害演化的时空规律为基础，防范控制次生灾害，消除负面不实消息、减缓人心里恐慌等，是在应急预案和城市规划的指导下进行的。恢复场景分为两类，包括现场秩序恢复和伤员身心健康恢复，对应相应的场景元。

6.3 灾害性气象事件场景动态推演方法研究

灾害性气象事件的应急决策具有非常强的场景依赖和相关性，目前针对各类灾害性气象事件情景的演化规则以及应急决策的制定和生成，国内外的各个研究机构、政府投入了大量的精力和资源。灾害性气象事件的灾害模拟和推演方法是一门综合了各个学科的综合性问题。目前广泛应用的技术层面的事故分析方法，如事件树／故障树分析等，是用链的方式描述从初因事件到事故的过程，链中的事件一般是线性的因果关系（罗鹏程，2001；钟小军等，2007）。其研究意义非常显著，但同时研究的内容又非常广泛，于是如何建立起一套科学的、有效的对灾害性气象事件准确描述、模拟和评估的方法，是政府和社会所迫切需要的。

传统灾害性气象事件的推演结合了技术和实际演练，即在事先设想的事件（事故）条件下，应急指挥体系中各个组成部门、单位或群体的人员针对假设的特定情况，按照应急预案执行实际灾害性气象事件发生时各自职责和任务的排练活动，旨在使人们在灾害性气象事件发生时能够有序、快速、高效地加以应对，以减轻灾害性气象事件造成的损失。实践证明，推演过程可使在灾害性气象事件发生时有效减少人员伤亡和财产损失，迅速从灾难中恢复正常状态。但传统推演方式具有一定的局限性，如花费高昂、参演人员数量有限、模拟的突发问题单一、容易流于形式、灾害性气象事件的不可复制性、缺少灾害性气象事件环境等，使应急推演的效果受到很大局限。

场景驱动式灾害推演是应急模拟推演的一种，其核心思想是将演练过程分为不同的场景阶段，对每个场景的构成元素与方法进行研究，通过不同场景的组合构建完整的模拟演练过程。场景驱动式应急推演的特点主要有灵活性好、相对成本低、场景的易控性、易用性好、真实性强、可作为人员培训系统使用、可全程监控、演习过程可回放、应用范围广、应用安全等。

在对灾害性气象事件应急的研究中，主要从静、动两个角度进行分析。一是根据所要研究的灾害性气象事件进行场景的划分，对不同块的场景分别进行建模。二是将各个模块联动起来，依据每种灾害的特点形成灾害推演的过程，并最终形成方案。这里以北京市暴雨为例进行描述。

6.3.1 结构化场景模型构建与表达

灾害性气象事件场景的构建与表达是实现基于场景驱动应急推演的基础，在应急推演对灾害性气象事件的影响下，对不同场景进行连接、叠加等操作，可以形成与真实灾害性气象事件相比具有较高相似度的场景，提高应急推演的效果。灾害性气象事件场景构建与表达方法主要包括：①灾害性气象事件场景分类；② 灾害性气象事件场景的演化发展条件设定；③灾害性气象事件场景特征抽取与结构化表达，其是场景构建的主要工作，具体针对各环境的参数结构设计以及多元组描述如下：

$$S=\{T，SI，F，E，P，A，R，ED，DC，\cdots\}$$

式中，S 为结构化场景模型；T 为时间信息；SI 为空间信息；F 为设施信息；E 为环境信息；P 为组织人员；A 为处置行为；R 为处置结果；ED 为演化方向；DC 为演化条件。

以此为基础，可以构建如下模拟演练模型：

$$D=\{S_1，S_2，S_3，\cdots，S_e\}$$

式中，D 为场景驱动式应急推演；S_n 为第 n 个场景；S_e 为结束场景。

通过灾害性气象事件场景结构化表达模型以及模拟演练模型的构建，可以实现对灾害性气象事件应急推演过程中各个场景进行规范化管理以及场景间的平滑过渡，包括场景的生成、场景的消除、场景参数的更改等，使灾害性气象事件场景具有较高的控制自由度以及与真实环境具有较高的相似度。

6.3.2 场景演化关系分析

场景驱动式应急推演过程是由一系列的场景拼接而成的，多场景的连接以及相互关系的组合形成了场景链。场景链驱动与推理技术主要包括以下三点。

1）场景演化关系构建

依据灾害链与事件链理论，场景的发展演化关系有多种形式，主要包括场景串联、一对多场景、多对一场景、场景并联及循环场景等，灾害性气象事件及其次生衍生事件的发生发展过程涉及的场景不断变化。一般场景发展具有以下几种情况，如图 6-6 所示。某一场景在一定条件下演变为下一个或几个场景（条件 1、2、3、6）；两个或多个场景在各自推演的过程中，根据各自的条件，演化为一个场景（条件 4、5）；两个或多个场景在某一特定条件下，演化为一个场景（条件 7）。

2）场景匹配与链推理模型

在灾害性气象事件处置过程中，不同的场景之间存在一定的关系，如互斥关系、包含关系、承接关系、并行关系等，在进行场景演化与组合时，应充分考虑场景的这些匹配关系，通过场景匹配模型，使场景的演化发展符合逻辑并与真实

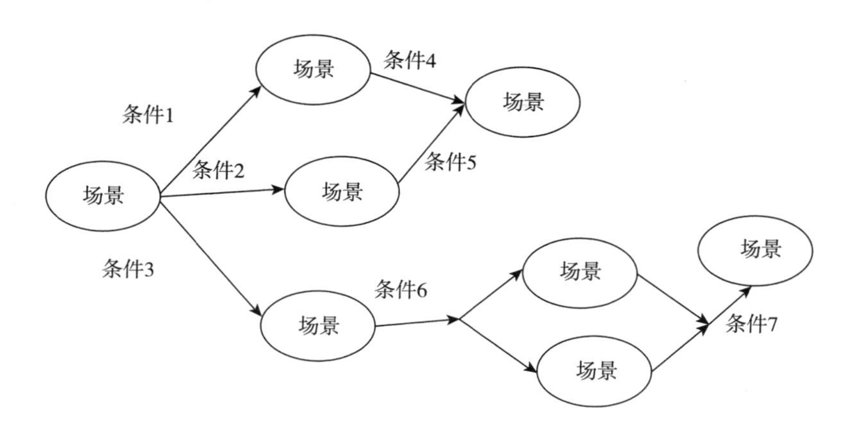

图 6-6　场景演化关系示意图

灾害性气象事件场景具有较高的相似度，进而根据演练过程中灾害性气象事件自身特性、外部条件及当前态势，研究场景匹配的模糊规则，将匹配关系与匹配规则相结合，在场景库中寻求与当前演练情况最接近的模拟场景，使在演练推进过程中场景的衔接具有逻辑性。场景链推理模型是通过对各场景的灾害性气象事件发展情况以及所采取应急措施的分析，对场景的发展趋势进行判定，同时对从某一场景演化至下一场景的演化条件进行分析，实现基于场景链驱动的应急推演场景构建。

3）场景转换模型

场景转换模型是基于结构化的灾害性气象事件场景，定义了场景转换时上下场景之间的场景结构、参数等方面的变化规律和方法。

6.3.3　场景驱动演练技术

灾害性气象事件的孕育、发生、发展是一个典型时空演化过程，其演化过程与发展方向受到灾害性气象事件场景特性与应急措施两方面因素的影响，场景驱动式应急推演方法主要考虑在应急措施（应急推演）的影响下，灾害性气象事件的演化机理与发展方向。通过对灾害性气象事件场景构建方法的研究，建立灾害性气象事件初始场景，在场景特性与演练行为的综合驱动下，灾害性气象事件场景向前推动发展，如图 6-7 所示。

不同场景的产生、消除及改变构成了动态场景链，场景驱动式应急推演由动态的场景链引导演练过程。

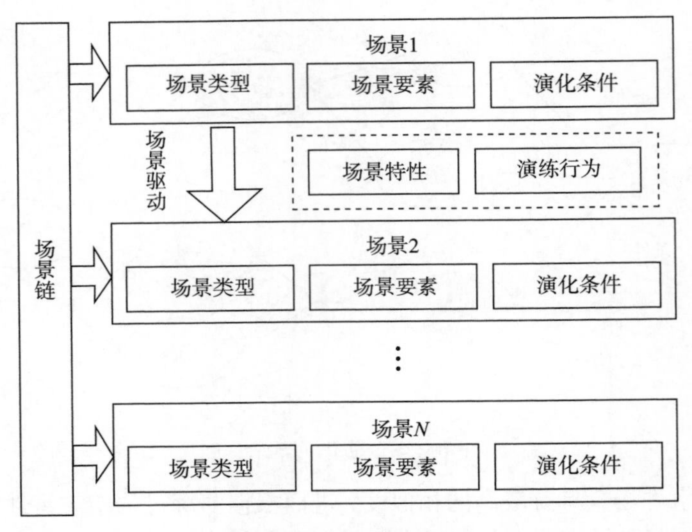

图 6-7　场景驱动式应急推演模型

6.4　灾害性气象事件应急方案预评估

近年来，世界范围内的各种突发事件不断发生，人们逐渐认识到，为了保证在应对突发事件时能够做出快速有效的反应，并有效地控制突发事件的发展，将突发事件造成的损失和影响减小到最低程度，必须对各种可能发生的突发事件提前制定相应的应急预案。目前对突发事件应急预案的研究有很多。总的来说，其研究内容主要集中在建立应急预案的意义、应急预案的流程、某一行业或某种灾难应急预案的建立等方面。在应急预案评估方面的研究相对比较缺乏。应急方案的预评估是指在应急预案实施前对其进行的评估，主要是从应急预案的制定以及要素内容等角度进行评估的，主要就是评估一个制定完毕的应急预案的情况。

总体来看，在应急方案有效性方面的研究国内外主要集中于以下几个方面。

一是从现有的已经存在的预案出发，分析预案存在的各类问题，给出如何提高应急预案有效性的具体建议和措施；二是以预案的评价为主，通过运用各类定量分析的方法来评价应急预案是否有效；三是预案评价针对性不强，比较注重综合性预案的研究，而国外研究又太过具体，预案包含的范围又有一定的局限性；四是针对应急预案的有效性研究比较缺乏。气象灾害应急方案评估的主要内容如图 6-8 所示。

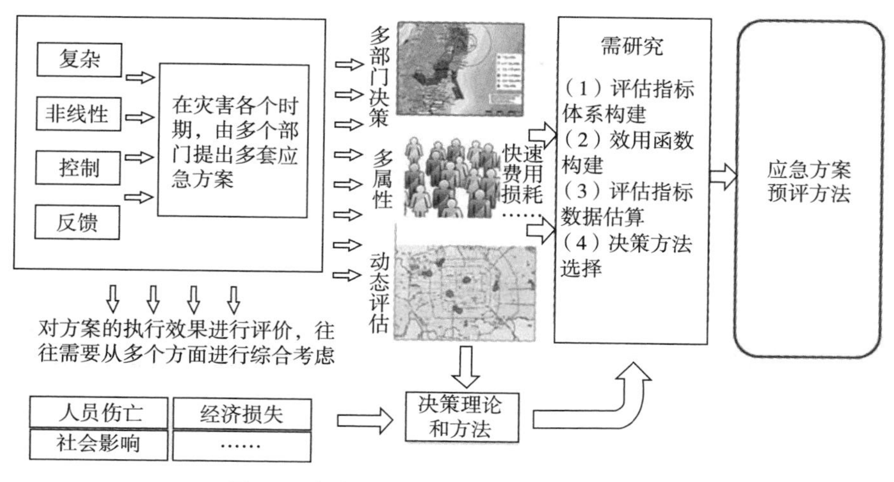

图 6-8　气象灾害应急方案评估的主要内容

6.4.1　应急方案的多目标评估

总体来看，当前针对应急预案的研究有很多，这些研究的理论成果斐然，对今后的研究起到了一定程度的指导作用。然而对应急预案有效性的研究资料和文献还是有所不足，虽然有提及对应急预案进行评估等观点和论文，但是系统的研究还是有所不足。针对当前的研究情况，进行应急预案有效性的研究是极其必要的，也是必不可少的。对应急预案有效性进行充分的系统的研究，能为今后应急管理理论提供一些相关的理论依据。当突发事件发生后，应急预案就是应急救援活动处置的第一手行动指南，这些预案规定的处理步骤和流程便是处置行动的首要依据。然而，应急预案编制的质量对整个突发事件的应对有何作用、编制的预案是否能有效地运用到实际过程中、有没有必要进一步改进和完善?归结起来讲，应急方案的评估、排序可归为多准则决策（multiple criteria decision making，MCDM）问题。

Hwang 和 Yoon 基于多准则决策问题中存在两种方案集，即有限方案集和无限方案集，将 MCDM 分为两类，即多目标决策(multiple objective decision making，MODM）和多属性决策（multiple attribute decision making，MADM）。前者与多目标规划相联系，后者与偏好结构建立的形式相联系。决策排序的主要方法如表6-1 所示。

表 6-1　决策排序的主要方法

决策者给出的信息类型	信息特征	主要方法
无偏好信息		属性占优法、最大最小法、最大最大法
属性偏好信息	标准水平	联合法、分离法
	序数	字典法、删除法、排列法
	基数	线性分配法、简单加权法、TOPSIS 法、ELECTRE 法、PROMETHEE 法
方案偏好信息	边际替代率	层次支付法
	相互偏好	LINMAP 法、交互简单加权法
	相互比较	多维测度法

基于 LINMAP 方法和 Copeland 方法的气象灾害方案评估总体流程如图 6-9 所示。

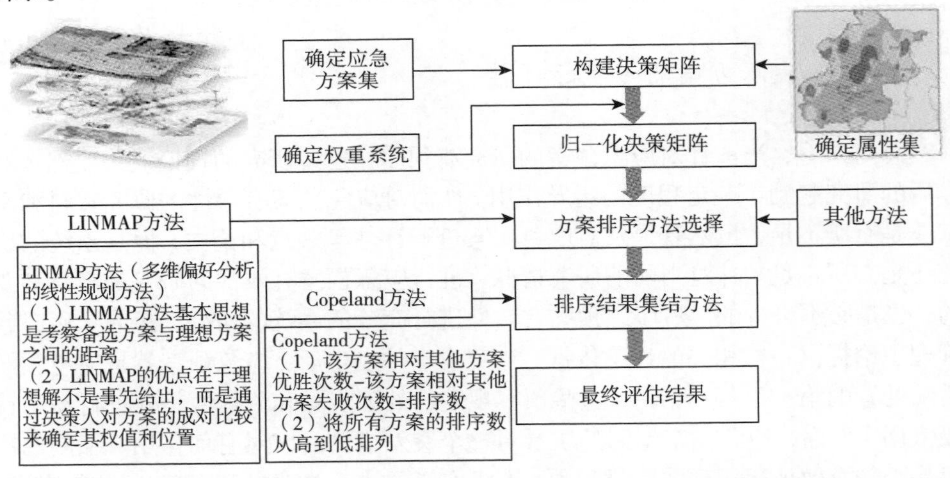

图 6-9　基于 LINMAP 方法和 Copeland 方法的气象灾害方案评估总体流程

不同的应急方案可以通过动态推演模型输出不同的灾害损失结果，以暴雨内涝事件为例，方案输出结果包括人员伤亡数（淹没深度高于一定阈值，且抢险队没有按时到）、车辆报废数（淹没深度高于一定阈值，抢险队按时赶到）、车辆损坏数（淹没深度未高于阈值，但车辆在一定时段内未到达避难所）等。因此，针对不同暴雨情景，可以提出不同的多目标函数，寻求不同的应急方案，包括“0 伤亡”应急方案、“快速疏散”应急方案、“低淹没风险”应急方案等。

6.4.2　灾害性气象事件方案预评估模型

通过设置不同的参数及目标函数，模拟求解大量的应急方案。采用决策树方法，针对这些不同的初始条件、应急方案的选择以及目标函数结果，对应急方案进行分类。在不同情景下，面向不同目标的应急方案。方案评估模型抽象地讲是个有限方案的多目标决策的问题。用 $X=\{x_1,x_2,\cdots,x_m\}$ 来表示应急方案集，用 $Y_i=\{y_{i1},y_{i2},\cdots,y_{in}\}$ 来表示第 i 个方案的各属性值的集，这样的话就能得到一个决策矩阵，如下：

$$\boldsymbol{A}_0=\begin{bmatrix} y_{11},y_{12,}y_{13},\cdots,y_{1n} \\ y_{21},y_{22,}y_{23},\cdots,y_{2n} \\ y_{31},y_{32,}y_{33},\cdots,y_{3n} \\ \vdots \\ y_{m1},y_{m2,}y_{m3},\cdots,y_{mn} \end{bmatrix}$$

称 $\boldsymbol{A}_0$ 为决策元矩阵，它提供了决策问题的基本信息，各种分析方法均以决策矩阵作为分析的基础。然而若直接使用这个矩阵，往往不便于比较各个属性，因为各个属性往往采取的单位不同，数值也有可能有很大的差异，因此需要对其进行规范化处理。常用的方法有向量规范法、线性变换等方法。经过变换就能得到一个矩阵 $\boldsymbol{A}_1$，称为决策初始矩阵。

$$\boldsymbol{A}_1=\begin{bmatrix} a_{11},a_{12,}a_{13},\cdots,a_{1n} \\ a_{21},a_{22,}a_{23},\cdots,a_{2n} \\ a_{31},a_{32,}a_{33},\cdots,a_{3n} \\ \vdots \\ a_{m1},a_{m2},a_{m3},\cdots,a_{mn} \end{bmatrix}$$

由于目标的相对重要性不同，往往在分析之初，引入权。而刚开始评估者并不知道每个目标应该加多大的权，通过对目标的成对比较，然后确定权。常用的确定权的方法有权的最小平方法和本征向量法。设 $\boldsymbol{\omega}=\left[w_1,w_2,\cdots,w_n\right]^{\mathrm{T}}$ 为权向量，对矩阵 $\boldsymbol{A}_1$ 赋权后得

$$\boldsymbol{A}_1\bullet\boldsymbol{\omega}=\begin{bmatrix} a_{11}\bullet w_1,a_{12}\bullet w_2,\cdots,a_{1n}\bullet w_n \\ a_{21}\bullet w_1,a_{22}\bullet w_2,\cdots,a_{2n}\bullet w_n \\ a_{31}\bullet w_1,a_{32}\bullet w_2,\cdots,a_{3n}\bullet w_n \\ \vdots \\ a_{m1}\bullet w_1,a_{m2}\bullet w_2,\cdots,a_{mn}\bullet w_n \end{bmatrix}$$

这样就能应用方案评估方法对应急方案的效用进行评估了。分析者根据问题的具体特点和决策者的偏好，会同决策者确定决策规则并选择和运用合适的 MADM 分析方法把所有可行方案进行排序。决策者从中择优选出一个方案，同时再选择一个后备方案以备不测。研究采用有属性偏好信息方法。

这种方法需要决策者能够指出它们关于方案的偏好。评定这种信息的要求比评定属性信息的要求更高。其典型代表便是多维偏好线性规划法（linear programming techniques for multidimensional analysis of preference，LINMAP）。

LINMAP 法与 TOPSIS 法类似，它们都是借助理想方案来进行方案评价。不同之处在于 LINMAP 法的理想方案不是事先给出的，而是通过决策者对方案的相互比较来估计属性权重和理想方案。

令 $\Omega=\{(k,l)\}$ 代表排序对 (k,l) 的集合，其中 k 表示在强制选择条件下，在 k 和 l 相互比较中决策者偏好的方案。通常 Ω 具有 $\mathrm{C}_n^2=m(m-1)/2$ 个元素。对于每个排序对 $(k,l)\in\Omega$，如果 $S_l\geqslant S_k$，解 (ω,x^+) 可以与加权距离模型一致。现在问题是确定解 (ω,x^+)，使 $\Omega=\{(k,e)\}$ 的条件对于决策矩阵和 Ω 不成立的可能性最小。其线性规划模型为

$$\min\sum_{(k,l)\in\Omega}z_{kl}$$

$$\text{s.t.}\begin{cases}\sum_{j=1}^{n}\omega_j\left(x_{lj}^2-x_{kj}^2\right)-2\sum_{j=1}^{n}v_j\left(x_{lj}-x_{kj}\right)+z_{kl}-2\geqslant 0\\ \sum_{j=1}^{n}\omega_j\sum_{(k,l)\in\Omega}\left(x_{lj}^2-x_{kj}^2\right)-2\sum_{j=1}^{n}v_j\sum_{(k,l)\in\Omega}\left(x_{lj}-x_{kj}\right)=h\\ \omega_j\geqslant 0,\quad v_j\text{无约束},\ j\in N\\ z_{kl}\geqslant 0,\quad (k,l)\in\Omega\end{cases}$$

可得以下几种形式的线性规划解。

（1）如果 $\omega_j^+>0$，那么 $x_j^+=v_j^+/\omega_j^+$。

（2）如果 $\omega_j^+=0$ 并且 $v_j^+=0$，那么 $x_j^+=0$。

（3）如果 $\omega_j^+=0$ 并且 $v_j^+>0$，那么 $x_j^+=+\infty$。

（4）如果 $\omega_j^+=0$ 并且 $v_j^+<0$，那么 $x_j^+=-\infty$。

那么到 x^+ 的平方距离为

$$S_i=\sum_{j'}\omega_{j'}^+\left(x_{ij'}-x_{j'}^+\right)^2-2\sum_{j''}v_{j''}^+x_{ij''},\quad i\in M$$

式中，$j'=\{j\mid\omega_j^+\geqslant 0\};j''=\{j\mid\omega_j^+=0\text{并且}v_j^+\neq 0\}$。

在应用上述方法进行应急预案的评估排序后，因为在非常规突发事件很难及时获取相应数据，很难用实际情况相检验，那么如何提高非常规突发事件应急方案评估的准确度是一个很重要的问题，基于此本小节提出了应急方案评估优化自检验评估方法。其中对方案排序进行综合的方法有平均值法、Borda 法和 Copeland 法。Borda 法是基于多数票规则的一种方法，而 Copeland 法是综合考虑多数票和少数票的一种方法。

举不同部门为侧重点的方案评估，一次大暴雨后比如有几套方案供各部门选择，各部门进行应急方案的评估，那么得到的顺序不同，进行了综合。据此，进行了一个算例研究，五个部门拿出了五套应急方案，基于方案的可操作性、快速性、灾害损失、应急物资消耗四项属性进行评估，有三个人进行决策。算例研究示意如图 6-10 所示。

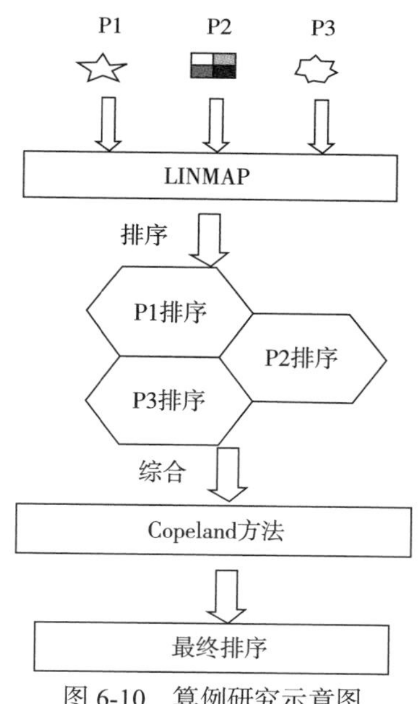

图 6-10　算例研究示意图

6.5　城市暴雨内涝灾害案例分析

6.5.1　城市暴雨内涝灾害场景分析与构建

以北京市五环内为研究区，考虑研究区范围内不同暴雨情景下的灾情动态特征以及多目标下的应急疏散方案的动态推演状况。这里，主要是对气象灾害灾情情景的特征模拟，总体思路如图 6-11 所示。首先，通过气象历史观测记录，建立城市降水概率模型，模拟不同情景（10 年、50 年、100 年等一遇的暴雨量）。然后，结合北京市五环内特定区域（代表性的几千平方米内）的 DEM 数据、土地利用数据（各类建筑数据）以及城市排水能力数据（排水管网难以获取的情况下，根据北京市管网设计标准设定）建立城市内涝模型，估算城市各道路的淹没深度变化特征。随后，结合路网结构数据和车流量的估算数据（通过车速估算）对暴雨灾情下潜在的危险区进行识别，为车辆疏散模型提供指导规则集。具体应急方案输入包括车辆疏散指导规则集，警力、医疗、抢险资源配置方案，通过动态推演模型模拟计算，可以得出该应急方案的评估结果，包括可能伤亡人数、车辆报废数、车辆损坏数等。

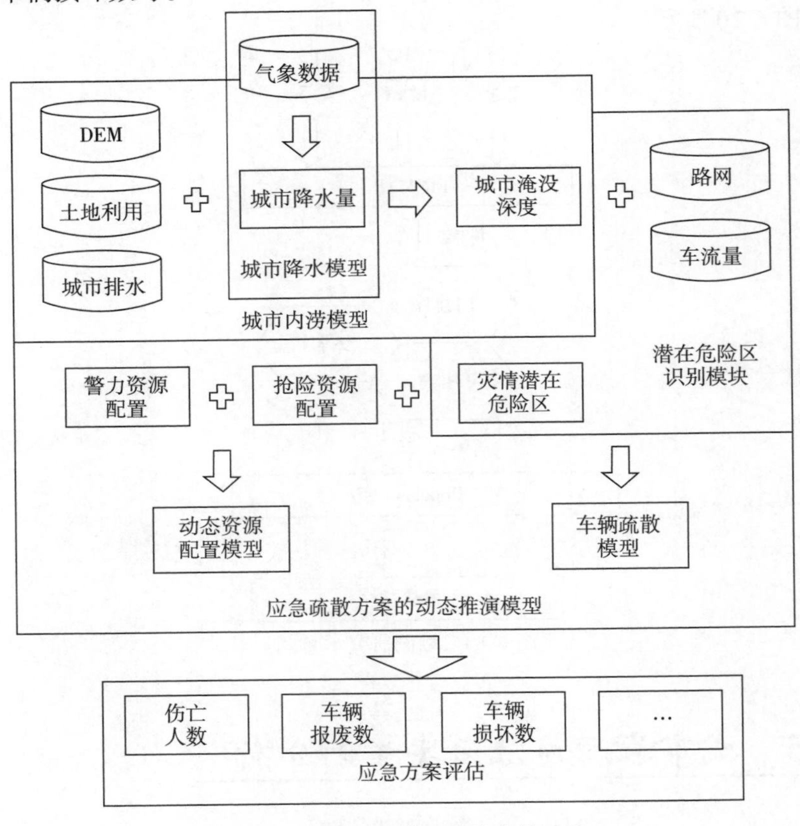

图 6-11　场景建模及推演总体思路

灾情动态特征模拟主要从致灾因子、孕灾环境、承灾载体三方面考虑，分析不同暴雨情景下，北京市各条道路的动态淹没状况。降水量及城市地表环境是主要的输入变量。

1）城市降雨模型

城市降雨的强度和频率符合一定的概率分布模型。通过城市降水模型可以模拟出不同情景的降水量，即致灾因子的不同强度的动态特征。

2）城市内涝模型

城市的降水径流过程，主要与降水量及城市 DEM（地势图）、城市下垫面透水能力以及城市排水能力有关。这里可以得出城市内涝淹没区域以及淹没深度随时间变化的动态特征。

3）动态推演模型

灾害应急的主要对象是道路上的车辆。灾害应急的目标是在暴雨灾害过程中，尽可能多地将道路上的车辆疏导至周边安全的避难所或淹没深度较浅的路段，对于已经到达危险淹没深度路段上的车辆需要迅速地提供抢险救援工作。基于此目标，应急方案主要从三个方面开展工作：①发布实时信息，引导车辆选择路径（模拟汽车移动、多智能体）；②动态配置警力，有效疏导交通（警力分配函数、多目标函数、非线性规划、数值分析中的遗传算法）；③动态配置抢险队，救援高危灾区，推演模型有效地将条例中的三个决策行为量化表述。

根据灾情的实时状况及采用的应急疏散方案，通过动态推演模型可以推算出最终的车辆疏散、救援情况，作为应急方案的评估结果。该动态推演模型主要包括三个子模块。

4）灾情潜在危险区识别模块

结合灾情动态特征模拟得出的实时淹没深度、道路车辆实时状况及路网结构特征，动态识别出潜在的灾情危险区。为车辆疏散提供指导规则。

5）基于指导规则的多智能体车辆疏散模型

在不同的指导规则下，道路上的智能体车辆将采用不同的路径行驶方式。通过个体的行驶路径，模拟整个路网上车辆的疏散过程。

6）动态应急资源配置模型

警力医疗的实时配置可以加快道路车辆的疏散速度；抢险队的配置可以救援已经遇险的道路车辆，减少灾情损失。该模型需要与车辆疏散模型相结合，分析最优应急方案。

6.5.2　城市暴雨内涝灾害场景建模及推演

这里依据灾情划分场景，建立了暴雨内涝下的道路应急疏散模型，主要包含三个部分。第一部分用 SWMM 模型模拟城市降水—径流过程，通过不同场景的降水模拟，估算出各条道路上的水量情况（包括积水高度、水量流速等）；第二部分将第一部分的积水高度、水量流速等作为输入参数，通过不同场景的道路车辆状况、资源布局分布，给出不同的应急方案；第三部分通过动态推演模型模拟得出最后损失情况，从而对应急方案进行评估，得出最优方案。

1. SWMM 简介

SWMM（storm water management model）：美国环境署（Environmental Protection Agency，EPA）开发的主要用于城市区域的降雨径流动力学模拟软件。在 SWMM 中，城市降雨径流主要模拟两个过程。

（1）降雨在地面汇流的水文过程。

（2）汇流在由管道、渠道、蓄水设施、水处理设施组成的排水系统的水力学过程。

SWMM 可以用于水量和水质的模拟，本章研究主要用到水量模拟。

2. 暴雨内涝模型建立

研究区域选择了极有代表性的 53 平方千米的北京西二环到西四环，该区域车辆较多，容易拥堵，且立交桥也很多，桥下是内涝的高危区，包括莲花桥、复兴门桥、南沙窝桥等。都是“7·21”的重点淹没区。研究区域的路网图和管网图见图 6-12。

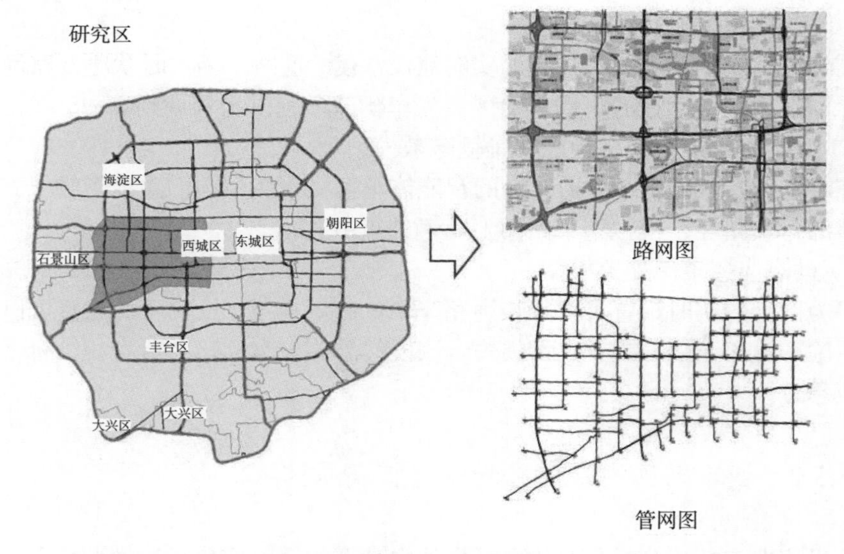

图 6-12　研究区域的路网图和管网图

3. 确定城市洪水模拟三个主要过程

（1）汇流过程，输入参数为径流、汇流面积（采用结点的泰森多边形）、坡度、不透水面积。

（2）雨水进入管道及其运输过程，考虑雨强、排水能力设计、泵站抽水能力。

（3）雨水地面流动过程，雨水流动模型、吸纳地面流宽度。

（4）曼宁方程，V 为流速，k 为转换常数，n 为糙度，Rh 为水力半径，S 为明渠的坡度。

各街道交点为子汇水流域的汇流点，雨水汇集后流入汇流点。汇流区域则由该点所在的泰森多边形表示。各汇流区域包括透水和不透水区域。地面汇水过程通过假想的明渠流（渠道长度、坡度、糙度决定子流域集流时间）通过曼宁方程来模拟，如图 6-13 所示。

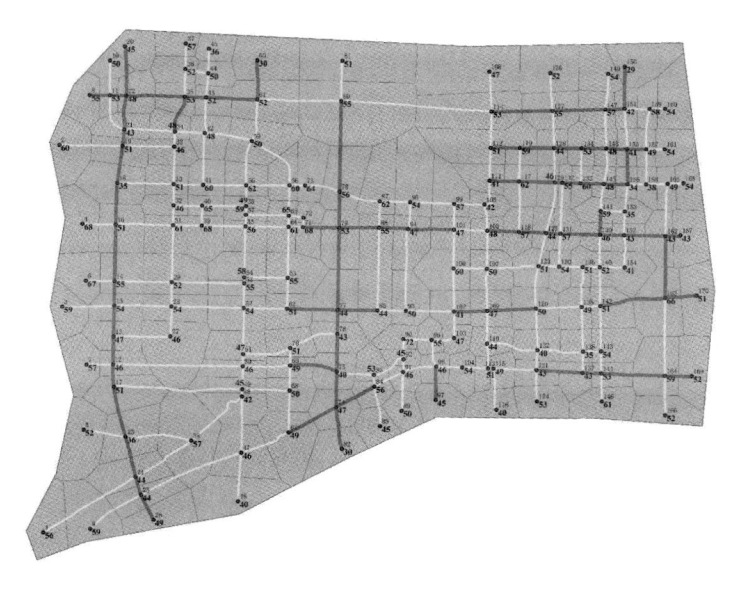

图 6-13　雨水地面汇流过程

雨水进入地下排水管道及其运输过程，前提有两个假设：一是假设集水区内排水管网空间分布与排水能力相近；二是假设街道交点为雨水进入地下排水管网的地点，同时雨水以不超过排水系统能力的流量流入排水管网。北京排水系统设计重现期为 1~2 年，内涝重现期约为设计重现期的 10 倍，排水管网排水能力按照 20 年重现期降水强度产生的汇流来计算。

$$i = \frac{10.662 + 8.842\lg T_E}{(t + 7.857)^{0.679}}$$

子流域汇水时间为 5 分钟，20 年重现期设计雨强为 i=5.43（毫米/分），可得到降雨的模型结果。

4. 应急疏散动态模型推演

该疏散模型主要模拟出基于城市暴雨内涝模型数据输出的情况下，车辆疏散出受灾区域的动态过程。主要关注的是道路上的车辆情况，输入信息包括：①初始情况下（暴雨前）各道路基本情况、车辆情况；②淹没过程中道路的积水深度变化、水流速度变化及政府的决策行为；③输出结果包括暴雨结束后，受损车辆情况、人数伤亡情况。道路应急疏散模型流程如图 6-14 所示。

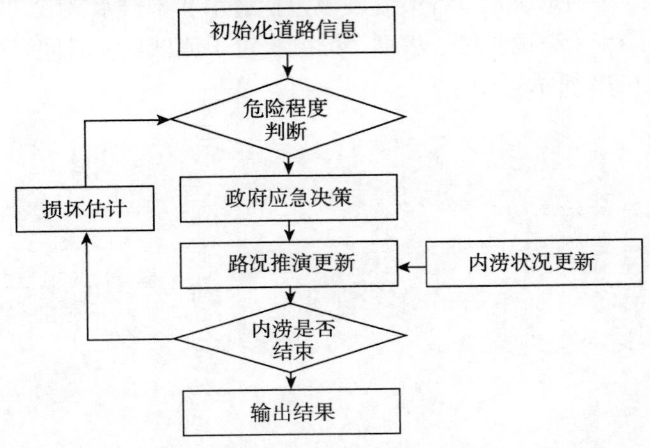

图 6-14　道路应急疏散模型流程图

其中，初始化是自行设置的参数，包括三个方面：一是道路的静态特征，这部分数据来自路网的信息；二是道路的初始淹没情况，这部分是根据 SWMM 的模拟结果输入；三是道路的车辆情况，包括车辆数量、各车的初始目的地（根据历史 OD 流占比设置）、外围道路进入该区的车辆数（内涝区与外界安全区相连接的道路）、外围道路车辆的初始目的地。

危险程度判断。可人工判断，也可根据道路基本情况判断。判断的要素为降水情况（降水时长、降水总量）、道路内涝情况（积水高度、水流强度）、车辆损坏情况（车辆损坏、车辆报废及人员伤亡）、专家意见（早晚的高峰期、车流量）。

政府应急决策主要包括预警信息发布、道路警力指派及抢险车辆指派。其中，预警信息主要是发布实时信息，宏观指导受灾车辆的行驶方向，使车辆尽快疏散，预警级别定义为状况 0，保持原状行驶；状况 1，外围车辆限制进入该区；状况 2，车辆调整初始目的地，寻找最近出口；状况 3，车辆就近避难。道路警力指派指道路警力需要政府以一定原则将有限警力布置在一些路段，加快道路行驶。例如，车辆最多的区域布置警力，速度最慢的区域布置警力或者道路较窄区域布置警力等，可舒缓交通拥堵。抢险车辆指派针对淹没深度较高、淹没时间较长路段的车辆进行抢救，可以避免车辆报废，保障居民生命安全。例如，当车辆淹没高度超过 1 米，且 10 分钟内无抢险车辆到达，认为该居民生命受到威胁。

路况推演更新，根据决策行为、道路情况、内涝情况计算（和上一部分的模型输出相关）。路况更新主要根据上一时刻道路车辆数量、位置、速度等信息推演出下一时刻道路车辆的相关信息，具体包括：车辆目的地更新，由于政府应急行为，司机的目的地可能发生改变；道路平均车速更新，车速与道路宽度、道路车辆数、道路淹没深度、水流速度有关。具体公式如下：

$$v = v_0 \times e\left(c - k_1 \times \mathrm{Num\_vehicle/\ road\_lenth}\right) \\ \times\left(\sqrt{\left(k_2 \times \mathrm{Depth} / v_0\right)^2 + 1} + k_2 \times \mathrm{Depth} / v_0\right)$$

v_0 表示道路设计车速，一般是 40 千米、60 千米或 90 千米等，根据路宽不同而设定不同。（未考虑高速路）计算模型考虑追车模型和水流阻滞模型。追车模型认为车速与车间距离呈指数关系；阻滞模型考虑发动机功率恒定，根据能量守恒定律，车辆客服水流阻滞做的功=设计速度情况下车辆的动能–实际速度下车辆的动能。车辆位置更新：车辆位置=车辆上一时刻位置+道路平均车速 × 间隔时间。车辆数目更新：路段当前车辆=上一时刻车辆数+驶入该路段的车辆数–驶出该路段的车辆数。车辆浸泡时长更新：计算车辆浸泡在水中的时长，由此判断车辆的损坏程度。外围进入车辆数目更新：政府发布预警状态 1 前，外围路段会有不定数量的车辆进入。外围进入车辆目的地更新：与初始化情况类似。损坏更新：车辆损害情况主要取决于车辆浸泡在水中的时长，以及浸泡深度。根据路况推演模型中的车辆浸泡时长更新，可以估计车辆损坏程度。

参 考 文 献

傅郦，陈庆锋. 2009. 一种基于本体的 RBAC 模型的研究与设计. 计算机系统应用，（7）：132-137.

罗鹏程. 2001. 基于 Petri 网的系统安全性建模与分析技术研究. 国防科技大学博士学位论文.

王颜新，李向阳，徐磊. 2012. 突发事件情境重构中的模糊规则推理方法. 系统工程理论与实践，（5）：954-962.

钟小军，汪雄，董鹏. 2007. 基于广义随机 Petri 网 GSPN 的系统安全性研究. 海军工程大学学报，（3）：56-61.

Aaheim H A，Hauge K E. 2005.Impacts of climate change on travel habits：a national assessment based on individual choices. CICERO Report.

Agarwal M，Maze T H，Souleyrette R. 2005.Impacts of weather on urban freeway traffic flow characteristics and facility capacity. Proceedings of the 2005 Mid-Continent Transportation Research Symposium.

Agnew M D，Palutikof J P，Hanson C，et al. 2006. Impacts of short-term climate variability in the UK on demand for domestic and international tourism. Climate Research，31（1）：109-120.

Ahmed M M，Abdel-Aty M A. 2012. The viability of using automatic vehicle identification data for real-time crash prediction. IEEE Transactions on Intelligent Transportation Systems，13（2）：459-468.

Ahmed M M，Abdel-Aty M A. 2013. A data fusion framework for real-time risk assessment on freeways.Transportation Research Part C：Emerging Technologies，26（1）：203-213.

Andrey J，Yagar S. 1993. A temporal analysis of rain-related crash risk. Accident Analysis & Prevention，25（4）：465-472.

Baker C J，Reynolds S. 1992. Wind-induced accidents of road vehicles. Accident Analysis & Prevention，24（6）：559-575.

Becken S，Zammit C，Hendrikx J. 2014. Developing climate change maps for tourism essential information or awareness raising? Journal of Travel Research，54（4）：430-441.

Bertness J. 1980. Rain-related impacts on selected transportation activities and utility services in the Chicago area. Journal of Applied Meteorology，19（5）：545-556.

Brandenburg C，Matzarakis A，Arnberger A. 2004. The effects of weather on frequencies of use by commuting and recreation bicyclists. Advances in Tourism Climatology，12：189-197.

Brodsky H，Hakkert A S. 1988. Risk of a road accident in rainy weather. Accident Analysis & Prevention，20（3）：161-176.

Chung E，Ohtani O，Warita H，et al. 2005. Effect of rain on travel demand and traffic accidents. IEEE Conference of Intelligent Transportation Systems.

Coghlan A，Prideaux B. 2009. Welcome to the wet tropics：the importance of weather in reef tourism resilience 1. Current Issues in Tourism，12（2）：89-104.

Cools M，Creemers L. 2013. The dual role of weather forecasts on changes in activity-travel behavior. Journal of Transport Geography，28：167-175.

Cools M，Moons E，Wets G. 2010. Assessing the impact of weather on traffic intensity. Weather，Climate，and Society，2（1）：60-68.

David D. 2002. Probabilistic scenario analysis（PSA）-A methodology for quantitative risk assessment. NAPPO PRA Symposium.

Durance P，Godet M. 2010. Scenario building：uses and abuses. Technological Forecasting and Social Change，77（9）：1488-1492.

Easterling D R，Meehl G A，Parmesan C，et al. 2000. Climate extremes：observations，modeling，and impacts. Science，289（5487）：2068-2074.

Edwards J B. 1996. Weather-related road accidents in England and Wales：a spatial analysis. Journal of Transport Geography，4（3）：201-212.

Edwards J B. 1999. The relationship between road accident severity and recorded weather. Journal of Safety Research，29（4）：249-262.

Eisenberg D. 2004. The mixed effects of precipitation on traffic crashes. Accident Analysis & Prevention，36（4）：637-647.

Elsasser H，Bürki R. 2002. Climate change as a threat to tourism in the Alps. Climate Research，20（3）：253-257.

Fan W C，Liu Y，Weng W G. 2009. Triangular framework and "4+1" methodology for public security science and technology. Science & Technology Review，27（6）：1.

Fang Z X，Li Q P，Li Q Q，et al. 2013. A space-time efficiency model for optimizing intra-intersection vehicle-pedestrian evacuation movements. Transportation Research Part C：Emerging Technologies，31：112-130.

Guo Z，Wilson N H M，Rahbee A. 2007. Impact of weather on transit ridership in Chicago，Illinois. Transportation Research Record：Journal of the Transportation Research Board，2034（1）：3-10.

Haghighi-Talab D. 1973. An investigation into the relationship between rainfall and road accident frequencies in two cities. Accident Analysis & Prevention，5（4）：343-349.

Hanbali R M，Kuemmel D A. 1993. Traffic volume reductions due to winter storm conditions. Transportation Research Record，（1387）：159-164.

Hassan Y A，Barker D J. 1999. The impact of unseasonable or extreme weather on traffic activity within Lothian Region，Scotland. Journal of Transport Geography，7（3）：209-213.

Hermans E，Brijs T，Stiers T，et al. 2006. The impact of weather conditions on road safety investigated on an hourly basis. Transportation Research Board Meeting.

Hjorthol R. 2013. Winter weather—an obstacle to older people's activities? Journal of Transport Geography，28：186-191.

Hofmann M，O'Mahony M. 2005. The impact of adverse weather conditions on urban bus performance measures. Intelligent Transportation Systems，（13~15）：84-89.

Ibrahim A T，Hall F L. 1994. Effect of adverse weather conditions on speed-flow-occupancy relationships. Transportation Research Record，1457：184-191.

Kamstra M J，Kramer L A，Levi M D. 2003. Winter blues：a SAD stock market cycle. American Economic Review，93（1）：324-343.

Keay K，Simmonds I. 2006. Road accidents and rainfall in a large Australian city. Accident Analysis & Prevention，38（3）：445-454.

Khattak A J，de Palma A. 1997. The impact of adverse weather conditions on the propensity to change travel decisions：a survey of Brussels commuters. Transportation Research Part A：Policy and Practice，31（3）：181-203.

Kilpeläinen M，Summala H. 2007. Effects of weather and weather forecasts on driver behaviour. Transportation Research Part F：Traffic Psychology and Behaviour，10（4）：288-299.

Koetse M J，Rietveld P. 2007. Climate change，adverse weather conditions，and transport：a literature survey. Proceedings of the 9th NECTAR Conference.

Koetse M J，Rietveld P. 2009. The impact of climate change and weather on transport：an overview of empirical findings. Transportation Research Part D：Transport and Environment，14（3）：205-221.

Kuhnimhof T，Buehler R，Wirtz M，et al. 2012. Travel trends among young adults in Germany：

increasing multimodality and declining car use for men. Journal of Transport Geography，24：443-450.

Kyte M，Khatib Z，Shannon P，et al. 2001. Effect of weather on free-flow speed. Transportation Research Record：Journal of the Transportation Research Board，1776（1）：60-68.

Lee R C，Hughes R L. 2005. Exploring trampling and crushing in a crowd. Journal of Transportation Engineering，131（8）：575-582.

Li M，Chen J G，Chen T，et al. 2010. Probability for disaster chains in emergencies. Journal of Tsinghua University，8（39）：1173-1177.

Mahmassani H S，Kim J，Hou T，et al. 2012. Implementation and evaluation of weather responsive traffic estimation and prediction system. Highway Traffic Control，1（2）：86-90.

Maze T H，Agarwai M，Burchett G. 2006. Whether weather matters to traffic demand，traffic safety，and traffic operations and flow. Transportation Research Record：Journal of the Transportation Research Board，1948（1）：170-176.

Meyer D，Dewar K. 1999. A new tool for investigating the effect of weather on visitor numbers. Tourism Analysis，4（3~4）：145-155.

Murray K B，Di Muro F，Finn A，et al. 2010. The effect of weather on consumer spending. Journal of Retailing and Consumer Services，17（6）：512-520.

Nicholls S，Amelung B. 2008. Climate change and tourism in northwestern Europe：impacts and adaptation. Tourism Analysis，13（1）：21-31.

Nocera A，Garner A. 1999. An Australian mass casualty incident triage system for the future based upon triage mistakes of the past：the Homebush triage standard. Australian & New Zealand Journal of Surgery，69（8）：603-608.

Nofal F H，Saeed A A W. 1997. Seasonal variation and weather effects on road traffic accidents in Riyadh City. Public Health，111（1）：51-55.

Nookala L S. 2006. Weather impact on traffic conditions and travel time prediction. Master Dissertation，University of Minnesota Duluth.

Perrin J，Hansen B，Quintana I. 2000. Inclement weather signal timings. Mountain-Plains Consortium.

Pierre W. 1985. Scenarios：shooting the rapids. Harvard Business Review，63（6）：139-150.

Prideaux B，Coghlan A，McNamara K. 2010. Assessing tourists' perceptions of climate change on mountain landscapes. Tourism Recreation Research，35（2）：187-200.

Rakha H，Farzaneh M，Arafeh M，et al. 2007. Empirical studies on traffic flow in inclement weather. Final Report-Phase Ⅰ Virginia Tech Transportation Institute.

Raskob W. 2008. Application of a decision support system in nuclear and radiological emergency：opportunities and challenges//Apikyan S，Diamond D，Way R. Prevention，Detection and Response to Nuclear and Radiological Threats. Berlin：Springer：2007-221.

Richardson A J. 2000. Seasonal and weather impacts on urban cycling trips. TUTI Report.

Sabir M，van Ommeren J，Koetse M，et al. 2010. Weather and travel time of public transport trips：an empirical study for the Netherlands. Journal of the Geological Society，4（2）：130.

Sabir M，van Ommeren J，Koetse M，et al. 2011. Adverse weather and commuting speed. Networks and Spatial Economics，11（4）：701-712.

Satterthwaite S P. 1976. An assessment of seasonal and weather effects on the frequency of road accidents in California. Accident Analysis & Prevention，8（2）：87-96.

Schrank D，Lomax T. 2001. The 2001 urban mobility report. Texas Transportation Institute.

Sherretz L A，Farhar B C. 1978. An analysis of the relationship between rainfall and the occurrence of traffic accidents. Journal of Applied Meteorology，17（5）：711-715.

Shi P J. 1996. Theory and practice of disaster study. Journal of Natural Disasters，5（4）：6-14.

Snowden R J，Stimpson N，Ruddle R A. 1998. Speed perception fogs up as visibility drops. Nature，392：450.

Stern E. 2002. Behavioral thresholds of commuters under congestion// Stern E，Salomon I，Bovy P H. Travel Behaviour：Spatial Patterns，Congestion and Modelling. Cheltenham：Edward Elgar Publishing.

Stern E，Zehavi Y. 1990. Road safety and hot weather：a study in applied transport geography. Transactions of the Institute of British Geographers，15（1）：102-111.

Taylor T，Ortiz R A. 2009. Impacts of climate change on domestic tourism in the UK：a panel data estimation. Tourism Economics，15（4）：803-812.

Thakuriah P，Tilahun N. 2013. Incorporating weather information into real-time speed estimates：comparison of alternative models. Journal of Transportation Engineering，139（4）：379-389.

Whiffen B，Delannoy P，Siok S. 2004. Fog：impact on road transportation and mitigation options. National Highway Visibility Conference.

Wyon D P，Wyon I，Norin F. 1996. Effects of moderate heat stress on driver vigilance in a moving vehicle. Ergonomics，39（1）：61-75.

Young R K，Liesman J. 2007. Estimating the relationship between measured wind speed and overturning truck crashes using a binary logit model. Accident Analysis & Prevention，39（3）：574-580.

Yue Y，Lan T，Yeh A G O，et al. 2014. Zooming into individuals to understand the collective：a review of trajectory-based travel behaviour studies. Travel Behaviour and Society，1（2）：69-78.

Yue Y，Wang H D，Hu B，et al. 2012. Exploratory calibration of a spatial interaction model using taxi GPS trajectories. Computers，Environment and Urban Systems，36（2）：140-153.

第7章

台风灾害时空分析与风险评估——以广东省为例

7.1 台风灾害及其影响

台风是一种由于空气对流引起的天气现象。台风给广大的地区带来了充足的雨水，成为与人类生活和生产关系密切的降雨系统。但是，台风也总是带来各种破坏，它具有突发性强、破坏力大的特点，是世界上最严重的自然灾害之一。

台风的破坏力主要由强风、暴雨和风暴潮三个因素引起。

1）强风

台风是一个巨大的能量库，其风速都在17米/秒以上，甚至在60米/秒以上。据测，当风力达到12级时，垂直于风向平面上每平方米风压可达230千克。

2）暴雨

台风是非常强的降雨系统。一次台风登陆，降雨中心一天之中可降下100~300毫米的大暴雨，甚至可达500~800毫米。台风暴雨造成的洪涝灾害是最具危险性的灾害。台风暴雨强度大，洪水出现频率高，波及范围广，来势凶猛，破坏性极大。

3）风暴潮

所谓风暴潮，就是当台风移向陆地时，由于台风的强风和低气压的作用，海水向海岸方向强力堆积，潮位猛涨，水浪排山倒海般向海岸压去。强台风的风暴潮能使沿海水位上升5~6米。风暴潮与天文大潮高潮位相遇，产生高频率的潮位，导致潮水漫溢，海堤溃决，冲毁房屋和各类建筑设施，淹没城镇和农田，造成大量人员伤亡和财产损失。风暴潮还会造成海岸侵蚀、海水倒灌造成土地盐渍化等灾害。

台风实际上是一种热带气旋，热带气旋是一种因海面温度升高吸收地面空气、水蒸气而导致空气上升对流运动的天气现象。水蒸气在海上天空积聚形成云，云团温低，对周围水蒸气冷却体积缩小，周围水蒸气快速补充空间便产生气旋。热带气旋是发生在热带、亚热带地区海面上的气旋性环流，由水蒸气冷却凝结时放出潜热发展而出的暖心结构。热带气旋灾害是自然灾害中造成损失最为严重的一种，并且其登陆过程中总是伴随强劲的阵风、暴雨和风暴潮，每年热带气旋的登陆都会给沿海和内陆区域造成巨大的损失，统计表明其带来的保险损失在所有自然灾害中最高，因而研究热带气旋的形成及其演化过程具有很高的科学价值、社会价值和经济价值（曹祥村等，2007）。我国现采用世界气象组织规定的名称和等级标准，以热带气旋底层中心附近最大平均风速为标准，将热带气旋分为 6 个等级（表 7-1），即热带低压、热带风暴、强热带风暴、台风、强台风、超强台风（国家标准化管理委员会，2006）。

表 7-1　热带气旋等级标准

热带气旋等级	底层中心附近最大平均风速/（米/秒）	底层中心附近最大风力等级
热带低压	10.8~17.1	6~7 级
热带风暴	17.2~24.4	8~9 级
强热带风暴	24.5~32.6	10~11 级
台风	32.7~41.4	12~13 级
强台风	41.5~50.9	14~15 级
超强台风	≥51.0	16 级或以上

伴随热带气旋的强风、暴雨、风暴潮等可以造成严重的财产损失或人命伤亡。每年平均有 34 例热带气旋从西北太平洋沿岸登陆，占全球热带气旋灾害发生数的 36%，频繁的登陆对沿岸的城市造成一定程度的影响（李英等，2004）。而我国正处于西北太平洋沿岸，受热带气旋灾害影响较为严重，从历史统计数据中可以了解到，基本每年平均存在 7.3 例热带气旋登陆我国，且在经济及社会方面给其经过的各区域带来无法估计的损失，平均约有 400 人死于台风灾害的影响，年平均损失约 276 亿元（周俊华等，2002；孔令娜，2012）。热带气旋灾害影响范围主要是我国的沿海区域，人口密度大、经济水平较高是这些区域的特点，但是在应对灾害时，区域所受到的损失所占比重也较大。

7.2 数据需求和分析方法

7.2.1 数据需求与预处理

本小节所需的数据种类比较多，主要包括有统计数据、气象数据及地理数据。

1）热带气旋基础资料

基础资料数据主要是包含研究时间段内，即 1949~2013 年，从广东省登陆的热带气旋名称、编号、登陆时间、强度及登陆点等属性信息，这些数据主要来源于上海热带气旋研究所提供的《台风年鉴》和《热带气旋年鉴》，从这些资料里筛选出从广东省登陆的数据资料，整理成标准格式，如表 7-2 所示。然后，从中国气象科学数据共享服务网中获取在 1949~2013 年全国各站点的风速、雨量的逐日数据资料，筛选出广东省内 26 个站点的数据，并根据年鉴资料提供的基础数据，筛选出在热带气旋登陆期间各站点的数据资料，整理成标准格式，如表 7-3 所示。

表 7-2　1949~2013 年登陆广东省的热带气旋基础数据格式示例

编号	名称	登陆强度	登陆时间	登陆地	中心气压/千帕	最大风速/（米/秒）	生命史/小时
4925	OMELIA	热带风暴	1949/10/4	广东汕头—澄海	993	18	23
5030	OSSIA	热带风暴	1950/10/6	广东湛江	975	35	43
5112	ROSE	台风	1951/8/2	广东电白—吴川	904	80	40

表 7-3　1949~2013 年热带气旋登陆广东省期间各站点基础数据格式示例

编号	站点	纬度	经度	海拔高度/米	平均日降雨量/毫米	平均日风速/（米/秒）	平均最大日风速/（米/秒）
57996	南雄	25.08° N	114.19° E	133.8	73.65	24.90	56.81
59072	连县	24.47° N	112.23° E	98.3	58.33	15.23	49.84
59082	韶关	24.41° N	113.36° E	61	69.83	18.04	54.53
59087	佛岗	23.52° N	113.32° E	68.6	111.9	23.79	57.13
59096	连平	24.22° N	114.29° E	214.8	257.7	17.29	52.10

2）台风路径数据

采用来自中国台风网（http://www.typhoon.gov.cn）的"CMA 热带气旋最佳路径数据集"。该数据集包括 1949~2013 年西北太平洋（含南海，赤道以北，东经 180°以西）海域生成的热带气旋，其中数据属性主要包括热带气旋的国际编号、每隔 6 小时的登陆经纬度坐标以及登陆点的中线最低气压、2 分钟平均近中心最大风速以及 2 分钟内的平均风速。原始数据是包含有全部的西北太平洋海域生成的热带气旋，在使用之前，需要根据基础资料筛选出登陆广东省的路径数据，并将这些数据整理成标准格式，以备在后期的空间可视化过程中使用，如表 7-4 所示。

表 7-4　1949~2013 年热带气旋登陆广东省路径数据格式示例

编号	名称	气压/千帕	风速/（米/秒）	纬度	经度	阶段	日期
4925	Omelia	1 004	0	7.4° N	138.2° E	0	1949-09-29
4925	Omelia	1 004	0	8.1° N	137.1° E	0	1949-09-29
4925	Omelia	1 003	0	8.8° N	135.9° E	0	1949-09-29
4925	Omelia	1 003	0	9.5° N	134.8° E	0	1949-09-29
4925	Omelia	1 002	0	10.3° N	133.5° E	0	1949-09-30
4925	Omelia	1 002	0	11.2° N	132.2° E	0	1949-09-30
4925	Omelia	1 001	0	12.2° N	131.2° E	0	1949-09-30
4925	Omelia	1 000	15	13.1° N	130.1° E	1	1949-09-30
4925	Omelia	998	15	14.0° N	129.0° E	1	1949-10-01
4925	Omelia	995	20	15.0° N	128.1° E	2	1949-10-01
4925	Omelia	992	20	16.0° N	127.2° E	2	1949-10-01
4925	Omelia	990	25	16.8° N	126.3° E	3	1949-10-01
4925	Omelia	988	25	17.6° N	125.2° E	3	1949-10-02
4925	Omelia	985	30	18.4° N	124.1° E	3	1949-10-02
4925	Omelia	982	35	19.1° N	122.9° E	4	1949-10-02

3）社会经济资料

依据《2013 年广东统计年鉴》统计以地市级为研究尺度的地区统计资料，主要是依据风险评估过程中所需的各项指标数据，包括区域国民生产总值、人口密度及人均病床数等，对这些数据进行格式统一化，由于不同的数据指标所表示的含义各不相同，其量纲也各不相同，在后期使用的过程中需要进行归一化的处理。

4）地理信息数据

数字高程来源于地理空间数据云服务平台，精度为 SRTM 90 米，下载广东省范围内的数据，利用 ArcGIS 的拼接功能，将得到的栅格数据进行组合拼接，以广东省的基础矢量地理数据为掩膜裁剪得到广东省的数字高程数据。

5）卫星遥感数据

来自地理空间数据云服务网下载的广东区域的 MODIS 轨道数据，通过 ArcGIS 的叠加和裁剪工具，提取出广东省内的数据。

7.2.2　时空分析与风险评估方法

针对广东省热带气旋灾害，本小节收集了 1949~2013 年登陆广东省的热带气旋灾害的最佳路径数据集以及研究区域——广东省的相关统计数据，从时间与空间的变化规律及区域风险评估方面进行研究。

1）时间特征分析

在时间特征分析方面，目前国内学者多是从统计的角度进行分析，本小节选择使用一种时间–频率信号分析的方法——小波分析，对热带气旋登陆时间与频率的关系进行分析。选择 Morlet 作为小波基函数，从大、中、小三个尺度对热带气旋登陆个数的周期性变化规律进行研究。分别从小波系数实部等值线图、小波系数模值图及小波方差图来进行热带气旋登陆频数在不同时间尺度波动情况的分析，从而确定在整个时间序列过程中其存在的主周期的情况。时间特征分析研究路线如图 7-1 所示。

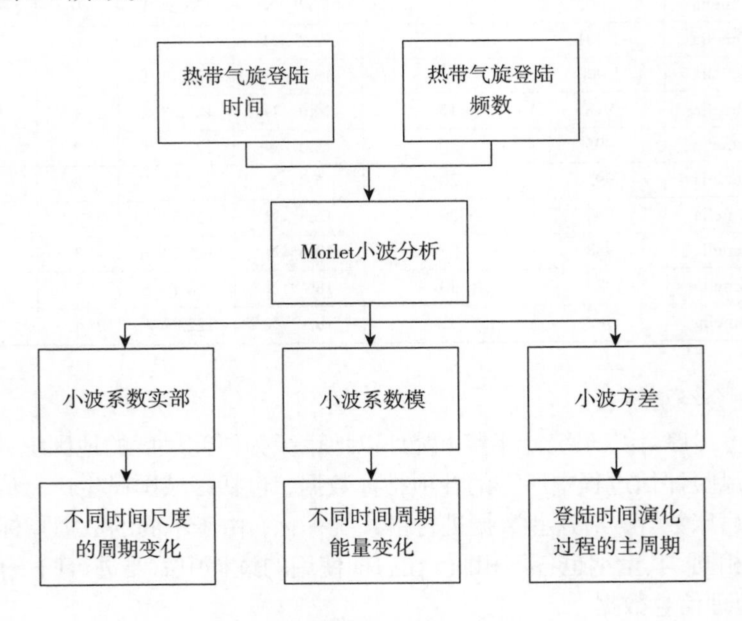

图 7-1　时间特征分析研究路线

2）空间特征分析

在对空间特征进行分析之前，首先利用 ArcGIS 软件将路径数据进行空间可视化的展示，并依据历史数据对其特点进行统计分析。对于空间特征分析方面，本小节选择采用模糊聚类的分析方法对热带气旋路径的空间特征进行分析。在模糊聚类分析方法中，鉴于模糊 *C*-均值方法的使用广泛性，在本节研究中，利用模

糊 C-均值聚类算法，针对登陆广东省的热带气旋路径进行聚类分析。利用模糊 C-均值方法，找到 65 年内热带气旋路径的最优聚类中心，并将 180 条路径进行归类，保证这些被归为一类的热带气旋路径有着相似的路径形状和邻近的地理路径。根据聚类分析的结果对不同类别的热带气旋登陆的空间和时间分布特征进行分析，空间特征分析研究路线如图 7-2 所示。

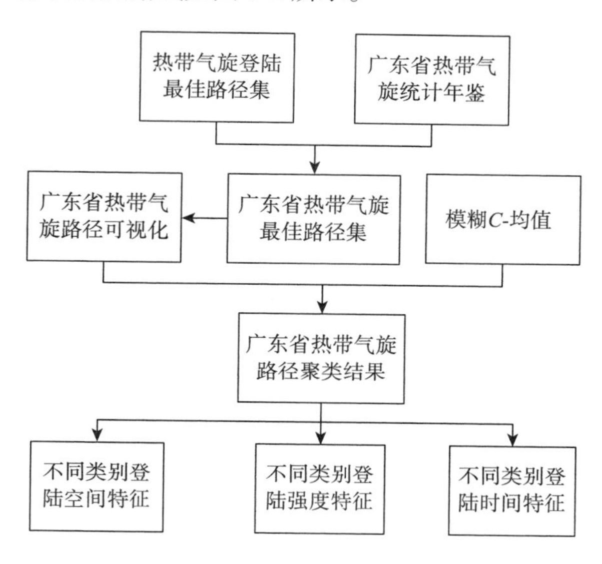

图 7-2　空间特征分析研究路线

3）区域灾害风险评估

在对广东省热带气旋灾害进行风险评估时，综合考虑热带气旋灾害系统的复杂性和多样性，从致灾因子危险性、承灾载体脆弱性、孕灾环境稳定性及防灾减灾能力四个方面建立热带气旋灾害风险评估模型。在致灾因子分析时提出一种基于加权路径密度的分析方法，该方法在对路径数据进行可视化分析后，结合区域的风雨强度，得到区域危险性分析的结果。对于其他的方面是根据之前学者的研究成果以及灾害形成机理，针对广东省的具体情况选取相应的指标，并赋予各指标要素相应的权重值。在对致灾因子危险性分析的过程中，除了从致灾强度方面进行考虑之外，还加入了路径密度的分析，从而提出了一种加权的路径密度分析模型。利用 ArcGIS 软件的空间分析功能和制图功能，选取广东省市级为研究尺度，建立相应指标要素的图层，利用数据空间分析，完成风险的区划，风险评估分析研究路线如图 7-3 所示。

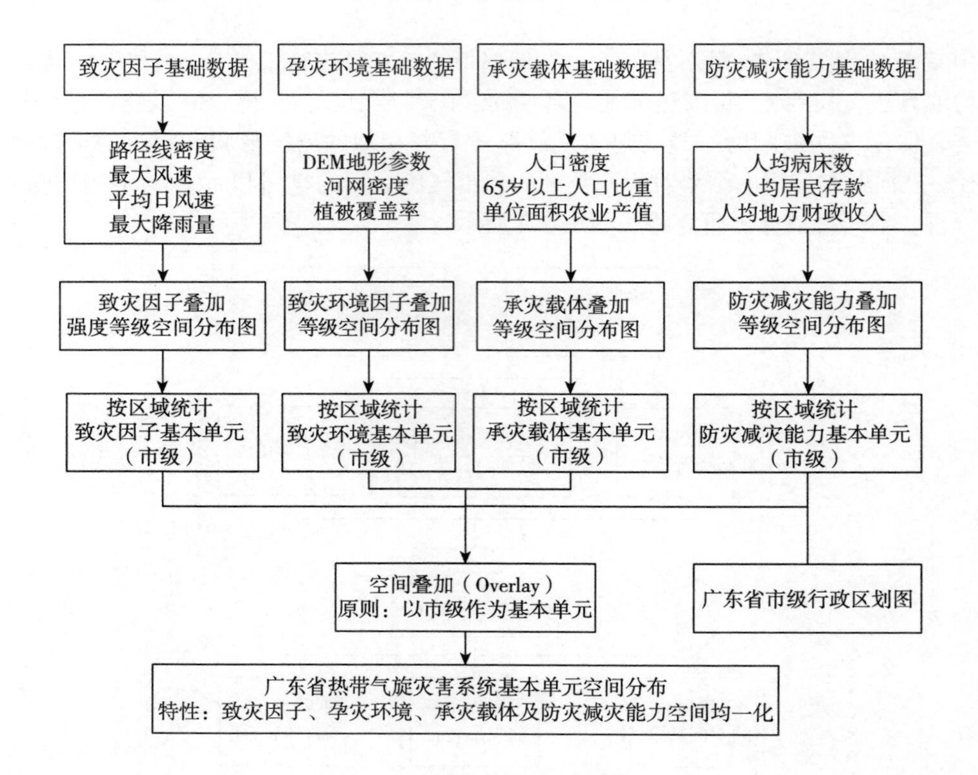

图 7-3　风险评估分析研究路线

7.3　热带气旋灾害时空统计分析

7.3.1　路径空间可视化

从采用的来自中国台风网的“CMA 热带气旋最佳路径数据集”是每隔 6 小时的经纬度坐标数据，在对时空特征分析的过程中并不能直接使用，为了使这些数据可以展示完整的路径，利用 ArcGIS 软件对这些点数据进行处理，使其以可视化的方式展现，更加直观地展示时空分布特征。

1）坐标点转化 shp 文件

首先，将得到的最佳路径数据集进行整理，按照编号进行汇总，将每条路径数据整理成单独的 Excel 文件。将这些点数据按照编号依次导入 ArcGIS 中，并且指定经纬度值分别为 X、Y 坐标值，得到相应编号的热带气旋路径的一组点数据，然后把这些坐标点以 shp 格式进行导出保存，并将其作为图层数据展示，这

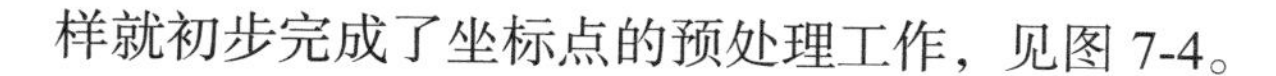

样就初步完成了坐标点的预处理工作，见图 7-4。

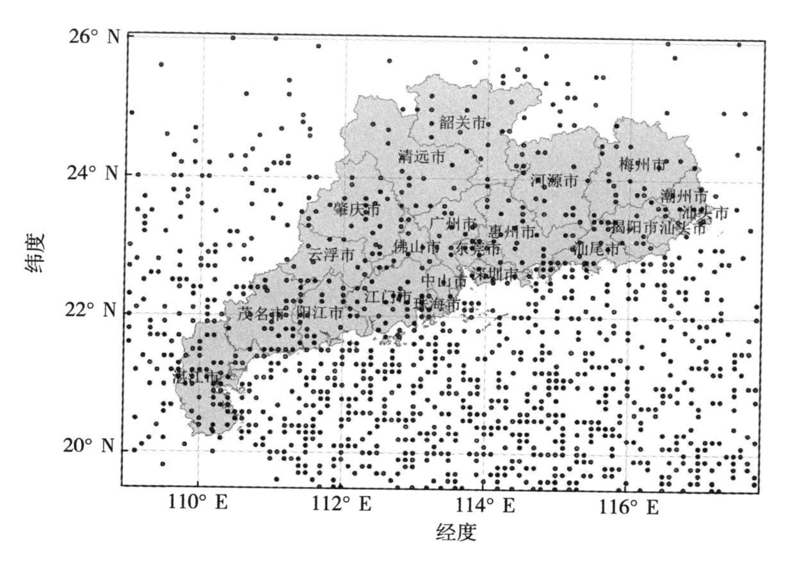

图 7-4 路径坐标点要素

2）点要素转换为线要素

这个过程是利用 ArcGIS 中的数据管理工具箱中的点集转线功能来实现的。将点要素按照登陆的时间顺序依次连接成一条完整的路径，以线要素的形式展示在图层列表中，见图 7-5。

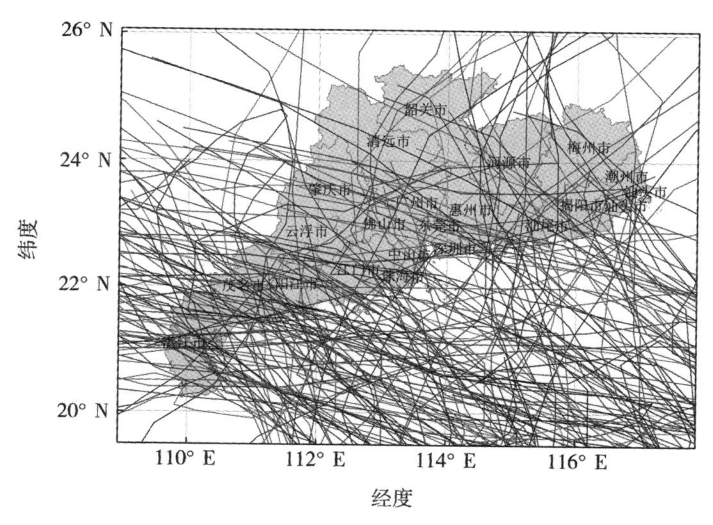

图 7-5 点要素转为线要素的路径展示

根据以上两个步骤可以完成对坐标点数据转换成线数据的过程，利用 ArcGIS 软件可以实现将所得到的路径数据按照不同的时间段进行展示，这样就可以直观地看出登陆频次的集中时间段以及其集中登陆的区域。这个过程主要是利用 Tracking analyst 功能来实现的，对点要素数据进行追踪分析，利用追踪回放功能可以观察到路径的具体走势以及登陆集中时间段，这样可以更加直观地得到路径登陆的集中区域及集中时间段。图 7-6 为 5~12 月的路径数据示意图，图中蓝色坐标点表示热带低压强度及其以下级别，黄色表示热带风暴强度，橙色表示强热带风暴，红色表示台风强度及其以上级别，从图 7-6 中可以观察到在 6~9 月路径登陆的频次较多，且 7 月和 9 月从省内穿过的路径密集型更为突出。其中在 12 月期间只有一例热带气旋登陆，且其登陆的强度级别是热带风暴，但是随着时间的推移，强度逐渐降低为热带低压级别。

7.3.2 登陆频数年统计

1949~2013 年从广东省沿岸登陆的热带气旋总数达到 243 个，登陆个数在 1967 年达到峰值 8 个，但是 65 年内也仅有这一年出现峰值，频率最少的为一年 1 个，基本都是在 21 世纪初期的 2004 年、2005 年及 2007 年出现，如图 7-7 所示。从热带气旋的登陆频次统计图中可以看出，在 20 世纪 50 年代初期、60 年代初中期、80 年代中期、90 年代初期是其登陆较为频繁的时间段，在这些时间段内，其登陆频次大部分都是在 3 个以上，高于平均值；50 年代中期、80 年代中后期、90 年代后期至 21 世纪初登陆频次均是处于较低的水平；2009~2013 年热带气旋登陆的频次多是在 3~5 个，波动性不大。

7.3.3 登陆频数月统计

将 65 年的热带气旋登陆个数按照月份进行统计，可以看出，广东省受其影响较为频繁的时间主要集中在第三季度。各月影响和登陆分布情况见图 7-8。由图 7-8 可见，65 年内，7 月、8 月登陆的热带气旋最多，总数达到 62 个，其次是 9 月、6 月、10 月，分别对应 56 个，32 个及 17 个；然而虽然 5 月和 11 月受热带气旋影响的概率极小，但是还是有极个别的年份存在登陆的情况；65 年内仅有一次台风级别的热带气旋在 12 月从广东登陆，同时在第一季度登陆的概率也非常小，1965 年的数据显示，没有台风登陆广东省。并且登陆频数存在着明显的季节性变化特征，主要集中在夏季，占全年频数的 74%（图 7-9）。

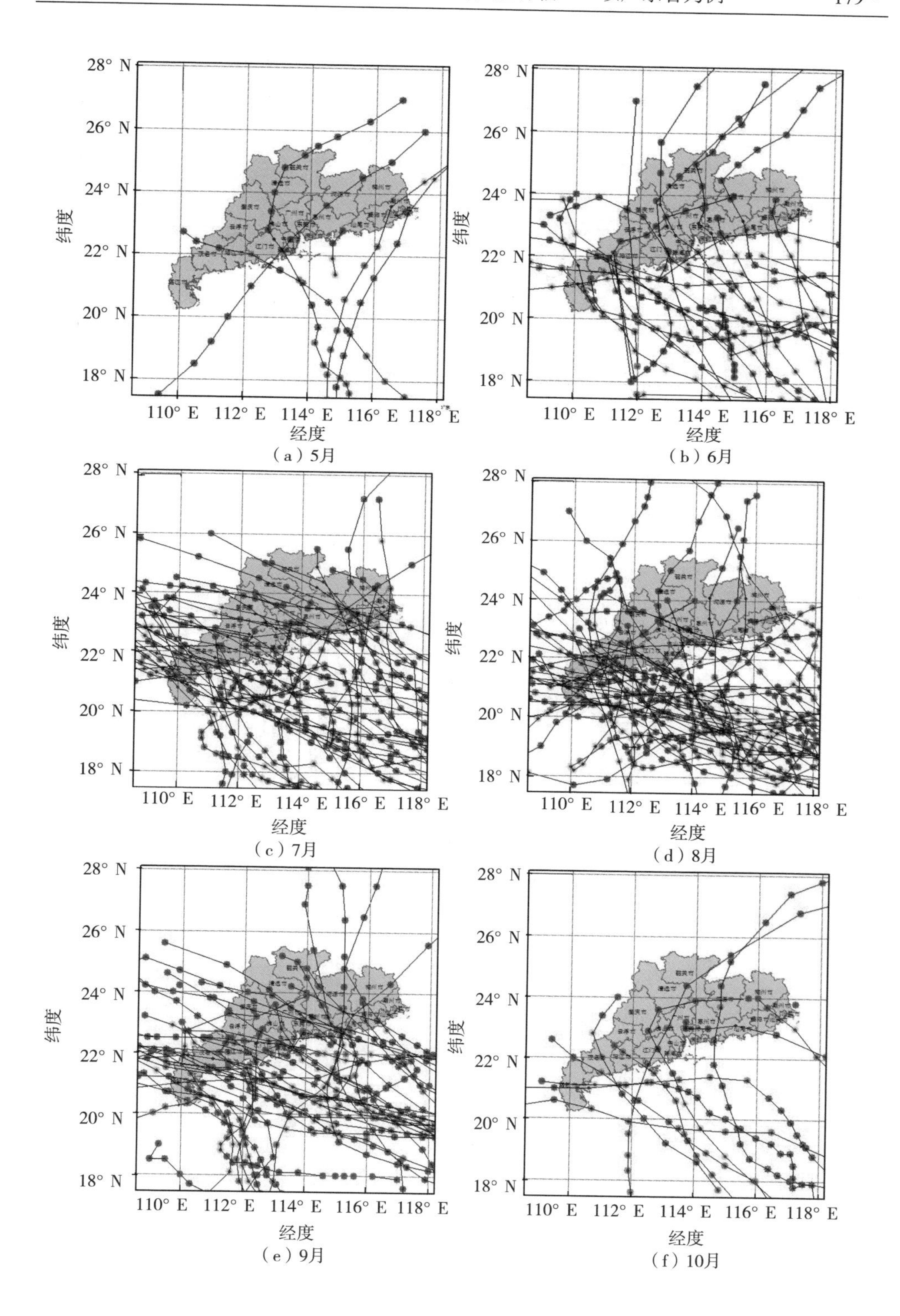

（a）5月

（b）6月

（c）7月

（d）8月

（e）9月

（f）10月

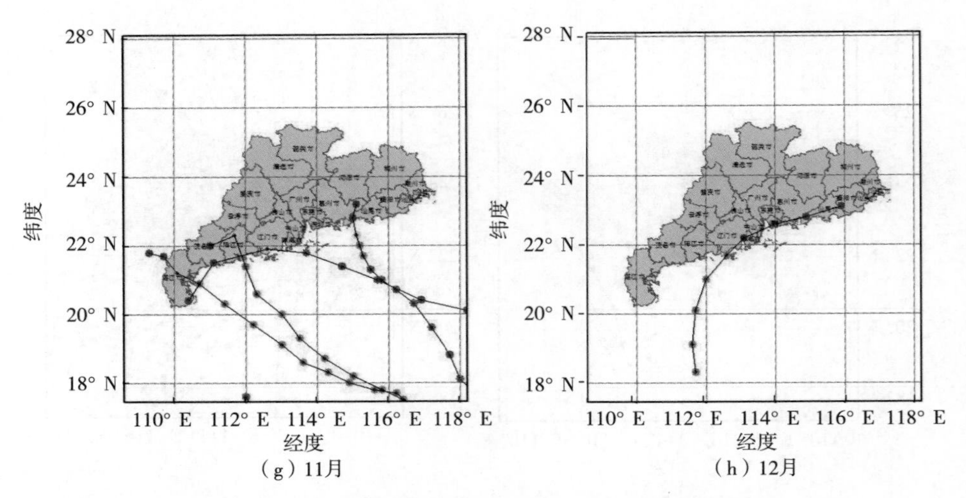

图 7-6　路径数据按月份不同登陆空间可视化示意图

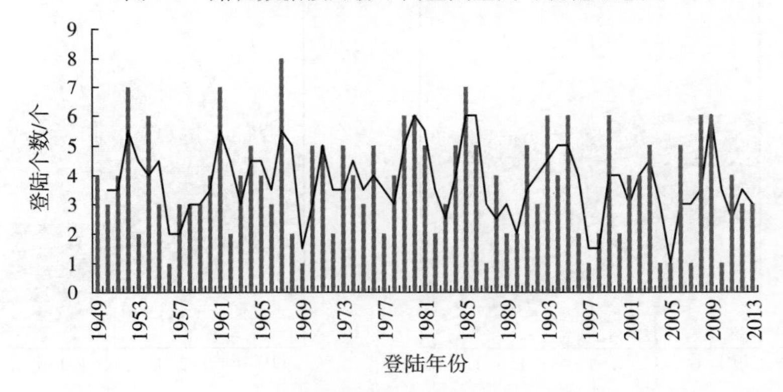

图 7-7　1949~2013 年广东省热带气旋年频数统计图

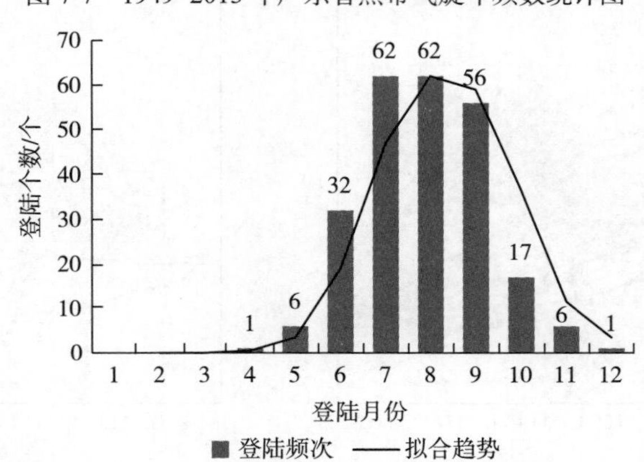

图 7-8　1949~2013 年广东省登陆热带气旋月份频数分析图

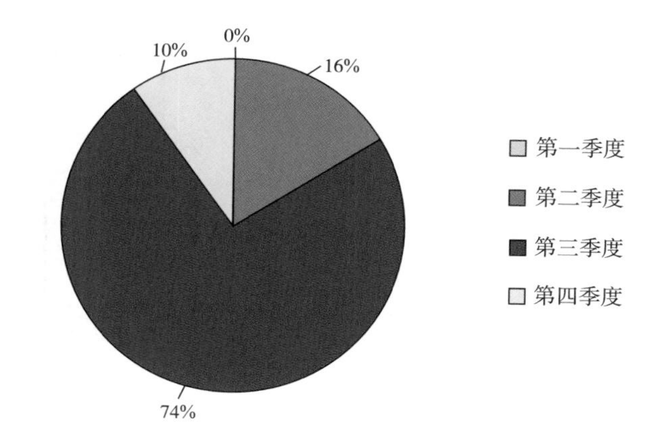

图 7-9　1949~2013 年广东省登陆热带气旋季度频数分析图

7.3.4　生成源地和强度统计分析

太平洋和南海是从广东省沿岸登陆的热带气旋的主要生成地，而且主要是来自太平洋。65 年间的 243 个热带气旋中起源于太平洋的有 156 个，大概有 64%的比例；来自南海的有 89 个，约占 36%。不同的生成源地在登陆时间方面也有着不同的选择，太平洋区域多是选择 7 月登陆，但是南海多是 8 月。在强度方面上，来自于太平洋的 54%是以台风的强度登陆，26%是以强热带风暴的强度登陆；南海区域生成的多是以热带风暴和热带低压的强度从沿岸登陆，对广东省造成的损失程度也较小。

7.3.5　空间特征统计分析

在对空间特征分析之前，首先将广东省沿岸按照粤东、珠江、粤西三个沿岸进行划分，如图 7-10 所示。

65 年中，选择从珠江沿岸登陆的将近 45%，基本占据了一半；其次是粤西岸段，占有总数的 32%；最后只有 23%的热带气旋选择从粤东沿岸登陆。登陆以这样的空间形式进行分布（图 7-11 和表 7-5），对经济发达的珠江三角洲区域造成较大损失。

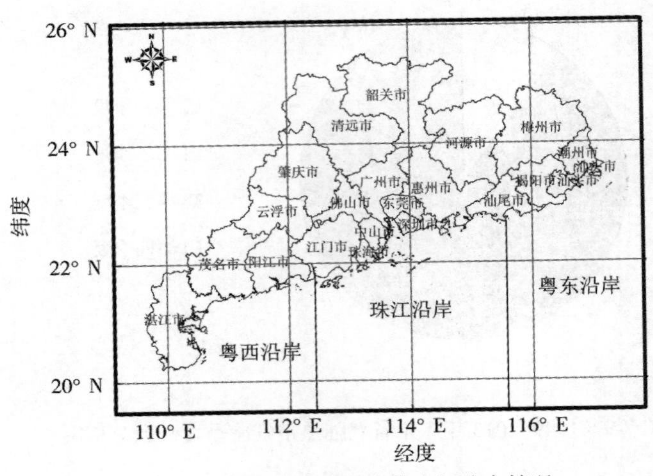

图 7-10　广东省海岸线空间分布情况

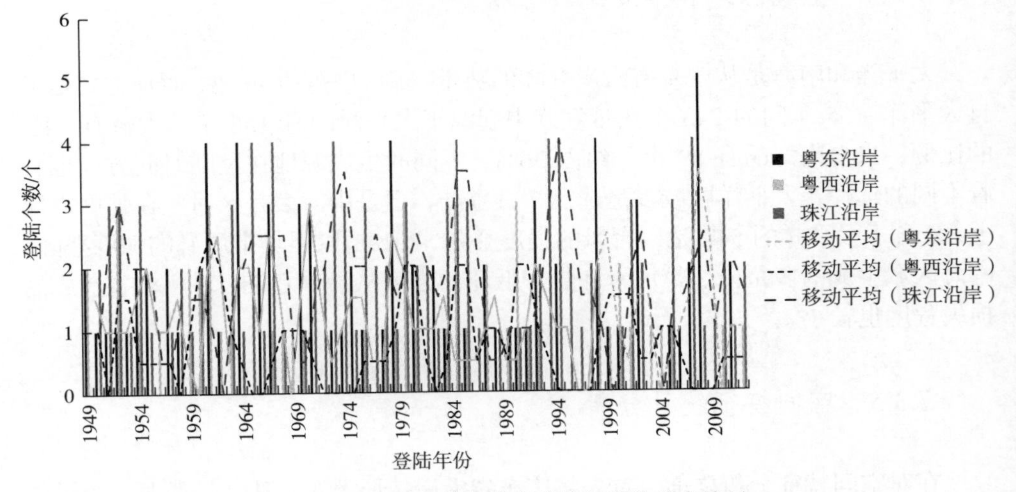

图 7-11　热带气旋各沿岸登陆年频数分布格局

表 7-5　三个沿岸热带气旋登陆的空间分布情况

区域	粤西沿岸	珠江沿岸	粤东沿岸
年频数/个	51	113	79
比例/%	21	46	33

各沿岸的登陆情况在时间特征方面也存在着一些区别，从统计数据可以得到，各沿岸的频发时间段与总体的登陆情况高度一致，但是针对不同的月份又有着各自的特点，见图 7-12。就珠江沿岸而言，其在 8 月时达到峰值，其次是 7 月和 9 月，这两个月登陆频数在 65 年的数据统计中均为 25 个；粤东沿岸的分布情

况基本同珠江沿岸一致，只是在登陆个数上较珠江沿岸少；但是粤西沿岸却在 7 月达到登陆的最大值，而且在 8 月的登陆个数在高发期 7~9 月为最低值。

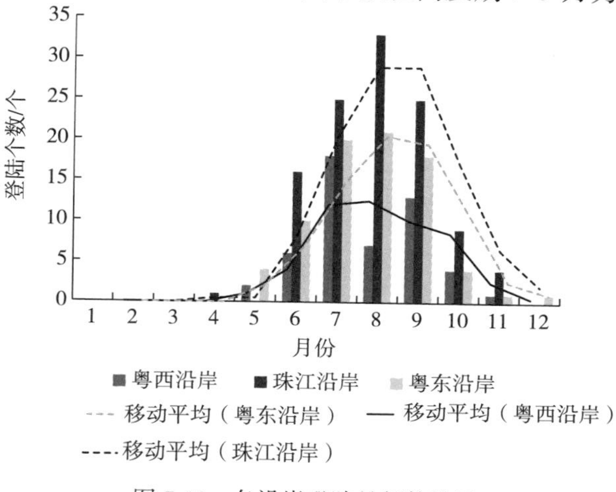

图 7-12　各沿岸登陆月频数统计

对登陆三个沿岸的频数分别进行分析，如图 7-13 所示。就粤西沿岸而言，在 65 年期间登陆个数在 5 个年份内达到最高值 3 个，分别在 1952 年、1961 年、1980 年、1985 年、1991 年；珠江沿岸的最多登陆个数为 4 个，是在 1965 年、1967 年、1973 年、1985 年、1994 年、1995 年、2008 年；从粤东沿岸登陆最多的一次是 2009 年的 5 个。65 年间，共计有 30 年没有热带气旋从粤西沿岸登陆广东省，约占 46.15%；而仅有 11 年没有热带气旋从珠江沿岸登陆广东省，约占 16.92%；在粤东沿岸有 24 年没有一起热带气旋登陆发生，而且在 21 世纪初期其登陆个数也有着明显的下降趋势。从各个沿岸登陆个数的线性趋势可以看出，粤西和珠江沿岸在热带气旋登陆年频数上有着轻微的下降趋势，而粤东沿岸却没有明显的上升或者下降的趋势。

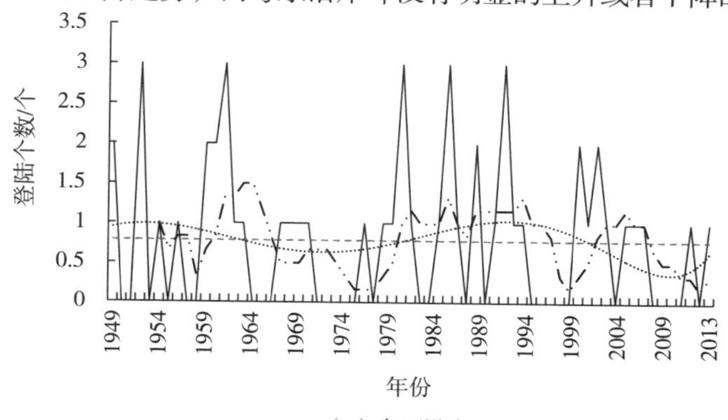

（a）粤西沿岸

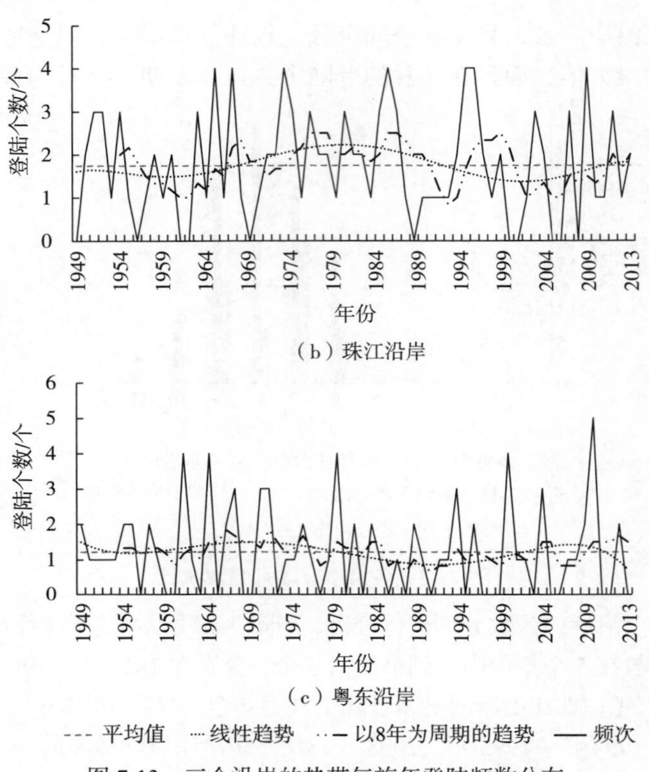

图 7-13　三个沿岸的热带气旋年登陆频数分布

根据三个沿岸热带气旋月登陆个数（表 7-6），在 1949~2013 年的 1~3 月没有热带气旋登陆广东省。在 65 年间唯一一次在 4 月登陆广东省的热带气旋是在 2008 年从阳东县（在珠江沿岸内）登陆的一个热带低压，最晚的一次是在 12 月从粤东登陆。三个沿岸的热带气旋月登陆频数的高峰期与登陆广东省热带气旋的总频数的月份分布情况有着一致性，都是主要 7~9 月。65 年间三个沿岸热带气旋登陆个数的峰值月份也各不相同，粤西沿岸在 7 月达到峰值，共计 18 个；珠江沿岸登陆个数最多的月份在 8 月，共计登陆 33 个；粤东沿岸累计登陆最多的月份同样也为 8 月，共计 21 个。

表 7-6　各沿岸月登陆频数分布表

月份	1	2	3	4	5	6	7	8	9	10	11	12
粤西沿岸/个	0	0	0	0	2	6	18	7	13	4	1	0
珠江沿岸/个	0	0	0	1	0	16	25	33	25	9	4	0
粤东沿岸/个	0	0	0	0	4	10	20	21	18	4	1	1
总数/个	0	0	0	1	6	32	63	61	56	17	6	1
比例/%	0.00	0.00	0.00	0.41	2.47	13.17	25.93	25.10	23.05	7.00	2.47	0.41

7.4　台风路径时空特征分析

7.4.1　基于 Morlet 小波分析的时间特征分析

1. Morlet 小波分析

小波分析是一种时间–尺度（即时间–频率）信号分析方法，在信号的局部特征表示方面这种方法可以做到从时间和频率两个方面同时进行分析，且在分析过程中存在大小固定但是形状变化的窗口（Sang，2013）。小波分析的定义如下。

假设 $g(t)$ 为满足下列条件的函数：

$$\int_{-\omega}^{\infty} g(t)\mathrm{d}t = 0 \tag{7-1}$$

$$\int_{-\infty}^{\infty} \frac{|G(\omega)|^2}{\omega}\mathrm{d}\omega < \infty \tag{7-2}$$

式中，$G(\omega)$ 为 $g(t)$ 的频谱，称信号的离散小波变换为

$$W_f \tau, \alpha = |\alpha|^{\frac{-1}{2}} \sum_{i=1}^{N} f(i) g\left(\frac{i-\tau}{\alpha}\right) \tag{7-3}$$

式中，$\dfrac{i-\tau}{\alpha}$ 为小波基函数；τ 为时间参数，称为平移因子，反映了时间上相对于 τ 的平移；α 称为尺度因子，与周期和频率有关；$g(t)$ 称为母小波函数。选择 Morlet 作基函数，该函数是

$$g(t) = \mathrm{e}^{\frac{-t^2}{2}} \mathrm{e}^{i\omega t} \tag{7-4}$$

小波方差的表达式为

$$\mathrm{Var}(a) = \int_{-\infty}^{\infty} |W_f(a,b)|^2 \,\mathrm{d}b \tag{7-5}$$

式（7-5）表示的是系数平方在区间的积分，通过描绘方差随时间尺度的变化可以得到小波方差图，图形中会有波动情况的出现，这主要是由于随着尺度的变化，波动能量也会有一定程度的区别，利用这个特性，可以确定在不同时间尺度下，信号波动的起伏程度，以此为确定信号的主周期（邱海军等，2011）。

2. 小波分析的边界效应消除预处理

本小节选用 Morlet 变换分析来对热带气旋登陆时间与频数的关系进行分析，因为在进行小波分析前，需要消除边界效应带来的影响，需要对所得到的数据进行预处理，预处理的过程主要是通过 Matlab 来实现的。

采用以下步骤来对热带气旋时间和频数进行两边扩展以消除边界对后续过程带来的影响。

原始的数据序列为：$f(1), f(2), \cdots, f(n)$。

向前扩展 n 个数据点：$f(-i) = f(i+1)$，其中 $i = 0,1,\cdots,n-1$。

向后扩展 n 个数据点：$f(i+n) = f(n+1-i)$，其中 $i = 1,\cdots,n$。

利用 Matlab 软件对热带气旋登陆个数的时间序列进行标准化处理后，以 Morlet 函数作为一维小波变化的基函数来获得相对应的小波变换系数，然后去除扩展数据，只保留原始数据对应的系数值。当计算小波系数的过程中，最小时间尺度参数为 2 年，最大的设为 32 年。小波系数的平方根值表示小波系数的功率，利用 Matlab 软件绘制的小波系数的功率谱图等值线图表示周期性振荡的能量变化。

3. Morlet 小波分析时间特征分析

利用 Matlab 软件对 65 年内登陆频数与时间域之间信号进行分析，得到小波系数等值线图和方差图。利用等值线图可以观察到登陆频数随时间变化的小波变换特征。从图 7-14 上可以看出登陆个数在不同时间尺度波动情况。负值所代表的等值线表示热带气旋较少登陆的时间区间，正值表示登陆频繁期，这样的交替出现情况以 0 值的出现为临界值。通过对小波系数求模值可以绘制模值的等值线图，更进一步地对周期性结果进行验证，较大的模值同样对应着周期性较强的区域。

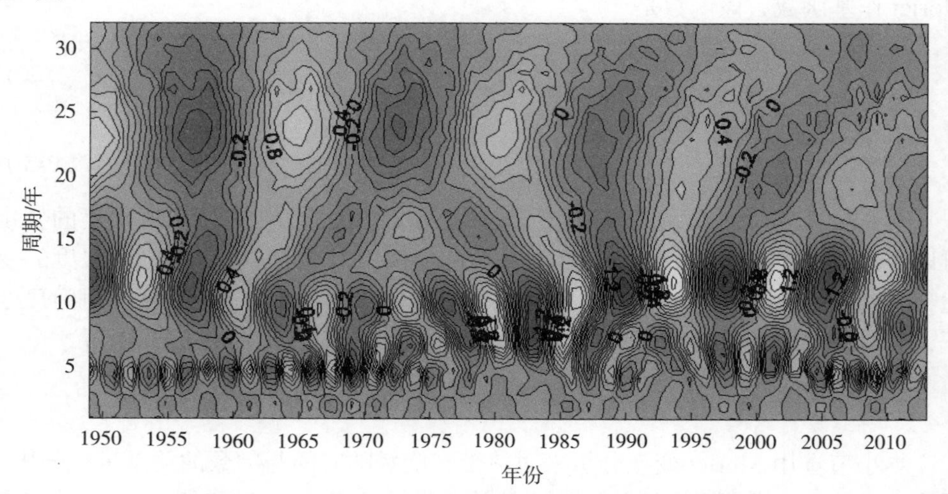

图 7-14　登陆频数与时间区间小波系数实部等值线图

结合系数和模值等值线图可以得到，在 1949~2013 年内，热带气旋的登陆频数在大、中和小三个尺度方面均存在周期性，且不同尺度的周期性的代表性也有一定的区别。在 1950~1960 年分别有 5 年、12 年及 23 年的周期性，但是从模值等值线图中可以看出，5 年周期性的模值处于最大值，也就是该时间区域内 5 年为最明显的周期。而在 1960~1985 年主要的周期是 5 年、10 年和 23 年，其中最主要的周期为 5 年。1986~2013 年主要的周期是 6 年、12 年及 20 年，在等值线图中出现能量密度最大的为 12 年，说明在这段时间内，12 年是一个典型的周期。

利用小波系数等值线和功率谱等值线（图 7-15）可以分析出不同时间区段内的周期性变化规律，对于整个时间段的周期性可以利用小波方差在时间段内的波动情况来确定。从登陆频数在整个时间段内的方差波动图（图 7-16）中可以看出，在整个时间域内有 4 个波动区间，分别是对应着 5 年、8 年、12 年和 24 年。从其对应的方差值可以看出最大值为 12，最小值为 24 年，也就是说明，12 为能量波动最为大的时间尺度，将其确定为第一主周期；同理，5 年、8 年和 24 三分别对应第二、三和四主周期。这四个主周期代表了在整个时间域内，登陆频数的周期性波动情况。

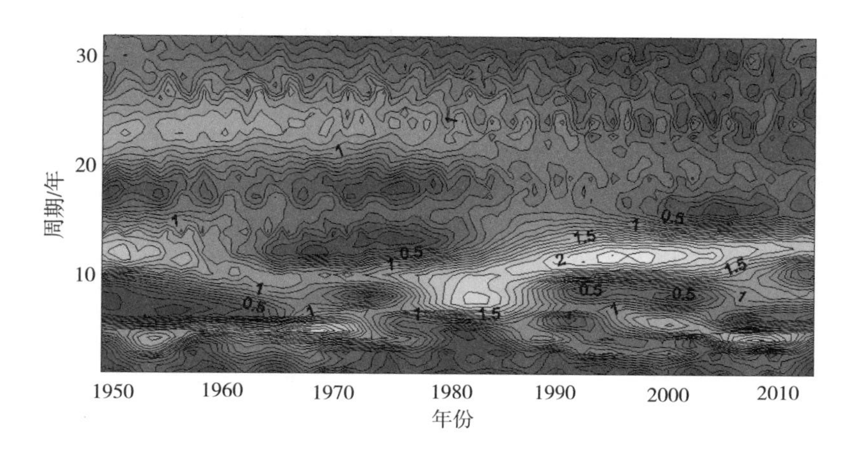

图 7-15　登陆频数与时间区间小波系数功率谱图

结合小波方差对登陆个数的周期性规律检验结果，可以发现在整个时间序列中对应特定的时间尺度，登陆个数的周期特征有着一定的区别。图 7-17 显示，在 12 年特征时间尺度上，登陆个数存在 7 年的周期变化，经历了 9 次转换期。

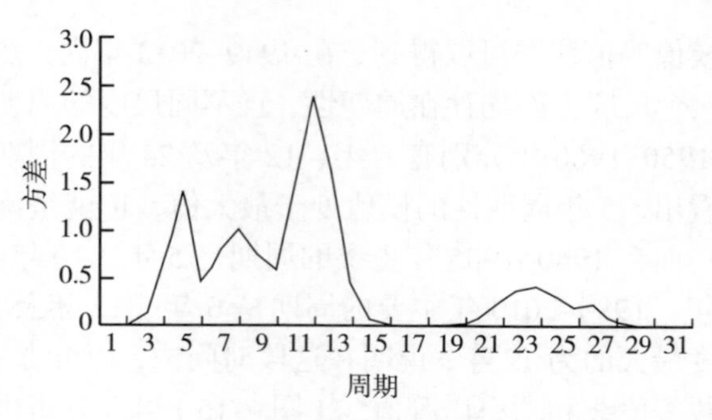

图 7-16　小波系数方差图

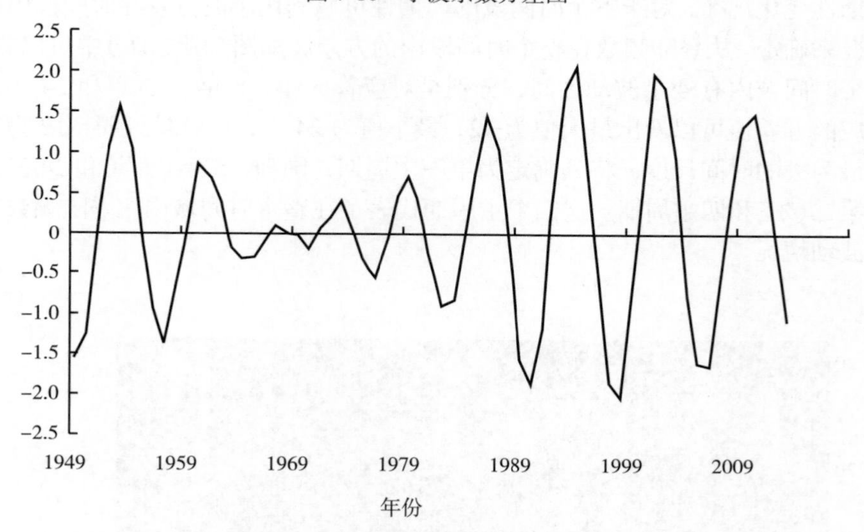

图 7-17　12 年特征时间尺度转换期

7.4.2　基于聚类分析的台风空间特征分析

1. 模糊聚类分析方法

模糊聚类分析是一种分析物与物之间属性相关性的数学方法，其主要是基于模糊数学的概念，通过一种定量的方式描述物与物之间的关系，结合相应的类别，将所有样本数据进行归类的过程，因此模糊聚类分析的理论基础即模糊理论（孙宇锋，2006）。当存在一组模糊集合时，对于如何用合理的方式理解和分析这组集合中的相关信息的数学方法，被人们称为模糊理论，这种描述的过程主要是通过模糊集合、隶属度函数、模糊算子、模糊运算和模糊关系等（于洋，2009）这些相应的系数来表征。

本小节拟采用一种在各行业应用较广泛的一种聚类算法——模糊 C-均值来对路径数据进行聚类分析。这种聚类算法主要是通过优化每个样本点对应聚类中心的隶属度，实现样本数据的归类（于洋，2009）。假设样本集合为热带气旋路径，根据模糊 C-均值聚类算法将其划分成 C 个类别，通过不断地优化过程来确定聚类中心，使目标函数达到最小。目标函数定义为 J，J 的算法为

$$J = \sum_{i=1}^{C}\sum_{k=1}^{K}(\mu_{ik})^m x_k - c_i^2 \tag{7-6}$$

且

$$\mu_{ik} = \left[\sum_{j=1}^{C}\left(\frac{\|x_k - c_i\|^2}{\|x_k - c_i\|^2}\right)^{2/(m-1)}\right]^{-1} \tag{7-7}$$

$$c_i = \frac{\sum_{k=1}^{K}(\mu_{ik})^m x_k}{\sum_{k=1}^{K}(\mu_{ik})^m} \tag{7-8}$$

式中，μ_{ik} 表示第 k 条热带气旋路径属于第 i 个聚类中心的隶属度；m 表示大于 1 的模糊系数；x_k 表示第 k 条热带气旋路径；c_i 表示第 i 个聚类中心；C 表示聚类中心的数目；K 表示热带气旋路径集。任意向量范数$\|\cdot\|$表示热带气旋路径与聚类中心的距离。

在本小节研究中，我们使用欧几里得范数来计算。为了优化 C-均值目标函数 J，我们给其定义了两个限制条件，即 $\mu_{ik} \geqslant 0$ 和 $\sum_{i=1}^{C}\mu_{ik} = 1$。模糊系数 m 表示每条路径属于不同聚类中心的重叠度，也就是说，如果 m 的值较小时，越靠近聚类中心的数据所被赋予的权重值也会越大，同理可得，越是远离聚类中心的数据所被赋予的权重值只会越小。m 系数值越是接近 1，对于远离某个聚类中心的路径数据所得到的隶属度值 μ_{ik} 越会收敛于 0，而 μ_{ik} 越收敛于 1 说明该路径与此聚类中心的各项属性值越是接近。在本小节中，我们将模糊系数 m 设定为模糊 C-均值算法最常用的值 2。

根据之前所提到的，μ_{ik} 代表的是第 k 条热带气旋路径隶属于第 i 个聚类中心的概率，其范围依据欧几里得范数值（$\|x_k - c_i\|^2$）从 0 变化到 1。根据隶属度的性质，在对数据进行归类的过程中，每条路径数据都是以一定的隶属度值划分到每个聚类中心中，但是隶属度值越大，表示第 k 条热带气旋路径属于第 i 个聚类中心的概率越大。隶属度也是模糊 C-均值聚类算法区别于 C-均值聚类算法的重要因素，表 7-7 说明了两种算法的区别。

表 7-7 模糊 C-均值与 C-均值方法比较

项目	C-均值	模糊 C-均值
目标函数	$J=\sum_{i=1}^{C}\sum_{X_k\in C_i}\|x_k-c_i\|^2$	$J=\sum_{i=1}^{C}\sum_{K=1}^{K}\|x_k-c_i\|^2$
聚类中心	$c_i=\frac{\sum_{X_k\in c_i}x_k}{K_i}$ 其中 $i=1,2,\cdots,C$	$c_i=\frac{\sum_{k=1}^{K}(\mu_{ik})^m x_k}{\sum_{k=1}^{K}(\mu_{ik})^m}$ 其中 $i=1,2,\cdots,C$
隶属度	无	$\mu_{ik}=\left[\sum_{j=1}^{C}\left(\frac{\|x_k-c_i\|^2}{\|x_k-c_j\|^2}\right)^{\frac{2}{(m-1)}}\right]^{-1}$ 其中 $i=1,2,\cdots,C;k=1,2,\cdots,K$
目标属于聚类中心的数目	K_i（表示路径属于第 i 个聚类中心）	K（属于所有聚类中心）
限制条件	$\sum_{i=1}^{C}K_i=K$	$\mu_{ik}\geqslant 0$ 其中 $i=1,2,\cdots,C,k=1,2,\cdots,K$ $\sum_{i=1}^{C}\mu_{ik}=1$ 其中 $k=1,2,\cdots,K$ $m>1$

C-均值聚类算法的主要步骤是将目标数据划分至某个特定的中心，而且只是简单地以聚类中心和目标数据之间的聚类和为最小值来确定聚类中心，而在 C-均值聚类算法中，是以被赋予不同隶属度权重的聚类中心和目标数据之间距离的和来确定（Abonyi and Feil，2007）。模糊 C-均值聚类算法中的聚类中心也是所有样本数据的加权隶属度平均值，这个特性使利用 C-均值聚类在处理边界模棱两可的样本数据时更加有优势，如这个样本数据是一系列的热带气旋路径数据时。

C-均值算法主要是依据对聚类中心和划分矩阵的不断修正的过程中，对目标函数进行优化，这种研究方法被称为动态聚类或者逐步聚类方法。在优化隶属度函数和聚类中心的过程中，为了使 C-均值目标函数达到最小值，本小节使用了一种迭代的方法来使目标函数最小化，迭代的过程如下（Abonyi and Feil，2007）。

对于给定的数据集 x，选择聚类的数量为 $1<C<K$，加权指数 $m>1$，迭代停止阈值 $\varepsilon>0$，划分矩阵为

$$\boldsymbol{U}=\begin{bmatrix}\mu_{11} & \mu_{21} & \mu_{1C}\\ \mu_{12} & \mu_{22} & \mu_{2C}\\ \vdots & \vdots & \vdots\\ \mu_{KC} & \mu_{2C} & \mu_{KC}\end{bmatrix} \tag{7-9}$$

式中，初始的划分矩阵 $\boldsymbol{U}^{(0)}$ 是随机生成的。

然后重复下列步骤直到 $\|J^{(l)}-J^{(l-1)}\|\leqslant\varepsilon$，其中 $l=1,2,\cdots$。

第一步：计算聚类中心。

$$c_i^{(l)} = \frac{\sum_{k=1}^{K}\left(\mu_{ik}^{(l-1)}\right)^m}{\sum_{k=1}^{K}\left(\mu_{ik}^{(l)}\right)^m}, \quad 1 \leqslant i \leqslant C \tag{7-10}$$

第二步：更新划分矩阵。

$$\mu_{ik}^{(1)} = \left[\sum_{j=1}^{C}\left(\frac{\left\|x_k - c_i^{(l)}\right\|^2}{\left\|x_k - c_j^{(l)}\right\|^2}\right)^{2/(m-1)}\right]^{-1} \tag{7-11}$$

2. 模糊聚类的插值预处理

为了能够处理不同长度的路径，之前利用 C-均值和质量矩阵的研究多是在热带气旋路径上选取一些特定的点，一般是最大强度或者消逝点。针对研究的局限性，本小节在对路径数据集进行聚类分析的过程中以一种插值的方法最大限度地在聚类过程中保证热带气旋路径的完整性。为了达到这种目的，我们人工地将每条热带气旋路径插值成长度相等的 M 段，也就是 M+1 个数据点，当然在此过程中我们忽略了时间的信息，但是对于模糊 C-均值算法来说，最重要的是保证路径的形状。对每个热带气旋路径，原始最佳路径集中每 6 小时的位置信息，可以让我们得到整条路径的长度，$d_i = \sqrt{\left(x_{i+1} - x_i\right)^2 + \left(y_{i+1} - y_i\right)^2}$，其中 $i = 1,2,\cdots, N-1$；$\left(x_i, y_i\right)$表示热带气旋路径第 i 个经纬度点；N 表示每 6 小时热带气旋路径观测点的数量。差值部分的长度可以用 $ed = 1\Big/M\sum_{1}^{N-1} d_i$ 表示，M 就表示插值的段数。经过插值后的热带气旋路径的坐标可以用下列公式计算得到：

$$\tilde{x}_j = x_1, \tilde{y}_j = y_1, \quad j = 1$$

$$\tilde{x}_j = x_n, \tilde{y}_j = y_N, \quad j = M+1 \tag{7-12}$$

$$\begin{cases} \tilde{x}_j = x_l + \dfrac{\left(x_{l+1} - x_l\right)}{d_l}\left[\left(j-1\right)ed - \sum\limits_{i=1}^{l-1} d_i\right] \\ \tilde{y}_j = y_l + \dfrac{\left(y_{l+1} - y_l\right)}{d_l}\left[\left(j-1\right)ed - \sum\limits_{i=1}^{l-1} d_i\right] \end{cases}, \quad j = 2, 3, \cdots, M \tag{7-13}$$

式中，l 代表的是满足的 $\sum_{i=1}^{l-1} d_i \leqslant \left(j-1\right) \times ed < \sum_{i=1}^{l} d_i$，其中 $j = 2, 3, \cdots, M$ 。整个插值的过程可以根据最佳路径集中每 6 小时的路径坐标，使每条路径获得相等数量的新的位置坐标，并且在插值的过程中保留了原始路径的形状、长度和地理路径信息。

在本小节研究中，我们选取 M=20 作为插值确定新的数据点。经过插值的过程，对于较短的路径，在原始观测点中间得到了较密集的新的数据点，而对于长路径，中间一些连续的位置点就略过了。为了对样本数据进行模糊聚类，插值后的热带气旋路径观测点的经纬度坐标点用下列的列向量来表示：

$$\boldsymbol{x}_k = \left[\tilde{x}_1, \tilde{x}_2, \cdots, \tilde{x}_{M+1}, \tilde{y}_1, \tilde{y}_2, \cdots, \tilde{y}_{M+1}\right]^{\mathrm{T}}, \quad k = 1, 2, \cdots, K \tag{7-14}$$

式中，$\boldsymbol{x}_k$ 表示的是第 k 条路径数据的列向量；$\tilde{x}$和 $\tilde{y}$分别表示经过插值后的路径的经纬度坐标。在这里k是我们所得到的所有的热带气旋路径的数量，也就是 185。这个列向量就作为样本数据用在迭代的过程中。

3. 空间路径聚类结果的时空分布特征

图 7-18 展示了 1949~2013 年从广东省登陆的热带气旋空间模糊聚类结果，为了对比，图 7-18 同样也显示了所有热带气旋路径。从图 7-18 中我们可以得到 6 个聚类中心在空间路径上有着明显的区别，但是根据路径的起源地及地理空间走向大致可以分为三类，即西行型、转折型和北上型。其中 B 类路径属于西行型，该类路径主要是西北太平洋起始，然后热带气旋形成后沿着西北偏西方向移动，进入广西后逐渐消逝。而 A 类、D 类和 F 类属于转折型路径，此类路径登陆的台风主要也是来自西北太平洋。C 类和 E 类路径属于北上型，该类路径热带气旋多是形成于南海中、北部海面。但是在形成后借助热带气旋内力和副热带高压西元偏北气流引导，使其向北移动，分别在福建省和湖南省逐渐消逝。

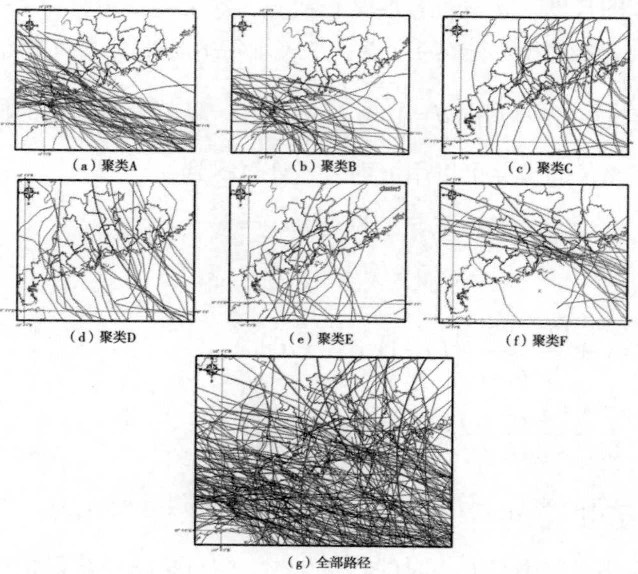

（a）聚类A　（b）聚类B　（c）聚类C　（d）聚类D　（e）聚类E　（f）聚类F　（g）全部路径

图 7-18　6 类路径空间聚类结果及全部路径

表 7-8 和表 7-9 分别对热带气旋路径聚类结果以及分布特征进行比较。热带气旋的登陆点很大程度低依赖其路径，图 7-19 展示了 A~F 类热带气旋登陆地分布情况。根据表 7-10 可以得出，不同类别的热带气旋登陆点的分布情况：热带气旋的总体情况大致为西多东少，对于 A 类路径来说，94%的登陆点在粤西沿岸和珠江沿岸，几乎没有从粤东沿岸登陆的情况发生；而同样为转折型的路径 E 类、F 类路径，其登陆点的情况较一致，多是选择在粤东沿岸登陆；B 类路径作为西行型路径的代表，多是选择从珠江口岸登陆，而对于 C 类和 E 类路径来说，粤西沿岸登陆数约等于珠江三角洲和粤东沿岸之和，而且从粤东沿岸登陆数最少。

表 7-8　180 条路径空间聚类结果

类别	A	B	C	D	E	F	全部
个数/个	50	31	28	30	13	28	180
比例	0.277 8	0.177 2	0.155 5	0.1626 7	0.072 2	0.155 5	1

注：由于四舍五入，数据有误差，在可接受范围内

表 7-9　路径空间聚类分布详细参数

类别	A	B	C	D	E	F
登陆点经度	113.048° E	110.638° E	114.746° E	114.383° E	112.756° E	115.927° E
登陆点纬度	22.164° N	21.245° N	22.806° N	22.600° N	21.914° N	22.820° N
最低中心气压/千帕	966.2	979.0	970.5	971.2	977.9	950.3
最大风速/（米/秒）	39.3	30.3	35.3	36.6	29.6	45.3
平均生命史/小时	27.2	24.2	31.9	25.4	24.2	30.1

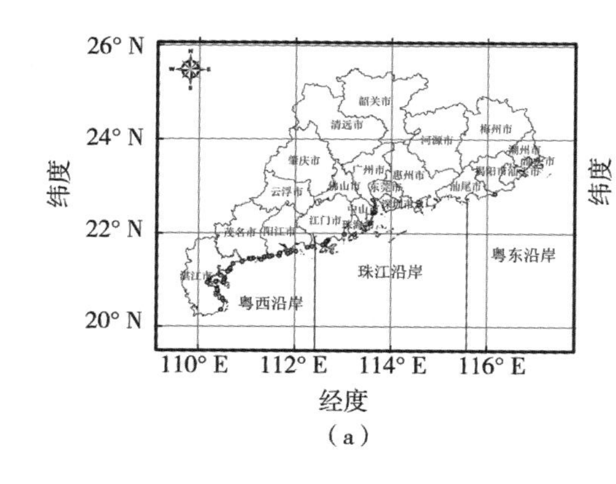

（a）

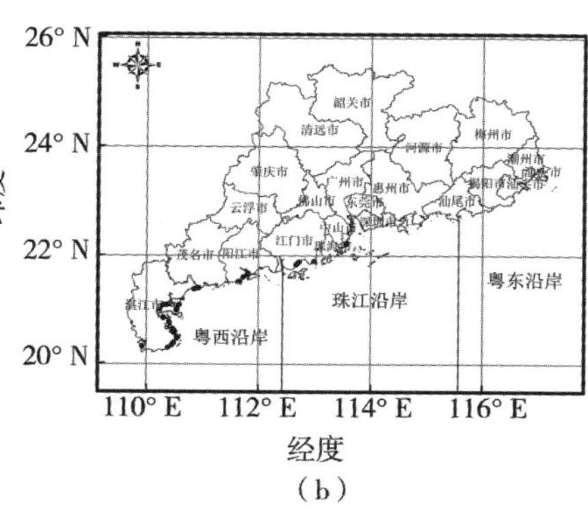

（b）

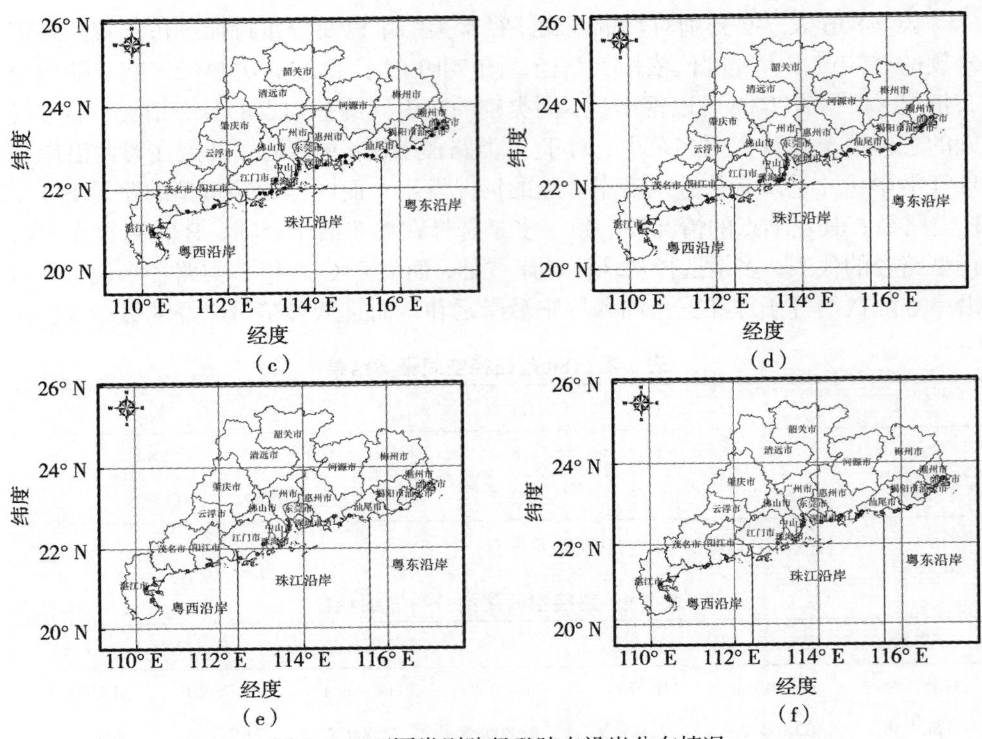

图 7-19　不同类别路径登陆点沿岸分布情况

表 7-10　不同类别路径登陆分布情况　　　　单位：个

类别	A	B	C	D	E	F	全部
粤东沿岸	3	1	9	15	1	14	43
珠江沿岸	34	26	6	7	6	5	84
粤西沿岸	13	6	13	6	6	9	53

不同类别登陆广东省的热带气旋路径有着不同的季节性变化，但是，总体而言，随着季节的推移，不同类别的热带气旋路径也在发生相应变化。鉴于副热带高压的位置在 4 月之前主要是偏向南和东，所以在这个时间段内基本没有从广东省登陆的情况发生。

图 7-20 展示了不同类型的各种登陆热带气旋的路径变化，有明显的季节性变化。由图 7-20 可知，各种路径在登陆时间的分布情况基本与总体趋势保持一致，基本集中在 7~10 月，也就是说夏秋季节。但是针对不同类别，热带气旋登陆的频次峰值也各有不同：A 类、D 类和 F 类为 7 月；B 类为 8 月；C 类为 6 月和 8 月；E 类为 9 月。这样随季节变化极为明显的登陆分布情况与副高季节性的北移和南退有着密切的关系。

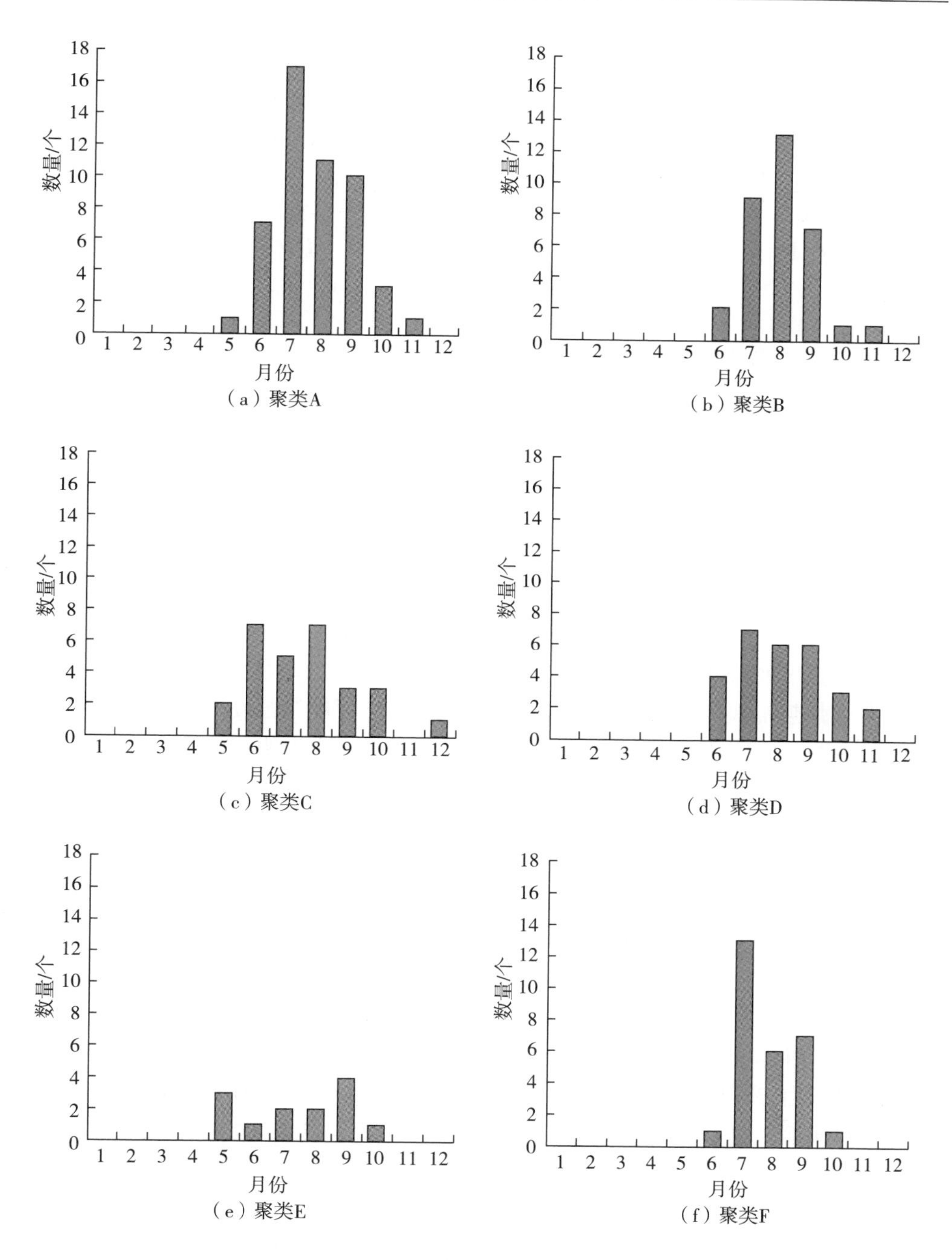

图 7-20　各类路径登陆月份的频数分布情况

针对不同的月份而言，5 月时，台风路径多以 E 类走向为主，此类热带气旋多是在珠江口岸登陆，且源地多为南海。6 月，台风路径多以 A 类和 C 类为主，此类路径分别属于转折型和北上型，期间登陆热带气旋共计 22 个，其中有 8 个来自南海，占 42%。7 月，登陆的路径以 A 类为主，其次为 F 类，这两类都属于转折型路径，北上路径在 7 月时明显减少。8 月，登陆的路径多为 A 类和 B 类，其中以西行型路径为主，其次是转折型路径。9 月，A 类方式登陆情况发生最为频繁，C 类和 F 类其次。10~12 月时，以 A 和 D 类转折型路径为主，其余两种类型的路径方式出现的概率都非常低，其中在 11~12 月，基本没有北上 C 类和 E 类路径的发生。

4. 登陆强度的聚类分布特征

热带气旋的登陆情况呈现的是一种西多东少情况，然而针对强度来说，呈现的是一种东强西弱趋向，这个与广东省所处的地理位置有密切的关系及大气环流系统也会对其造成或多或少的影响。在各类路径中，平均最大风速为转折型路径 A 类和 F 类处于最大值。按照不同台风等级分类来看，各类路径的强度分布情况如图 7-21 所示。从总体强度分布来说，强热带风暴以上强度的热带气旋登陆次数的概率基本近似，而热带气压和热带风暴的登陆分别在 13%和 28%左右。A 类、C 类和 D 类路径的强度分布情况与总体情况基本保持一致，相反的是，E 类和 F 类路径在强度的分布上表现出一定的异常，E 类为北上路径，多在粤西沿岸登陆，并且多以强热带风暴和台风的强度级别登陆，强热带风暴强度的热带气旋数占此类路径总数的 85%左右。F 类为转折路径，主要是从粤东沿岸进行登陆，此类路径总占最大比例的是强台风（50%），而且强台风多是从粤东沿岸登陆，几乎没有从珠江和粤西沿岸登陆，其次台风占有 29%，这类强度中，只有两个是从珠江口岸登陆，其余均是从粤东沿岸登陆。西行型的 B 类路径中，热带风暴、强热带风暴及台风三类强度分布情况平均在 9 个，超强台风出现的概率较低，仅有的三个全部都是从粤东沿岸登陆，然后进入广西后逐渐消逝。

热带气旋强度与路径的长度也有着一定的关系，也就是与其生命史有着一定的关系。各类热带气旋的生命史分布见图 7-22，在图中有四分之一和四分之三的边界线，盒中的横线表示数据的中位值，最上方和最下方表示上下边界。生命史变化幅度从 1 天到 60 天。其中 C 类和 F 类热带气旋的平均生命史最长，其次是 A 类、D 类和 E 类，西行型路径的 B 类生命史最短。热带气旋的各项属性中，平均最大风速与生命史有着高达 0.7 的相关度，并且当海平面表面温度较高且垂直风切变较小的情况发生时，生命史的增长也就代表着其发展为强度更高级别的气旋的可能性的增大。不同级别热带气旋在各类别的分布特征见图 7-23。

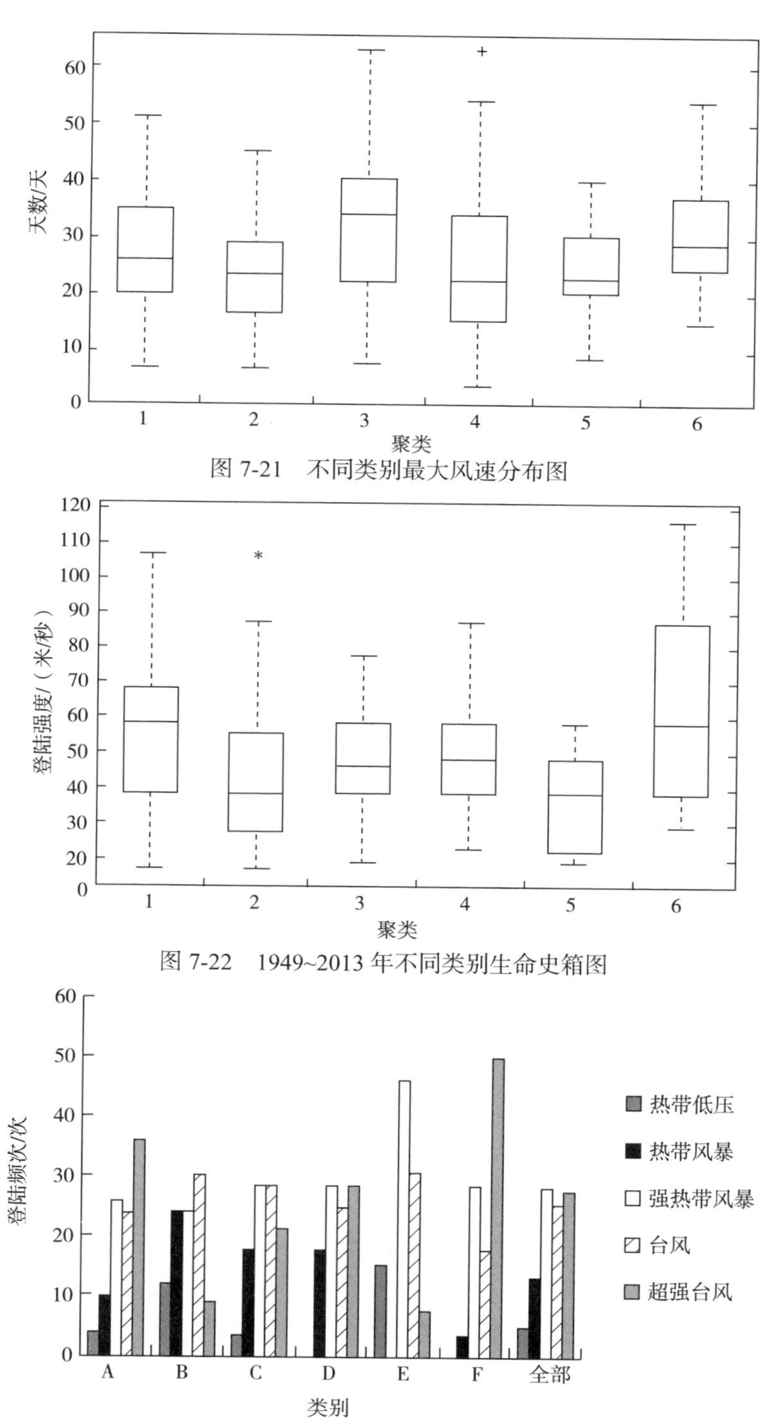

图 7-21　不同类别最大风速分布图

图 7-22　1949~2013 年不同类别生命史箱图

图 7-23　不同级别热带气旋在各类别的分布特征

7.5 台风灾害风险评估

7.5.1 热带气旋灾害系统模型

作为自然与社会综合作用下的结果，以及地球表层异变这种物理作用下的产物，区域灾害系统理论认为，致灾因子、孕灾环境与承灾载体这三个要素在灾害中缺一不可，并且如果没有某种致灾因子的存在，那么该区域就绝对不会有此种灾害产生（黄崇福，1999；薛晔和黄崇福，2006；黄崇福等，2004）。针对自然灾害的三个必不可少的要素，为了能够抵御灾害所带来的损失，防灾减灾能力在之前的研究中主要是作为承灾载体的抵抗力的形式存在，在本小节中，将其作为独立的一项因素来考虑来构建热带气旋灾害系统模型，如图 7-24 所示。热带气旋灾害的风险主要是在某种孕灾环境下，由于热带气旋灾害所带来的致灾因子作用在承灾载体上，且致灾因子的危险性超过了承灾载体的抵抗力。

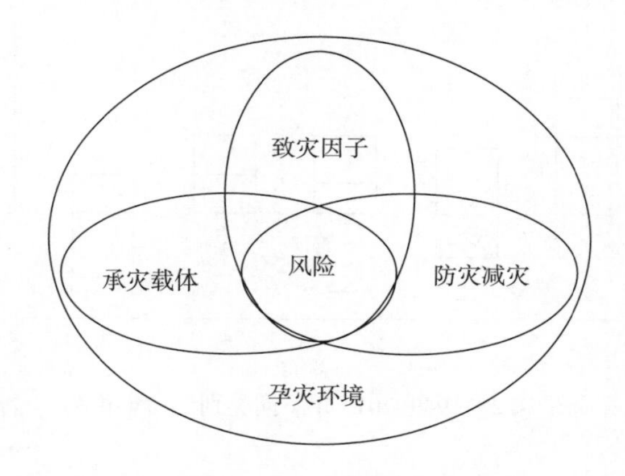

图 7-24　热带气旋灾害系统模型

热带气旋灾害风险可以表示为

$$\mathrm{TCR}=\left(H^{W_H}\right)\left(V^{W_V}\right)\left(E^{W_E}\right)\left(R^{W_R}\right) \tag{7-15}$$

式中，TCR 为热带气旋灾害风险指数；H 为致灾危险性指数；V 为承灾载体脆弱性指数；E 为孕灾环境敏感性指数；R 为防灾减灾能力指数；W_H、W_V、W_E、W_R 分别为相应指数的权重值。

H、V、E、R 四个指数分别由如下公式计算得出：

$$\left(H,V,E,R\right)=\sum_{i=1}^{n}D_{ij}W_i \tag{7-16}$$

式中，D_{ij} 为因子 j 对应指标 i 的归一化值；W_i 为指标 i 的权重；n 为指标数目。

7.5.2　评估指标体系构建

对热带气旋灾害进行风险评估的重要前提是构建一个科学合理的指标体系，热带气旋灾害风险的形成在多种因素的作用下是非常复杂的，根据热带气旋灾害系统模型，可以根据 H、V、E 及 R 四个方面进行考虑指标体系的构建，结合灾害风险形成的原因，针对每个指标选取相应的子指标，对热带气旋灾害风险评价指标体系进行构建（张俊香和黄崇福，2004）。

（1）致灾因子危险性。灾害风险的产生必不可少的要素是致灾因子，主要反映的是危险性的程度。作为灾害发生的根源，其是造成各种人员、财产损失的重要因素。对于本小节研究的灾害热带气旋而言，其造成灾害风险的致灾方式主要是三种形式——大风、暴雨和风暴潮。结合广东省的实际情况，本小节针对致灾因子危险性选取了路径分布密度平均日最大风速、平均日风速及平均日降雨量作为危险性评估指标。

（2）孕灾环境敏感性。孕灾环境主要是指灾害发生时研究区域内的环境条件，而且随着时间的推演，环境条件也会对灾害风险的产生造成不同的影响。对于热带气旋灾害风险来说，主要是指热带气旋影响区域的自然和人文环境的分布差异对该区域风险的影响。合理选取相应的指标要素量化孕灾环境的敏感性程度，对分析灾害程度和区域分布差异性有着重要的意义。例如，热带气旋灾害的主要形式之一——暴雨，在不同的孕灾环境下，暴雨灾害发生的概率也会有所不同，如在河网密度及地势低洼区域，会大大提高因暴雨所引起的洪涝灾害的风险值。作为灾害风险评估中重要的一个部分，选取合理的指标来对孕灾环境敏感性进行量化就显得很有必要。根据热带气旋灾害产生的灾害后果，本小节选取地形高程标准差、河网密度及区域的植被覆盖率作为孕灾环境敏感性量化的指标。

（3）承灾载体脆弱性。灾害风险的产生一定需要有某种致灾因子作用，但是仅仅有致灾因子的存在并不意味着就一定会产生灾害，因为灾害的产生需要相应的受众，也就是说人类及其社会经济活动，只有在致灾因子有危害到该区域的某些载体后，才可以说明灾害的发生对该区域会造成风险。随着地区的人口密度及财产分布密集程度的提高，其所承担的灾害可能带来的破坏就越严重，遭受的风险值也就越高。在本小节中选取人口密度、65 岁以上人口比重及单位面积农业产值作为区域承灾载体脆弱指标体系的基本要素。

（4）防灾减灾能力。防灾减灾能力在之前的研究中，多是作为承灾载体的抵抗力的研究因素存在，但是随着人们对灾害风险认识的不断提高，灾害监测、灾害预警和灾后恢复能力也在不断提高。对于研究区域而言，防灾减灾能力表示的是受灾区域在灾后恢复的能力，主要包括资源储备、减灾投入及应急管理等重要因素。本小节主要选取人均病床数、人均居民存款数及人均地方财政收入作为量化指标。

广东省热带气旋灾害综合风险评价指标结构如表 7-11 所示。

表 7-11　广东省热带气旋灾害综合风险评价指标结构

评价目标	一级指标	二级指标
广东省热带气旋灾害综合风险（M）	致灾因子危险性（H）	路径分布密度（H1）
		平均日最大风速（H2）
		平均日风速（H3）
		平均日降雨量（H4）
	孕灾环境敏感性（E）	高程标准差（E1）
		河网密度（E2）
		植被覆盖率（E3）
	承灾载体脆弱性（V）	人口密度（V1）
		65 岁以上人口比重（V2）
		单位面积农业产值（V3）
	防灾减灾能力（R）	人均病床数（R1）
		人均居民存款数（R2）
		人均地方财政收入（R3）

1. 评估指标体系的归一化

鉴于各指标原始数据量纲的不同，在对风险进行计算时，对原始数据进行标准化处理是必不可少的一步。本小节使用极值标准化法（张俊香等，2008）实现对各指标原始数据的归一化，将每个指标值控制在 0~1。指标体系中存在着正向指标，即随指标值增大风险值越大，以及逆向指标，即随指标值增大风险值减小的两类指标，不同类型指标进行标准化处理时可按式（7-17）进行选择。

正向指标

$$y_{ij} = x_{ij} / \max\left(x_{ij}\right) \tag{7-17a}$$

逆向指标

$$y_{ij} = \min\left(x_{ij}\right) / \left(x_{ij}\right) \tag{7-17b}$$

式中，x_{ij} 代表指标的原始值；y_{ij} 代表指标的标准值；$\max\left(x_{ij}\right)$ 和 $\min\left(x_{ij}\right)$ 分别为指标中的最大值和最小值。

2. 评价指标的权重计算

在对风险值计算的过程中，权重值是关键的值，不同的指标对风险的贡献程度存在着一定的差异性，为了能够确定各指标的权重值，本小节拟利用相关研究学者在对灾害风险的研究的权重确定值及采用的层次分析法（analytic hierarchy process，AHP），针对研究区域广东省的具体情况，对本小节构建的指标体系进行权重值的确定。

AHP 确定的应用中在各行业中都受到学者们的青睐，其主要的计算有建立递阶层次结构，通过对各层次结构中的元素进行两两的判断比较，得到合理的判断矩阵，但是在计算的过程需要对矩阵进行一致性的检验，以便检验所得到权重值进行合理性的判断，对于偏离一致性的判断值，需要进行合理的调整。通过对之前学者的研究进行总结后发现，在对 H、E、V、R 四者进行权重的确定时，一致的考虑是 H≥E≥V≥R，结合广东省的实际情况，将四者的权重值分别确定为 0.418 5、0.189 6、0.226 8、0.165 2。根据层次分析法得到的各项指标权重值如图 7-25 所示。

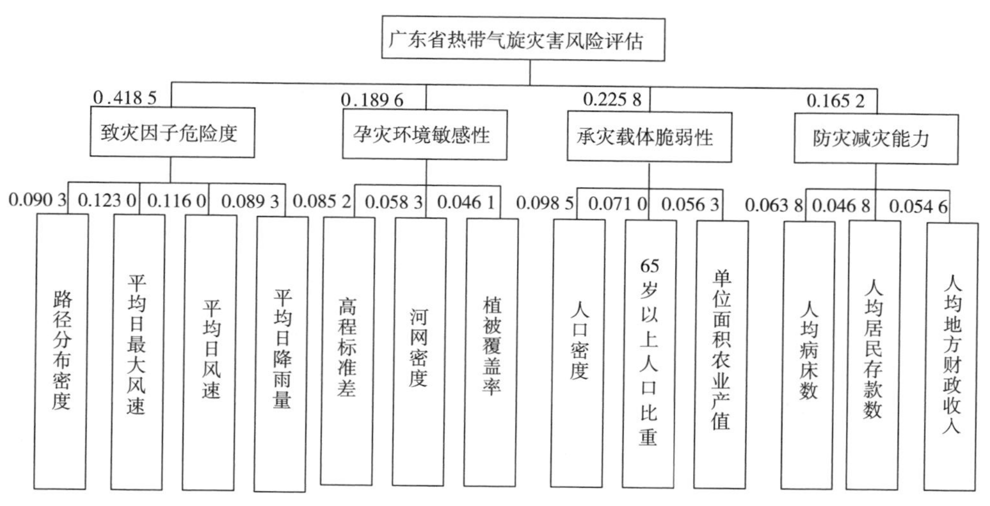

图 7-25　广东省热带气旋灾害风险评估指标体系

7.5.3　热带气旋灾害风险要素分析

在对广东省热带气旋灾害各风险要素进行分析时，保证研究尺度在市级单元，在对每个因素的基础数据进行分析后，利用加权叠加分析，综合各项指标的栅格等级图，然后对其进行尺度归一化的处理。

1. 致灾因子危险性分析

根据热带气旋主要以大风、暴雨和风暴潮导致灾害的发生，在对热带气旋致灾因子危险性进行分析时，主要是从风和雨两个因素来进行分析。在获得足够的历史路径数据的基础上，本小节在对危险性进行分析的过程中结合了历史路径密度的分析，在对路径数据进行可视化处理后，对路径密度的分布情况进行了初步分析，然后基于密度分析的结果，将风和雨的危险性以一定的权重值赋予区域路径密度中，这样在对危险性分析的过程中就提出了一种创新的基于加权路径密度的危险性分析方法。

1）路径密度分析

对路径进行密度分析主要是在前文中对路径数据可视化的过程基础上进行，通过将所获得的路径点要素转换为线要素，利用 ArcGIS 的线密度分析功能，根据路径分布情况计算一定范围内的路径密度。基于路径可视化的结果结合线密度分析，65 年内的登陆路径密度空间分布情况如图 7-26 所示。鉴于本小节的研究尺度是以地市级为单元，并且在路径进行加权时所获得的风和雨的基础数据也是以地市为单元，在 ArcGIS 中采用自然断点分级的方法将路径密度分布指标按五个等级，即低密度区、较低密度区、中密度区、较高密度区、高密度区，进行区划，得到广东省热带气旋路径密度空间区划图，如图 7-27 所示。

2）大风危险性

本小节选取了平均日风速和平均日最大风速来表征热带气旋登陆期间大风危险性。此部分所需要的数据主要来自中国气象共享数据服务网中的地面气候日值数据集筛选出广东省 26 个气象站点在 1949~2013 年 65 年内的逐日风速；其次，根据 65 年内登陆广东省的基础数据资料，通过二者的数据结合筛选出 1949~2013 年热带气旋登陆期间内广东省 26 个站点的风速，通过统计分析得到 65 年内热带气旋登陆期间 26 个站点的最大平均日风速和平均日风速。

由于所得到的站点数据仅能表示该区域某一点的数据值，为了得到站点一定范围的详细数据值，本小节使用了反距离权重插值方法（inverse distance weighted，IDW）将站点数据值的尺度由点扩展到面，得到热带气旋登陆过程中整个广东省的平均日风速及平均日最大风速的分布情况。本小节的研究尺度是以市级为单元，为了统一研究的空间尺度问题，在得到连续的平均日风速及平均日最大风速分布情况后，利用 ArcGIS 的 zonal statistica 对连续分布数据进行尺度归一化处理，得到市级单元的分布情况。对得到的数据，通过标准归一化公式，将平均日风速和最大平均日风速转化为热带气旋灾害致灾危险性评估值，在 ArcGIS 中采

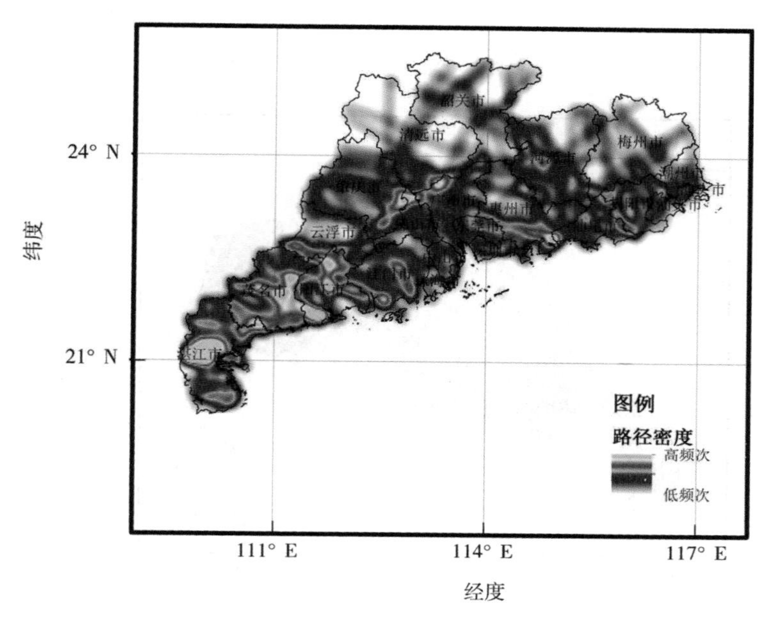

图 7-26　路径密度空间分布

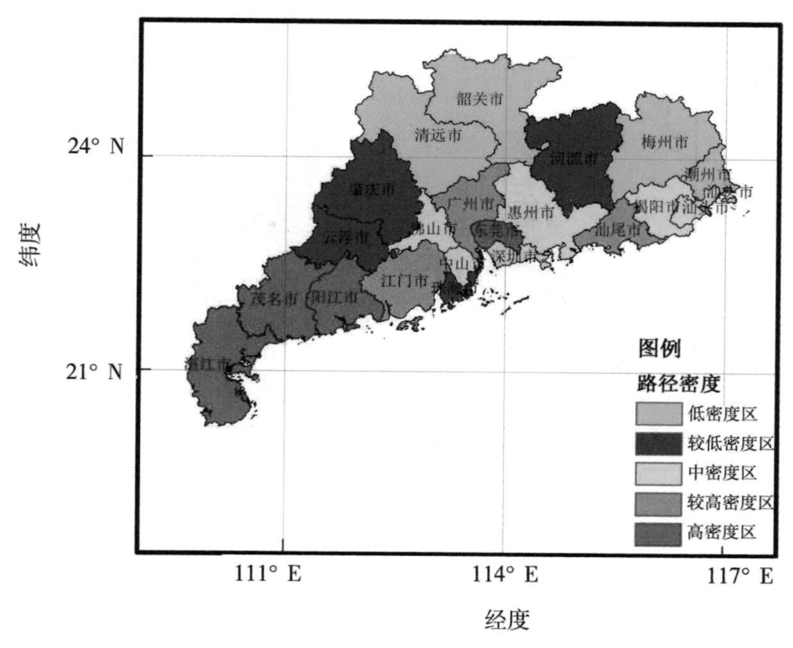

图 7-27　路径密度空间区划

用自然断点分级的方法将平均日风速及平均最大日风速指标按五个等级，即低危险区、较低危险区、中危险区、较高危险区、高危险区，进行区划，得到广东省热带气旋灾害大风危险性风险区划图，如图 7-28 和图 7-29 所示。

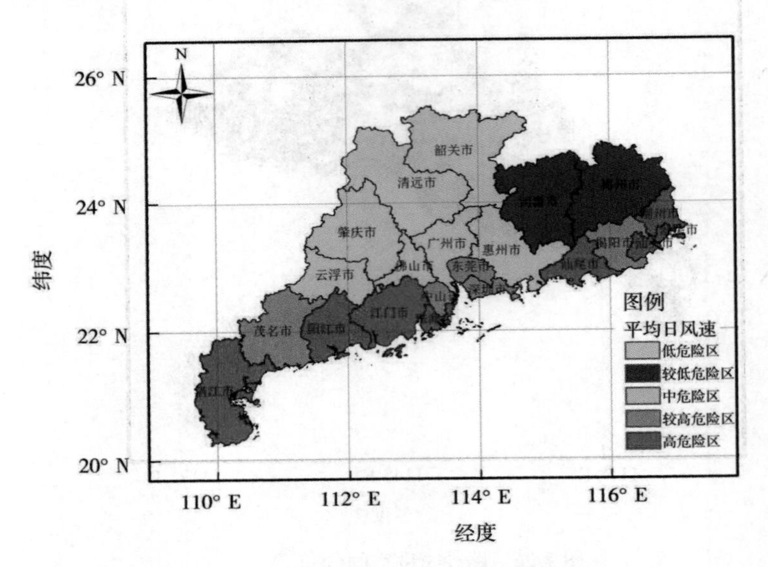

图 7-28　平均日风速空间分布

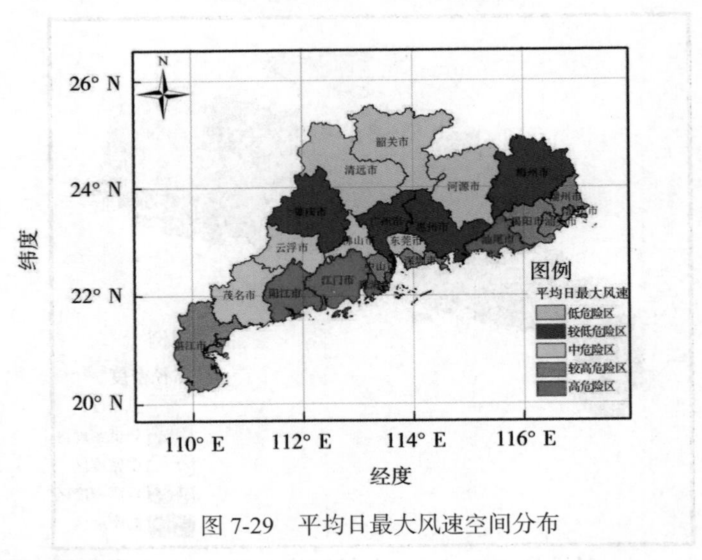

图 7-29　平均日最大风速空间分布

3）降雨危险性

在对降雨因子进行处理的过程中，同样需要先从中国气象共享数据服务网下载地面气候日志数据集，筛选出广东省 26 个气象站点在 1949~2013 年 65 年内的逐日降雨量；其次，通过上海台风所出版的《热带气旋年鉴》中 65 年内登陆广东省的基础数据资料，筛选出 1949~2013 年内热带气旋登陆期间广东省 26 个站点的降雨量，通过统计分析得到 65 年内热带气旋登陆期间 26 个站点的平均降雨量，如表 7-12 所示。

表 7-12　广东省热带气旋致灾因子指标原始值

编号	站点	纬度	经度	海拔高度/米	平均日降雨量/毫米	平均日风速/（米/秒）	平均最大日风速/（米/秒）
57996	南雄	25.08° N	114.19° E	133.8	73.65	24.90	56.81
59072	连县	24.47° N	112.23° E	98.3	58.33	15.23	49.84
59082	韶关	24.41° N	113.36° E	61.0	69.83	18.04	54.53
59087	佛岗	23.52° N	113.32° E	68.6	111.90	23.79	57.13
59096	连平	24.22° N	114.29° E	214.8	257.70	17.29	52.10
59117	梅县	24.16° N	116.06° E	87.8	272.70	20.65	53.32
59271	广宁	23.38° N	112.26° E	57.3	144.90	23.97	64.30
59278	高要	23.02° N	112.27° E	41.0	225.00	36.98	80.84
59287	广州	23.10° N	113.20° E	41.0	226.20	35.39	72.01
59293	东源	23.48° N	114.44° E	70.8	157.60	21.21	58.64
59294	增城	23.20° N	113.50° E	38.9	179.90	36.91	74.49
59298	惠阳	23.05° N	114.25° E	22.4	287.30	38.16	72.42
59303	五华	23.56° N	115.46° E	120.9	183.00	24.58	60.42
59316	汕头	23.24° N	116.41° E	2.9	285.50	44.52	86.84
59317	惠来	23.02° N	116.18° E	14.4	368.60	46.48	91.09
59324	南澳	23.26° N	117.02° E	7.2	301.00	59.23	101.40
59456	信宜	22.21° N	110.56° E	84.6	161.40	29.40	66.37
59462	罗定	22.46° N	111.34° E	53.3	192.90	27.91	61.69
59478	台山	22.15° N	112.47° E	32.7	419.00	40.35	88.01
59493	深圳	22.32° N	114.00° E	63.0	462.10	42.83	85.76
59501	汕尾	22.48° N	115.22° E	17.3	366.10	57.10	104.99
59658	湛江	21.09° N	110.18° E	53.3	496.10	44.77	89.11
59663	阳江	21.50° N	111.58° E	89.9	405.50	55.70	112.10
59664	电白	21.30° N	111.00° E	11.8	331.70	49.23	92.75
59673	上川岛	21.44° N	112.46° E	21.5	481.50	79.61	164.09
59754	徐闻	20.20° N	110.11° E	55.9	630.40	38.34	76.37

由于降雨与地形存在着一定的联系，在由得到的站点数据进行插值的过程中，需要考虑到地形因子的作用，所以在对降雨量进行插值时，采用协变量为地形因子，主变量为纬度和经度，进行 Anusplin 插值，这种插值方法可以有效提高

降雨因子的插值经度。在对站点数据值由点扩展到面之后，得到热带气旋登陆过程中整个广东省的平均日降雨量的分布情况。本小节的研究尺度是以市级为单元，同样为了统一研究的空间尺度问题，在得到连续的平均日降雨量分布情况后，利用 ArcGIS 的 zonal statistica 对连续分布数据进行尺度归一化处理，得到市级单元的分布情况。对得到的数据，通过标准归一化公式，将平均日降雨量转化为热带气旋灾害致灾危险性评估值，在 ArcGIS 中采用自然断点分级的方法将平均日风速及平均最大日风速指标按五个等级，即低危险区、较低危险区、中危险区、较高危险区、高危险区，进行区划，得到广东省热带气旋灾害降雨危险性风险区化，如图 7-30 所示。

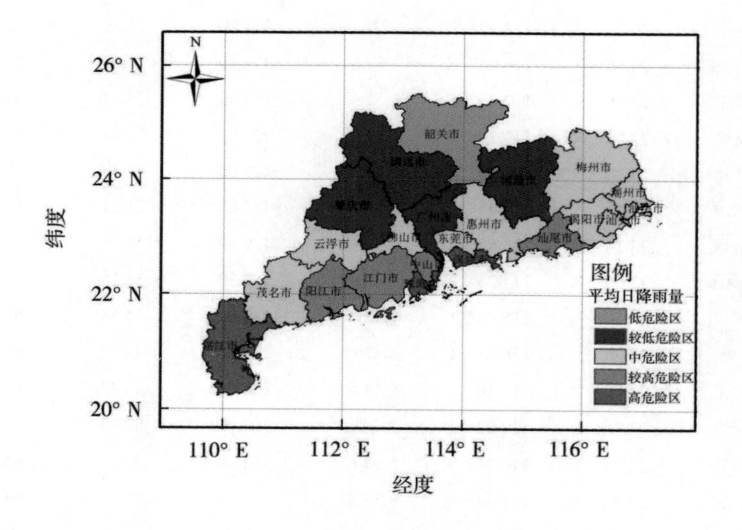

图 7-30　平均日降雨量空间分布

不同的致灾因子指标，对于每个市的影响程度有着一定程度的区别。由图7-28 可以看出，广东省热带气旋灾害登陆期间，平均日风速值呈现出由沿海区域向内陆地区递减的趋势。韶关和清远属于粤北地区，平均日风速处于最低值，而热带气旋的主要登陆点，湛江到珠海一带，以及汕尾、汕头和潮州一带危险性较高。对于平均日最大风速指标来讲，阳江—珠海一带及汕尾市在热带气旋登陆期间的平均值为最大级别，其次是湛江、中山、深圳及揭阳、汕头、潮州一带，最低值同样也是粤北地带的清远、韶关和河源市。平均日降雨量与大风危险性指标的分布情况大体保持一致，同样是热带气旋登陆区域处于较大值，而粤北地区多是处于最低值。

热带气旋灾害致灾危险性是综合考虑登陆路径的密集性结合加权的区域大风危险性和降雨危险性，在对各指标因子进行分析后，得到广东省热带气旋致灾因子指标标准值（表 7-13）和危险性值（表 7-14），利用 ArcGIS 空间分析工具中的加权叠加分析功能，按照叠加模型及其相应的权重值进行地图数据的叠加计算，得到广东省热带气旋灾害致灾危险性空间分布情况（图 7-31）。热带气旋灾害的致灾危险性主要是从灾害致灾的属性方面来考虑灾害危险性评估，根据图 7-31，可以得到广东省热带气旋灾害危险性空间分布的情况：对于广东省来说，粤西地区的致灾危险性大于粤东沿海区域。湛江、珠海和深圳市处于最高危险等级；阳江、江门、中山、汕尾、汕头及潮州市处于较高危险级，茂名、云浮、佛山、东莞、惠州、揭阳及梅州处于中等危险级别，肇庆、清远、广州及河源市受热带气旋灾害影响较低；受热带气旋影响致灾危险性最低的是粤北地区的韶关市。危险性的分布情况与热带气旋登陆点有着很大的关联。对于热带气旋登陆较频繁的粤西地区，遭受的风险值多是处于较高级别，而处于粤北地带的韶关、清远、肇庆等市多是在热带气旋登陆后经过的区域，风速和降雨量都有所下降，因而这些区域的致灾危险性也就偏低。

表 7-13　广东省热带气旋致灾因子指标标准值

编号	站点	纬度	经度	海拔高度/米	平均日降雨量/毫米	平均日风速/（米/秒）	平均最大日风速/（米/秒）
57996	南雄	25.08° N	114.19° E	133.8	73.65	24.90	56.81
59072	连县	24.47° N	112.23° E	98.3	58.33	15.23	49.84
59082	韶关	24.41° N	113.36° E	61.0	69.83	18.04	54.53
59087	佛岗	23.52° N	113.32° E	68.6	111.90	23.79	57.13
59096	连平	24.22° N	114.29° E	214.8	257.70	17.29	52.10
59117	梅县	24.16° N	116.06° E	87.8	272.70	20.65	53.32
59271	广宁	23.38° N	112.26° E	57.3	144.90	23.97	64.30
59278	高要	23.02° N	112.27° E	41.0	225.00	36.98	80.84
59287	广州	23.10° N	113.20° E	41.0	226.20	35.39	72.01
59293	东源	23.48° N	114.44° E	70.8	157.60	21.21	58.64
59294	增城	23.20° N	113.50° E	38.9	179.90	36.91	74.49
59298	惠阳	23.05° N	114.25° E	22.4	287.30	38.16	72.42
59303	五华	23.56° N	115.46° E	120.9	183.00	24.58	60.42
59316	汕头	23.24° N	116.41° E	2.9	285.50	44.52	86.84
59317	惠来	23.02° N	116.18° E	14.4	368.60	46.48	91.09
59324	南澳	23.26° N	117.02° E	7.2	301.00	59.23	101.40
59456	信宜	22.21° N	110.56° E	84.6	161.40	29.40	66.37
59462	罗定	22.46° N	111.34° E	53.3	192.90	27.91	61.69

续表

编号	站点	纬度	经度	海拔高度/米	平均日降雨量/毫米	平均日风速/（米/秒）	平均最大日风速/（米/秒）
59478	台山	22.15° N	112.47° E	32.7	419.00	40.35	88.01
59493	深圳	22.32° N	114.00° E	63.0	462.10	42.83	85.76
59501	汕尾	22.48° N	115.22° E	17.3	366.10	57.10	104.99
59658	湛江	21.09° N	110.18° E	53.3	496.10	44.77	89.11
59663	阳江	21.50° N	111.58° E	89.9	405.50	55.70	112.10
59664	电白	21.30° N	111.00° E	11.8	331.70	49.23	92.75
59673	上川岛	21.44° N	112.46° E	21.5	481.50	79.61	164.09
59754	徐闻	20.20° N	110.11° E	55.9	630.40	38.34	76.37

表 7-14　广东省热带气旋致灾因子危险性值

编号	站点	纬度	经度	海拔高度/米	危险性
57996	南雄	25.08° N	114.19° E	133.8	0.074 180
59072	连县	24.47° N	112.23° E	98.3	0
59082	韶关	24.41° N	113.36° E	61.0	0.032 220
59087	佛岗	23.52° N	113.32° E	68.6	0.100 053
59096	连平	24.22° N	114.29° E	214.8	0.175 556
59117	梅县	24.16° N	116.06° E	87.8	0.206 898
59271	广宁	23.38° N	112.26° E	57.3	0.140 987
59278	高要	23.02° N	112.27° E	41.0	0.302 183
59287	广州	23.10° N	113.20° E	41.0	0.278 642
59293	东源	23.48° N	114.44° E	70.8	0.126 743
59294	增城	23.20° N	113.50° E	38.9	0.253 567
59298	惠阳	23.05° N	114.25° E	22.4	0.342 709
59303	五华	23.56° N	115.46° E	120.9	0.167 577
59316	汕头	23.24° N	116.41° E	2.9	0.400 274
59317	惠来	23.02° N	116.18° E	14.4	0.485 182
59324	南澳	23.26° N	117.02° E	7.2	0.514 205
59456	信宜	22.21° N	110.56° E	84.6	0.185 574
59462	罗定	22.46° N	111.34° E	53.3	0.194 745
59478	台山	22.15° N	112.47° E	32.7	0.489 181
59493	深圳	22.32° N	114.00° E	63.0	0.532 288
59501	汕尾	22.48° N	115.22° E	17.3	0.562 709
59658	湛江	21.09° N	110.18° E	53.3	0.575 779
59663	阳江	21.50° N	111.58° E	89.9	0.600 724

续表

编号	站点	纬度	经度	海拔高度/米	危险性
59664	电白	21.30° N	111.00° E	11.8	0.472 372
59673	上川岛	21.44° N	112.46° E	21.5	0.879 801
59754	徐闻	20.20° N	110.11° E	55.9	0.627 957

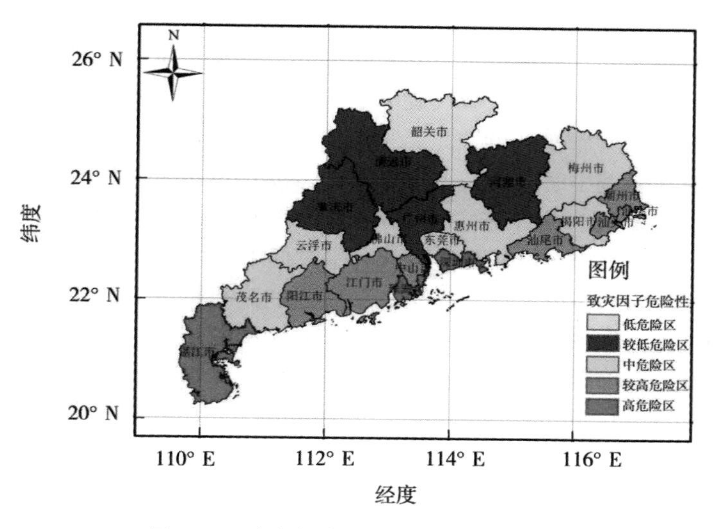

图 7-31　致灾危险性以市级为单元的空间区划情况

根据所得到的致灾危险性空间分布图，可以得到不同等级热带气旋灾害致灾危险性面积及其占全省的比重（表 7-15），其中高危险性所占的比例为 11.05%，低危险性等级占有 10.37%。总体来看，广东省热带气旋灾害致灾危险性等级分布情况处于两头少、中间多的状态，广东省大部分的区域还是处于中等以下的致灾危险性等级。

表 7-15　广东省热带气旋不同等级致灾危险性面积及其比重

危险性	低危险性	较低危险性	中危险性	较高危险性	高危险性
面积/万千米 ^{2}	1.865 04	5.654 87	5.817 75	2.656 32	1.986 02
比例/%	10.37	31.45	32.36	14.77	11.05

2. 孕灾环境敏感性分析

不同区域孕灾环境的敏感性主要是由自然地理环境的差异造成的，就热带气旋灾害而言，同样致灾因子作用的情况，地形起伏程度较大，并且河网密度较小的地区因较强的降雨量造成洪涝的可能性也就偏低（俞布，2011）。21 世纪以来，随着社会经济的发展，自然环境也在承受着人类不同程度的破坏，变化着的环境也给区域的灾害风险带来了不同的影响。在对孕灾环境敏感性研究的过程中，根据灾害类型、致灾强度等选取合适的指标因子，建立合理的权重，利用不同区域环境对热带气旋灾害的敏感性不同来评价其对综合风险评估的作用。本小节选取地形高程标准差、河网密度及植被覆盖率作为孕灾环境敏感性量化的指标。

1）高程标准差

高程标准差是用来表示区域地形变化程度的指标因素，在地理问题研究的过程中，多以地形为基础数据，在热带气旋形成的过程中，其主要的致灾因子暴雨危险程度与区域的地形有着密切的关系，一般情况下，高程标准差与区域的地形变化呈正相关，当其值越小时，洪涝灾害发生的可能性也越大并且由灾害带来的损失程度越大；反之，高程标准差越大，洪涝灾害发生的可能性越小（邹敏，2007）。从地理空间数据云服务下 SRTM 数字高程模型数据中提取广东省的 DEM 数据（90 米），以 8 × 8 的网格单元，计算全省范围内的高程标准差。在对地形相对高程差的计算中主要是利用 ArcGIS 空间分析模块中的邻域分析功能，计算栅格周围 8 × 8 邻域内的高程标准差，并且将该标准差作为定量指标来分析区域的地形起伏程度。在计算出区域高程标准差后，利用 ArcGIS 的自然断裂法，将该指标因子按照五个等级进行划分，如图 7-32 所示。为了保证研究空间尺度一致性，在得到广东省热带气旋灾害高程标准差指标空间分布情况后，利用 ArcGIS 的区域统计功能，将所得到的高程标准差，以地市级空间尺度来进行统计分析，分析的过程中，同样按照自然断裂法划分为五个等级，即高敏感性、较高敏感性、中敏感性、较低敏感性及低敏感性，如图 7-33 所示。

2）河网密度

热带气旋灾害的暴雨危险性极易造成区域的洪涝灾害，不同区域的河网密度不同，也会对洪涝灾害造成的风险产生不同的影响，而且与同一条河流的距离不同也会影响灾害带来的风险，因此在对河网密度进行分析时需同时考虑区域的河网密度分布情况，以及与不同河流级别的缓冲范围的不同所带来的影响。

本小节在研究区域河网的密度时首先是利用 ArcGIS 的数据管理工具箱对广东省创建了 100 × 100 的网格。河网密度的计算方法是

$$D=\frac{L}{S} \tag{7-18}$$

式中，D 为河网密度；L为单位格网河流长度；S表示单位格网面积。

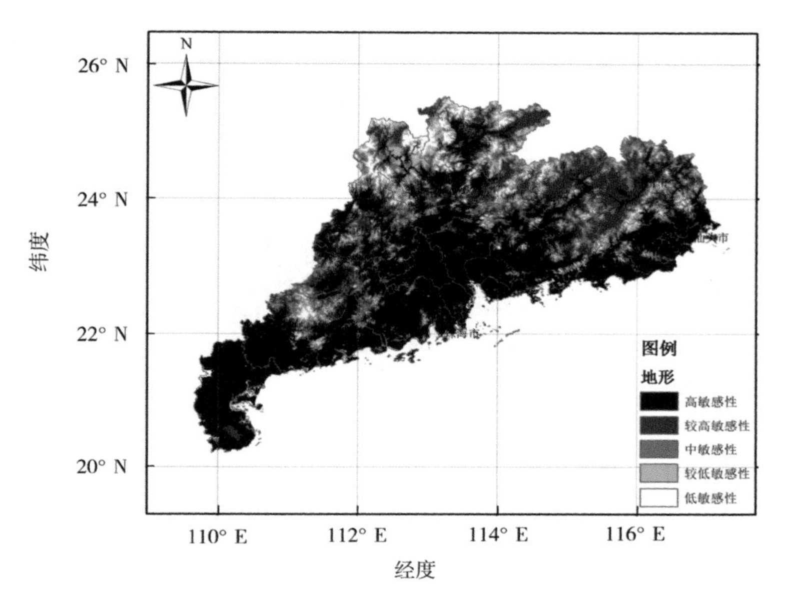

图 7-32　地形空间分布

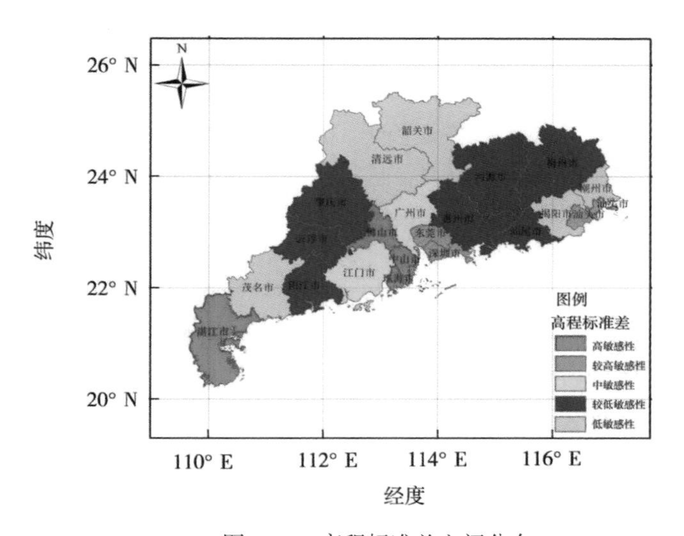

图 7-33　高程标准差空间分布

利用河网密度计算公式，统计分析广东省的河网密度分布情况，在对河网密度进行分析的过程中，还需要考虑不同级别水系缓冲范围的影响情况，根据所得到的广东省水系级别矢量数据地图，设置不同级别水系的缓冲区范围，同理计算缓冲区范围的分布情况。为了保持研究尺度的一致性，在获得河网密度分布情况后，需要利用区域统计分析功能，对所得到的河网密度分析结果按照地级市单位进行统计分析，同样按照自然断裂法划分为五个等级，即高敏感性、较高敏感性、中敏感性、较低敏感性及低敏感性，得到广东省地市级河网密度分布情况，如图 7-34 所示。

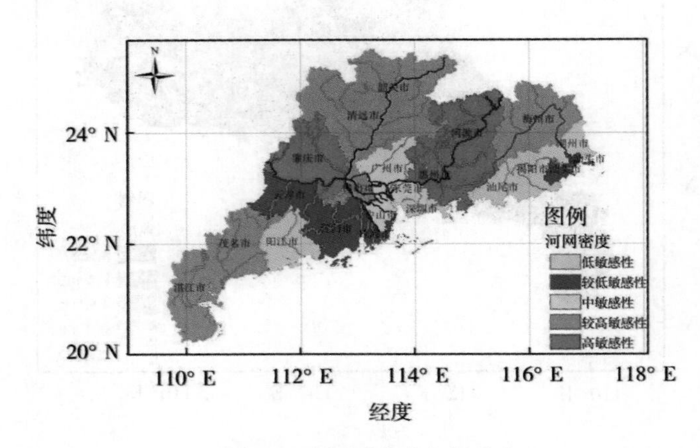

图 7-34　河网密度空间分布

3）植被覆盖率

对于一些持续性影响的灾害，如热带气旋灾害可能引起的山体滑坡及泥石流等，当区域地标植被覆盖率比较高时，可以在一定程度上起到降低灾害危险性。并且，对于大风来说，当大风灾害发生时，植被覆盖率高的区域由于地表较为粗糙，可以在一定程度上增大摩擦阻力，这样就可以明显减弱大风危险性。所以，对于热带气旋灾害来讲，其主要的致灾形式风和暴雨，在植被覆盖率较高时都会变弱，当然，植被覆盖率较低时，灾害致灾因子危险性越是明显。在分析植被覆盖率时，也就是计算单位区域内的植被覆盖面积，这部分数据主要来自 MODIS 遥感影像提取的 NDVI 指数。根据标准化公式，将该指数进行标准化处理，按照植被覆盖率对热带气旋致灾危险性的影响进行分级，如图 7-35 所示。

植被覆盖率的计算公式如下：

$$D=\frac{A}{S} \tag{7-19}$$

式中，D 为植被覆盖率；A 为单位格网植被覆盖面积；S 表示单位格网面积。

为了保持研究尺度的一致性，在获得植被覆盖率分布情况后，需要利用区域统计分析功能，对所得到的植被覆盖率分析结果按照地级市单位进行统计分析，同样按照自然断裂法划分为 5 个等级，即高敏感性、较高敏感性、中敏感性、较低敏感性及低敏感性，得到广东省地市级植被覆盖率分布情况，如图 7-36 所示。

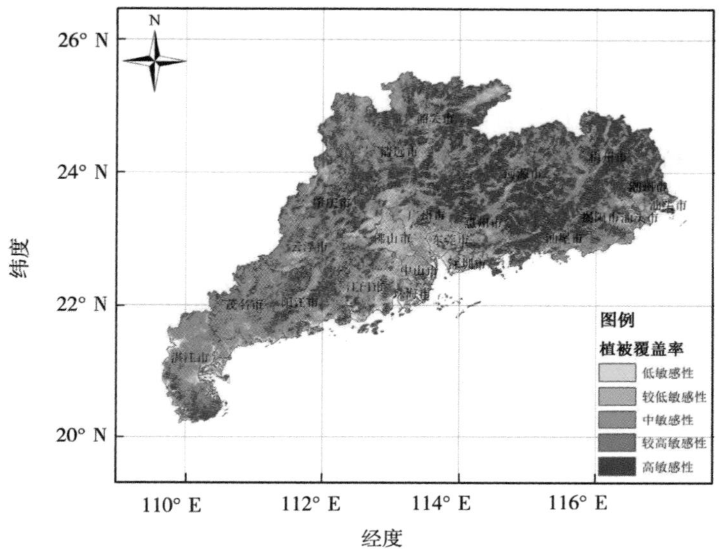

图 7-35 植被覆盖率空间分布（一）

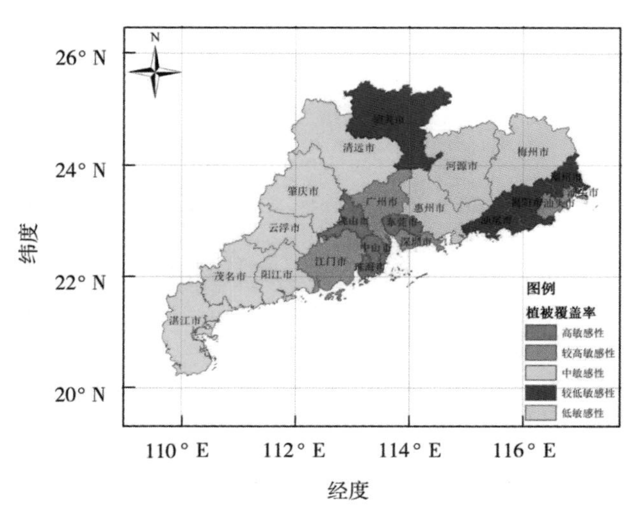

图 7-36 植被覆盖率空间分布（二）

每个地市的孕灾环境分布情况有着一定的区别，由图 7-33 可以看出，珠江三角洲地区的地形对热带气旋灾害影响较大，而粤北、粤东地区综合地形影响度相对小，相应地，热带气旋灾害发生时，可能造成的危险性也相对较低。就河网密度分布情况图 7-34 来看，北江、西江和东江汇流区和珠江三角洲地区，河网密布，河网密度处在较高水平，对灾害发生提供了有利的条件，当热带气旋灾害发生时，由于其河网密度，暴雨灾害可能带来的洪涝灾害危险性也就相应的提高。图 7-36 展示了广东省的植被覆盖率情况，广东省全省的植被覆盖率处在较高的水平，但是相对其他地区而言，珠三角地带的植被覆盖率较低，也就造成了这些地区在应对热带气旋灾害时，地理环境自身的防御能力也就较其他地区低，而粤西及粤东的一些区域，其植被覆盖率较高，在灾害发生时，也就可以提供一定的天然屏障进行抵御，降低了灾害的危险性。

广东省热带气旋灾害孕灾环境敏感性主要是地形因子、河流因子及植被覆盖率的结合，在对各指标因子进行分析后，利用 ArcGIS 空间分析工具中的加权叠加分析功能，按照叠加模型及其相应的权重值进行地图数据的叠加计算，得到广东省热带气旋灾害孕灾环境敏感性空间区划图（图 7-37）。热带气旋灾害的孕灾环境主要是从灾害发生的条件方面来考虑灾害风险评估，根据图 7-37，可以得到广东省热带气旋灾害孕灾环境空间分布的情况：对于广东省来说，热带气旋灾害较为敏感的区域主要在珠三角地区及湛江市、汕头市，这些区域的地形较为平缓，且河网密度较大，当发生热带气旋灾害时，极易爆发洪涝等次生灾害，为灾害的发生提供了较有利的条件，粤西及粤北地区的一些山区地带因其地形起伏度大，并且植被覆盖率高，较大程度低削弱了致灾因子危险性，所以这些区域的孕灾环境多是处在较低敏感性水平。

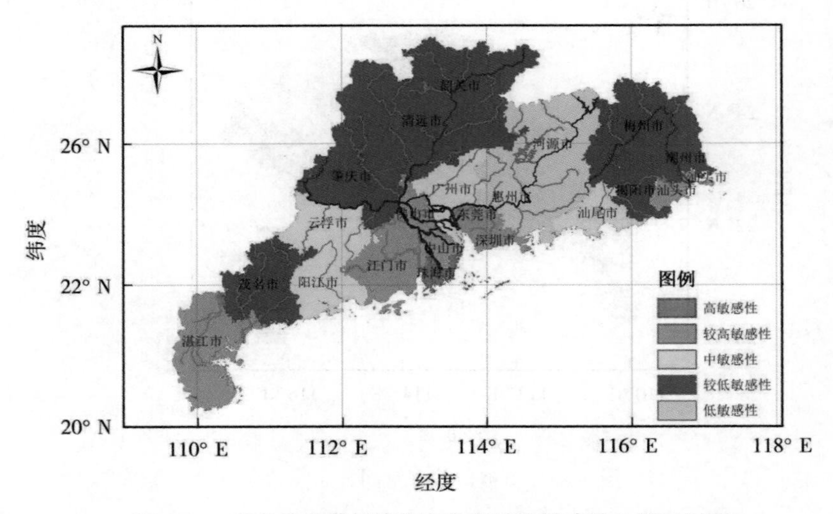

图 7-37　广东省热带气旋灾害孕灾环境敏感性空间区划图

根据所得到的孕灾环境敏感性空间分布图，可以得到不同等级热带气旋灾害孕灾环境敏感性面积及其占全省的比重（表 7-16），其中高敏感性所占的比例为 0.96%，低敏感性等级占有 15.03%，总体来看，广东省热带气旋灾害孕灾环境敏感性等级分布情况处于两头少、中间多的状态，广东省大部分的区域处于较高、中等及较低敏感性水平的孕灾环境敏感性，整个广东省的地形特点及河网分布情况的密集为热带气旋灾害的形成提供了有利的条件。

表 7-16　广东省热带气旋不同等级孕灾环境敏感性面积及其比重

敏感性	低敏感性	较低敏感性	中敏感性	较高敏感性	高敏感性
面积/万千米 ^{2}	2.700 0	8.851 2	2.829 74	3.414 3	0.172 74
比例/%	15.03	49.26	15.75	19.00	0.96

3. 承灾载体易损性分析

对于热带气旋灾害致灾危险性及孕灾环境敏感性的分析主要是分析广东省不同区域热带气旋发生的可能性，而其会对区域造成的灾害程度多是取决于承灾载体损坏的程度。当有潜在危险性发生时，不同自然、社会、经济及环境等条件，不同的承灾载体所受到的损失是不同的。承灾载体的易损性是对某地的承灾载体，如经济情况和建筑结构、人口等在面对灾害时可能承受的损失度，所以主要用一些经济指标来进行表示。

本小节选取人口密度、65 岁以上人口比重及单位面积农业产值作为承灾载体脆弱性量化的指标。指标数据主要是来自于《2013 年广东统计年鉴》，以市级单元为研究尺度，将所得到的数据在 Excel 表格中进行整理，原始数据如表 7-17 所示。通过 ArcGIS 的 Join 功能和各行政性区划进行关联，实现统计数据与空间数据的结合。然后，将所得到的矢量数据转化为栅格数据，可以通过 ArcGIS 转换工具中的要素转栅格来实现。最后，为了将各指标实现无量纲化，根据指标标准化处理公式实现各项指标的归一化处理，标准值如表 7-18 所示。在 ArcGIS 中人口密度、65 岁以上人口比重及农业产值标准化值按五个等级的空间分布情况示意图，即低脆弱性、较低脆弱性、中脆弱性、较高脆弱性、高脆弱性，得到广东省热带气旋灾害承灾载体脆弱性指数区划图，如图 7-38~图 7-40 所示。

表 7-17　广东省热带气旋承灾载体指标原始值

城市	国民生产总值/亿元	人口密度/（人/千米 ^{2}）	65 岁以上人口比重/%	农业产值/万元
东莞市	5 490.02	3 381	2.26	18.93
中山市	2 638.93	1 779	4.36	36.59
云浮市	602.30	312	9.60	85.11
佛山市	9 566.95	5 011	5.18	109.98
广州市	15 420.14	1 783	6.56	202.71
惠州市	2 678.35	414	5.78	146.01
揭阳市	1 605.35	1 139	7.06	143.29
梅州市	800.01	271	10.18	172.08

续表

城市	国民生产总值/亿元	人口密度/（人/千米²）	65岁以上人口比重/%	农业产值/万元
汕头市	1 565.90	2 506	6.90	78.86
汕尾市	671.75	614	6.83	74.75
江门市	2 000.18	473	8.99	91.81
河源市	680.33	194	9.30	76.25
深圳市	14 500.23	5 323	1.74	5.33
清远市	1 093.04	199	9.28	145.77
湛江市	2 060.01	540	8.61	349.51
潮州市	780.34	862	8.36	38.82
珠海市	1 662.38	922	4.92	11.50
肇庆市	1 660.07	270	8.84	184.63
茂名市	2 160.17	526	9.16	296.74
阳江市	1 039.84	312	9.86	97.85
韶关市	1 010.07	157	9.86	148.24

表 7-18　广东省热带气旋承灾载体指标标准值

城市	国民生产总值/亿元	人口密度/（人/千米²）	65岁以上人口比重/%	农业产值/万元
东莞市	0.33	0.62	0.06	0.04
中山市	0.14	0.31	0.31	0.09
云浮市	0.00	0.03	0.93	0.23
佛山市	0.60	0.94	0.41	0.30
广州市	1.00	0.31	0.57	0.57
惠州市	0.14	0.05	0.48	0.41
揭阳市	0.07	0.19	0.63	0.40
梅州市	0.01	0.02	1.00	0.48
汕头市	0.07	0.45	0.61	0.21
汕尾市	0.00	0.09	0.60	0.20
江门市	0.09	0.06	0.86	0.25
河源市	0.01	0.01	0.90	0.21
深圳市	0.94	1.00	0.00	0.00
清远市	0.03	0.01	0.89	0.41
湛江市	0.10	0.07	0.81	1.00
潮州市	0.01	0.14	0.78	0.10
珠海市	0.07	0.15	0.38	0.02
肇庆市	0.07	0.02	0.84	0.52
茂名市	0.11	0.07	0.88	0.85
阳江市	0.03	0.03	0.96	0.27
韶关市	0.03	0.00	0.96	0.42

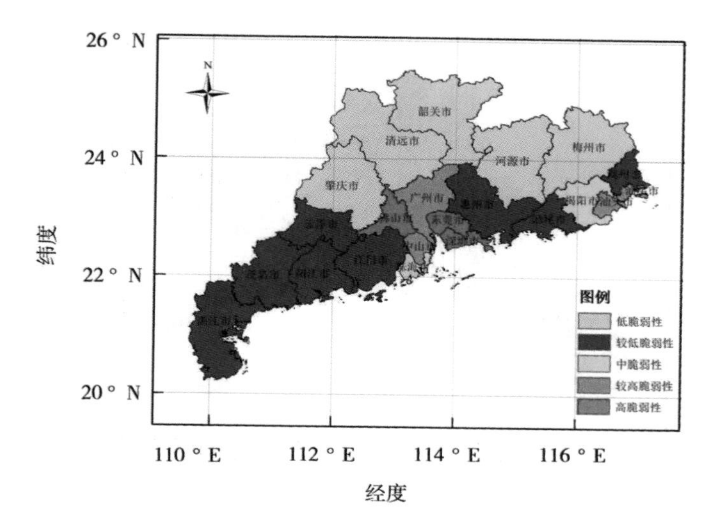

图 7-38　人口密度空间分布

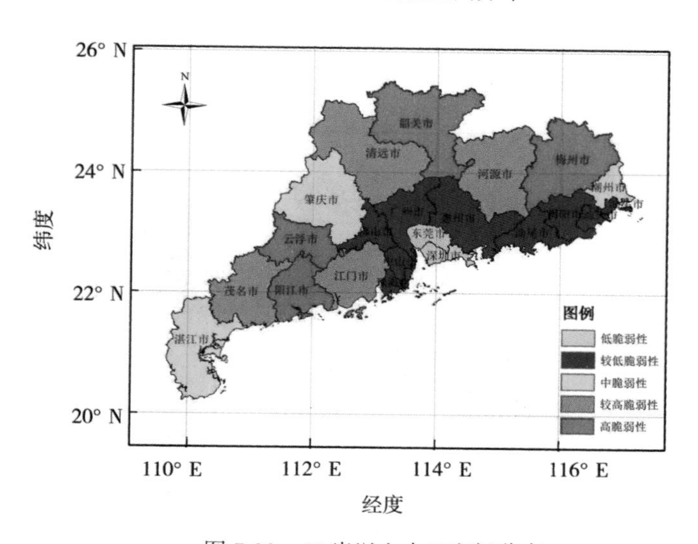

图 7-39　65 岁以上人口空间分布

对承灾载体的易损性进行区划，可以对不同区域承灾载体的分布及易损度进行评估，是将热带气旋灾害致灾因子与其可能造成的灾情进行连接的重要步骤。对热带气旋灾害承灾载体脆弱性进行评估同样也是基于加权叠加的理论，根据各指标的权重值，结合 ArcGIS 地图代数的规则及空间分析工具中的加权叠加功能，将人口密度、65 岁以上人口比重及单位面积农业产值这三项指标的栅格区划图，

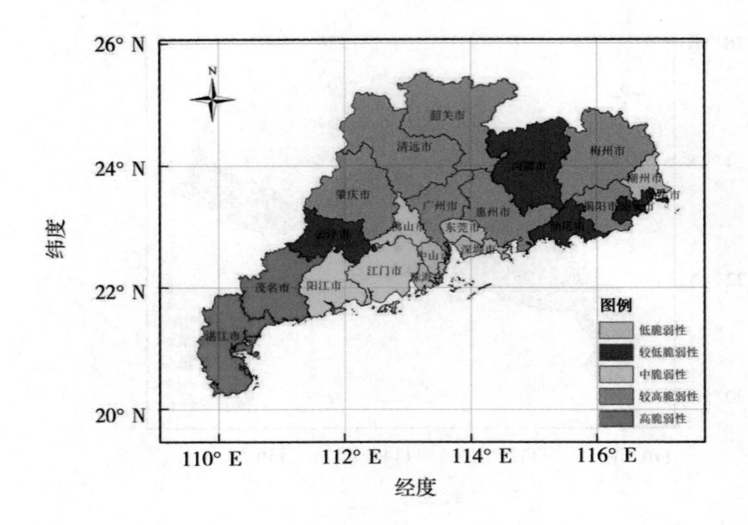

图 7-40　单位面积农业产值空间分布

按照灾害评估的加权叠加模型进行地图加权叠加，得到广东省热带气旋灾害的承灾载体脆弱性空间区划图，如图 7-41 所示。

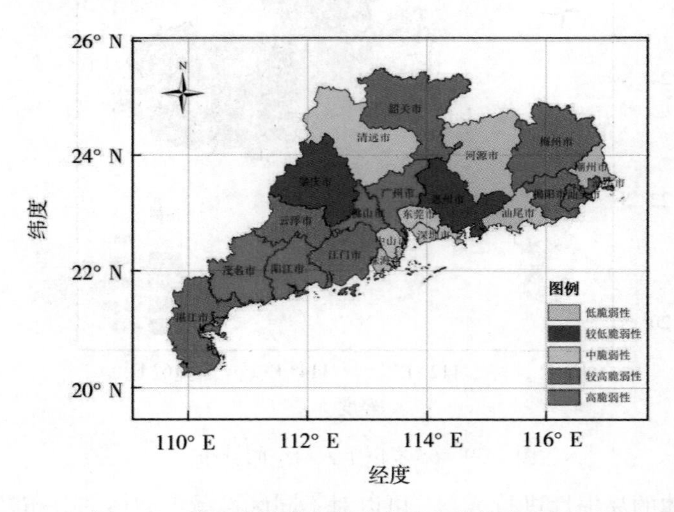

图 7-41　广东省热带气旋灾害承灾载体脆弱性区划图

从图 7-41 中可以看出，由于广州、东莞等市的人口密集及其财富也较为高度集中，经加权叠加后，这些市的承灾载体脆弱性较高，从而灾害可能带来的损失偏高；虽然茂名和阳江的人口密度处于较低水平，但是其 65 岁以上的人口占有较大的比重，且农业产值较高，在面对热带气旋灾害发生时，可能受到的危险性也就随之提高，使其区域内的承灾载体易损性处于高脆弱性水平。经常受到热带气旋登陆的湛江、江门及汕头等市的承灾载体脆弱性处于较高水平。而深圳、东莞及中山等市的人口虽然密集，但是区域内的平均年龄水平多是小于 65 岁，以及该区域的农业产值处于较低水平，所以其承灾载体脆弱性处在中等水平；汕尾和潮州等市由于其人口较为稀疏，且 65 岁以上人口比重较低，所以其承灾载体脆弱性水平较其他市低。

根据所得到的承灾载体脆弱性空间区划图，可以得到不同等级热带气旋灾害承灾载体脆弱性面积及其占全省的比重（表 7-19），其中高危险性所占的比例为 17.00%，低危险性等级占有 14.70%，总体来看，广东省热带气旋灾害致灾危险性等级分布多是处在较低脆弱性水平以下，广东省大部分的区域还是处于中等以下的致灾危险性等级，且省会城市及其附近市的脆弱性多是高于其他市。

表 7-19　广东省热带气旋不同等级承灾载体脆弱性面积及其比重

脆弱性	低脆弱性	较低脆弱性	中脆弱性	较高脆弱性	高脆弱性
面积/万千米 ^{2}	2.641 2	2.620 0	2.521 8	7.1294 5	3.055 4
比例/%	14.70	14.58	14.04	39.68	17.00

4. 防灾减灾能力分析

在之前学者对自然灾害风险评估的研究中，主要是从致灾因子的危险性、孕灾环境的敏感性及承灾载体的易损性三个方面进行考虑。随着社会经济的不断发展及政府对灾害防御能力的重视，防灾减灾能力在灾害风险中有着越来越重要的作用，考虑区域防灾减灾能力对于准确评估区域灾害风险有着重要的意义。广东省社会发展程度高，经济均值处在全国较高水平，而且人口密集受热带气旋灾害的影响也较为严重，针对灾害所带来的严重影响，广东省政府也对热带气旋灾害表现出高度的重视，对气象预测预警及社会保障、社会福利等方面进行不断完善。一般来说，人均居民存款与生活水平成正比，即人均居民存款越高，生活水平则越高，防灾减灾能力也越强；地方财政收入越高，表示该地区的经济水平越高，防灾减灾能力也会相应的提高；每百人拥有病床数表示地区医疗水平，是灾中救援、灾后恢复的根本保障；社会保险平均参保率可表示社会参与灾害恢复的程度，参保率高，防灾减灾能力强（曾思亮等，2013）。

本小节选取人均财政收入、人均居民存款、人均病床数三个指标作为防灾减灾能力量化的指标。指标数据主要来自《2013 年广东的统计年鉴》，以市级单元为研究尺度，将所得到的数据在 Excel 表格中进行整理，原始数据如表 7-20 所示。通过 ArcGIS 的 Join 功能和各行政性区划进行关联，实现统计数据与空间数据的结合。然后，再将所得到的矢量数据转化为栅格数据，可以通过 ArcGIS 转换工具中的要素转栅格来实现。最后，为了将各指标实现无量纲化，根据指标化公式实现各项指标的归一化处理，标准值如表 7-21 所示。在 ArcGIS 中将人均地方财政收入、人均居民存款、人均病床数三个指标标准化值按五个等级进行脆弱性的区划，即低防灾减灾能力、较低防灾减灾能力、中防灾减灾能力、较高防灾减灾能力、高防灾减灾能力，得到广东省热带气旋灾害防灾减灾能力区划图，如图 7-42~图 7-44 所示。

表 7-20　广东省热带气旋防灾减灾能力指标原始值

城市	人均地方财政收入/亿元	人均居民存款/万元	人均病床数/（张/百人）
东莞市	44 676 005.680	44 676 005.680	0.309 453 38
中山市	19 307 889.570	19 307 889.570	0.385 172 82
云浮市	5 175 140.202	5 175 140.202	0.287 514 41
佛山市	55 483 200.290	55 483 200.290	0.485 011 72
广州市	121 785 838.100	121 785 838.100	0.567 046 76
惠州市	15 330 088.070	15 330 088.070	0.407 544 52
揭阳市	11 255 485.620	11 255 485.620	0.193 454 22
梅州市	8 854 622.575	8 854 622.5750	0.326 886 46
汕头市	16 612 067.600	16 612 067.600	0.267 641 10
汕尾市	67 355 319.860	67 355 319.860	0.237 392 00
江门市	20 295 490.100	20 295 490.100	0.373 421 38
河源市	4 792 944.218	4 792 944.218	0.338 425 07
深圳市	89 261 029.460	89 261 029.460	0.275 625 89
清远市	8 373 465.797	8 373 465.797	0.342 635 05
湛江市	14 044 887.370	14 044 887.370	0.368 377 73
潮州市	6 441 055.607	6 441 055.607	0.211 872 55
珠海市	13 311 430.270	13 311 430.270	0.472 237 94
肇庆市	9 736 000.796	9 736 000.796	0.315 457 10
茂名市	11 352 341.250	11 352 341.250	0.356 860 14
阳江市	5 569 487.002	5 569 487.002	0.344 828 97
韶关市	7 849 054.496	7 849 054.496	0.509 212 85

表 7-21　广东省热带气旋防灾减灾能力指标标准值

城市	人均地方财政收入/亿元	人均居民存款/万元	人均病床数/（张/百人）
东莞市	0.340 902	0.340 902	0.310 496
中山市	0.124 067	0.124 067	0.513 176
云浮市	0.003 267	0.003 267	0.251 772
佛山市	0.433 276	0.433 276	0.780 416
广州市	1	1	1
惠州市	0.090 067	0.090 067	0.573 058
揭阳市	0.055 239	0.055 239	0
梅州市	0.034 717	0.034 717	0.357 160
汕头市	0.101 024	0.101 024	0.198 577
汕尾市	0.534 754	0.534 754	0.117 609

续表

城市	人均地方财政收入/亿元	人均居民存款/万元	人均病床数/（张/百人）
江门市	0.132 508	0.132 508	0.481 720
河源市	0	0	0.388 045
深圳市	0.721 993	0.721 993	0.219 950
清远市	0.030 605	0.030 605	0.399 314
湛江市	0.079 081	0.079 081	0.468 220
潮州市	0.014 087	0.014 087	0.049 301
珠海市	0.072 812	0.072 812	0.746 224
肇庆市	0.042 251	0.042 251	0.326 567
茂名市	0.056 067	0.056 067	0.437 391
阳江市	0.006 638	0.006 638	0.405 187
韶关市	0.026 122	0.026 122	0.845 195

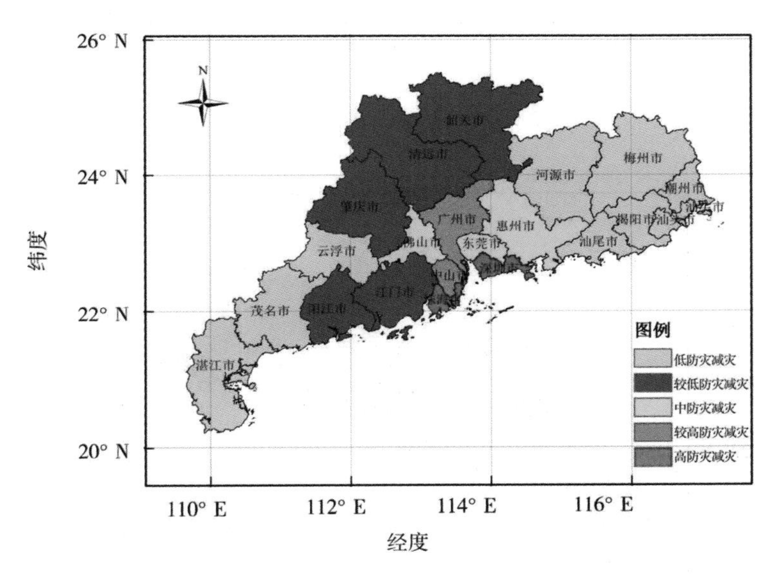

图 7-42 人均地方财政收入空间分布图

对区域的防灾减灾能力进行评价同样也是基于加权叠加的理论，根据各指标的权重值，结合 ArcGIS 地图代数的规则以及空间分析工具中的加权叠加功能，将人均地方财政收入、人均居民存款数及人均病床数这三项指标的栅格区划图，按照灾害评估的加权叠加模型进行地图加权叠加，得到广东省热带气旋灾害的防灾减灾能力空间区划图，如图 7-45 所示。

从图 7-45 中可以看出，广东省对热带气旋灾害的防灾减灾能力普遍不高。广州作为省会城市，其财政收入、人均居民存款及人均病床数均处在较高水平，从而对热带气旋灾害的防灾减灾能力水平在全省最高；而深圳、珠海、佛山及中山

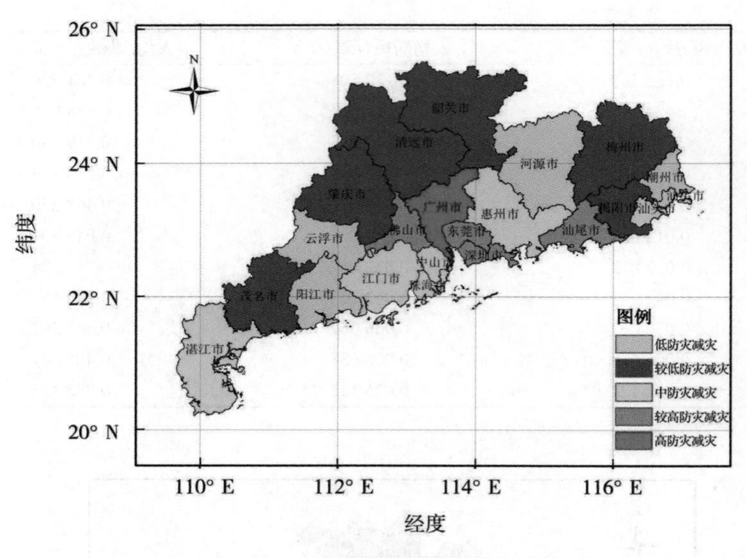

图 7-43　人均居民存款空间分布图

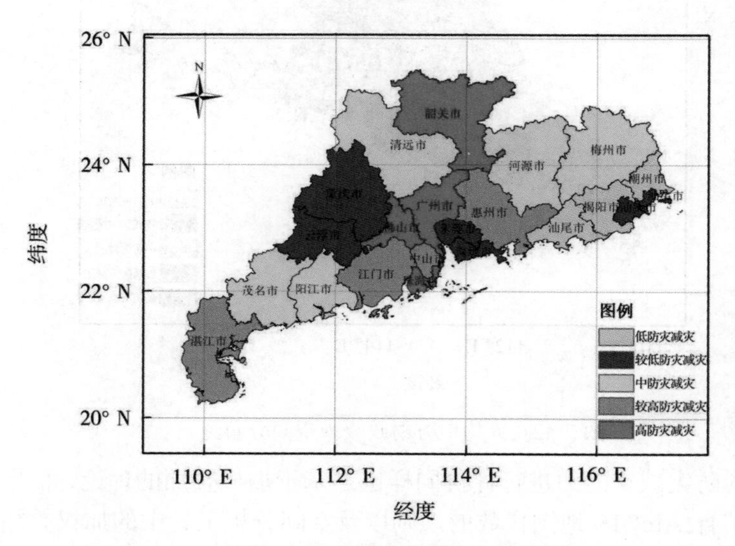

图 7-44　人均病床数空间分布图

这些城市的防灾减灾能力处在较高水平；而遭受热带气旋危害性较大的湛江、阳江及汕尾等市由于经济水平欠发达，且医疗救援能力也处于全省中等以下水平，造成其对热带气旋灾害的防灾减灾能力也均处在中等水平以下。

根据所得到的防灾减灾能力空间区划图，可以得到不同等级热带气旋灾害防灾减灾能力面积及其占全省的比重（表 7-22），其中高危险性所占的比例为 4.14%，

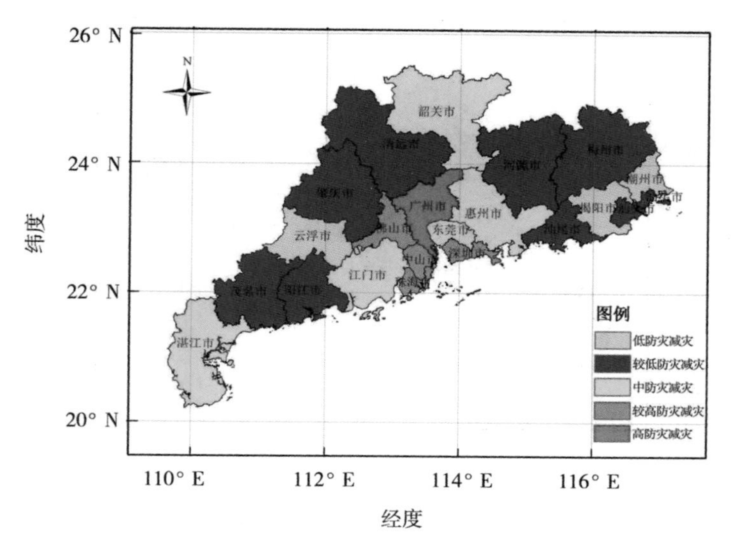

图 7-45 广东省热带气旋灾害防灾减灾能力区划图

低危险性等级占有 9.27%，总体来看，广东省热带气旋灾害防灾减灾能力 60.59% 处在较低水平以下。广东省大部分区域的防灾减灾能力还是处于中等以下，只有一些经济较发达的城市具有较高的防灾减灾能力。

表 7-22 广东省热带气旋不同等级防灾减灾能力面积及其比重

脆弱性	低防灾减灾	较低防灾减灾	中防灾减灾	较高防灾减灾	高防灾减灾
面积/万千米 2	1.663 3	9.220 6	5.407 7	0.928 9	0.743 4
比例/%	9.27	51.32	30.10	5.19	4.14

7.5.4 热带气旋灾害综合风险分析及区划

热带气旋灾害的综合风险评估是基于 H、E、V 及 R 水平四个因素综合作用的结果。根据前文构建的热带气旋灾害系统模型，通过加权综合评价的方法计算出广东省以市级为研究尺度的综合风险度，结合 ArcGIS 空间分析工具将风险度数值采用自然断裂法分成五个风险度等级，即高风险区、较高风险区、中风险区、较低风险区及低风险区，最终得到广东省热带气旋综合风险区划图（图 7-46）和各市热带气旋灾害综合风险值（表 7-23）。根据广东省热带气旋综合风险区划结果和热带气旋灾害不同综合风险等级面积及其比重表（表 7-24），我们可以得到以下特点。

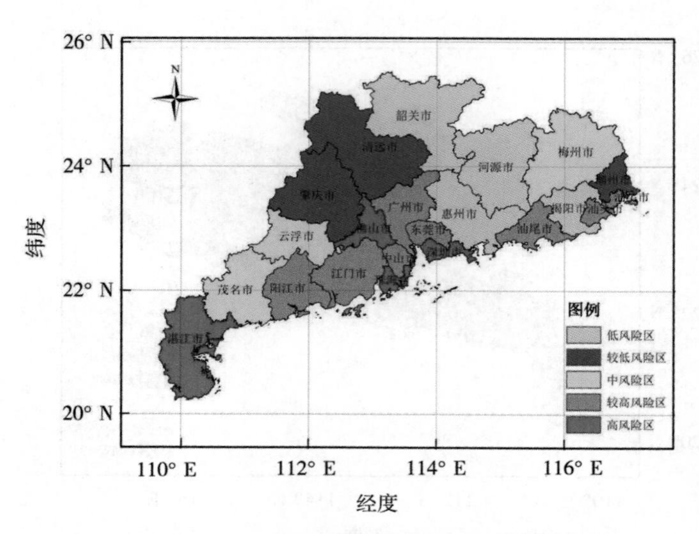

图 7-46　广东省热带气旋灾害综合风险区划图

表 7-23　广东省热带气旋灾害综合风险值

城市	致灾危险性	孕灾环境敏感性	承灾载体脆弱性	防灾减灾	灾害综合风险值
东莞市	0.5	0.75	0.298 354	0.329 159	0.523 115
中山市	0.75	0.75	0.255 374	0.274 341	0.583 648
云浮市	0.5	0.5	0.365 14	0.099 24	0.519 174
佛山市	0.5	0.75	0.612 972	0.567 342	0.567 985
广州市	0.25	0.5	0.457 03	1	0.532 453
惠州市	0.5	0	0.275 784	0.276 598	0.421 23
揭阳市	0.5	0	0.381 711	0.033 906	0.498 76
梅州市	0.5	0.25	0.445 074	0.159 245	0.445 757
汕头市	0.75	0.75	0.441 16	0.138 699	0.682 106
汕尾市	0.75	0. 5	0.279 085	0.373 652	0.620 187
江门市	0.75	0.75	0.360 937	0.267 374	0.632 474
河源市	0.25	0	0.341 968	0.149 863	0.234 614
深圳市	1	0.75	0.434 5	0.528 104	0.666 961
清远市	0.25	0.25	0.388 456	0.173	0.344 851
湛江市	1	0.75	0.535 647	0.229 367	0.765 93
潮州市	0.75	0.25	0.333 076	0.027 687	0.488 405
珠海市	1	1	0.190 677	0.332 884	0.636 792
肇庆市	0.25	0.25	0.404 254	0.152 054	0.349 602
茂名市	0.5	0.25	0.520 606	0.203 334	0.457 326
阳江市	0.75	0.5	0.384 588	0.160 557	0.590 661
韶关市	0	0.25	0.408 798	0.342 448	0.126 520

表 7-24　广东省热带气旋灾害不同综合风险等级面积及其比重

综合风险等级	低风险区	较低风险区	中风险区	较高风险区	高风险区
面积/万千米²	3.420 0	3.400 0	6.499 0	3.401 8	1.247 1
比例/%	19.03	18.93	36.17	18.93	6.94

（1）高风险区和较高风险区分别占广东省总面积的 6.94%和 18.93%，主要是分布在广东省沿海地区的湛江市、阳江市、江门市、珠海市、中山市、深圳市及汕头市和汕尾市，这些地区受热带气旋灾害的影响较为频繁，在时空特征分析部分，可以明显看出，这些地区多是热带气旋偏好登陆的地区，尤其是位于粤西地区的湛江市，由于广东省热带气旋路径登陆特征多是西多东少，而且湛江市地势多是为海拔 100 米以下的低台阶，造成其地势较为平缓，而且该市河网密度较高，在遭受热带气旋灾害侵袭时，其发生洪涝及暴雨灾害的风险值将会大大提高。而珠海和深圳等市位于珠江沿岸，这些区域的经济水平较为发达，人口密度也较大，在承灾载体脆弱性方面风险值处于较高水平，同时热带气旋灾害登陆也较为频繁，但是这类区域的防灾减灾能力水平较高，应对热带气旋灾害方面有着丰富的经验，而且政府对灾害应对方面做的投资较为可观，所以这些区域的风险区域略低于湛江市。汕头和汕尾等市作为粤东区域热带气旋的登陆热点区域，这些区域登陆的热带气旋强度较高，多是强热带风暴等级，造成的风雨灾害损失较为严重。

（2）中等风险区多是分布在中部区域的茂名市、云浮市、广州市、东莞市、惠州市、梅州市、揭阳市及潮州市。这些地区的所占比例为 36.17%，约占广东省总面积的一半。这些地区大部分的 H、V、E 及 R 水平多是处在中等水平。其中，广州市作为省会城市，其承灾载体脆弱性处在最高水平，但是其经济水平及医疗能力也是处在最高水平，结合指标的权重在一定程度上使该区域的综合风险值处在中等水平。

（3）较低风险区及低风险区分别占有 18.93%和 19.03%的比重，而且多是分布在粤北地区的肇庆市、清远市及韶关市、河源市。虽然这些区域的防灾减灾能力处于较低水平，但是其远离海岸线，常年受到热带气旋影响的次数也较少，而且在孕灾环境方面，该地区的植被覆盖密度较高，使该区域的孕灾环境敏感性较小。但是这些区域的经济欠发达，且人口多是集中在基础设施较为完善的城镇，造成防灾减灾能力水平相对较低，而且，这些地区大多是山区，热带气旋灾害暴雨容易引发山洪及滑坡、泥石流等地质灾害，应该注意加强热带气旋灾害链的研究，以防热带气旋灾害次生灾害发生以致灾情扩大。因此，在指定热带气旋灾害防灾减灾规划时，应该基于区域热带气旋灾害风险的分布情况，针对性地提出防御对策，提高风险防治的效率。

参考文献

曹祥村，袁群哲，杨继鈜，等. 2007. 2005 年登陆我国热带气旋特征分析. 应用气象学报，18（3）：412-416.
邓泽文. 2011. 广东省台风灾害风险评估研究. 华中师范大学硕士学位论文.
丁燕，史培军. 2002. 台风灾害的模糊风险评估模型. 自然灾害学报，（1）：34-43.
国家标准化管理委员会. 2006. GB/T 19201-2006. 热带气旋等级. 北京：中国质检出版社.
黄崇福. 1999. 自然灾害风险分析的基本原理. 自然灾害学报，（2）：21-30.
黄崇福，史培军. 1994. 城市自然灾害风险评价的二级模型. 自然灾害学报，（2）：22-27.
黄崇福，史培军，张远明. 1994. 城市自然灾害风险评价的一级模型. 自然灾害学报，（1）：3-8.
黄崇福，张俊香，陈志芬，等. 2004. 自然灾害风险区划图的一个潜在发展方向. 自然灾害学报，（2）：9-15.
孔令娜. 2012. 基于 GIS 的热带气旋路径相似法预测的研究. 中南大学硕士学位论文.
雷永登，王静爱，黄晓云. 2012. 广东省台风灾害风险及适应对策研究：风险分析和危机反应的创新理论和方法. 中国灾害防御协会风险分析专业委员会第五届年会.
李英，陈联寿，张胜军. 2004. 登陆我国热带气旋的统计特征. 热带气象学报，20（1）：14-23.
梁必骐，梁经萍，温之平. 1995. 中国台风灾害及其影响的研究. 自然灾害学报，（1）：84-91.
邱海军，曹明明，曾彬. 2011. 基于小波分析的西安降水时间序列的变化特征. 中国农业气象，32（1）：23-27.
史培军. 1996. 再论灾害研究的理论与实践. 自然灾害学报，（4）：8-19.
史培军. 2002. 三论灾害研究的理论与实践. 自然灾害学报，（3）：1-9.
史培军. 2005. 四论灾害系统研究的理论与实践. 自然灾害学报，（6）：1-7.
史培军. 2009. 五论灾害系统研究的理论与实践. 自然灾害学报，18（5）：1-9.
史培军. 2014. 灾害系统复杂性与综合防灾减灾. 中国减灾，（21）：20-21.
史培军，黄崇福，叶涛，等. 2005. 建立中国综合风险管理体系. 中国减灾，（1）：37-39.
孙宇锋. 2006. 基于 MATLAB 的模糊聚类分析及应用. 韶关学院学报（自然科学），（9）：1-4.
唐丽丽. 2011. 基于 GIS 的台风灾害灾情及风险评估研究. 首都师范大学硕士学位论文.
王桂娟. 2013. 广东省热带气旋灾害分析与风险区划. 南京信息工程大学硕士学位论文.
王凌，罗勇，徐良炎，等. 2006. 近 35 年登陆我国台风的年际变化特征及灾害特点. 科技导报，（11）：23-25.
谢翠娜，王军，胡蓓蓓，等. 2008. 基于情景模拟的天津滨海地区风暴潮频率分析及风险评估. 中国地理学会 2008 年学术年会.
谢炯光，纪忠萍. 2003. 登陆广东省热带气旋的奇异谱分析. 热带气象学报，（2）：163-168.
薛晔，黄崇福. 2006. 自然灾害风险评估模型的研究进展. 中国灾害防御协会风险分析专业委员会第二届年会.
杨玉华，应明，陈葆德. 2009. 近 58 年来登陆中国热带气旋气候变化特征. 气象学报，（5）：689-696.
叶英，董波. 2002. 登陆我国热带气旋活动的年代际变化分析. 海洋预报，19（2）：23-30.
殷杰. 2011. 中国沿海台风风暴潮灾害风险评估研究. 华东师范大学博士学位论文.

于洋. 2009. 模糊聚类分析中模糊 c 均值聚类计算方法研究. 沈阳工业大学硕士学位论文.
俞布. 2011. 杭州市台风灾害风险区划与评价. 南京信息工程大学硕士学位论文.
袁金南，郑彬. 2010. 广东热带气旋降水年代际变化特征的分析. 热带气象学报，26（4）：385-391.
曾思亮，郑细华，王辉，等. 2013. 广东省龙川县低温冻害风险区划研究. 第 30 届中国气象学会年会.
张俊香，黄崇福. 2004. 自然灾害区划与风险区划研究进展. 中国灾害防御协会——风险分析专业委员会第一届年会.
张俊香，黄崇福，刘旭拢. 2008. 广东沿海台风暴潮灾害的地理分布特征和风险评估（1949—2005）. 应用基础与工程科学学报，（3）：393-402.
郑璟，伍红雨，王兵. 2014. 2013 年广东省气候综述及气候异常成因分析. 广东气象，36（1）：26-29.
郑颖青，余锦华，吴启树，等. 2013. K-均值聚类法用于西北太平洋热带气旋路径分类. 热带气象学报，（4）：607-615.
周俊华，史培军，陈学文. 2002. 1949 ~ 1999 年西北太平洋热带气旋活动时空分异研究. 自然灾害学报，（3）：44-49.
邹敏. 2007. 基于 GIS 技术的黄水河流域山洪灾害风险区划研究. 山东师范大学硕士学位论文.
Abonyi J，Feil B. 2007. Cluster Analysis for Data Mining and System Identification. Berlin：Birkh ă user.
Blender R，Schubert M. 2000. Cyclone tracking in different spatial and temporal resolutions. Monthly Weather Review，128（2）：377.
Camargo S J，Robertson A W，Gaffney S J，et al. 2007a. Cluster analysis of typhoon tracks. Part Ⅰ：general properties. Jounal of Climate，20（14）：3635-3653.
Camargo S J，Robertson A W，Gaffney S J，et al. 2007b. Cluster analysis of typhoon tracks. Part Ⅱ：large-scale circulation and ENSO. Journal of Climate，20（14）：3654-3676.
Chan J C L，Shi J. 1996. Long-term trends and interannual variability in tropical cyclone activity over the Western North Pacific. Geophysical Research Letters，23（20）：2765.
Doukakis E. 2005. Identifying coastal vulnerability due to climate changes. Journal of Marine Environmental Engineering，8（2）：155-160.
Elsner J B. 2003. Tracking hurricanes. Bulletin of the American Meteorological Society，84（3）：353-356.
Emanuel K. 2005. Increasing destructiveness of tropical cyclones over the past 30 years. Nature，436（7051）：686-688.
Harr P A，Elsberry R L. 1995. Large-scale circulation variability over the tropical Western North Pacific. Part Ⅰ：spatial patterns and tropical cyclone characteristics. Monthly Weather Review，123：1225-1246.
Henderson-Sellers A，Zhang H，Berz G，et al. 1998. Tropical cyclones and global climate change：a post-IPCC assessment. Bulletin of American Meteorological Society，79：19-38.
Ho C，Baik J，Kim J，et al. 2004. Interdecadal changes in summertime typhoon tracks. Journal of Climate，17（9）：1767-1776.
Hsu K，Li S. 2010. Clustering spatial-temporal precipitation data using wavelet transform and self-organizing map neural network. Advances in Water Resources，33（2）：190-200.

Jelesnianski C P. 1965. A numerical calculation of storm tides induced by a tropical storm impinging on a continental shelf. Monthly Weather Review，93（6）：343-358.

Lander M A. 1996. Specific tropical cyclone track types and unusual tropical cyclone motions associated with a reverse-oriented monsoon trough in the Western North Pacific. Weather and Forecasting，11（2）：170-186.

Lindell M，Prater C，Perry R W，et al. 2006. Hazard，Vulnerability and Risk Analysis. New York：John Wiley & Sons.

Mcinnes K L，Walsh K J E，Hubbert G D，et al. 2003. Impact of sea-level rise and storm surges on a coastal community. Natural Hazards，30（2）：187-207.

Nakamura J，Lall U，Kushnir Y，et al. 2009. Classifying North Atlantic tropical cyclone tracks by mass moments*. Journal of Climate，22（20）：5481-5494.

Knutson T K，Tuleya R E，Kurihara. 1998. Simulated increase of hurricane intensities in a CO_2-warmed climate. Science，279：1018-1020.

Sang Y A. 2013. Review on the applications of wavelet transform in hydrology time series analysis. Atmospheric Research，122：8-15.

Taramelli A，Valentini E，Sterlacchini S. 2014. A GIS-based approach for hurricane hazard and vulnerability assessment in the Cayman Islands. Ocean & Coastal Management，108：1-15.

Zuki Z M，Lupo A R. 2008. Interannual variability of tropical cyclone activity in the Southern South China Sea. Journal of Geophysical Research，113（D6）：106-133.

第8章

城市暴雨灾害风险分析与应对

8.1 城市暴雨灾害的特点和风险分析框架

我国是世界上最大的发展中国家，也是世界上受暴雨灾害影响最严重的国家之一。近年来，我国各大城市暴雨内涝屡见不鲜，经常造成巨大的经济损失和负面影响。2012年北京“7·21”特大暴雨灾害造成房屋倒塌10 660间，160.2万人受灾，经济损失116.4亿元，暴雨对基础设施造成重大影响，尤其是造成交通瘫痪、道路中断。2014年5月8日至11日，广东暴雨造成江门、深圳、珠海等8地23县118个乡镇33.92万人受灾，5人死亡，直接经济损失5.45亿元。2015年“7·23”武汉暴雨，造成城区多段道路严重积水，地铁公交停滞，市民无法出行。“逢雨必涝，逢涝必灾”已经越来越成为我国城市的真实写照。

我国有70%以上的大城市分布在暴雨、洪涝灾害严重的沿海及东南部地区。随着社会经济快速发展与城镇化水平不断提高，长三角、珠三角、京津冀等城市群发展迅速，造成高密度人口分布、不够合理的城市空间布局、不配套的基础设施、人口和财富过度集中于城市中心及不健全的城市暴雨灾害风险管理体制等问题互相叠加，导致我国城市暴雨灾害形势异常严峻，暴雨灾害风险呈现出复杂性、多样性、连锁性和放大性的特点（权瑞松，2012）。

在日益复杂的全球气候变化，以及海平面上升与我国不断深入的城市化过程耦合作用下，聚焦城市暴雨灾害，并基于城市系统特征梳理城市暴雨灾害风险构成，厘清成灾机理，建立一套暴雨灾害风险评估范式，并开展高质量的城市暴雨灾害风险评估实证研究，为城市应急管理、城市规划等提供科学依据，已经成为城市灾害风险研究与可持续发展领域亟待解决的热点问题和学术前沿课题。

8.1.1　城镇化进程给暴雨灾害风险管理带来的挑战

暴雨灾害是常见的气象灾害。随着城镇化进程不断推进、城市化水平的不断提高、城市系统中人口与财富的高度集中，以及城市系统的正常运行与发展对城市基础设施的高度依赖性，城市暴雨灾害系统与传统的暴雨灾害相比表现出截然不同的特征，具体有以下几个方面。

1）极端天气事件发生随机性加强，频度增加

从根本上说，城市灾害是由人为因素引起的。人为因素可改变城市暴雨灾害致灾因子的发生频率和强度，具体表现在：人类活动导致的全球气候变化及海平面上升在城市局地的具体表征，改变了城市暴雨灾害重要的致灾因子——气团、锋、气旋和反气旋等天气系统产生的强降雨发生概率与强度。已有研究表明：近 20 年是继 20 世纪 50 年代长江和淮河流域洪灾之后的暴雨灾害高发期，进入 21 世纪后我国极端气候事件更为频繁，强降水事件、台风和强对流天气大幅增加（钟军，2013）。人类活动对城市暴雨灾害致灾因子的影响会增大灾情的严重程度。

2）城镇化改变了市区局地气候，城市降水特征有所变化

城镇化进程对降水量的影响是增加还是减少仍然存在争议。不可否认的是，越来越密集的人类活动和频繁的改造自然以一定的机制改变了降雨的时空分布模式。目前研究探讨得比较多的影响机制是城市热岛效应。

城市空气中较高浓度的二氧化碳和烟雾会吸收地面长波辐射，同时下垫面具有较高的热传导率与热容量和大量的人工热源，使城市的气温明显高于附近郊区，这种温度异常就是通常所谓的“城市热岛效应”。由于热岛效应，城市空气结层不稳定，有利于产生热力对流，当城市中水汽充足时，容易形成对流云和对流性降水。同时，城市因有高低不一的建筑，其粗糙度比附近郊区平原大。这不仅引起湍流，而且对稳动滞缓的降水系统（静止锋、静止切边、缓进冷锋等）有阻碍效应，使其移动速度减慢，在城区滞留的时间加长，因而导致城区的降水强度增大，降水时间延长。

3）下垫面条件改变，同量级暴雨更易造成危害

从 1978 年改革开放以来，中国城镇化进程在国民经济的高速增长下被迅速推进，城镇化率由 1978 年的 19.92%增长到 2014 年的 54.77%。大批农村人口涌入城市，高楼大厦拔地而起，各种公共设施与生命线工程的建设极大地影响了下垫面情况，尤其是反映在降雨的产汇流条件上。

在水文学上，把从降雨落到地面开始至汇集到流域出口断面的全过程称为径流形成过程。径流形成过程通常划分为产流和汇流两个阶段。产流是指降雨量扣

除损失形成净雨的过程。降雨损失包括植物截留、下渗、填洼与蒸发。汇流是指产流水量在一定范围内汇集的过程。流域的下垫面条件是指流域的地形、地质构造、土壤和岩石性质、植被、河流、湖泊及水利工程等情况。下垫面条件直接影响径流形成规律。通常来说，时间和空间分布完全相同的两场暴雨，落在两种不同的下垫面上，形成的降雨流量和滞留时长可能完全不同。近几十年快速推进的城镇化进程对下垫面的改变主要表现为不透水面积增加、河流与湖泊等蓄水体可能有所减少。

首先，城镇化使原先空旷的农田或森林被大量建筑物、道路和停车场等代替，人们大量使用混凝土、沥青、砖石、金属等建筑材料铺设城区和道路，不透水面积大为增加。就蓄满产流地区的产汇流过程来说，一次降水后流域蓄水很容易达到饱和，因此下渗水量不全部是损失，其中一部分会形成地下径流。土壤表面覆盖了不透水面后，上述流量下渗满足植物截留和土壤中流后形成地下径流的过程就不会发生了，降雨量扣除蒸发量后全部形成地面径流，顺着坡面就近进入排水管网系统迅速外排。

其次，农村地区或旧城区周边原有的湖泊或河流等水体本身具有一定的排水、蓄洪能力，随着城市的发展，市区周边的洼地、池塘、河沟等不断被填平，城区调蓄能力减弱，导致相同降雨条件下发生内涝的几率大大增加。例如，上海市城镇化进程中水网遭到破坏，全市水面率自 20 世纪 80 年代以来减少了将近 3 百分点，导致河道调蓄能力和生态功能减弱。

以上对产汇流机制的分析表明，城市不透水面积增加、河流湖泊等蓄水体减少引起的水文效应使降雨下渗量大为减少、地面径流成分增多、汇流速度加快。根据相关学者的研究，同等降雨条件下，现在城区的暴雨径流量是城市化前的 2~4 倍，同时内涝的持续时间也大为增加。

4）城市内人口和资产高度集中，暴雨灾害损失加重

目前中国的城市数目超过 660 个，城镇人口 7.5 亿，城镇化率高达 54.77%，已经形成了京津冀、长三角、长江中游、成渝、珠三角五个城市群，这五大城市群 GDP 占了全国总量的半壁江山。经济类型的多元化及资产的高密度性，致使城市暴雨灾害承灾载体的种类多、价值高。同时由于交通、水电、通信、金融信息网络等为主体的城市命脉的重要性与日俱增，一旦因暴雨灾害产生内涝或城区洪水，城市工商业、服务业等经济活动因灾中断产生的间接损失比重不断加大。而有时即使是生命线网络系统的局部地区受淹，也会影响整个系统的工程实现，灾害影响范围及持续时长大大增加。

城市暴雨灾害与传统暴雨灾害风险特征比较见表 8-1。

表 8-1　城市暴雨灾害与传统暴雨灾害风险特征比较

比较类别	传统暴雨灾害	城市暴雨灾害
灾害成因	以极端降水事件等自然因素为主	受自然因素影响的同时，人为因素导致下垫面改变的影响加剧，如城镇化进程增大了不透水面积比等
表现形式	强降雨带来的山洪、滑坡、泥石流等	主要是短时间内强降雨和不完善的城市排水防涝系统造成的内涝
承灾载体类型	多为农田、鱼塘、村镇等价值较低、类型简单的承灾载体	除了人和房屋及屋内财产，还有水电、交通、通信等生命线工程及社会经济活动等更为密集、复杂的承灾载体
灾损类型	主要为农林作物毁坏、屋舍坍塌、人员伤亡等	企业资产、公共事业设施、居民家庭资产、城市生命线系统的损坏和交通运输等社会经济活动的中断或延迟。通常间接损失大于直接损失
防灾减灾对策	防洪工程体系、避难体系、抗洪抢险等	灾害预警系统、应急管理水平和社会保障体系逐步完善

8.1.2　城市暴雨灾害风险分析框架

1. 城市暴雨灾害系统构成与特征

城市暴雨灾害系统是典型的城市自然灾害系统之一，其具体组成如下。

1）致灾因子

城市暴雨灾害是由气团、锋、气旋和反气旋等天气系统产生的强降雨（暴雨）不能及时排出使城市各种建筑设施被淹，市民生产生活不能正常进行，甚至造成城市系统功能紊乱或丧失、人员伤亡、经济损失、社会影响显著的自然现象。

大气层变异是最重要的暴雨灾害诱因之一。短时高强度降水事件或持续几天、几周甚至数月的强降水事件会造成严重的暴雨灾害。例如，2011 年 9 月四川、陕西、河南、重庆、湖北、青海、山东、山西、甘肃 9 省（直辖市）64 市（含自治州）310 个县的暴雨灾害就是由持续性强降水引发的。同时，长时间的降水事件往往伴随着季风活动、热带气旋等现象。例如，1861 年印度乞拉朋齐地区的长时间降水就是季风从孟加拉湾携带不稳定的湿润空气越过喜马拉雅山脉产生的，并导致 7 月降水量达 9 300 毫米。暴雨灾害的形成常伴随着大尺度的海洋大气过程。例如，1993 年美国洪水灾害就是在厄尔尼诺和南方涛动现象影响下形成的；1988 年苏丹和孟加拉国洪水灾害的形成也与拉尼娜现象有关；1974~1975 年澳大利亚东部洪水灾害同样伴随着显著厄尔尼诺现象，并且沃克环流增强了拉尼娜现象，导致该地区有记录以来最大年降雨量，加剧了洪灾；2010 年 7 月肆虐巴基斯坦的洪灾及 2010 年 12 月的澳大利亚洪灾都归因于拉尼娜现象。

2）孕灾环境

城市暴雨灾害的孕灾环境是城市大气圈、水圈、岩石圈和以人为主体的生物圈共同作用而成的地球表层系统。它包括人为因素与自然因素两方面，自然因素主要包括城市局地气候、城市水循环过程中的排水模式，以及城市下垫面，如地质、地貌、地形、土壤湿润程度、土地利用类型与结构、植被类型与结构等；人为因素主要是指以人为主体的城市社会经济环境，如人口年龄结构、性别比例、受教育程度、灾害意识、社会制度及城市灾害风险管理与应急模式等。人为作用影响显著是城市暴雨灾害孕灾环境最主要的特征之一。城市气候特征形成的基本环境要素，如城市所处的宏观地理及其周边具体的自然地形、地貌、植被、水系等受人类活动影响显著，使"城市热岛效应"与"城市雨岛效应"问题突出。人类在河流集水区的各种活动影响了暴雨灾害的发生，天然的地表植被为不透水的水泥硬质路面、屋顶及各种混凝土地面所替代，导致降雨产流、汇流的时间大大缩短、径流量增大，一旦发生强降雨事件，极易诱发城市暴雨灾害。1966 年意大利佛罗伦萨造成33 人死亡的暴雨灾害的发生也在很大程度上与植被的破坏有关。由于城市规模的急剧扩张，极大改变了天然的排水模式，人工排水系统成为城市排水的主要或唯一途径；而排水系统建设远远落后于城市发展的速度，并且大量的河道填没也降低了城市雨水排水系统的排水能力，这在很大程度上加剧了城市暴雨灾害。在热带国家，超过 90%的暴雨灾害死亡人数是与低下的城市雨水排水系统能力有关。另外，城市暴雨灾害风险管理制度与灾害防范教育制度完善程度、市民灾害风险意识及其抗灾能力的大小，在很大程度上决定了城市暴雨灾害的最终大小。

3）承灾载体

自然致灾因子如果不对承灾载体（人类生命及其财产等）构成威胁，就不能称为自然灾害。本书基于城市系统理论，系统梳理了城市暴雨灾害中的承灾载体体系及其可能遭受的损害形式。表 8-2 展示了城市暴雨灾害承灾载体类型及受损形式。

表 8-2　城市暴雨灾害承灾载体类型及受损形式

类型		承灾载体具体种类	主要受损形式
社会系统	人口	人	死、伤、病
	住宅	钢结构、钢筋混凝土结构、砖结构住宅、简易住宅等	变形、开裂、沉陷、倒塌、淤埋、报废等
	财物	家电、衣物、汽车等	

续表

类型		承灾载体具体种类	主要受损形式
经济系统	生命线	供水系统：水厂、管线、泵站等	变形、开裂、沉陷、倾倒、折断、淤埋、泄露、垮塌、渗漏等
		供电系统：电厂、输变电路、塔架、变电站等	
		供气系统：气厂、管线、储气罐、调压站等	
		供热系统：厂（站）、管线、泵房等	
		通信系统：发射接收站、线路等	
	交通设施	铁路、公路、地铁（轻轨）、城市道路的路基、路面、轨道、隧道、涵洞、信号站点等	下沉、开裂、垮塌、变形、积水、淤埋、沉陷、滑动、失效等
		桥梁：正桥、引桥、信号与防护设施等	
		机场：导航站、航站楼、跑道、机场等	
	工业	生产构筑物：厂房、水塔、烟囱、高炉、储器、井架等	开裂、浸水、积水、变形、沉陷、折断、倒塌、泄露、淤埋、腐蚀、变质、失效等
		各种机械设备、原料、产品：机械、仪器、工具、生产线、飞机、火车、汽车、船只、金属材料、工业产品与半成品等	
	商业	商业建筑及室内财产：酒店、餐馆、写字楼、商场、娱乐设施等及其内部的家具、电器、各种物料等	浸泡、腐蚀、变形、开裂、塌陷、沉陷、淤埋等
		文化古迹：文化遗址、历史纪念物等	
生态系统	公共设施	行政机关、医院、学校、图书馆、博物馆、应急避难设施、人防工程等	变形、开裂、沉陷、倒塌、淤埋、浸水等
	土地	草地、林地、橡胶场地等	水土流失、浸泡、冲蚀等
	动物	兽类、鸟类、爬行类、两栖类、鱼类、昆虫等	死亡、伤病、浸泡、淤埋等
	植物	家养或野生植物	
	水体	河流、湖泊、水库等	泛滥、污染等

2. 城市暴雨灾害风险系统构成与特征

经过数十年的发展，灾害学研究者对灾害风险内涵的理解越来越深，对灾害风险的定义也逐渐完善。主要归纳为以下几大类。

（1）风险概率论认为风险就是灾害事件的发生概率或灾害可能造成损失的概率（或可能性）。

（2）风险损失论认为风险就是灾害事件可能造成的损失。

（3）风险暴露论认为风险就是暴露事件的可能性和暴露程度。

（4）风险两要素论认为风险就是致灾因子与脆弱性相互作用的结果。

（5）风险三要素论认为风险就是致灾因子（危险性）、脆弱性和暴露性相互作用的产物。

（6）风险四要素论认为风险就是致灾因子（危险性）、脆弱性、暴露性和恢复力（弹力）及防灾减灾能力相互作用的结果。

前四种对风险的认识过于注重某一个或几个方面，如风险概率论过于强调灾害事件或损失发生概率，风险损失论则过于强调可能致灾因子造成的损失，而风险暴露论则过于强调承灾载体暴露于灾害事件的可能性和暴露程度，风险两要素论过于强调致灾因子和脆弱性的重要性。以上对于风险的认识忽略了风险要素之间的联系，风险四要素论将恢复力（弹力）或应对能力从脆弱性中独立出来，过于强调恢复力或应对能力的重要性，而且很难用数学方法表示四要素间的关系（权瑞松，2012）。

目前为大多数专家学者所接受的是风险三要素论。风险三要素论认为，风险是由致灾因子危险性、承灾载体脆弱性和暴露性三要素共同作用而成的，缺一不可。当风险系统中任一要素的贡献增加或者降低时，风险随之增加或降低（Shi et al.，2014）。暴雨灾害风险是致灾因子本身属性（危险性）、承灾载体脆弱性与暴露性的函数，风险用数学表达式可以表示为

$$R = f(H, V, E) \quad (8\text{-}1)$$

式中，R 表示风险；H 为致灾因子危险性；V 为脆弱性；E 为承灾载体暴露性。

基于上述对风险的理解，给出城市暴雨灾害风险定义：在一定的城市地点（或区域），由台风或者强对流天气引发的强降雨（暴雨）引起城市暴雨灾害的可能性或概率，它会造成人员伤亡、财产损失、经济活动停滞、城市运行秩序紊乱、生态环境受损，并引发一系列的社会问题等。城市暴雨灾害风险大小是由致灾因子危险性、承灾载体暴露性及脆弱性三者共同决定的，用式（8-2）来具体表述城市暴雨灾害风险，即

$$R = f(U, H, V, E) \quad (8\text{-}2)$$

式中，R 表示城市暴雨灾害风险；U 为城市；H 为致灾因子危险性；V 为城市系统脆弱性；E 为城市系统对于暴雨灾害的暴露性。

城市暴雨灾害风险评估是一个系统工程。一要对评估区域极端降雨（暴雨）的历史时空分布模式、频率周期等进行分析，进行致灾因子危险性评价；二要基于承灾载体自身属性和城市系统所处的孕灾环境整体，对区域综合的脆弱性进行评估；三要从物理暴露和经济暴露等不同的角度判断评估区域之于致灾因子的暴露程度。可以看到，暴雨灾害的风险评估是一个动态的、长期的过程，需要有关部门对防灾减灾和应急管理工作的持续投入。图 8-1 是城市暴雨灾害风险分析框架。

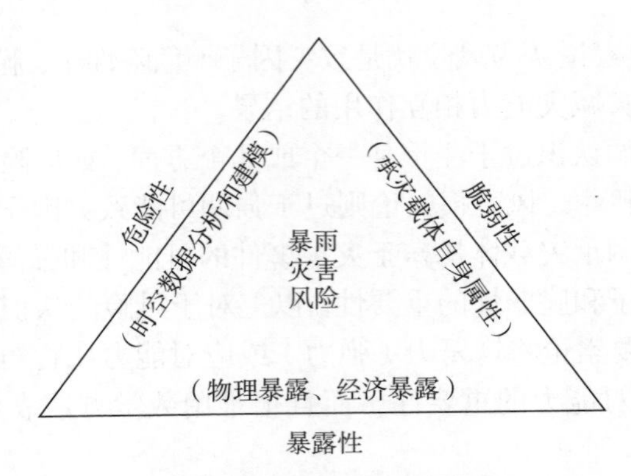

图 8-1　城市暴雨灾害风险分析框架

8.1.3　城市暴雨灾害链分析

城市是一个开放的生态–经济–社会复合系统，内部的各个子系统之间存在复杂和密切的相互联系。当短时过量的降雨作为一种自然外力作用于城市系统时，往往会触发系统内部的连锁反应。随着城市化水平的不断提高，城市系统内部各要素间以及城市系统之间的相互依存度会越来越高，关联性越来越强，进而导致城市系统可靠性变差，诱发危机的渠道增多，危机蔓延的可能性以及危机的连锁效应更加严重。当城市系统中某个要素受到暴雨灾害侵袭时，灾害效应就会通过城市系统要素间的“网状链接”迅速扩散到城市系统的其他部分，导致城市系统功能紊乱或者丧失。

城市系统受到暴雨灾害袭击时，最易受到影响的是城市基础设施部分。交通运输、通信、供水供电供气供油等城市基础设施间密切联系、相互依存，存在信息传递、交流错综复杂的分支拓扑结构，形成了一个复杂的网状体系。当城市基础设施的某个部分受到暴雨影响时，会通过城市基础设施间的网状链接迅速传递，形成灾害链，并最终对整个城市基础设施系统、城市系统，乃至整个地区产生影响。

受暴雨内涝灾害影响，上海城市基础设施系统有“连锁反应”案例。1993 年 8 月 2 日，暴雨造成杨浦区部分排水泵站供电系统出现故障，排水泵站不能正常工作进一步加剧了该区暴雨程度，使部分路段被迫关闭；同时，暴雨还造成虹桥国际机场 18 架航班不能按时起降，千余名旅客滞留机场。2000 年 8 月 16 日~19 日，受连续强降雨袭击，上海市基础设施系统出现了轻微的连锁反应。暴雨导致供电系统出现问题，70 余个交通信号灯中断，而交通信号灯的中断则导致部分路段交通拥堵、32 起交通事故的发生，给城市系统造成了一定影响。2012 年北京“7 · 21”特大暴雨之所以造成巨大的损失，除了极端降雨量造成人员伤亡、房屋损毁等直接后果，主要是由于城区大面积深度积水带来的交通受阻、地面塌陷、地下建筑受淹、停水停电等一系列连锁后果严重扰乱了城市系统的运行。

根据暴雨灾害孕灾环境和城市内部各类承灾载体的影响关系，可以绘制出城市暴雨灾害链，见图 8-2。

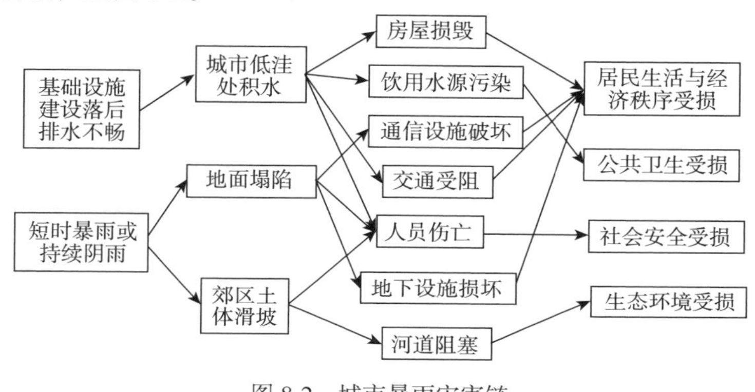

图 8-2　城市暴雨灾害链

8.2　暴雨时空分布模式研究——以京津冀地区为例

8.2.1　暴雨灾害时空分布模式

在全球气候变暖和频繁人类活动干扰的大背景下，全球或局地的降水结构发生了显著变化，导致区域乃至全球范围内水汽循环发生改变，极端水文气象事件频发，给人类社会造成巨大影响。降雨是水循环过程的主要驱动因素，深入了解降雨结构的变化特征有助于探索区域的水循环变异规律（宋晓猛等，2015）。暴雨灾害是水循环变异的结果之一，其危险性的研究与降水的时空分布模式有十分紧密的联系。通过分析历史降雨数据，掌握降雨在时间、空间上的分布规律，进而预测其发展趋势，能够为暴雨灾害风险评估工作提供科学的依据和有效的指导。作为国家重大战略，京津冀协同发展无疑将进一步带动城市群内北京、天津、唐山、承德、石家庄等城市的城镇化进程。保障京津冀地区的城市公共安全，减少自然灾害，尤其是夏季常见的暴雨灾害给城市居民的生活和社会运行秩序带来的负面影响，正在成为越来越重要的课题。因此，本小节以京津冀地区为例，展示降雨时空分布模式和暴雨灾害危险性评估的过程。

京津冀地区东临我国渤海，北部山区为燕山山脉，南部位于华北平原北部，地形为西北高东南低，属暖温带半湿润半干旱季风气候，天气复杂多变，灾害频繁，降水量年际波动较大，引起洪涝和干旱灾害频繁交替。相对于暴雨的天气学研究而言，迄今关于暴雨的气候学研究相对较少。因此对该地区暴雨气候特征的时空分析十分必要。利用 1960~2014 年京津冀有连续观测记录的 22 个站点的逐日台站降水资料，对该地区暴雨的气候特征以及时空变化特征进行较为系统的分析，同时探讨京津冀地区的暴雨灾害危险性分布特征。京津冀地区气象站点分布如图 8-3 所示。

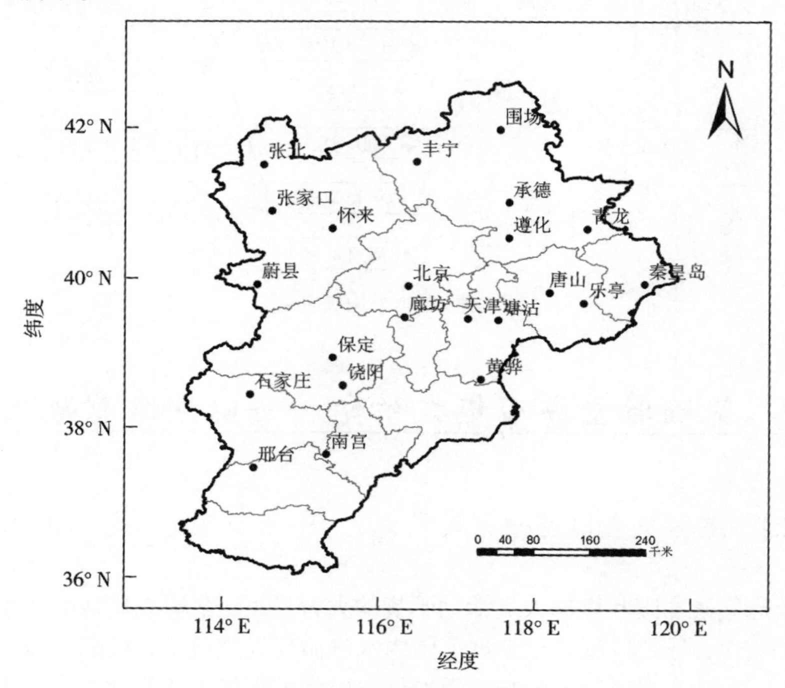

图 8-3　京津冀地区气象站点分布

图 8-4 给出的是 1960~2014 年京津冀地区降水趋势。可以看出，京津冀地区的降水情况具有较大的波动性和一定的规律性。年降水距平百分比的变化从整体上反映出 1960~2014 年京津冀地区的降雨经历了两个波动周期：1960~1979 年年均降雨逐年波动较大，1980~1984 年短暂的少雨期后，1985~2003 年再次进入一个波动较大的周期，2004~2011 年的降雨平稳期过后或将是下一轮波动周期。从趋势上来看，年平均降水量呈现一定的下降趋势。这与其他关于华北地区降水特征的研究结论较为相似（匡正等，2000）。年均降雨日数同样呈现上下起伏较大的趋势，其中 1964 年和 1990 年是两个降雨最为频繁的年份，1972 年是降雨最为稀疏的年份，但总体而言年均降雨日数在 68 天上下。

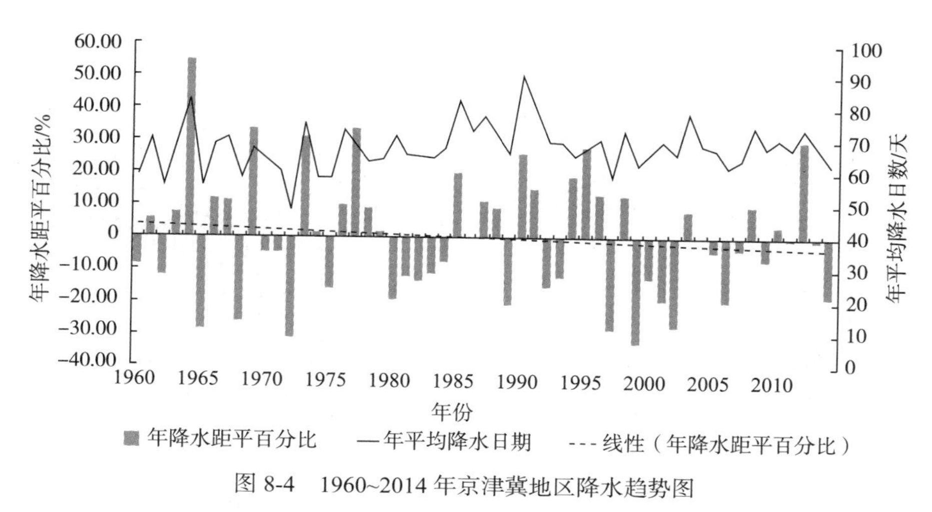

图 8-4　1960~2014 年京津冀地区降水趋势图

为了分析京津冀地区降雨在空间分布的规律，使用空间插值技术解决台站降雨数据的不完整性，研究降雨的空间分布模式。目前常见的空间插值方法有趋势面法、克里金法、反距离权重法、多元回归法、样条函数法、泰森多边形法等。由于降雨的空间分布受经度、维度、高程、坡向等因素的影响，通用的插值方法存在一定的局限性（朱俐萍，2014）。克里金法是一种能够反映变量空间结构性的插值方法，因此采用协同克里金法对京津冀地区 22 个气象站点的降雨数据进行空间插值。

图 8-5 为 1960~2014 年京津冀地区降雨空间分布图。可以发现，年均降雨量、年均降雨日数和年均降雨强度都有较强的空间分布差异和局地性。整个地区的年均降雨量在 370~710 毫米变动，呈东南多、西北少的空间格局。最低值区位于河北省燕山山脉的山后地区，包括张北、张家口、怀来、蔚县等地，降雨常年保持在 400 毫米左右。该片区域受地形影响，处于山后背风坡，不利于水汽输送和冷暖空气的交汇。最高值区位于河北省东部的青龙、遵化等地，降雨常年保持在 650 毫米左右。临海的天津、塘沽、秦皇岛等地的年平均降雨也在 550 毫米左右。这些降雨中心与大尺度地形下的局地地形有关，由于其背面是燕山南麓，处于暖湿气流的迎风坡，局地地形有利于冷空气扩散南下与暖湿气流交汇（马京津等，2008；韩桂明和翟盘茂，2015）。年均降雨日数的空间分布呈现相反的趋势，位于东南部的黄骅、廊坊、南宫、天津、塘沽等是京津冀降雨日数最少的地区，西北部地势较高的张北、张家口、围场等地降雨日数则是地区内最多的。年均降雨强度同年均降雨量同样显示东南多、西北少的格局，这说明年均降雨日数较多的西北部地区具有“少量、多次”的降雨特征。燕山山脉复杂的地形与频繁交汇的气候带来的是较高频次的、雨量较小的降水，华北平原地形和自渤海湾来的暖湿气流带来的是历时较长、雨量较大的降水。

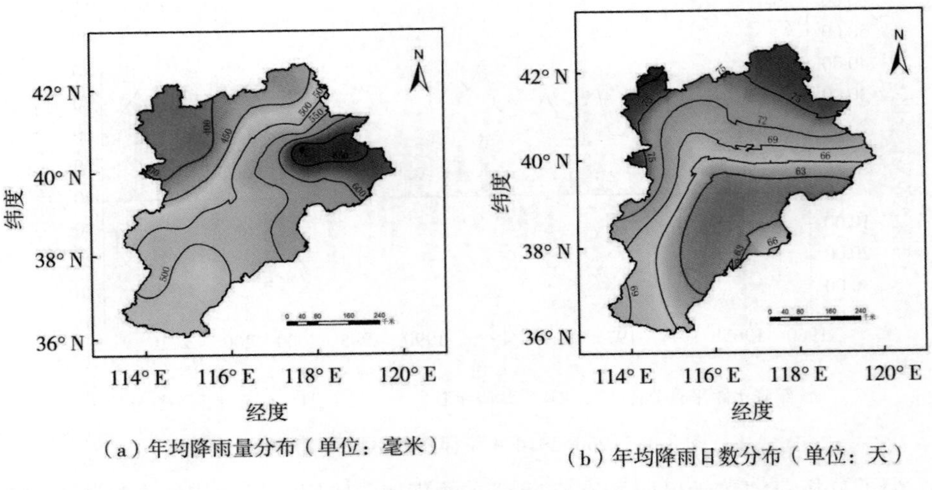

（a）年均降雨量分布（单位：毫米）

（b）年均降雨日数分布（单位：天）

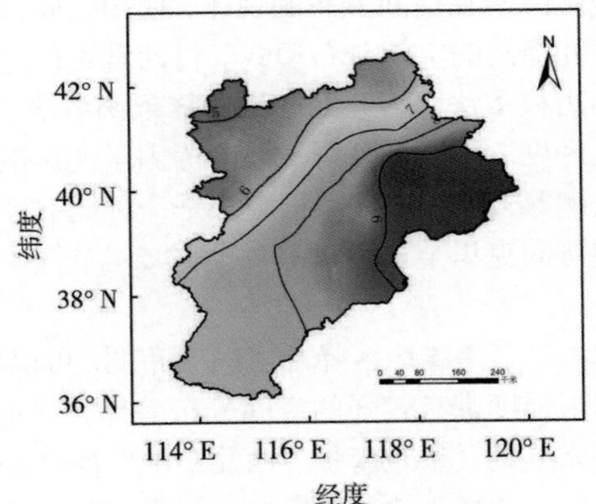

（c）年均降雨强度分布（单位：毫米/天）

图 8-5　1960~2014 年京津冀地区降雨空间分布图

气象部门规定，24 小时降雨量在 50 毫米以上的强降雨为“暴雨”。根据其强度又进一步分为三个等级：24 小时降雨量达 50~99.9 毫米的为“暴雨”，100~249.9 毫米的为“大暴雨”，250 毫米以上的为“特大暴雨”。京津冀地区特殊的地形条件导致强对流天气频发，常常引发暴雨、大暴雨，甚至特大暴雨。图 8-6 展示了京津冀地区暴雨空间分布。可以看出，暴雨的空间分布同样呈现出西北多、东南少的格局。年均暴雨量的高值中心在遵化、青龙、塘沽地区达到 180 毫米，甚至 210 毫米。暴雨日数的高值中心同样在这片区域，达到每年平均 2 天以上的水平。地势较高的张北、张家口等地区依然是暴雨空间分布的低值区，平均每年暴雨量为不到 100 毫米，发生 1 天左右。暴雨强度的空间分布出现了三个较为明显的高值中心，分别是饶阳、遵化和秦皇岛地区。秦皇岛一带沿海，低层气流较为湿润，与中高层冷干空气交汇易引发极端降雨事件；饶阳、遵化位于燕山、太行山余脉与华北平原交界处，东南方向来的暖湿气流在此被迫发生强烈的上升运动，因此强降雨频繁发生。

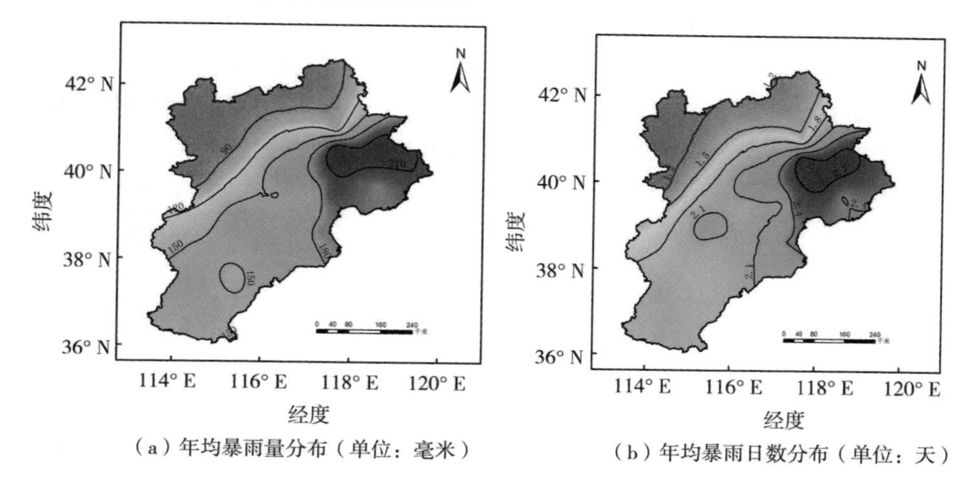

（a）年均暴雨量分布（单位：毫米）

（b）年均暴雨日数分布（单位：天）

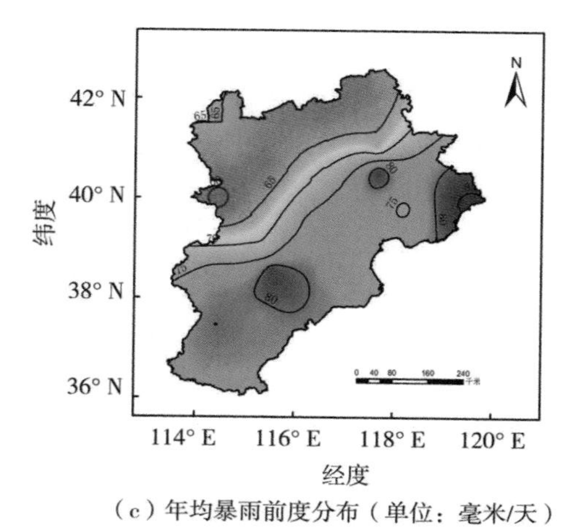

（c）年均暴雨前度分布（单位：毫米/天）

图 8-6　京津冀地区暴雨空间分布

考虑到京津冀不同地区的地形地势差异，为了更好地研究暴雨局地空间格局，将 22 个站点按经纬度和高度分为南部平原和北部山区两部分。定义暴雨发生率为暴雨发生次数占总降雨次数的比值，定义暴雨贡献率为暴雨雨量占总降雨量的比值。对于气象水文要素的时间序列趋势显著性检验，Mann-Kendall 检验是一种非参数检验法，为世界气象组织推荐，应用广泛。因此，采用非参数 Mann-Kendall 检验方法进行趋势分析和突变点分析。

京津冀地区西北部太行山余脉、燕山区域与东南部华北平原地区的暴雨发生率与贡献率呈现出不同的趋势和突变情况，见图 8-7 和图 8-8。北部山区的暴雨发生率和贡献率均在 20 世纪 70 年代末开始表现出较大幅度的下降趋势，自 90 年代初达到最低后开始小幅度波动上升，且没有明显的突变点特征。南部平原的暴雨发生率和贡献率经历了较多次数大幅下降小幅上升的交替，因此整体上表现下降趋势。发生率和贡献率趋势在 80 年代中后期均有明显的突变点，表明南部山区的暴雨特征在这一时间段发生了显著突变。关于京津冀地区暴雨气候学的进一步研究将有助于分析暴雨时空分布模式及其演变规律。

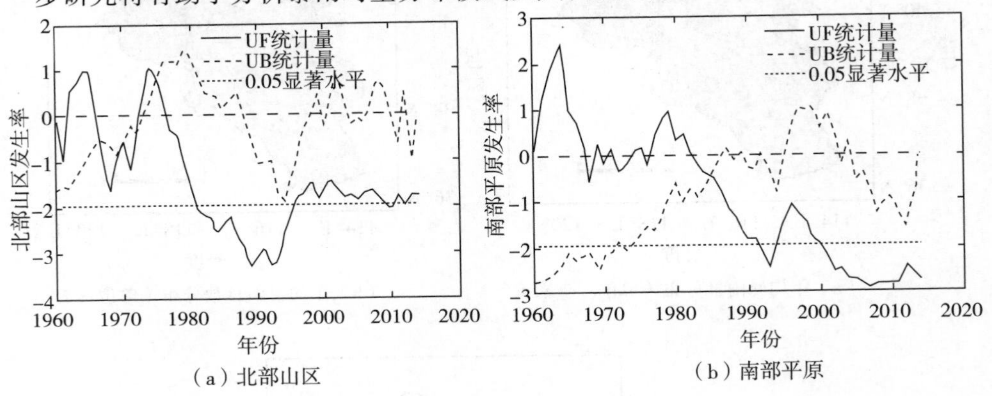

（a）北部山区　（b）南部平原

图 8-7　京津冀地区暴雨发生率

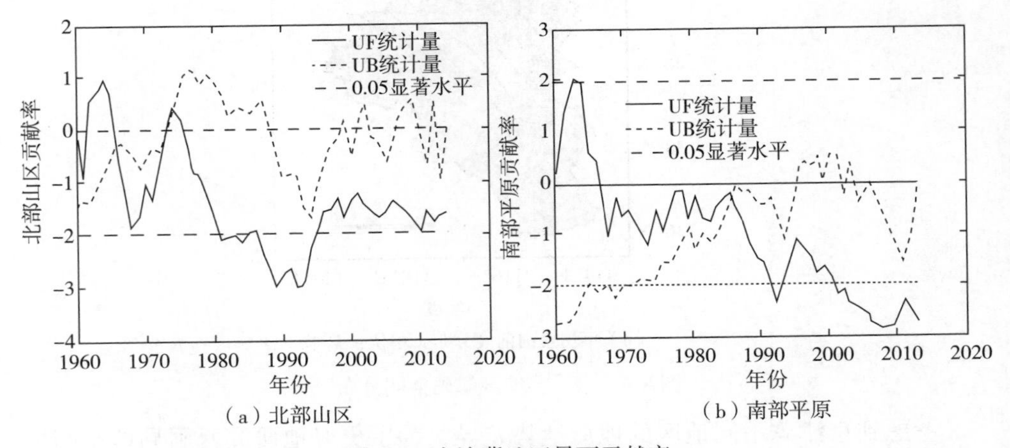

（a）北部山区　（b）南部平原

图 8-8　京津冀地区暴雨贡献率

8.2.2　城镇化进程与极端降雨事件

1. 京津冀地区城镇化进程简析

城镇化是指农村人口不断向城镇转移，第二、第三产业不断向城镇聚集，从而使城镇数量增加，城镇规模扩大的过程。作为中国三大城市群之一，京津冀地区在过去几十年中实现了快速的城镇化，尤其是进入 21 世纪，“首都经济圈”概念和“京津冀协同发展”战略的提出进一步推进了资源汇集与城市发展。城镇化率是衡量城市发展速度的有效指标，一般采用人口统计学指标，即常住城镇人口占总人口的比重。根据中国人口统计年鉴的数据，京津冀地区自改革开放以来每年人口平均增加约 109 万人，至 2014 年达到 11 053 万人。城镇人口比例从 1978 年的 23.6%上升到 2014 年的 61.1%，城镇化速度非常快。从目前来看，京津冀地区西北部人口密度较低，东南部人口密度较高，且形成了北京市、天津市、保定市和石家庄市四个人口高度密集区。

根据相关研究，1990 年之前京津冀地区的人口流动处于起步阶段，1990 年之后，随着城市群进一步发展和户籍制度的改革，京津冀地区人口流动日趋频繁，尤其是在 2000 年之后，人口向城市地区集聚效应明显，以人口强流动为主要特征（封志明，2015）。基于此，以 1990 年为分界点，将京津冀城镇化进程划分为 1990 年之前的城镇化缓慢期与 1990 年之后的城镇化快速期，分析城镇化不同发展阶段对局地强降水影响的差异，探讨城镇化进程与暴雨灾害的关系。

2. 京津冀城镇化对降水影响及原因

城市降水的分布和落区是一个比较复杂的问题。它与盛行风、局地环流、地形、水域、建筑物和下垫面性质等都有密切的关系。城市系统对局地降水量的影响及其物理机制，在城市气候学研究中存在不少争议，大致有三种不同的看法：一是认为城市对降水没有影响；二是认为城市化有使降水增多的效应，主要是在城市的下风区；三是城市化反而使降水减少。这些争论主要发生在 20 世纪 80 年代以前。随着观测资料的延长，科学试验加密观测的增加以及数值模拟的实现，这三种看法逐渐趋于一致（于淑秋，2007；孙继松和舒文军，2007），即认为城市化有使降水增加的效应，特别是城市的下风区，被称为城市“雨岛效应”。京津冀地区作为一个城市群，其发展进程对整个地区局地气候、气象，乃至降水的影响是一个多变量参与的、更为复杂的问题。本章节从不同发展阶段局地暴雨量、暴雨日数和暴雨强度的空间分布入手，分析城镇化进程对暴雨灾害强度的影响及其可能的原因。

图 8-9~图 8-11 展示的是京津冀城镇化发展不同阶段局地暴雨量、暴雨日数和暴雨强度的距平百分比，它消除了降水序列中的大尺度气候背景，反映的是各站点间局地降水差异。从图 8-9 中可以看出，在城镇化缓慢阶段，京津冀局地暴雨量有一片正距平极大值区，位于遵化、塘沽及其东南一片，中心强度达 60%以上。西北部高海拔山区为负距平区，中心强度达–60%以上。城镇化率较高的中部也位于正距平区，但没有表现出明显的城市雨岛效应。城镇化快速阶段，正距平

区范围有所扩大，但空间格局基本相同。就暴雨日数而言，同样呈现东南正距平西北负距平的模式。整个地区的雨岛并不位于城镇化率较高的中部，而是略偏东南，并且在城镇化快速阶段，其范围有所缩小。暴雨强度局地分布在城镇化快速阶段有较明显的变异，正距平区明显扩大，而且较城镇化缓慢阶段出现了更多的正距平大值区，如邢台等，中心强度普遍达 30%以上。说明从暴雨强度来说，京津冀地区的雨岛有扩大且向南偏移的趋势。

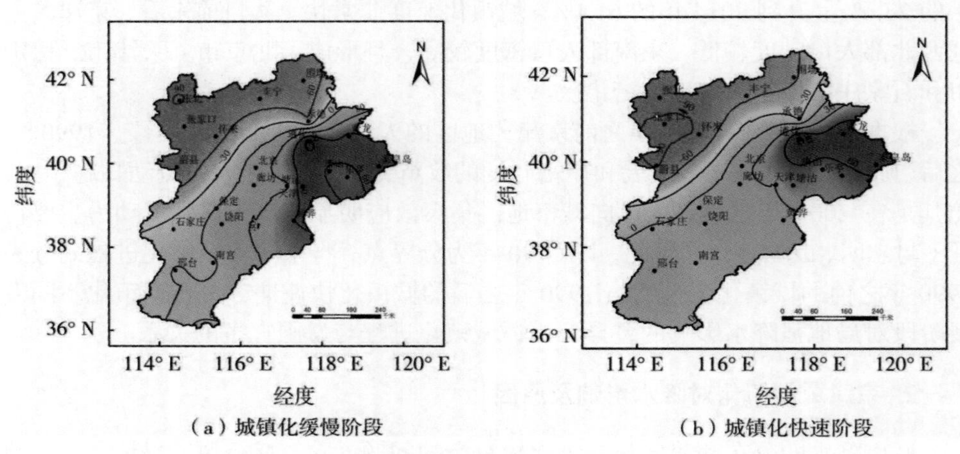

图 8-9　京津冀地区暴雨量距平百分比（单位：%）

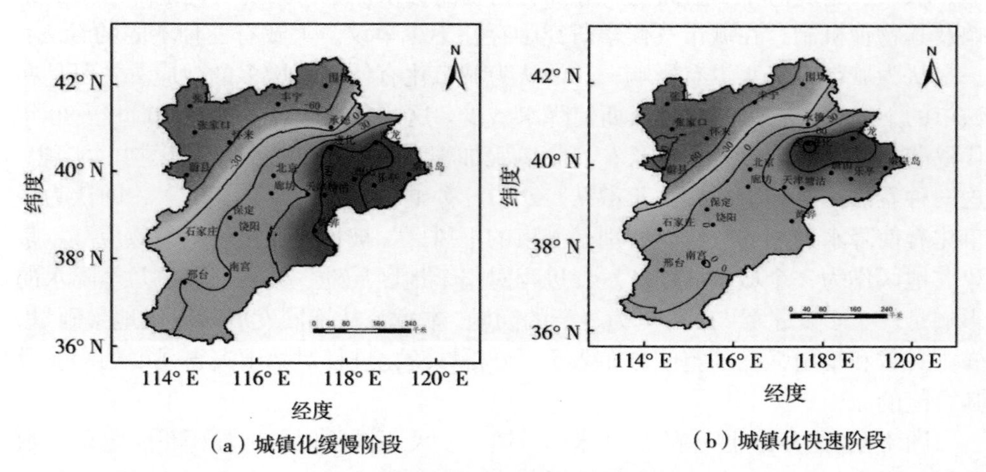

图 8-10　京津冀地区暴雨日数距平百分比（单位：%）

依据现有研究，城镇化进程对京津冀地区暴雨分布的影响可能有以下三方面的原因：一是城市热岛效应（孙继松和舒文军，2007），它是城市影响降水最主要的原因。城镇化率不同的区域下垫面物理属性有一定热力差异，不仅容易形成

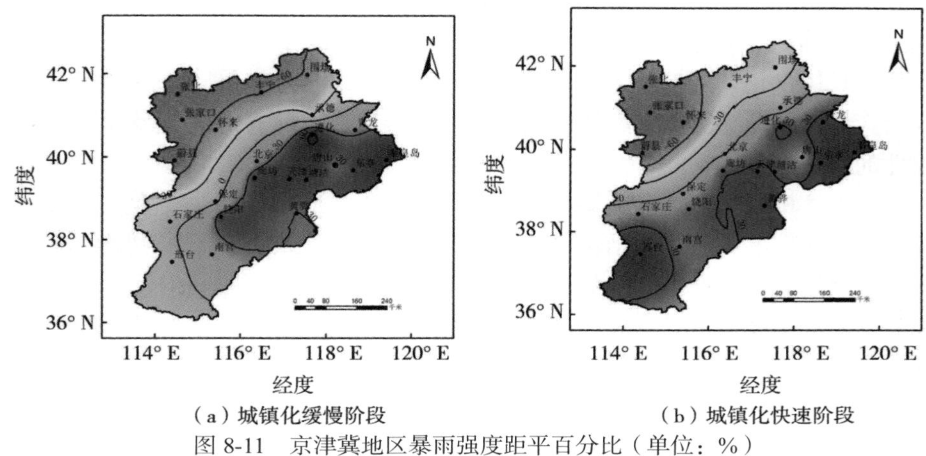

（a）城镇化缓慢阶段　　（b）城镇化快速阶段

图 8-11　京津冀地区暴雨强度距平百分比（单位：%）

城市中尺度低空风场辐合线或低压，还可能造成边界层内中心城区风场垂直切变加强，郊区、不发达及未开发地区低层风速加大，这种强迫有利于低水汽在较大范围内向对流体中流入，进而有利于对流降水的维持，并有可能直接对强降雨乃至雷暴起强迫和组织作用。二是城市阻碍效应（郑思轶和刘树华，2008），城镇化率较高的地区有大量建筑物，其粗糙度大，不仅能引起机械湍流，还对移动的降水系统有阻碍作用，增加滞留时间。三是城市凝结核效应，城市污染物向下风方漂移，气溶胶粒子提供更多"凝结核"形成雨滴（于淑秋，2007）。

城镇化要发展到一定规模才会对气候和气象产生影响。目前京津冀地区整体的城市协同发展还有待加强，需要更长时间序列、更精细的社会经济与暴雨气象数据，以更好地分析城镇化进程与暴雨灾害的关系。总而言之，城镇化对于暴雨灾害，乃至自然灾害发生、演变机理及分布模式影响的研究，是一个宏大且重要的课题。对这一领域的积极探索，不仅能够提升防灾减灾与应急管理的工作水平，更将对城市有序、健康、快速的发展起到极为有益的作用。

8.3　暴雨灾害承灾载体暴露性与脆弱性研究

8.3.1　暴雨灾害承灾载体暴露性研究

暴露性是自然灾害风险系统重要的组成部分，但其定义和地位尚未在学术界达到统一。本书认为，暴雨灾害暴露性是暴露在暴雨灾害影响范围内的承灾载体（人口、房屋、室内财产、基础设施等）的数目和价值量，即暴露性分为物理暴露和经济暴露。需要指出的是，物理暴露和经济暴露并不是承灾载体暴露性截然对立的两个维度，而是暴露性的两种表现形式。有的承灾载体，如人口、道路等，因为很难具体量化其经济价值，所以主要考量其个数、密度、长度等物理暴露性；室内财产、基础设施等承灾载体无法准确度量数目，因此通常取其经济价值作为暴露性的表征。

暴雨灾害中，暴露性和脆弱性是同时存在于承灾载体的两个要素。脆弱性是内部属性，体现承灾载体的结构、材料等自身特性面对致灾因子作用下的反应程度。承灾载体的脆弱性不随外界环境的影响而改变，在一段时间内保持稳定，因此脆弱性是静态要素。暴露性作为承灾载体的外部属性，是气象灾害风险存在的必要条件。承灾载体暴露于致灾因子不一定导致损失，但暴雨灾害风险的产生一定是因为一定数目和价值量的承灾载体暴露于致灾因子影响范围内。

随着城镇化进程的不断推进，人们对于城市的建设和环境的改造除了不断提升着自身的生活，也对许多种类自然灾害的风险系统产生了潜移默化的影响。就暴雨灾害而言，正如前文所述，人类活动改变了城市暴雨灾害致灾因子发生的频率和强度，改变了下垫面产汇流条件，更为严重的是，大型城市甚至巨型城市的数量急剧增多，人口的财产高度集中，使同样的致灾条件下可能产生的灾损成倍增加。换句话说，城市的高速发展使承灾载体的物理暴露和经济暴露都变大了。这一事实具体体现在土地利用类型的变迁上。

人们为经济和社会的目的，通过各种使用活动对土地进行长期或周期性的经营。一个城市各个部门的生产建设都要落实到土地上，因此不同土地利用类型的转变反映了城市发展的速度和方向。北京市国土资源局的资料显示，1996 年北京全市农用地面积为 515.8 万亩，占土地总面积的 20.9%，建设用地面积为 406.3 万亩，占土地总面积的 16.5%。至 2008 年度，全市耕地面积下降至 348.3 万亩，建设用地面积上升至 498.84 万亩。《北京市土地利用总体规划（2006—2020）》中明确指出，到 2020 年北京市规划耕地保有量为 322 万亩，建设用地总规模将达 573 万亩。与 2006 年的数据相比，居民点、工矿用地、交通运输用地等建设用地的面积增加了近 40%。不仅仅是北京，全国许多城市都面临着加速扩张城镇用地以满足经济发展、安置不断涌入的人口的需求。而越来越多的城镇建设用地意味着越来越密集的人口与财物聚集，任何灾害与事故的发生都将给整个城市带来较大规模的影响。仍以北京为例，2012 年“7 · 21”特大暴雨灾害造成经济损失 116 亿元，160 万人受灾，房屋倒塌逾万间。如此严重的灾损一方面由于降雨量异常多降雨强度异常大，另一方面由于人员、建筑、基础设施、公共财产如此密集导致暴雨灾害影响范围内承灾载体数量与价值量均成倍增加。关于土地利用类型对城市暴雨灾害风险的影响，国内国外学者的研究主要是利用水力学模型分析不同土地利用类型的产汇流条件（Lin et al.，2009；Naef et al.，2002；Niehoff et al.，

2002），很少有研究者探讨土地利用类型的改变如何影响了承灾载体之于风险的暴露性。事实上，无论是对物理暴露还是经济暴露而言，城镇化进程带来城市不同土地利用类型间此消彼长的转变是影响人口、财物、社会资源在暴雨灾害风险系统中的暴露性的主要因素。

另一个决定暴雨灾害承灾载体暴露性的重要因素是历史极端降雨阈值，阈值的高低反映了历史极端降雨的水平。阈值高的地区，极端降雨经常发生或强度极大，因此承灾载体以较大的程度暴露在暴雨灾害风险中。阈值低的地区，极端降雨稀发，承灾载体的暴露性较低。值得指出的是，这里的历史极端降雨阈值并不同于致灾因子的危险性程度。危险性评估需要综合致灾因子历史的、动态的时空分布模式，是一个更为宏观的变量。

厘清了暴雨灾害承灾载体暴露性的含义与影响因素，我们引入“暴露性矩阵”，对评估区域的暴露性进行评估。暴露性矩阵把土地利用和历史降雨阈值相关的指标组成一个矩阵，在这两个影响因素和暴露性之间建立起直观的关系，见图 8-12。由此，暴露性评估过程可以分为以下三个步骤：收集评估区域土地利用和历史降雨的资料；分别确定土地利用和历史降雨阈值指标的等级；将两个指标等级带入暴露性矩阵，得到暴露性评级。

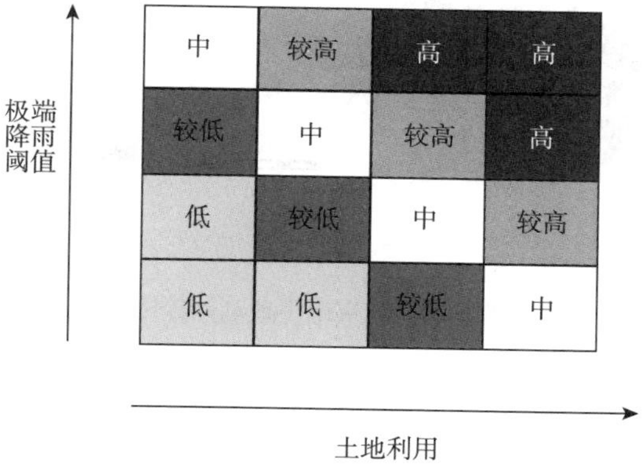

极端降雨阈值

中	较高	高	高
较低	中	较高	高
低	较低	中	较高
低	低	较低	中

土地利用

图 8-12　暴露性矩阵

下面以北京市为例阐述暴雨灾害暴露性的具体过程。

北京市位于华北平原的北部，背靠燕山山脉。其气候为典型的北温带半湿润大陆性季风气候，雨量分布不均，6~9 月为汛期，其中 7 月、8 月常发生暴雨、大暴雨。

作为首都，北京市走在城镇化建设的最前沿。城镇化率（城镇人口与城市常住人口的比例）由 1978 年的 54.96%增长到 2014 年的 86.34%，由此带来城市建成区面积比的迅猛增加。为了更好地分析居民区、商业用地、工矿业用地等城镇建设用地的情况，将土地利用类型分为以下七个大类：①农业用地，指种植农作物的土地，包括旱地和水田；②林地，指生长乔木、竹类和灌木的土地，包括有林地、灌木林地、疏林地和其他林地；③草地，指生长草本植物为主的土地，包括高覆盖度草地、中覆盖度草地和低覆盖度草地；④水域及水利设施用地，指陆地水域，沟渠、水工建筑物等用地，包括河流沟渠、湖泊、水库与坑塘和滩地；⑤住宅及商服用地，指用于人们居住、商业、服务业、公共事业、交通运输等的土地，包括城镇和农村居住区；⑥工业用地，指用于工业生产、物资存放场所的土地；⑦其他土地，指上述类型以外的其他类型的土地，包括沼泽地、裸岩石砾地等。

根据以上土地利用类型分类，利用陆地卫星 Landsat TM 影像数据，得到 2012 年北京土地利用地图，见图 8-13。

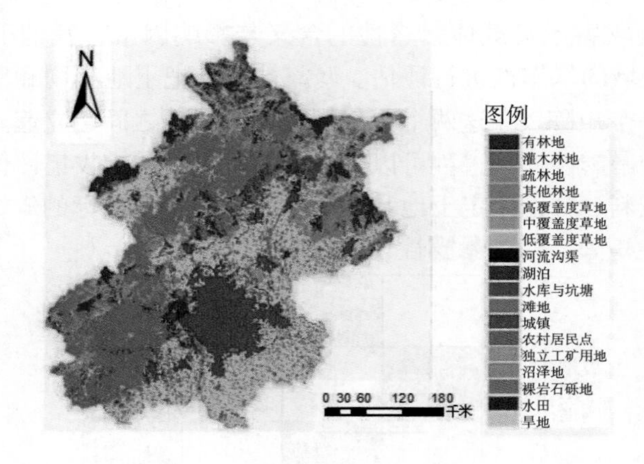

图 8-13　北京市土地利用地图

对于北京市下辖的 16 个区，令统计建成区面积（包括住宅和商服用地、工业用地）占总区域面积的比例为指数 U，按以下标准归为四个等级：0~10%对应一级，10%~25%对应二级，25%~50%对应三级，50%~100%对应四级。将建成区面积占比按标准分级，定量评价各个区域土地利用的状况。

历史极端降雨阈值水平的确定依赖于较长时间序列的降水数据。在这里采用北京地区 20 个常规气象站 1981~2012 年逐日降水数据进行分析。北京地区地形复杂，气候的地域差异明显，用绝对阈值定义日极端降雨事件，在各个区之间缺乏可比性。因此，采用国际上在气候极值变化研究中常见的将某个百分位值作为极端值的阈值检验方法，定义基于日降水量的历史极端降雨指数（尤焕苓等，2014）。具体来说，把 1981~2012 年日降水量大于 0.1 毫米的值按升序排列的第 99 个百分位数对应的降水量值作为该台站的历史极端降雨阈值。北京市各区降雨阈值分布情况见图 8-14，参照 Bonsal 等（2001）的办法，如果某个气象要素有 n 个值，将这 n 个值按升序排列，某个值小于 $x_1, x_2, \cdots, x_n, \cdots, x_m$ 或等于 x_m 的概率为

$$p = (m - 0.31) / (n + 0.38) \tag{8-3}$$

式中，m 为 x_m 的序号；n 为某个气象要素值的个数。如果有 1 000 个值，那么第 99 个百分位上的值为升序排列 x_{990}（p=98.93%）和 x_{991}（p=99.03%）的线性插值。

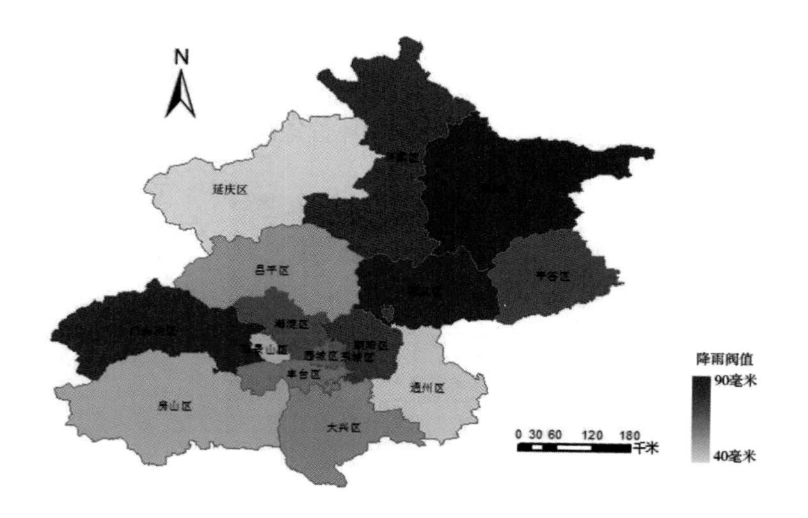

图 8-14　北京市降雨阈值分布图

令历史极端降雨阈值为指数 P，为了定量评价其水平，对于每个区第 99 个百分位降雨量值同样按标准分级：40~60 毫米对应一级，60~70 毫米对应二级，70~80 毫米对应三级，80~90 毫米对应四级。北京市暴露性评估指标如表 8-3 所示。

表 8-3　北京市暴露性评估指标

区域	建成区面积比/%	土地利用指数 U	极端降雨阈值/毫米	极端降雨阈值指数 P
东城	62.17	4	71.22	3
西城	62.93	4	70.27	3
朝阳	59.56	4	73.71	3
丰台	61.28	4	68.73	2
石景山	55.88	4	66.32	2
海淀	50.08	4	71.81	3
门头沟	6.27	1	74.77	3
房山	16.68	2	66.70	2
大兴	27.33	3	67.93	2
昌平	24.72	2	67.62	2
顺义	27.91	3	79.70	3

续表

区域	建成区面积比/%	土地利用指数 U	极端降雨阈值/毫米	极端降雨阈值指数 P
通州	28.27	3	64.06	2
延庆	6.43	1	42.72	1
怀柔	5.44	1	74.20	3
密云	6.63	1	80.20	4
平谷	12.09	2	73.51	3

基于土地利用的历史极端降雨状况，评估区域的暴露性可由式（8-4）确定：

$$E = P + U \tag{8-4}$$

其中，E 为暴露性得分；P 和 U 分别为极端降雨阈值指数和土地利用指数。可知，暴露性得分落在 2~8。将暴露性得分带入暴露性评价矩阵（图 8-15），得到各个区域的暴露性水平。

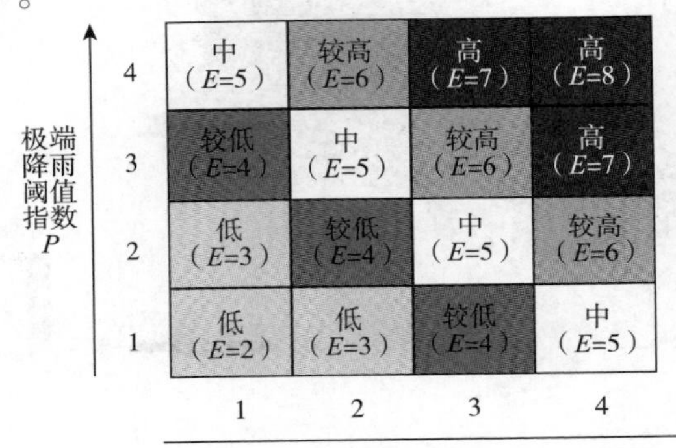

图 8-15　暴露性评价矩阵

可以发现，暴露性水平分为低、较低、中、较高、高五级。低或较低的暴露性表明人口、财产等承灾载体分布稀疏，或历史上极端降雨事件较少发生，因此区域对于暴雨灾害的暴露程度处于低水平。如果区域内的承灾载体脆弱性较低，同时致灾因子的危险性不高，那么就认为这一地区的暴雨灾害风险较低。较高或高程度的暴露性表明区域内承灾载体分布密集，并且极端降雨可能经常发生，如果承灾载体的脆弱性或致灾因子的危险性偏高，那么这一地区面临较高水平的暴雨灾害风险，应该优先安排各类防灾与应急的资源。

图 8-16 为北京市暴雨灾害暴露性区划图。可以发现，暴露性呈现由西北向东南递减的趋势，最高值出现在较中心的城区。这符合常识判断：西城、东城、朝阳、海淀等城区是人口密集，商业与各类产业资源、活动集中的地区，承灾载体的物理暴露和经济暴露与近郊、远郊区相比都较高。因此中心城区应该是防灾减灾管理的重点。同时，通过分析可以发现，北京各个区降雨分布差异不大，历史极端降雨阈值及指数 P 较为相近，然而西北地区与东南地区因地形、地势差异较

大，导致中心城区与东南部郊区的建成区面积明显高于西北区郊区，所以仅就北京暴雨灾害暴露性评估过程来说，土地利用是更决定性的因素。

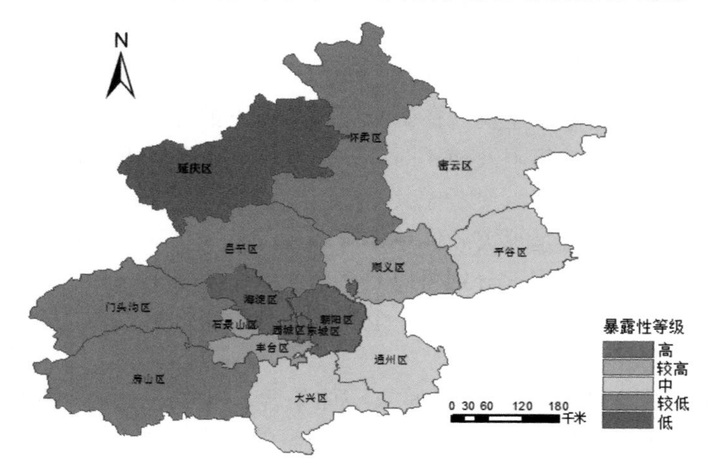

图 8-16　北京市暴雨灾害暴露性区划

基于土地利用和历史降雨阈值的暴露性评估过程操作简明，易于在不同城市间推广。随着城镇化进程的推进、人口的迁移、商业工业活动的发展、社会资源的再分配，城市的暴露性在不断发生着改变。气象学上不同年代间雨水的丰枯也影响着城市对于暴雨灾害的暴露程度。事实上，暴露性评估应该是一个长期、动态的过程。相关部门应该将暴露性评估作为定期的监测活动，提高应急管理水平，保证暴雨灾害防灾减灾工作的灵敏度和有效度。

8.3.2　暴雨灾害承灾载体脆弱性研究

1. 承灾载体单体脆弱性计算

单体是承灾载体层面的最小评估单元。基于承灾载体自身的属性特征，从挖掘承灾载体个体信息入手进行单体脆弱性定量评估，首先需要根据评估区域确定脆弱性集成信息表，以对区域内所有承灾载体的脆弱性有系统地表达。

定义 8.1　$S=(R,U,A,V)$ 为评估区域的脆弱性集成信息表，其中 $R=\{r_1,r_2,r_3,\cdots,r_n\}$ 为关于所考察灾害种类的非空有限集合。由于本小节不考虑多灾种耦合情形下的承灾载体脆弱性，R 默认为单元素集合，即 $R=\{r\}$。$U=\{u_1,u_2,u_3,\cdots,u_n\}$ 为灾害影响区域内所有承灾载体的非空有限集合。A为脆弱性属性集合，a 为集合 A 中的脆弱性属性元素。V 为脆弱性属性元素 a 的取值集合。

在脆弱性信息表 S 中，脆弱性属性集 A 由分量属性集 C 和判定属性集 D 组成，并且满足 $C\bigcup D=A, C\bigcap D=\varnothing$。

脆弱性分量属性集 $C=\{a_1,a_2,a_3,\cdots,a_n\}$ 中的元素是计算某一承灾载体单体脆弱性时的分量指标。例如，考虑建筑物在暴雨灾害影响下的脆弱性，需要考虑它的结构选型、建筑材料、设计年限及使用时间、防水层、地基状况等因素；考虑人在台风灾害影响下的脆弱性，需要考虑其年龄与身体状况、应急心理素质与受遮蔽程度等因素，这些因素就是承灾载体单体脆弱性分量属性。脆弱性分量属性集 C 与承灾载体对象集 U 中的元素分别可以是多对一、一对多的关系，即一个承灾载体对象对应多个脆弱性分量属性，而一个脆弱性分量属性可以被多个承灾载体共享。

脆弱性判定属性集 D 中的元素与承灾载体集合 U 中的元素一一对应，即一个承灾载体只有一个脆弱性判定属性，表征待考察的承灾载体是否会受灾害 r 的影响而导致损失。$D\times V\to V_{a_d}$，其中 V_{a_d} 为判定属性取值集合，v_{a_d} 为其对应的 0~1 二值元素。例如，由实际经验可知，发生干旱灾害时，农作物极易受影响而产生损失，其脆弱性判定属性取值 v_{a_d} 为 1，而房屋不易受干旱影响，其判定属性取值 v_{a_d} 为 0。即有

$$v_{a_d}=\begin{cases}0, & 当u在r下不表现脆弱性\\1, & 当u在r下表现脆弱性\end{cases}\tag{8-5}$$

因此，针对某一承灾载体 u，其脆弱性属性集合为 $A_u=\{a_d,a_1,a_2,a_3,\cdots,a_n\}$，相对应的脆弱性属性取值集合为 $V_u=\{v_{a_d},v_{a_1},v_{a_2},v_{a_3},\cdots,v_{a_n}\}$。

定义 8.2 Θ 为求取灾害 r 作用下表现脆弱性的承灾载体的判定算子，作用于如下的判定方程：

$$r\|V_{a_d}\Theta U=U_r=\{u_r^1,u_r^2,u_r^3,\cdots,u_r^n\}\tag{8-6}$$

式中，等式右边的 $\{u_r^1,u_r^2,u_r^3,\cdots,u_r^n\}$ 为脆弱性判定属性取值集合 V_{a_d} 对承灾载体集合 U 在灾害 r 影响下的脆弱性判定结果。其实质是承灾载体集合 U 的一个子集，子集中每一元素，即每一承灾载体都满足 $v_{a_d}=1$。所以，称 $r\|V_{a_d}\Theta U=U_r=\{u_r^1,u_r^2,u_r^3,\cdots,u_r^n\}$ 为求取灾害 r 的脆弱承灾载体集合的判定方程。

定义 8.3 F 为灾害 r 的承灾载体脆弱性信息提取函数，即

$$r\|\ F(U_r)=\{A_{ur}^1,A_{ur}^2,A_{ur}^3,\cdots,A_{ur}^n\}\tag{8-7}$$

式（8-7）表示在灾害 r 的影响下，为已经求得的脆弱承灾载体集合 U_r 中每一个承灾载体匹配与其相关的脆弱性分量属性。其中 $A_{ur}^i=\{a_1,a_2,a_3,\cdots,a_n\}$ 为承灾载体 u_r^i 的脆弱性分量属性集合，a_i 为集合中的分量属性元素。

结合专家意见、历史灾情等考察各个脆弱性分量属性，将承灾载体在每项分量属性上可能的表现分为三个等级，分别赋值 1、2、3，即

$$v_{a_i}=1 \text{ 或 } 2 \text{ 或 } 3, \quad i=1,2,3\cdots n \tag{8-8}$$

其中，越易受损害时得分越高，反之越低。即得分为 1 时灾害情形下最不脆弱，得分为 3 时灾害情形下最为脆弱，即最容易发生灾损。

至此，关于待评估的承灾载体，计算其单体脆弱性的全部信息已经得到。通过实地考察承灾载体确定各项脆弱性分量属性取值后，其单体脆弱性值计算如下：

$$t_u=\frac{\sum_{i=1}^{n}v_{a_i}}{3n}, \quad i=1,2,3,\cdots,n \tag{8-9}$$

式中，v_{a_i} 为承灾载体脆弱性分量属性取值；n 为分量属性的个数；t_u 为承灾载体单体脆弱性值，且 $0\leqslant t_u\leqslant 1$。图 8-17 展示了承灾载体单体脆弱性计算流程。

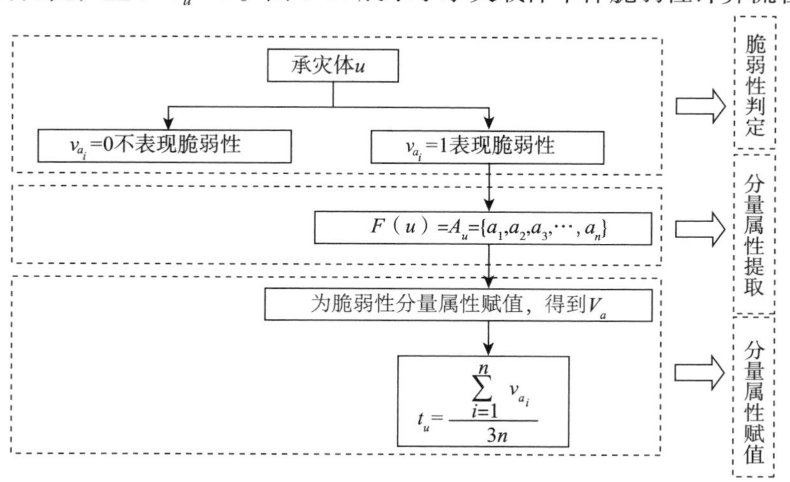

图 8-17　承灾载体单体脆弱性计算流程

2. 基于承灾载体单体脆弱性的区域脆弱性计算

本章以承灾载体单体脆弱性的计算为基础，围绕区域脆弱性综合影响系数、单体脆弱性与区域脆弱性的关系等，对区域综合脆弱性的计算进行研究。

1）区域脆弱性综合影响系数计算

自国际灾害学界开始关注人类经济社会系统在面对灾害时呈现脆弱性的几十年中，众多学者和机构对脆弱性的内涵与定义进行过阐释。虽然到目前为止仍然没有公认的关于脆弱性定义的确切描述，但一个普遍的共识是：一个地区的脆弱性不仅受其中承灾载体单体的物理化学性质影响，同时还受社会经济和自然环境等承灾系统结构性因素影响。因此，提出区域脆弱性综合影响系数μ，反映区域的水文、地形、植被等自然条件和经济发展与应急管理水平等社会条件对区域脆弱性的影响。μ应该是一个1左右的修正性系数。μ大于1时，表示自然、社会等系统结构性因素加重了区域脆弱性，且这种不利影响越严重，μ的取值越大。反之，μ的取值小于1时，表明有利的自然和社会因素减少了承灾载体受损的可能性，减弱了区域脆弱性。

采用指标体系法确定区域脆弱性综合影响系数μ的取值。首先，根据专家经验或历史灾情进行指标的选取。其次，将所有指标根据其对区域脆弱性的正、负相关性分为两组。当指标值越大越能加剧区域脆弱性时，指标是正相关的；当指标值越大越能削弱区域脆弱性，使其不易受灾损时，指标是负相关的。对于正、负两组指标，分别采用以下算式进行标准化：

$$x_i = \frac{x_{i0} - x_{i\min}}{x_{i\max} - x_{i\min}}, \quad x_j = \frac{x_{j\min} - x_{j0}}{x_{j\max} - x_{j\min}} \tag{8-10}$$

式中，x_i、x_j分别为正指标i和负指标j的标准化值；x_{i0}、x_{j0}为它们的初始值；$x_{i\max}$、$x_{i\min}$、$x_{j\max}$、$x_{j\min}$分别为正指标i和负指标j的最大样本值和最小样本值。

指标权重的确定可以采用层次分析法、模糊评价法、灰色关联度分析等。为了使影响系数μ体现其对区域整体脆弱性状况的修正和调整意义，将各指标的标准化值乘以对应的权重后加1，则区域脆弱性综合影响系数μ为

$$\mu = \sum_{i=1}^{n} \omega_i \cdot x_i + \sum_{j=1}^{m} \omega_j \cdot x_j + 1 \tag{8-11}$$

式中，ω_i、ω_j分别为正、负指标x_i、x_j的权重。

2）基于单体脆弱性的区域脆弱性计算

区域脆弱性指的是区域内由承灾载体的单体脆弱性及自然、社会等系统性因素造成区域易受灾损的性质。考虑到实际工作中区域内承灾载体的难以遍历性，为了以有限的承灾载体样本得到整个区域脆弱性信息，需要做以下两个假设。

假设1：在区域整体层面上，所有承灾载体以其中心点所在位置被简化为一个点。

假设2：空间上有重合或包含关系的多个承灾载体的单体脆弱性值等于其中脆弱性最低的承灾载体的单体脆弱性值。

在大尺度空间范围区域脆弱性评估中，根据这两条假设，所有承灾载体无论实际形状、大小均近似以点的形式分布在区域内，当考虑人处在建筑物内而受到遮蔽等多个承灾载体在地理位置重合或包含的情形时，取不易受损的承灾载体的 t_u 为此点的脆弱性值。

据此，假定已经通过某一地区的脆弱性集成信息表 $S=(R,U,A,V)$，利用判定方程 $V_{a_d}\Theta U=U_r=\left\{u_r^1,u_r^2,\cdots,u_r^n\right\}$ 求取灾害 r 的脆弱承灾载体集合 U_r。将脆弱承灾载体集合 U_r 与脆弱性属性集合 A 通过脆弱性信息提取函数进行运算，得到 $\left\{A_{ur}^1,A_{ur}^2,A_{ur}^3,\cdots,A_{ur}^n\right\}$。其中，$A_{ur}^i=\{a_1,a_2,a_3,\cdots,a_n\}$ 为承灾载体 i 的脆弱性分量属性集合。对每一个承灾载体逐一考量其分量属性并赋值，得到这 n 个承灾载体单体脆弱性值集合 $\left\{t_{u1},t_{u2},\cdots,t_{un}\right\}$。

基于已知的区域脆弱性综合影响系数，为了从有限的 n 个承灾载体单体脆弱性值和它们的空间分布结构推知区域脆弱性的情况，考虑脆弱性在区域范围内是否可以被近似为连续分布，分以下两种情况讨论。

（1）脆弱性在区域范围内近似连续分布。脆弱性在区域内近似连续分布是一种较为理想且罕见的情形，当脆弱承灾载体在区域内密集分布且性质相近时，“连续分布”的近似可以成立。此时采用插值的办法以“窥几斑，知全豹”。

插值是一种通过已知离散点集的约束，求取定义在连续集合的未知连续函数从而达到获取整体规律的目的的一种函数逼近或数值逼近方法。不同于拟合只反映大致趋势，插值要求表达式或曲面全部经过已知样本点。因此，在脆弱性近似连续分布时，插值的方法能够最大限度地基于已知的承灾载体单体脆弱性基础数据求取区域整体脆弱性分布状况。

数学软件 Matlab 中的二维插值函数 Interp2 是可行的实现工具。构建一个 xyz 三维空间，其中 xy 轴表征待评估区域的地理坐标，z 轴为每个点对应的脆弱性值 t_{u_i}。Interp2 函数的应用格式如下：

$$z_i=\text{Interp2}(x,y,z,x_i,y_i,\text{method}) \tag{8-12}$$

式中，x，y，z 为原始数据；返回的函数值 z_i 为（x_i,y_i）根据插值函数计算得到的结果；method 为插值方法。

将由 n 个原始数据点插值得到的曲面命名为区域脆弱性趋势曲面，其表达式 $z=f(x,y)$。则区域脆弱性值可由式（8-13）得出：

$$T=\mu\cdot\bar{z}=\mu\cdot\frac{\iint\limits_{\Phi}f(x,y)\mathrm{d}x\mathrm{d}y}{S} \tag{8-13}$$

式中，μ 为区域脆弱性综合影响系数；S 为评估区域 Φ 的总面积；$z=f(x,y)$ 为插值得到的曲面表达式；T 为区域脆弱性值。

（2）脆弱性在区域范围内不连续分布。脆弱性在区域范围内不连续分布是一种更为常见的情形，这意味着区域内脆弱承灾载体分布不足够密集，或者有较大量的单体其脆弱性值大于或者小于周围所有的点使整体不能近似为连续分布。此时，直接由已知承灾载体的单体脆弱性加权平均推得区域整体基于承灾载体的脆弱性。其中权重反映承灾载体对于区域整体脆弱性状况的重要性程度。当承灾载体自身的脆弱性对周围承灾载体有重大影响或承担重要的社会功能时，其权重较大；反之较小。则区域脆弱性计算如下：

$$T = \mu \cdot \frac{\sum_{i=1}^{n} \omega_i \cdot t_{u_i}}{n} \tag{8-14}$$

式中，t_{u_i} 为已知的承灾载体单体脆弱性值；ω_i 为其重要性权重系数；n 为已知样本单体个数；T为区域脆弱性值。

图 8-18 展示了区域脆弱性计算综合流程。

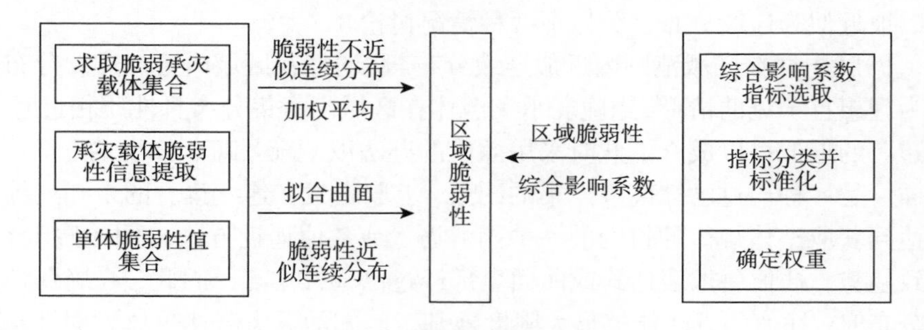

图 8-18　区域脆弱性计算综合流程

3. 暴雨灾害区域脆弱性研究实例

选取华北平原某区县 F（115° 25′ E~116° 15′ E，39° 30′ N~39° 55′ N）作为评估区域，以暴雨灾害为背景，进行区域脆弱性的实例研究。研究区域 F 下辖 6 个街道、7 个乡、13 个镇，地形变化复杂，且夏季常遭受暴雨灾害侵袭，南北部山区承灾载体分布状况差异较大，具有一定的研究意义。实例首先以街道 A 为独立的评估单元，展示如何计算承灾载体单体脆弱性及街道 A 的区域脆弱性，再由此推广到其他的街道、乡镇并给出区域 F 整体的脆弱性区划图。

1）街道 A 暴雨灾害区域脆弱性分析

首先以街道 A 内的一幢写字楼 u 为例计算承灾载体单体脆弱性。对于房屋类承灾载体来说，受暴雨灾害时 $v_{a_d}=1$，由脆弱性信息提取函数可知写字楼 u 的脆弱性分量属性分别为使用时间、结构选型、建筑材料和防水层等因素。通过实地考

察，根据各项脆弱性分量属性的赋值标准，得出以下承灾载体单体脆弱性计算表（表 8-4）。因此，这幢写字楼的单体脆弱性为

$$t_{\mathrm{u}}=\frac{\sum_{i=1}^{n} v_{a_i}}{3n}=\frac{1+2+1+2}{3\times 4}=0.5 \tag{8-15}$$

表 8-4　写字楼 u 脆弱性计算表

脆弱性分量属性	脆弱性分量属性赋值		v_{a_i}
	分量属性描述	赋值	
使用时间	使用时间少于设计年限 1/3 使用时间占设计年限的 1/3~2/3 使用时间占设计年限的 2/3 以上	1 2 3	1
结构选型	特种结构、钢筋混凝土板墙结构 框架结构 砌体结构	1 2 3	2
建筑材料	钢筋、混凝土 石材、砖瓦 木材、竹材	1 2 3	1
防水层	屋顶有两道防水层 屋顶有一道防水层 屋顶没有防水层	1 2 3	2

通过暴雨灾害脆弱承灾载体集合判定方程得知街道范围内受暴雨灾害影响的承灾载体多达数百处。因条件所限，选取居民楼、办公楼、立交桥、变压站、通信基站等易受暴雨影响的主要承灾载体共 93 处，分别对这些样本承灾载体进行考察并归为房屋类承灾载体、电力通信基础设施类承灾载体和道桥类承灾载体三大类承灾载体以简化计算（图 8-19）。考虑到承灾载体样本个数不足够多且分布零散，区域内脆弱性不满足近似连续分布的条件，因此不采用插值的办法进行处理。假定所有承灾载体的重要程度相同，对样本承灾载体的脆弱性求取平均值得到街道 A 的承灾载体单体脆弱性平均值为 0.62。

区域脆弱性综合影响系数由自然环境和社会经济两方面多因素共同决定。根据地形等自然环境特点，结合人均 GDP、应急能力等社会经济指标，计算街道 A 区域综合脆弱性影响系数（表 8-5）。

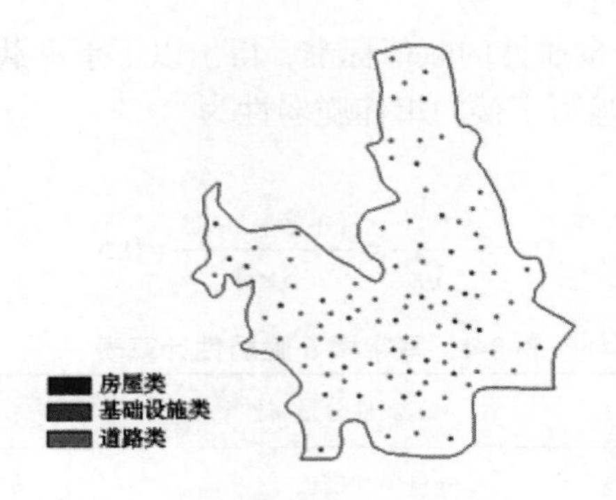

图 8-19　A 街道样本承灾载体分布图

表 8-5　街道 A 区域脆弱性综合影响系数分项指标表

正相关指标 x_j	权重 ω_i
地形起伏度	0.28
建成区面积占比	0.22
负相关指标 x_j	权重 ω_j
人均 GDP	0.16
区域防洪排涝能力	0.20
应急预案完善度	0.14

依据现有基础数据和专家意见得出各项指标初始值，对正、负相关指标分别进行标准化，用 AHP 层次分析法得出各指标的权重，则区域脆弱性综合影响系数计算如下：

$$\mu = \sum_{i=1}^{2} x_i \cdot \omega_i + \sum_{j=1}^{3} x_j \cdot \omega_j + 1 = 1.08 \qquad (8\text{-}16)$$

得出街道 A 区域综合脆弱性影响系数为 1.08。

$$T = \mu \cdot t = 1.08 \times 0.62 = 0.67 \qquad (8\text{-}17)$$

因此 A 街道的区域脆弱性为 0.67。

2）区域 F 暴雨灾害区域脆弱性分析及区划

研究区域 F 下辖共 26 个街道、乡镇。西北部山区是山地、丘陵，因此房屋、路桥基础设施等承灾载体分布较为稀疏，东南部平原为沃野平原，承灾载体分布密度较大。根据各个乡镇、街道的脆弱承灾载体分布数量和特点，结合历史灾损情况，分别选取 80~150 个易受暴雨灾害的承灾载体单体进行脆弱性计算，形成单体脆弱性样本库。面积较小、承灾载体样本点分布较为密集、均匀的乡镇或街道采用插值的办法求取区域脆弱性值，否则采用加权平均的办法计算区域脆弱性值。结合区域综合脆弱性影响系数分析，得到各个乡镇街道的区域综合脆弱性值分布状况。在 GIS 中进行脆弱性值的标示得到区域 F 暴雨灾害综合脆弱性区划图，见图 8-20。

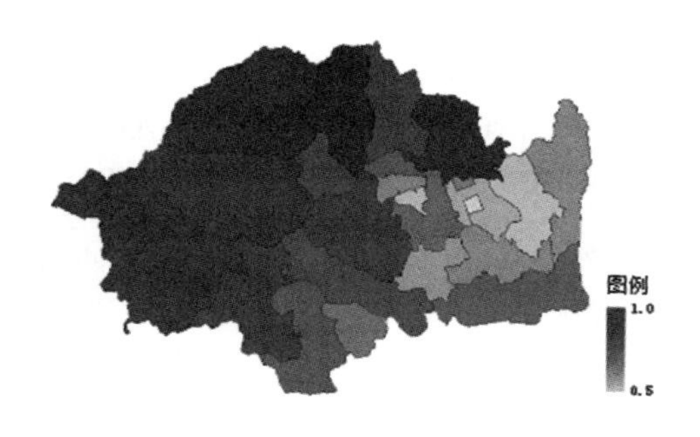

图 8-20　区域 F 暴雨灾害区域脆弱性区划图

参 考 文 献

封志明，杨桧，杨艳昭，等. 2015. 京津冀都市圈人口集疏过程与空间格局分析. 地理信息科学学报，15（1）：11-18.

韩桂明，翟盘茂. 2015. 1961—2008 年京津冀地区暴雨的气候变化特征分析.沙漠与绿洲气象，99（4）：25-31.

匡正，季仲贞，林一骅 .2000. 华北降水时间序列资料的小波分析. 气候与环境研究，3：312-317.

马京津，于波，高晓清，等. 2008. 大尺度环流变化对华北地区夏季水汽输送的影响. 高原气象，2（3）：517-523.

牟凤云，张增祥，刘斌，等. 2007. 基于 TM 影像和“北京一号”小卫星的北京市土地利用变化遥感监测. 生态环境，16（1）：94-101.

权瑞松. 2012. 典型沿海城市暴雨内涝灾害风险评估研究. 华东师范大学博士学位论文.

宋晓猛，张建云，刘九夫，等. 2015. 北京地区降水结构时空演变特征. 水利学报，46（5）：525-535.

孙继松，舒文军. 2007. 北京城市热岛效应对冬夏季降水的影响研究. 大气科学，31（2）：311-320.

尤焕苓，刘伟东，任国玉. 2014. 1981～2010 年北京地区极端降水变化特征. 气候与环境研究，19 （1）：69-77.

于淑秋. 2007. 北京地区降水年际变化及其城市效应的研究. 自然科学进展，17（5）：632-638.

郑思轶，刘树华. 2008. 北京城市化发展对温度、相对湿度和降水的影响. 气候与环境研究，13（2）：124-132.

钟军. 2013. 中国降水的时空和概率分布特征. 南京信息工程大学硕士学位论文.

周淑贞，束炯. 1991. 城市气候学. 北京：气象出版社.

朱俐萍. 2014. 基于二参数分布的流域降雨时空分析及干旱评估. 华中科技大学硕士学位论文.

Bonsal B R，Zhang X，Vincent L A，et al. 2001. Characteristics of daily and extreme temperatures over Canada. Journal of Climate，14（9）：1959-1976.

Lin Y P，Verburg P H，Chang C R，et al. 2009. Developing and comparing optimal and empirical land use models for the development of an urbanized watershed forest in Taiwan. Landscape and Urban Planning，92：242-254.

Naef F，Scherrer S，Weiler M. 2002. A process based assessment of the potential to reduce flood runoff by land use change. Journal of Hydrology，264：74-79.

Niehoff D，Fritsch U，Bronstert A.2002. Land-use impacts on storm runoff generation：scenarios of land-use change and simulation of hydrological response in a meso-scale catchment in SW-Germany. Journal of Hydrology，267：80-93.

Shi P J，Kong F，Ye Q，et al.2014. Disaster risk science development and disaster risk reduction using science and technology. Advance in Earth Science，29（11）：1205-1211.

第9章

融雪性洪水灾害过程模拟与风险评估

9.1 融雪性洪水灾害的形成背景及影响

9.1.1 融雪性洪水灾害形成背景

雪灾是因降雪而导致暴风雪、大范围积雪和雪崩等灾害性事件的自然灾害，不仅会严重影响人畜的健康和生存，而且会损害交通、电力、通信系统等基础公共设施。雪灾是我国冬春季节最主要的自然灾害，在我国西部牧区经常发生，尤其是内蒙古、新疆、青海和西藏的牧区，几乎每年都会发生，不仅严重危害我国牧区的畜牧业，造成大量的经济损失，而且对当地人民的生命财产安全和正常生活秩序也具有很大威胁（吴玮等，2013）。虽然雪灾是由于大量的降雪与积雪造成的，但是雪灾与气象因素、地形因素、社会经济及地域特点因素等多种因素相关，所以有时候大量的降雪和积雪并不会造成雪灾。不过在次年的春夏季，随着温度的快速升高，大量积雪短时间内强烈消融，极易引起春洪或泥石流等灾害爆发；即使没有形成雪灾的积雪也会有可能因短时间大量融化而形成融雪性洪水灾害。融雪性洪水（snowmelt flood）指的是由积雪融化形成的洪水，简称雪洪。从时间上看，融雪性洪水主要发生在温度升高的春、夏两季；空间上则常发生在中高纬地域和高山地区，我国主要发生在新疆等地。融雪性洪水的形成和大小主要受积雪面积、积雪深度和积雪吸收的辐射热（其中一大半为太阳辐射热）等因素影响。另外，积雪场的地形、下垫面、坡度和土壤蓄水量等因素对融雪洪水的形成和大小也有较为复杂的影响，所以，对于融雪性洪水的物理过程分析很是复杂

（房世峰，2010）。

融雪洪水可以据其发生条件分为两大类：一类是经常发生在一些中高纬地区和高山地区的积雪融水洪水，如在我国东北、西北地区和前苏联、北欧、北美北部、南美西南部等地区的融雪性洪水。这些区域的冬天往往温度更低、时间更久，形成的积雪也就更深。这些地区的积雪在第二年春夏温度升高时会逐渐融化而最后形成洪水（房世峰，2010）。在喜马拉雅山、天山等某些高山地区，如果春夏温度较高且持续时间较长，山区的永久性积雪甚至冰川也会融化形成夏汛，它与季节性积雪融水洪水相比涨落较缓，洪水总量则受控于消融范围。第二类则为情况较为复杂的积雪融水与降雨混合性洪水，即融雪同时又有降雨过程，二者复合发生所形成的洪水。本类洪水的历时和流量大小受积雪场的状态影响很大，冷干的积雪场滞留雨水能力较强，从而偏向于形成洪峰流量相对较低而洪水历时相对较长的洪水；而暖湿的积雪场则相反，在同等的降水情况下，汇流过程相对较快，洪峰流量相对较高而洪水历时相对较短（房世峰，2010）。

我国的融雪性洪水主要发生于冬季至第二年 4 月的新疆地区，尤其是在天山北坡中部地区，并且因为新疆的地区和气候特点，在积雪强烈消融期间，极易引起春洪或泥石流的爆发。很多相关学者均对新疆季节积雪融水洪水进行了研究，也总结分析了新疆融雪性洪水的一些特点（张学文和张家宝，2007）：从洪水的空间角度上看，新疆的季节融雪洪水灾害经常发生在阿勒泰、塔城、伊犁、天山北坡等地。并且由于新疆山区海拔变化较大，积雪分布高程往往不同，所以在积雪消融期间会形成两种形式的洪水，第一种是出现时间早、来势猛、历时长、洪峰高、洪量大、范围广的源于浅山和山前平原积雪消融形成的春洪，此类洪水因其自身特点，极易造成大范围灾害，尤其对城市和交通危害很大；第二种则是出现时间较晚、洪量增加较慢、危害较小的中低山融雪洪水，不过若是遇到暴雨的叠加，则可能会形成混合型洪水，可能产生较大洪水。从洪水的时间角度来看，融雪性洪水的出现时间往往受开春时间影响较大，如阿勒泰山区出现在 5 月底至 6 月中旬，天山北坡和准噶尔西部山区则一般发生在 3~4 月（吴素芬等，2006）；并且融雪性洪水经常持续 4~5 天，历时较长。从洪水的程度角度看，洪水的大小与积雪期的积雪量、融雪期的温度以及发生区域的地形地貌有很密切的关系，并且洪峰会呈现出周期性的波动特性，常常表现为“一日一峰”。

9.1.2 融雪性洪水灾害影响及危害

据统计，洪水灾害每年在全世界的一些国家和地区均有发生，由洪水灾害造成的死亡人数占全部自然灾难死亡人口的 75%，经济损失占到 40%，是当今世界上危害最大、发生最频繁的自然灾害。在我国则有三分之二的地区、5 亿人口、100 多座大中城市以及 70%的工农业总产值遭受洪水灾害威胁，并且因为我国自身的地理和气候等原因而具有影响范围大、发生频率高、突发性强和后果严重等特点（房世峰，2010）。而主要发生在高纬度积雪地区或高山积雪地区（以新疆为主）的融雪性洪水，由于发生地域广、影响时间贯穿四季、洪峰高、突发性强、致灾严重等特点，每年均造成严重的人员伤亡和上亿元的直接经济损失。资料统计显示，1966 年、1971 年、1977 年、1985 年、1993 年、2005 年、2010 年在乌苏、玛纳斯、呼图壁和北疆等地发生了较严重的春洪灾害，造成了该地区人员伤亡、房屋倒塌、交通中断等巨大损失（房世峰，2010）。尤其是 1988 年 3 月发生了新中国成立以来新疆最大的春季融雪洪水，冲毁 312 国道 130 千米，水渠 181 千米，水工建筑物 70 座，农田 9 600 公顷，有 3 座水库因洪水宣泄不及而溃坝，造成直接经济损失达数十亿元，损失巨大。同期，天山北坡中段年均流量仅有 1.55 米^3/秒的军塘湖河突然出现 160~180 米^3/秒的大洪水，造成重大融雪洪水灾害（刘志辉，2009）。表 9-1 列举了 1977~2012 年全国重大融雪性洪水灾害事件。

表 9-1　1977~2012 年全国重大融雪性洪水灾害事件

受灾时间	受灾地点	灾损情况
1977 年 3 月 25 日	沙湾乌苏地区	冲毁土地 1.2 万亩，倒塌房屋数栋
1985 年 3 月	沙湾乌苏地区	冲垮渠道 15.966 千米，冲塌房屋 6 154 平方米，毁坏两眼机井，死亡 3 人
1988 年 3 月	新疆	冲毁国道 130 千米，水渠 181 千米，水工建筑物 70 座，农田 9 600 公顷，直接经济损失数十亿元
1988 年 3 月 13 日	北疆军塘湖河周边	21 个县市 45 万人受灾，受灾农田 12.3 万公顷，冲毁多处公路、铁路和水库，袭扰兵团 23 个团场，直接经济损失 700 万元
2001 年 9 月	南疆叶尔羌河	洪峰流量高达 6 070 米^3/秒，沿途水利工程尽皆损毁
2005 年	天山北坡	经济损失 5 700 万元
2005 年 3 月	伊犁河谷地区	受灾人口 1.1 万人，灾损范围全州 8 县 2 市，倒塌房屋 1.2 万间，死亡牲畜 3 736 头，毁坏耕地 3 267 公顷，损毁农作物 796 公顷
2006 年 2 月 14 日	新疆伊犁	受灾人口 1 万多人，损毁房屋 6 400 多间，直接经济损失 600 多万元
2009 年 3 月 14 日	伊犁河谷尼勒克县	淹没 113.3 公顷冬小麦和饲料草地，直接经济损失 100 余万元
2009 年 3 月 16 日	天山附近裕民县和托里县	冲毁部分农作物、塑料大棚、农田、民房和道路，死亡 1 人，失踪 1 人，农业受灾面积 415 公顷，直接经济损失 100 万元
2010 年 1 月 6 日	新疆塔城地区裕民县	12 个县市 90 个乡镇 90 744 人受灾，死亡 1 人，70 人紧急转移，13 人冻伤，倒塌房屋 781 间，损坏 2 908 间房屋，受损棚圈及蔬菜大棚 761 座，死亡牲畜 11 590 头，150 632 只牲畜缺少草料、觅食困难
2010 年 3 月 17 日	乌鲁木齐市沙依巴克区仓房沟	洪水侵袭村庄和家属院，过水面积 5 000 平方米，积水深度超过 9 米，受淹居民 90 户 263 人，紧急疏散居民 85 户，倒塌房屋 7 间，直接经济损失约 95 万元

续表

受灾时间	受灾地点	灾损情况
2010 年 7 月 28 日	玛纳斯河流域	淹没良田 2 万公顷，损失 1.5 亿元；冲毁玛河大桥，五个月不能通行，损失 2 亿元
2012 年 3 月 12 日	乌鲁木齐市米东区芦草沟河	阻塞河道 500 多米，堆积冰块高出河床 3 米高，洪水外溢淹没多家单位和民房

9.2 融雪性洪水灾害过程模拟与风险评估框架

作为一种常见而又危害严重的自然灾害，国内外学者对洪水灾害风险评估开展了大量的研究。李琼（2012）以系统论为研究方法，以模糊数学理论为基本工具，将信息扩散的模糊数学方法引入洪水灾害风险分析领域，建立了一套洪灾风险评估的理论框架和方法，开展了针对小样本情形的洪灾风险评估体系的研究。Apel 等（2004）开发了一种由基于洪水过程链的简化模型组件组成的洪水风险模型，模型基于复杂的确定性模型的结果来推导模型组件的参数，并最后借此在蒙特卡洛框架下对洪水的风险和不确定性进行分析。由于融雪性洪水灾害的少见性和特殊性，以及大量相关资料的缺乏，目前在此领域研究不多。实际可直接用于融雪性洪水预测预警的模型和系统很少，不能有效地对其进行预防。针对融雪过程、水文模拟及灾害风险评估进行综合集成技术研究，建立有效的预测预警和灾害应对方案系统，可以为应急管理人员提供技术支持，有效应对洪水灾害，进而实现洪水的资源化利用，促进区域经济发展。

通过对现有洪水灾害风险评估方法的研究和分析，综合考虑雪盖遥感监测、积雪深度反演、融雪性洪水径流模拟、水文网络提取、水文模拟分析和灾害风险评估理论，本节提出了一种新的融雪性洪水灾害风险评估思路方法，见图 9-1。按照图 9-1 所示的融雪性洪水风险评估方法和思路流程，我们可以完成融雪性洪水的风险分析。首先是对研究区的区域特征进行充分的调研，获取和搜集研究区地形、气象和水文等相关数据，从而基于研究区的地形、气象等特征，以及相关的数据情况进行雪盖监测方法、雪深反演方法、融雪模型和水文模型的分析选择，并应用所选择的合适方法获得积雪的面积信息和深度数据；进而结合区域地形、气象、水文数据输入融雪模型，得到模拟的融雪径流。其次基于研究区地形 DEM（数字高程模型）数据，应用 GIS 的数据模型 Arc Hydro 得到研究区的流域水文网络；并结合模拟径流和水文数据，应用水文模型进行洪水淹没范围和淹没水深的模拟。最后基于洪水淹没范围和水深数据，结合研究区相应的自然地理、社会经济和人文教育等背景数据，对洪水灾害影响进行预判，生成相应的融雪性洪水灾害风险图，完成融雪性洪水的风险分析。本小节后面部分将针对图 9-1 中的积雪信息提取、融雪径流模拟、水文网络提取、融雪性洪水模拟和融雪性洪水灾害风险评估的具体内容进行进一步的分析和探讨。

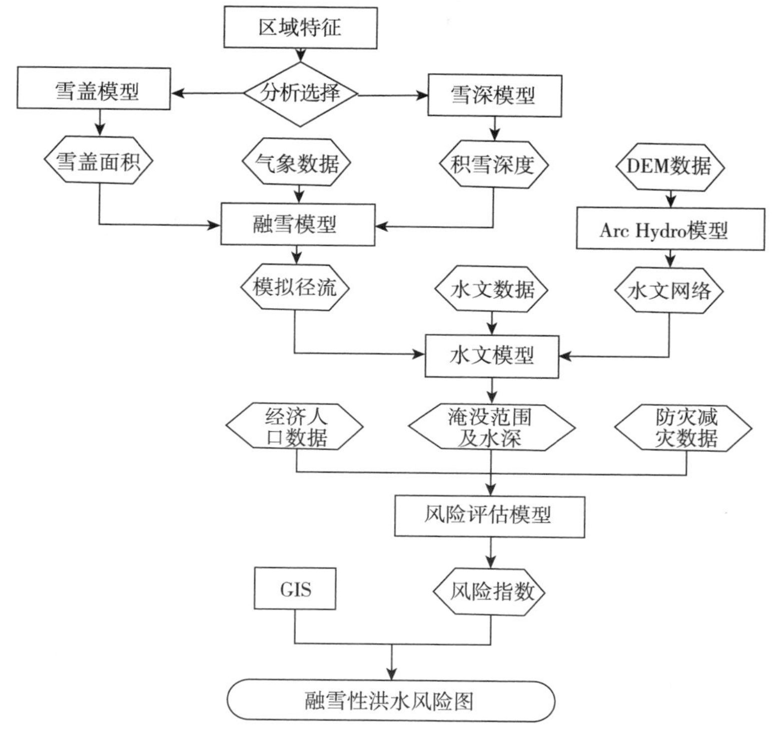

图 9-1　融雪性洪水灾害风险评估流程图

9.3　积雪信息提取

融雪性洪水灾害风险评估中涉及的积雪信息主要包括积雪面积、积雪深度和积雪密度等，并且由于融雪性洪水灾害频发地区多为气象站点、水文站点稀少地区，所以实测的雪深、雪盖和积雪密度等数据比较匮乏，可以作为参考数据，而主要的数据来源则是遥感数据。几十年前就有学者开始关注利用可见光和微波遥感手段来监测、分析积雪的空间分布情况，并且做出了大量的研究。现在随着遥感技术的更加成熟、计算机处理能力的更加强大，遥感已经成为最主要、最常见的积雪监测手段。现今的遥感手段主要是可见光和微波遥感，两者有着各自的优势和缺点。利用可见光进行积雪监测方面已经发展出很多相关的资料和产品，如美国国家海洋与大气管理局的 NOAA/AVHRR 资料、Landsat 和 SPOT 数据，中分辨率成像光谱仪（moderate-resolution imaging spectroradiometer，MODIS）的雪被产品 MOD10A1、MOD10A2 等，美国国家应用水文遥感中心（National Operational Hydrologic Remote Sensing Center，NOHRSC）和美国国家环境卫星（geostationary operational environmental satellite，GOES）的雪被产品等。近年来 MODIS 数据因在无云情况下对积雪有较高的分类精度而受到大量研究者的关注，然而由于积雪和云的反射光谱特性相似，光学遥感手段受到很大的天气状况限制。而利用微波手段进行积雪监测则主要使用 SMMR、SSM/I 和 AMSR 等被动微波扫描仪数据，虽然相关数据分辨率相对较低，但是在监测较深的积雪以及天气状况不佳情况下比较适合使用。这些数据现在主要用于全球或半球大范围的雪深、积雪覆盖范围和雪水当量的研究，不过在区域性的积雪覆盖范围和积雪深度等方面的动态监测中还存在较大偏差（张学通，2010）。

9.3.1　雪盖监测

雪盖监测主要是从遥感资料中提取雪盖的面积信息，其关键在于积雪的判读和识别，也就是雪像元的识别（师银芳，2012）。现今的识别方法有阈值法像元统计、归一化差分积雪指数法（normalized difference snow index，NDSI）、决策树、多光谱图像分类和混合像元分解法等在内的很多方法，其中前两者应用比较广泛（Tachiiri et al.，2008；师银芳，2012）。阈值法在实际应用中，由于遥感测得的反照率和亮温受大气影响很大，很难确定统一的阈值，故在具体研究地区需按一定步长调试两个阈值，经目视确认后方可选定最佳阈值（Tian et al.，2008；周咏梅和王江山，1996）。方法应用简单方便，但是积雪判别的准确性决定于阈值的选取。归一化差分积雪指数法可有效地区分厚云与积雪，但往往不能区分薄云与雪，通常需要运用云掩膜等方法去除遥感影像中云的干扰（汪凌霄，2012）；而且根据积雪下垫面的不同需要适当调整阈值以及增加判断依据，如加入归一化差分植被指数（normalized difference vegetation index，NDVI）等。该方法的应用限制条件较多，但是判读准确性很高，尤其适用于厚云和下垫面类型种类较多的地区（汪凌霄，2012；张飞等，2011）。

现在应用较广的遥感资料主要是美国国家海洋与大气管理局的 NOAA/AVHRR 资料以及 TERRA 和 AQUA 卫星所携带的 MODIS 资料。其中，NOAA 等卫星虽然覆盖范围大、时间分辨率高，但是光谱分辨率低、难以有效地校正大气干扰及区分云雪。由于传感器的改进，MODIS 卫星资料相较于 AVHRR

资料则明显地具有更高的空间分辨率和更有效的积雪反演算法等，故 MODIS 资料的使用更加广泛和频繁（黄晓东等，2012；吴杨等，2007）。MODIS 资料目前主要采用 NDSI 来判别积雪，识别积雪区，很多专家学者也对此进行了大量的相关研究和实践。比如 Salomonson 在北美的三个区域使用 NDSI 阈值分别计算积雪区，并与 30 米分辨率的 Landsat 卫星的专题制图仪 TM 资料进行对比，证明结果基本可信（Salomonson and Appel，2004）。而对于云与雪的区分，Key 等（1997）利用 MODIS 第 31 和 32 波段来获取地面土壤温度，并提出判定标准：像元温度大于 277 开尔文则认为非雪。另外，还可以利用对卷云吸收率较高的 MODIS 第 26 波段（1.36~1.39 微米）来区分积雪和卷云，结果证明有效可行（Gao et al.，1993）。而考虑到林区植被将积雪覆盖的情况，Klein 等（1998）进行相关试验并证实了在林区，应把 NDVI 与 NDSI 结合起来使用，NDVI 较高的地区应该降低 NDSI 的判定阈值。

雪有很强的可见光反射和强的短波红外吸收特性，NDSI 是分辨雪和其他地表的有效方法，它是基于雪对可见光语段红外波段的反射特性和发射差的相对大小的一种测量方法（王赵明等，2012）。基于反射特性的 NDSI 计算法具有普遍的实际操作性，是提取积雪信息的较好技术手段。NDSI 基本运算如下：

$$\mathrm{NDSI}=\left(\mathrm{CH}(n)-\mathrm{CH}(m)\right)/\left(\mathrm{CH}(n)+\mathrm{CH}(m)\right) \tag{9-1}$$

式中，n 和 m 分别代表积雪的强反射和强吸收的光谱波段号，具体波段号则需根据不同遥感资料而定（张飞等，2011）。

9.3.2　雪深反演

积雪深度受地形、地貌及降雪量等多因素的影响表现为不连续分布，所以单纯利用气象监测站点无法获得雪深的空间连续分布，而单纯的遥感影像也受到研究区天气和地形等特征的影响而精度不够。所以基于气象监测点的积雪深度测量资料，利用遥感手段建立积雪深度回归模型来反演雪深成了现阶段比较准确的积雪深度提取方法。现在主要有依据光学遥感和微波遥感资料两种雪深反演方式，一种是基于光学遥感的利用可见光和近红外波段数据来反演积雪深度，主要是依据雪深和所选用传感器的影像波段组合的相关性，选择最优的影像波段组合，从而建立观测点雪深数据与影像波段组合的回归方程，求得回归系数，进而构建反演模型（王赵明等，2012）。影像不同波段及其组合是进行积雪深度反演的关键，通过建立观测点雪深数据与影像波段组合的关系，可以依据它们的相关性来选择最优的影像波段组合。对于常用的 NOAA/AVHRR 遥感数据资料，已有研究表明，在雪层厚度<20 厘米的干雪期，ch1 和 ch2 的反射率较高，D12（D12=ch1−

ch2）值与积雪厚度具有比较明显的正相关关系。因此，在无云或相对云量较少的情况下，可以利用 ch1 和 ch2 数据来研究积雪深度及其空间分布状况（冯学智等，1996；梁天刚等，2004）。梁天刚等（2004）对北疆地区积雪资料统计分析的结果表明，干雪期的雪深与经度、纬度、海拔高度、NOAA 卫星可见光波段 ch1、近红外波段 ch2 的灰度值及波段组合指数 ch1−ch2 和 ch1、ch2 之间具有明显的正相关关系，与中红外波段 ch3、热红外波段 ch4、远红外波段 ch5 的亮温值之间具有显著的负相关关系。利用 NOAA 卫星资料反演雪深较理想的遥感模型有

$$S = 3.356 + 1.747(c1 \times c2 / c4), \quad r = 0.616, n = 80, \alpha = 0.05 \qquad (9\text{-}2)$$

$$S = -12.0295 + 0.699c2 + 0.0613(c1 - c2), \quad r = 0.544, n = 80, \alpha = 0.05 \qquad (9\text{-}3)$$

逐步回归分析模型为

$$S = 5.736 + 0.597(c1 - c2), \quad 0 < S \leqslant 20 \qquad (9\text{-}4)$$

$$S = 41.711 - 0.362(c1 - c2), \quad S > 20 \qquad (9\text{-}5)$$

式中，S、$c1$、$c2$ 和 $c4$ 分别代表雪深（厘米）、NOAA 卫星通道 1 和通道 2 的反射率，以及通道 4 的亮温值；两个逐步回归模型的样本数为 80，回归系数为 0.897，显著水平为 0.05。

光学遥感具有一般覆盖范围广、空间分辨率高、纹理信息特征明显、应用基础比较雄厚等优点，但是云和积雪在可见光和近红外波段上都具有高反射率，导致有云层遮挡的情况下积雪监测精度较低，所以常常需要剔除云的影响。并且，光学遥感是基于特定的研究区域、运用统计学的方法来反演雪深，所以不适合在地形复杂的大范围地区进行应用。另外，积雪的反射率在其深度达到一定程度上就不会再随着深度变化而变化，所以光学遥感反演雪深还会受到积雪深度的限制，即只能反演较浅的积雪，不适用于深雪地区（吴炳方等，2008；吴杨等，2007）。

另一种遥感监测方法是基于被动微波遥感手段、利用亮度温度来提取积雪深度，主要原理是雪盖的微波亮度温度随积雪深度的增加而减少，从而可以建立亮温和雪深的对应关系来进行雪深的提取（刘宝康等，2009；师银芳，2012）。雪盖的微波辐射会随雪盖厚度、雪粒大小、雪盖结构及液态水含量等因素的变化而变化，这是被动微波遥感反演雪深的物理基础（车涛和李新，2005；柯长青和李培基，1998）。大量的研究发展了积雪深度的微波遥感反演算法，对于比较常用的 SMM/I 遥感资料，积雪深度和被动微波亮度温度的关系的描述如下：

$$\mathrm{SD} = A \times (\mathrm{Tb19H} - \mathrm{Tb37H}) + B \qquad (9\text{-}6)$$

式中，SD 表示积雪深度（厘米）；Tb19H 和 Tb37H 为 SMM/I 的 19GHz 和 37GHz 的水平极化亮温数据；A、B 为系数，取值与研究区域有关，全球的雪深反演算法中 A=1.69，B=0（毛克彪等，2005）。

微波遥感的优点是可以穿透云，不受天气状况的影响，可用于夜晚和云覆盖区域进行全天候的积雪监测，有效地克服了光学遥感难以区分积雪和云的问题（Foster et al.，1997；Lucas and Harrison，1990；梁天刚等，2004）；更重要的是，被动微波遥感可以监测雪深大于 5 厘米的积雪，而可见光难以估算大于 10 厘米的积雪（Foster et al.，1997；高峰等，2003）。但是微波遥感成本较高，亮温数据受雪粒大小、液态水含量和下垫面类型等的影响较大，且只能反演较深的积雪。目前用于积雪深度提取的被动微波资料主要有 SSM/I、AMSR-E 和 MWRI 等，但仍没有一个雪深反演模型可以在全球范围内普遍适用（刘宝康等，2009）。

9.4　融雪径流模拟

9.4.1　融雪径流模型

融雪径流模型是定量描述积雪消融过程的工具（可用来定量表征积雪的垂向水热过程），其与融雪径流水文模型的发展紧密联系（高洁，2011）。最初的融雪径流模拟多以经验模型取得，主要依靠站点观测数据，单纯建立气象要素与径流间的输入输出关系，而不考虑对径流过程的描述，如我国学者（于春冬，2004；于海鸣和刘建基，2005）主要利用站点观测数据来预测研究融雪径流的流量还原法和径流系数法，以及由美国工程兵提出的基于回归分析方法、利用站点数据来确定温度、辐射、风速等参数权重进行融雪径流计算的 HEC-1 融雪径流模型。但是这种经验模型的适用性受到了比较大的限制，比如若考虑径流系数等因素来计算融雪水量，则需要进行大量的野外实测，而且同一条径流在不同时间段径流系数也各不相同，这使融雪水量计算过程中的径流系数很难确定，从而造成计算结果具有很大的不确定性。

随着融雪径流理论的发展，一些考虑了冻融、蒸散过程的概念型融雪径流模型被开发出来，其中的代表模型就是 Finsterwalder 和 Schunk（1887）在阿尔卑斯山冰川变化研究中首次提出的基于冰雪消融与气温（尤其是冰雪表面的正积温）之间的线性关系而建立的度-日模型。并且随着模型的发展，度-日因子不再是个常数（房世峰，2010；赵求东等，2007）：一方面度-日因子的取值与积雪表面的干净及干湿等状况具有很大关系，如 Singh 和 Kumar（1996）在计算 Himalayan 区积雪融化时，就考虑到干净的雪和表面被污染的雪消融时度-日因子的差异；Arendt 和 Sharp（1999）在研究北极地区冰川消融的过程中，则指出度-日因子的变化取决于冰面反射率的变化。另一方面由于积雪的融化过程主要受太阳辐射强度和时间的影响，所以有森林等植被覆盖的积雪地区，积雪融雪受植被的覆盖情况影响很大，Martinec 和 Rango（1986）建议对于无植被覆盖区度-日因子可根据积雪的密度确定，对于植被覆盖区要根据覆盖状况进行适当的调整；Kuusisto（1984）在芬兰地区测得森林区和无植被覆盖区雪的平均度-日因子分别为 2.4 毫米每摄氏度每天和 3.5 毫米每摄氏度每天；另外，还有一些考虑了辐射和风速等要素在一定程度上提高了模拟精度的复杂度-日模型，如 Lang（1968）、Zuzel 和 Cox（1975）运用多元回归方法分析发现，综合考虑了太阳辐射、水汽压和气温等变量的度-日模型比只有单一的气温变量的模型具有显著改善的模拟结果。

度-日模型一定程度上考虑了温度对积雪消融物理过程的影响，但其实质仍然是通过率定径流输出与气象要素输入间的关系模式来模拟径流，对水文循环的物理机制考虑的依然不够，如在融雪过程中伴随降雨等一些比较复杂情况下就很难准确模拟径流（赵求东等，2007）。为了改进经验模型和概念模型对融雪径流物理机制考虑的欠缺，1956 年 The U.S. Army Corps of Engineers（1956）首次基于雪盖和环境的能量交换计算融雪量；随后 Anderson（1973）和 Morris（1983）对其进行完善，形成了基于物理学的点尺度的能量平衡融雪模型，该模型充分利用太阳辐射、土壤类型、雪面蒸发量等与流域水文环境密切相关的各种数据源来计算融雪量，其参数具有明显的物理意义。由于太阳辐射在雪盖中的穿透性、雪层的温度梯度以及融雪水或雨水在雪盖内部的入渗和冻融等，所以国外很多研究者建议在建立能量平衡模型时须把雪盖考虑成是一个体而不是一个面（房世峰，2010），Male（1981）的研究表明太阳辐射可以穿透雪盖一定深度，这一深度由积雪密度和雪的特殊光学性质所确定；Kondo 和 Yamazaki（1990）为了获得更现实的雪盖温度提出了线性的雪盖温度变化线。

最初的物理模型忽略了研究区的空间异质性，只是将其作为一个整体来考虑，随着遥感和地理信息技术的发展，分布式物理模型被开发出来，并在 20 世纪 90 年代得到了广泛的发展与应用。分布式物理模型综合考虑了高程、植被、辐射、土地利用类型、水文过程等因素，并通过分布式的方式进行输入，很好地反映了积雪区和融雪过程的空间异质性（包安明等，2010）。例如，Anderson（1973）先将雪盖分层，然后计算不同积雪层中融雪水流动状况，从而更准确地研究融雪水在雪盖中的流动过程；Marks 等（1999）考虑到雪表面温度和雪盖的温度差异，提出通过雪层的温度梯度计算一个临界冻结深度，从而把雪盖分为融化层和非融化层两层，并最后构建了双层的能量平衡模型 SNOBAL；Cazorzi 和 Dalla（1996）基于 DEM 数据将研究流域划分为多个正方形栅格，之后考虑气温和辐射的空间分布建立了分布式度-日融雪模型，并取得很好的模拟结果；Mitchell 和 DeWalle（1998）根据高程和植被类型对流域进行分带，建立了 SRM（snowmelt runoff model，即融雪径流模型）；乔鹏等（2011）、孟现勇等（2013）分别建了一个基于 DEM 的栅格分布式融雪径流模型和基于栅格尺度的双层融雪径流模型，均对雪深、雪水当量及融雪径流的模拟具有较好的拟合度。这些模型在物理计算的基础上，开始较多地考虑径流形成环境的空间异质性，但是分布式融雪径流模型研究的时间和空间精度受遥感数据源、数据质量及数据时间分辨率的限制较多，其应用有待于模型的改进和数据源质量的进一步提高（包安明等，2010）。

综上，融雪径流模型经历了从单纯建立气象要素和径流间输入输出关系的经验模型，到考虑了冻融、蒸散过程的仅基于气温指标的以度-日模型为代表的概念性模型，再到考虑热力学理论等物理机制的以能量平衡模型为代表的物理模型；也经历了从将区域积雪作为一个整体考虑的单点模型，到考虑积雪空间异质性的分布式模型。现阶段已经发展了多种融雪模型，每种模型均有各自的优缺点和适用范围，所以在针对具体地区进行研究时，模型选择的重要性不言而喻（包安明等，2010；高洁，2011；李兰海等，2014；赵求东等，2007）。现今应用比较广泛的有 SRM、SWAT（soil and water assessment tool，即水土评价工具模型）、SNTHERM（the snow thermal model）和新安江等模型，下一小节就 SRM 和 SWAT 这两个应用最广泛的模型为例，简述模型的选择。

9.4.2　融雪径流模型：SRM 与 SWAT

SRM 模型是最早由瑞士科学家 Martinec 在 1975 年提出的用来模拟和预报山区流域径流的水文模型，并且是国际气象组织推荐的融雪径流模型。SRM 模型结构简单，主要基于度日算法和气温、降水等气象水文数据，使用径流系数、退水系数等水文学概念进行产汇流计算和径流模拟，被广泛应用于模拟逐日流量，预报季节性径流，分析气候变化对雪盖、融雪径流的潜在影响等。SRM 模型目前已在 29 个国家近 100 个不同尺度流域得到应用，大都取得了比较理想的效果（Martinec，1975；李兰海等，2014）。SRM 模型在我国也有了一些成功的应用，王超等（2011）利用 SRM 模型对黑河上游 3 个水文站点控制区的融雪过程进行了模拟，探讨了不同水文区域对模型模拟精度的影响；怀保娟等（2013）通过对气温和降水数据进行反距离加权插值，以此作为模型输入模拟了乌鲁木齐河源区的融雪径流情况；张一驰等（2006）应用日最高温度作为参考温度，并乘以一个系数 α 作为度日数来估算融雪速率，从而提高模拟精度。SRM 模型作为世界气象组织唯一推荐的融雪径流模拟模型，在世界各地很多流域进行了成功的模拟，具有简单易用、精度较高的特点。利用 SRM 模型进行径流量预报的关键是如何对模型所需输入变量进行预报，预报越准确，则模型的输出结果就越逼近真实值。SRM 主要由如下公式进行流量计算：

$$Q_{n+1}=\left[c_{S_n}a_n\left(T_n+\Delta T_n\right)S_n+c_{R_n}P_n\right]\left(A\frac{10\,000}{86\,400}\right)\cdot\left(1-k_{n+1}\right)+Q_nk_{n+1} \quad (9\text{-}7)$$

式中，Q 为平均日流量；c 为径流系数；c_S 为融雪径流系数；c_R 为降雨径流系数；a 为度日因子；T 为度日数；S 为雪盖面积百分比；P 为降水；A 为流域分带面积；k 为衰退系数；n 为模拟流量连续计算的天数；10 000/86 400 为单位转换系数；T、S、P 为模型变量；其他为模型参数（Martinec，1975；Martinec and Rango，1986）。

SWAT 是一个具有物理基础、以日为时间步长、可以连续长时间段进行模拟的分布式水文模型。它可根据日降水数据、日气温数据、日相对湿度和风速等数据，模拟流域内地表径流、融雪径流、侧向流和下渗等水文过程（余文君等，2013）。SWAT 模型在湿润半湿润、雨量丰富的平原地区具体较好的模拟效果，但是在干旱半干旱、降水稀少的高寒山区，模拟的融雪径流明显偏小，不能很好地反映这些地区的融雪过程（余文君等，2013）。SWAT 融雪模块采用类似正弦方程的算法，假设了潜在融雪率会发生变化的两个范围：最大值（如假设出现在 6 月 21 日）、最小值（如假定发生在 12 月 21 日）遵循正弦函数的变化规律（孟现勇等，2014），从而由式（9-8）计算融雪量，进而计算融雪径流：

$$\mathrm{SNO}_{\mathrm{mlt}}=B_{\mathrm{mlt}}\cdot\mathrm{SNO}_{\mathrm{cov}}\left[\frac{T_{\mathrm{snow}}+T_{\max}}{2}-T_{\mathrm{mlt}}\right] \quad (9\text{-}8)$$

式中，$\mathrm{SNO}_{\mathrm{mlt}}$ 为模拟日的融雪量；B_{mlt} 为模拟日的融雪因子；$\mathrm{SNO}_{\mathrm{cov}}$ 为雪覆盖 HRU 的分数；T_{snow} 为模拟日的雪盖温度；$T_{\max}$ 为模拟日的最高气温；T_{mlt} 为融雪温度阈值。

现今发展的每种模型均有各自的优缺点和适用条件及范围，这也是我们进行模型选择的主要根据。SRM 模型和 SWAT 模型的对比示例如表 9-2 所示。

表 9-2　SRM 模型和 SWAT 模型的对比

名称	SRM 模型	SWAT 模型
模型定性	经验型、分布式模型	经验型、分布式模型
输入变量	日气温、日降水和积雪覆盖率	
输入参数	径流系数、度日因子、退水系数等	日降水、日气温、日相对湿度等
输出参数	逐日径流、季节性径流等	逐日径流、季节性径流等
敏感参数	度-日因子、气温等	积雪温度滞后因子、气温等
模拟方法	度-日因子算法	度-日因子算法
特点	高程过大时进行分带模拟；利用退水系数来代表流域汇流特征；仅用单一的径流系数来考虑融雪水的下渗、蒸散发等损耗	模型具有物理机制、以日为时间步长；采用代表性基本单元的概念，不考虑空间的实际分布；依据雪深阈值来估算积雪覆盖面积
优点	模型结构简单易用，需求数据少，模拟精度较高	使用常规数据，计算效率高，可以连续长时间段模拟，受下垫面影响小，模拟比较细致

续表

名称	SRM 模型	SWAT 模型
缺点	参数组中存在明显的异参同效现象；整体模拟过程比较粗略，没有细致考虑地形和气象要素	数据精度要求高，且数据要求标准与国内不同，需要数据转换
主要误差来源	蒸散发等物理过程的大量简化；气象台站及水文台站数据的稀少；一天内气温的大幅度变化	气象数据的精度不够；因为季节性冻土的影响，对流域入渗、蒸发、融雪等物理过程把握不清晰
适用条件及范围	不同的地理气候条件均有成功应用（从湿润到半干旱地区，0.76~12 000 平方千米，305~7 690 米的海拔高程等），主要适用于气象水文数据稀少的高寒山区	主要适用于湿润半湿润、雨量丰富的平原地区，在干旱半干旱、降水稀少的高寒山区模拟精度比较低
模拟关键	模型参数的精确输入	数据的准确性和详细性

由表 9-2 可知，SRM 和 SWAT 均是经验型模型，这是因为相对于经验型模型，物理模型更重视融雪过程的物理细节，需要更多、更精确地描述这些物理细节的数据，而在我国西北山区等融雪性洪水频发的地区，气象台站及水文站点分布较少，不具备描述精细物理过程的条件，所以优先选择这种对数据要求不高但在模拟和预测径流量上却也有很好的精度的模型。

依照上述模型的对比表格，我们可以很清楚方便地根据研究地区的地理、气候等水文特征、数据获取难易情况及我们的模拟目的等进行模型的选择。同时我们应该认识到，对于融雪性洪水灾害的风险分析，从应急的角度出发，我们首要的要求是可以快速而相对准确地获得模拟的融雪径流数据，而不是更高的精度。所以在模型参数选取、数据输入及应用方面一定要根据实际情况进行相应的简化处理。一种情况是参数的适当忽略，如不考虑降水稀少区域里降水对融雪的作用，把冰川区作为积雪覆盖区的一部分，以及融雪过程中雪水下渗、截流、蒸散发等细节的忽略等。另一种情况是以常数来代替参变量，其中一方面可以参照 SRM 模型的经验，如把融雪季节开始时的临界气温取为 3 摄氏度，在结束时取为 0.75 摄氏度；或者根据世界气象组织公布的一些结果来取值，如流域滞时值取为 3 小时，积雪密度取为 0.3 克每立方厘米等（怀保娟等，2013；李弘毅和王建，2008；王建等，2001）。另一方面则可以依靠以往学者对与研究地区相近或者相似地区的研究结果来取值，如径流系数的获取就完全可以直接采用附近流域的研究结果（李弘毅和王建，2008；刘文等，2007）。以上的简化处理方法虽然会在一定程度上牺牲模型的模拟精度，但是只要达到风险评估或应急处理所要求的精度即可，而且这样还会大大地加快模拟结果的获取速度，在保障风险评估相对准确的情况下提高风险评估的效率。

9.5 水文网络提取

当洪灾发生时，位置越靠近河流网络，河流的等级越高，更严重灾害发生的风险就越大。在对融雪性洪水的水文模拟中，越靠近河流网络，淹没水深越大；越靠近等级高的河流，淹没范围也就越大，从而在其他因素相同或相近的情况下评估的风险等级就越高。所以对河流水文网络准确而有效的提取对洪灾的风险评估有着很重要的作用（Liu et al.，2008；Zhang et al.，2011；姜付仁和向立云，2002）。

9.5.1 水文网络提取方法

1999 年，ESRI 联合 CRWR［得克萨斯大学的水资源研究中心（奥斯汀分校）］开始设计 Arc Hydro Data Model。Arc Hydro 是基于 ArcGIS 系统的用于搭建水文信息系统的水资源数据模型，它可以综合地理空间数据和水资源数据时间序列，结合水文模型进行水文分析和模拟。所以，我们可以充分利用 Tools 基于 DEM 数据进行流域特征参数和水文网络的提取。利用 Arc Hydro 模型进行水文网络提取主要包含图 9-2 所示的一系列：首先基于 DEM、研究区的水流线和水体数据，通过 DEM 修正功能对相关数据进行初期的处理，使 DEM 数据更加准确，得到新的 DEM 数据 AgreeDEM；之后需要利用填洼方法对 AgreeDEM 数据中因计算问题而得出的非真实洼地进行填充，尽量防止出现不合理的水流流向或汇流区；然后对填洼之后的数据 Filall 进行河流流向、河流流量、河流定义和河流分段等分析处理，得到初期的河网基础 StrLnk；之后通过不同功能进行汇流线和汇流点的处理，生成包含上下游等空间信息的河网汇流线和汇流点；最后通过水文网络生产功能，得到最终的水文网络，为之后的水文模拟提供基础网络数据。

9.5.2 某流域水文网络提取示例

选取地处新疆天山北坡某流域为典型研究区，来具体展示操作流程（图 9-3）。该流域是一条封闭的流域，主要河流是发源于天山北坡的某河，支流分东沟、西沟，在低山带的纳扎尔汇集后在出山口处被红山水库拦蓄，出库后经呼图壁县西部的前山丘陵后进入平原。全流域高程除源头在 3 400 米外，大多在 1 000~1 500 米。该河从源头至红山水库河长约 45.20 千米，红山水库以上集水面积 833.57 平

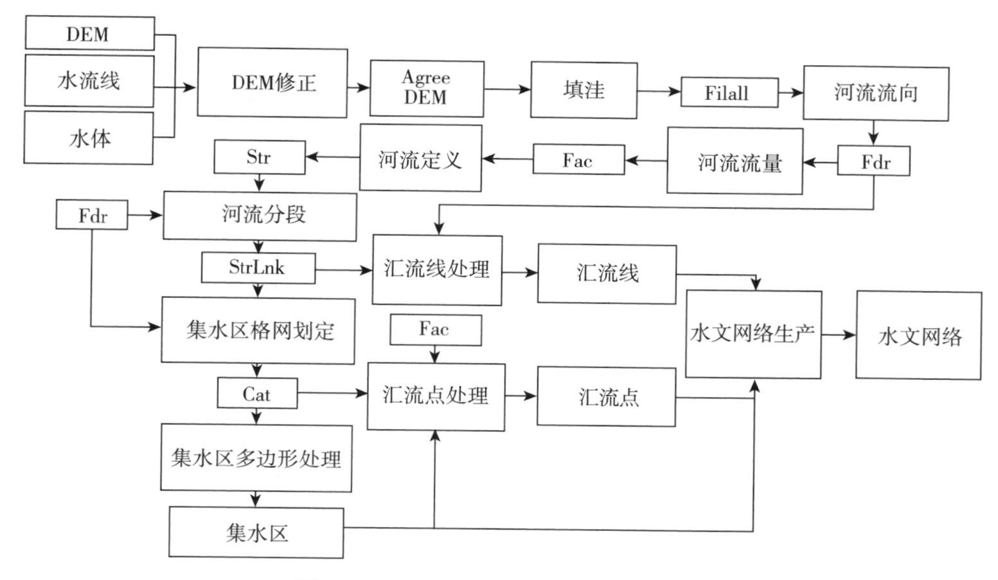

图 9-2　Arc Hydro 水文网络提取流程图

方千米，流域平均高程为 1 503 米，多年年平均径流量 3.89×10^8 平方千米，经水库调节后，被下游灌区所引用。流域自 9 月中旬开始，高山地区会出现积雪，随着气温、地温的下降在第二年 1 月达到最大值，2 月中下旬气温、地温都开始回升，积雪开始融化，3 月上旬积雪开始大面积融化，很容易形成融雪性洪水。选择该流域一是因为该流域面积小且基本闭合，流域完整特征典型，符合研究目的；二是近年来该流域融雪洪水发生较为频繁而且典型（贺青山，2012；孟现勇等，2013；魏召才，2010）。

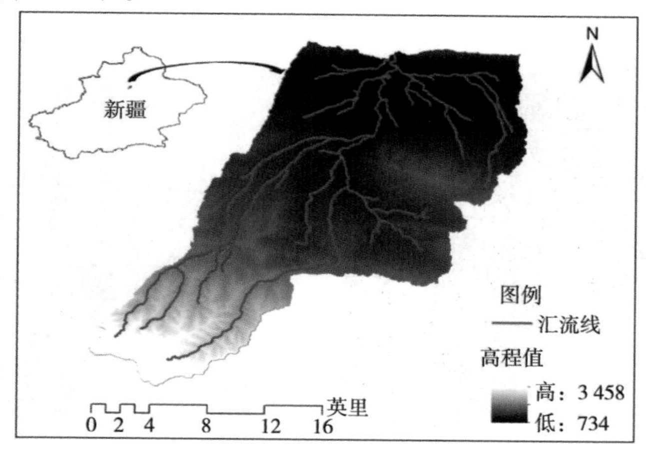

图 9-3　研究区域图

我国融雪性洪水灾害发生地区多为新疆高山高纬等地，如研究区某流域，气象站点和水文站点稀疏，研究数据匮乏，尤其是缺乏面源数据，故可基于遥感影像数据、结合实测数据来提取研究区积雪信息。对于融雪性洪水灾害的风险评估，从应急的角度出发，我们首要的要求是可以快速而相对准确地获得模拟洪水数据，而不是更高的精度，所以在模型参数选取、数据输入及应用方面等可以根据实际情况进行相应的简化处理。所以我们可以从稀疏的气象水文站点获取一定时段的气温、降水、气温等气象数据，以及植被覆盖类型、土地利用、逐日径流、季节性径流等水文地理数据，并对其进行插值等处理来作为模型等的输入数据或参数。人口、耕地、GDP 等数据来源于统计年鉴和水利年鉴的社会经济数据，防洪工程设施数据来源于地区的防洪工程分布图等水利档案。DEM 数字数据选择 METI 和 NASA 的分辨率为 30 米的产品——ASTER GDEM 。利用 Arc Hydro 模型进行水文网络提取的主要操作步骤如下。

DEM 修正（DEM reconditioning）：在平原地区，由于 DEM 数据中相邻栅格间的高程差比较小，直接进行水系模拟很可能会与实际水系产生偏差，很容易产生与现实不符的平行或者笔直的河流。所以为解决该问题，Tools 运用 Agree DEM 方法，通过设置 Stream buffer、Smooth drop\raise 和 Sharp drop\raise 等参数，结合实际河流数据来调整 DEM 的表面高程，以减少这种偏差。

填洼（fill sinks）：流域特征提取的一个很关键的问题是填洼问题。洼地区域是水流方向不合理的地方，可以通过水流方向来判断哪些地方是洼地，然后再对洼地进行填充，方法主要是通过插值函数改变洼地高程。并不是所有洼地都是由数据误差造成的，有的是地表形态的真实反映，因此在填充之前必须计算洼地深度进行判断，然后在进行填充中设置合理的填充阈值，在这里选择的是 10。图 9-4 展示了填洼前后的 DEM 变化。

图 9-4　填洼前后的 DEM 变化

河流流向（flow direction）：流向分析是后续进行汇流分析、流域划分等步骤的前提，是水文网络提取中很重要的一步。Tools 用 D8 法基于给定的栅格数据计算每个网格单元中的流向，单元格数值表示沉降最陡方向。图 9-5 是计算流向后的栅格数据，可以看到使用填洼后 DEM 计算出来的流向图基本没有积水等不合理的地方。

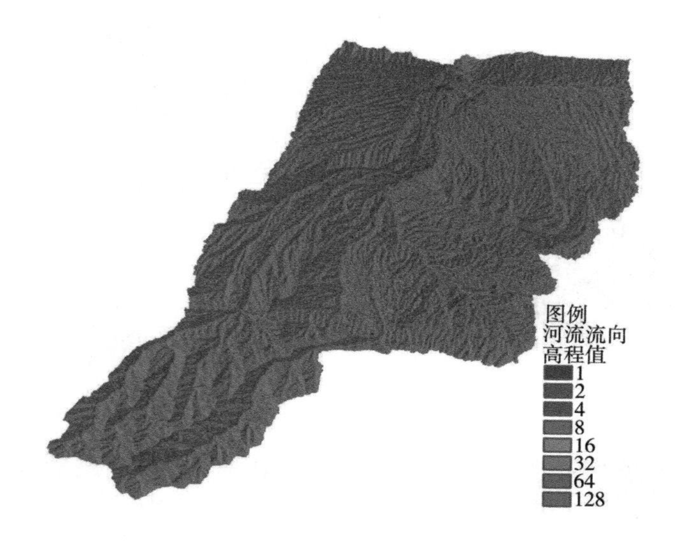

图 9-5　流向计算结果图

河流定义（stream definition）：本功能也叫水网划分，是进行水文网络分析很关键的一步，该函数基于水流累积量和用户设定的阈值来计算水流网格数值，低于阈值的设置为 0，高于阈值的设置为 1，从而进行水网划分，如图 9-6 所示。该阈值的设定直接关乎河网的密集程度，也就是我们分析的精细程度，阈值越小，河网越密集，汇流线越长，图 9-7 展示了不同阈值下提取的河网对比情况。Hydro 默认的阈值是最大水流累积量的 1%。

Arc Hydro 经过逐步改进，已经比较成熟，其提取内容目前已成为大多地表水文分析模型的主要输入数据，已广泛应用于防洪减灾、水资源开发利用等实际项目中（李金益等，2010；朱思蓉和吴华意，2006），正如本小节中对其的应用。经过 Hydro 对流域水文网络的提取，为融雪性洪水风险评估中的水深和洪水淹没范围模拟提供了前提基础。

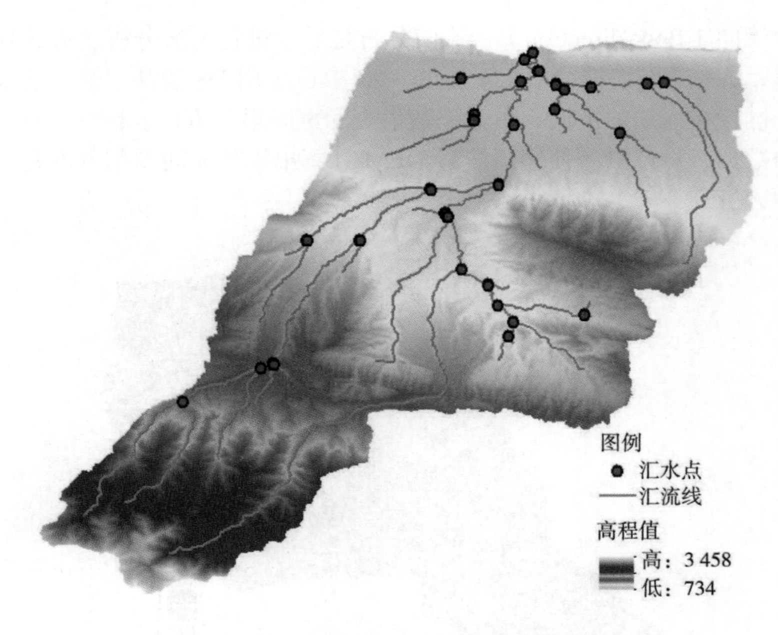

图 9-6 提取了河网的 DEM

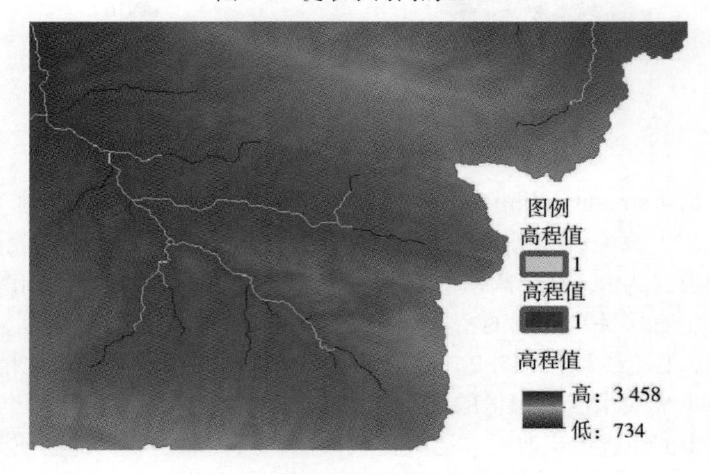

图 9-7 不同阈值下提取的河网对比

9.6 融雪性洪水模拟

在融雪性洪水频发地区，随着温度的升高，大量积雪开始快速消融，极易形成融雪性洪水。在前面积雪信息提取、水文网络提取、融雪径流等的模拟的基础上，对融雪性洪水的相对准确模拟则显得非常重要。洪水的模拟主要是指洪水在河道中的演进分析，河道洪水演算是分析研究洪水波在河道中的运动规律，是水文预报的重要组成部分，其实质上是由上断面水位或流量过程计算下游河道重要站点的水位或流量过程，其基本依据是圣维南方程组（陈建峰，2007）。河道洪水演算结果对洪水预报预警等防洪减灾措施及水资源综合利用方面有着重要的现实和指导意义。在遭遇洪水时，如果能够通过洪水演算分析手段对洪水进行比较准确的模拟，就能够根据模拟结果采取相应的洪水蓄分洪、财产和人员转移等防灾减灾措施，最大程度上减少灾害造成的损失；在水资源规划管理中，根据河道洪水演算结果合理地进行水量调度，就能在工农业用水、航运、供水和生态用水等方面取得好的综合效益（汪恕诚，2001）。

9.6.1　洪水模拟方法模型

河道中的水流根据其空间点上运动要素是否随时间变化，分成恒定流与非恒定流。对于河道非恒定流的研究，最早始于 19 世纪初的法国数学家拉普拉斯和拉格朗日，拉格朗日的浅水波波速公式首先促进了这方面的研究(陈建峰，2007)。关于河道非恒定流较深入的数学处理，是从 19 世纪 70 年代 Saint-Venant 创立的最早的洪水模拟演进的经典理论——浅水波方程开始的，该理论方程为洪水研究领域打下了基础，后人在此基础上进行多次改进与完善（O’Connor et al.，2003；Poole et al.，2002；Rahman and Chaudhry，1998；汪恕诚，1999）。McCarthy（1938）提出了简便易懂的马斯京根洪水模拟模型，并在当时得到了广泛的应用；Dooge（1973）在传统水力学方法的基础上结合马斯京根模型，提出了系统水文学方法；O’Connor 等（2003）对奎兹河进行了长期的研究，实现了洪水淹没和河道变化的动态模拟；Poole 等（2002）专家结合水文学、GIS 和 RS 实现了洪水的三维可视化模拟。另外，国外还发展起来了一些对洪水淹没模拟的商业软件包，如美国的 HEC-RAS、丹麦的 MIKE ZERO、荷兰的 Delft-3D、ESRI 公司的 ArcInfo 和 ArcView 及其河流分析工具 River Tools 等。国内对洪水模拟仿真也进行了广泛的研究，以华中科技大学数字化仿真中心的张勇传院士和王乘教授为带头人的研发团队设计开发了清江流域水情分析模拟仿真系统（袁艳斌等，2001，2002）；浙江大学的刘仁义和刘南（2002）开发了以种子蔓延算法为核心的洪水淹没仿真系统；吉林大学的张秉仁等（2008）开发实现了以三维地形景观为研究对象的源发型洪水演进仿真系统；长江科学院的王德厚和谭德宝（2001）结合长江流域的社会经济数据、其他属性数据及具体的应用模型，通过计算机模拟重现了长江原貌；华中科技大学的康玲等（2006）设计开发了洪水演进模拟仿真系统，并逼真地模拟洪水的淹没过程。

纵观洪水演算的发展历程和国内外学者的研究成果，目前洪水演进模型主要分为三种，即以水量平衡和蓄泄方程为基础的水文学模型、以圣维南方程组为出发点的水力学模型，以及其他将水文学和水力学结合的模型（陈建峰，2007；李光炽，2005）。这些模型大都以分区模型为主，各区域间以显式连接。但是由于连接处的水位与流量不协调，因而会影响全流域洪水模拟计算的稳定性，并且区域间计算精度也不相同，所以这些模型的单区域计算结果较好，而全流域洪水模拟计算结果则会因人而异，难以得到高精度的计算结果（李光炽，2005）。

9.6.2 水力学模型

河道洪水在空间上是三维非恒定流问题，由于三维非恒定流求解在数学上的诸多问题，通常将三维非恒定流方程组简化成二维、一维处理（陈建峰，2007）。现在发展起来的水力学洪水演进模型主要包括水面曲线模型、一维圣维南方程模型、二维圣维南方程模型等，其中一维圣维南方程模型最简单，也是发展最早、最完善的河网水流数学模型（冯民权等，2002；王艳君，2010）。水力学方法则是以求解完全 Saint-Venant 方程组或简化 Saint-Venant 方程组为基础，可同时求得断面的流量和水位过程，但求解完全 Saint-Venant 方程组目前只有数值解法，求解简化 Saint-Venant 方程组在某些情况下可采用解析解。水力学方法虽然所需的资料中有些不易取得，计算也较繁复，但能考虑回水顶托、闸坝及其他人类活动对洪水波运动的影响，适用于描述河道型非稳定流的洪水特征（陈建峰，2007）。一维圣维南方程模型由水流的连续方程和动量方程组成（陈建峰，2007；冯民权等，2002）。

$$\frac{\partial Q}{\partial x}+\frac{\partial A}{\partial t}-q=0 \tag{9-9}$$

$$\frac{\partial Q}{\partial t}+\frac{\partial\left(\beta Q^2 / A\right)}{\partial x}+gA\left(\frac{\partial h}{\partial x}+S_f+S_e\right)=0 \tag{9-10}$$

式中，h 为水面高程；A 为断面面积；x 为纵向距离；t 为时间；g 为重力加速度；S_f 为边界阻力比降；S_e 为局部阻力比降。边界阻力由 Manning 公式确定。

$$S_f=\frac{n^2 Q_2}{A^2 R^{4/3}}=Q^2 / K^2 \tag{9-11}$$

式中，n 为糙率；R 为水力半径；K 为流量模数。

目前，对圣维南方程求解常用的数值计算方法有特征线法（characteristic line method，CLM）、有限差分法（finite difference method，FDM）、有限体积法（finite volume method，FVM）、有限单元法（finite element method，FEM）等（王艳君，2010），每种方法具有各自的优缺点和适用性，见表 9-3。

表 9-3　圣维南方程数值计算方法对比分析

方法名称	基本原理	优点	局限性	适用性	相关研究
特征线法（Wylie and Streetr，1993）	将偏微分方程非恒定流基本方程转化为常微分特征方程，近似得到特征方程差分形式，根据初始条件和边界条件求解	稳定性好、精度高，能够反映波动传播的物理特性	不能有效地在复杂地形天然河道进行计算，不适合长距离、长时步的河道水流模拟，较少应用在一维非恒定明渠流模拟中	比较适于双曲型、抛物型方程及短周期、变化急剧（如涌潮）的问题	李元亚（2006）通过分裂算子特征值控制体积算法模拟了金沙江向家坝突然泄洪工况的洪水波演进过程
有限差分法（水鸿寿，1998）	把组离散化，用偏差商代替偏微商。在将圣维南方程离散化的过程中因采用的具体做法不一样，把差分格式分为显式差分和隐式差分两种	显式差分格式计算简单、可避免试算；隐式差分格式则可选取相对较大的时间步长，且稳定性能好	显式差分格式需严格遵守柯朗条件，且时间步长和空间步长受到限制	隐式差分格式工程界普遍采用	Kamphuis（1970）将显式方法用于分析河口的潮汐运动；Preissmann 四点隐格式法应用比较成功，王新宏等（2003）在渭河下游洪水演进计算中对其进行了讨论和成功的应用
有限体积法（谭维炎，1998）	将计算区域划分成一系列不重复的控制体积（网格），每个控制体积都有一个结点作代表，再对每一个控制体积建立积分待解的微分方程，便可得出一组离散方程，其中的未知数即代表此控制体积几何中心的物理量	具有较好的守恒性，并对激波和间断（如水跃、涌潮）具有自动捕捉能力		适用于海岸地区、河流演算等具有不规则边界的计算域（王艳君，2010）	鲍远林等（2004）将有限体积 KFVS 方法应用在二维溃坝中，汪继文和刘儒勋（2001）对间断解问题进行了有限体积法的研究

续表

方法名称	基本原理	优点	局限性	适用性	相关研究
有限单元法（李人宪，2004）	首先是区域离散化，离散化的过程就是将计算区域划分成有限个互不重叠的单元体，并在单元上设置结点；然后通过对控制体积做积分来获得离散方程	对不规则区域的适应性好	但最终所得到的代数方程组求解计算的工作量一般较大	不规则区域	Szymkiewicz（1991）用其计算一维河网的水环境问题；Zhang（2005）尝试用其求解河网水流的数学模型，形成的系统方程组阶数远小于用联合求解的方法形成的方程组

9.6.3 水文学模型

圣维南微分方程解析解的求解比较困难，所以其他一些简单而精度相对较低的洪水演算方法也发展起来了（陈建峰，2007）。现在比较流行的水文学模型主要有经验性河道演进模型、滞后演算模型、马斯京根模型和脉冲与修正脉冲演算预报（冯民权等，2002）。其中，马斯京根模型是目前应用较为广泛的用于河道洪水预报的水文模型，该模型基于动力波理论，通过假定一个单值化的水位—流量关系和四点有限近似技术来解决扩散波应用于洪水演进的问题，主要过程是建立马斯京根槽蓄曲线方程，之后与水量平衡方程联立求解，进行河道洪水演算（詹道江，2000）。该方法是 McCarthy（1938）提出的流量演算法，因最早在美国马斯京根河流域上使用而被称为马斯京根法（陈建峰，2007）。对于马斯京根法，我国广泛采用了分段连续演算法，并在演算参数率定、遗传算法、非线性规划算法等方面进行了大量应用（陆桂华等，2001）。并且近年来，不少学者针对河道蓄泄关系的非线性现象，提出了采用非线性的演算参数及自适应的演算参数等方法来改进马斯京根法（杨晓华等，1998；袁晓辉和黄大俊，2001）。马斯京根模型的基本方程为

$$(I_1 + I_2)\frac{\Delta t}{2} - (Q_1 + Q_2)\frac{\Delta t}{2} = W_2 - W_1 \tag{9-12}$$

$$W = KQ' = K\left[XI + (1-X)Q\right] \tag{9-13}$$

式中，Q' 为示储流量，即 Q' 与 W 成为单一关系。马斯京根法假定

$$Q' = XI + (1-X)Q \tag{9-14}$$

对任一河段，K 、X 为常数，K 为平移参数，X 为坦化参数。

由式（9-12）和式（9-13）两式可以得到

$$Q_2 = C_0 I_2 + C_1 I_1 + C_2 Q_1 \tag{9-15}$$

式中，

$$C_0 = \left[\frac{\Delta t}{2} - KX\right] \Big/ \left[K(1-X) + \frac{\Delta t}{2}\right] \tag{9-16}$$

$$C_1 = \left[KX + \frac{\Delta t}{2}\right] \Big/ \left[K(1-X) + \frac{\Delta t}{2}\right] \tag{9-17}$$

$$C_2 = \left[K(1-X) - \frac{\Delta t}{2}\right] \Big/ \left[K(1-X) + \frac{\Delta t}{2}\right] \tag{9-18}$$

$$C_0 + C_1 + C_2 = 1 \tag{9-19}$$

此法实际应用方便，可推求出河段任意位置处洪水（冯民权等，2002）。

马斯京根法是一种运动波演算方法，其优势在于能够比较准确地演算在比降较大的河道中传播的较缓慢上涨的洪水。但是，其不足之处在于：一是有时会产生不合理的负值初始值；二是不能有效地演算如溃堤洪水般上涨较快的洪水；三是该法没有考虑下游建筑物、桥梁、大支流汇入、潮水顶托等所引起的回水影响。不过一些学者，如 Cunge 等针对传统马斯京根法的缺点提出了改进意见，如 1969 年 Cunge 在对比分析的基础上得出马斯京根法连续演算实质是扩散方程的差分近似解，在理论上把马斯京根法的研究上升到了一个新的高度。并且基于此把以运动波为基础的马斯京根法改为能以预测过程线衰减的扩散分析为被称为 Muskingum-Cunge 的方法，该方法是一种克服了传统马斯京根法很多缺陷的分布式水流演算方法，并在实际应用中获得了巨大成功。不过需要说明的是，该方法也没能解决演算溃堤等形成的快速上涨的洪水过程线精度较低的问题，也同样不适用于河段下断面受回水影响的情况（Cunge et al.，1980；张振全，2005）。

在河道洪水演算的水文学方法中，河道中的非恒定流被简化为了集总过程，所以水文学方法比水力学方法简单，但是该方法没有考虑回水影响，对于中等到缓坡河道及狭长水库快速上涨的过程线的演算精度不够。考虑到水文学方法的优缺点，其一般适用于满足一定条件的狭长水库、由于洪水波传播而引起的水面倾斜的河道洪水演算，以及可用单位响应函数所表示的线性水库和线性渠道联合组成的河道等（张振全，2005）。

9.7　融雪性洪水灾害风险评估

9.7.1　洪水灾害风险评估背景

造成自然灾害的宇宙力是目前人类难以直接抗衡的，所以为了最大限度地降低灾害造成的人员和财产损失，我们需要集中精力发展防灾减灾的手段和措施，其中主要包括工程措施和非工程措施。防灾减灾的工程措施因投入太大、受地形等影响太大等因素而颇受局限，所以现在对于非工程措施的重视程度越来越大，而其中的风险评估和预测预警更是重中之重，不仅能够在很大程度上提高应急指挥的正确性、合理性，而且还可以“防患于未然”，在灾害性事件来临之前提前做好应对措施（白薇，2001）。针对洪水灾害来说，则应该加强洪水灾害的风险评估和预测预警。洪水风险的概念是洪水风险研究的基础，因其涉及自然科学、政治和经济生活等众多方面，至今还没有一个统一的定义。尽管如此，学者们普遍认为洪水风险的内涵应包括三个方面：洪水事件的性质和大小，即洪水事件的最高水位、洪峰流量、时段洪量的量级以及引起洪水发生的条件；洪水事件出现的概率，主要指超过一定量级或数值的洪水事件的出现频率和重现期；洪水事件一旦出现后可能造成的损失，主要包括洪灾经济损失、人员伤亡数、环境污染、社会影响等（雷晓云和何春梅，2004）。而不同研究者从不同角度对洪灾风险有不同的理解，常见的有：洪灾风险是指人员伤亡数，或其所占人口的比例；洪灾风险是指洪灾直接经济损失，或其所占流域内资产的比例；洪灾风险是指洪灾的发生频率及相应的水深分布；洪灾风险是指洪灾损失的可能性或其期望值；洪灾风险是指典型频率洪水的最大水深、最大流速、洪水到达时间与淹没历时。这些认识从不同角度对洪灾风险进行了刻画，无疑都有一定的道理，但也存在着各自的局限性（白薇，2001）。洪灾风险既具备风险的一般特征，也有其独有的与洪水灾害的特征有关的个性特征。魏一鸣（2002）基于风险概念与洪水灾害系统特征的相关研究，认为洪灾风险主要具有客观性、可测算性、空间性和动态性等特征。洪灾风险可以按照洪水灾害的分类而分为河流洪灾风险、融雪性洪水灾害风险、山洪灾害风险等几类；当然也有学者从其他角度进行分类，如程晓陶等（2004）曾给出了洪灾风险的七种分类。洪水风险评估，是分析不同强度洪水发生的概率及其可能造成的损失，是洪灾风险管理的基础性工作。针对某一特定研究区域，需要整体考虑其地形地貌信息、水文气象状况及其他防灾减灾措施，之后选取合适的风险分析评估手段或技术进行风险计算，并很有必要将计算到的风险信息以风险区划图的形式展示出来，为洪水的预测预警及防灾减灾措施规划等提供技术支持和参考（姜俊厚，2010）。

9.7.2　洪水灾害风险评估

洪灾风险评估研究始于 20 世纪 50 年代，迄今已有 60 多年的历史（Richards，1944）。自 20 世纪 80 年代中期我国开始进行相关研究以来，国内外研究均取得很大进展，特别是近年来遥感（remote sensing，RS）、地理信息系统（geographic information system，GIS）等信息技术的兴起和发展加速了洪灾风险评估方法的研究进展。总结近年来的研究可以发现，在 RS 和 GIS 的基础上所采取的具体研究方法主要可以分为指标体系评估法、历史水灾法和模拟评估方法三类（Ologunorisa and Abawua，2005；黄大鹏等，2007），表 9-4 展示了三种不同方法的优缺点及适用性等对比分析。

表 9-4　洪水灾害风险评估方法对比分析

方法名称	定义及原理	优点	局限性	适用性	发展进程
指标体系评估法	考虑气象、水文、地形地貌、人口、经济等众多影响区域洪灾风险的因素，并选择其中某些重要指标构建指标体系，进而通过综合评价方法对区域洪灾风险进行评估	比较全面而相对简单，既可用于洪灾风险的综合评估，也可用于单独评估洪灾危险性和易损性	在指标及其权重选择方面具有主观性，参数率定较困难，难以适当地反映人类防洪的努力；评价结果也相对粗略而较难实证	一般只用于对大尺度区域进行初步的洪灾风险评估与区划，对于精度要求较高的区域洪灾风险评估而言，通常不宜采用此法（程卫帅，2010）。	单独采用降雨量为指标参数，在美国、澳大利亚等许多国家进行了应用，如（Ologunorisa and Abawua，2005；黄大鹏等，2007）；考虑地貌特征及其空间分布（Haruyama et al.，1996；黄诗峰和徐美，2001）；气象和地貌参数综合法（张行南和罗健，2000；刘希林，2002）
历史水灾法	洪水灾害具有比较显著的区域自然特征和重现规律，对某一特定区域历史上曾经发生过的典型洪水灾害进行研究分析，所得规律可以用于预测该区域现在和未来的洪灾风险	客观、简便和实用	结果常常需要根据当前的防洪工程标准和地理形势进行修正，通过水文学和水力学模拟分析不断地进行完善	通常用于因洪致涝等水灾成因比较复杂区域的洪灾风险评估	直接用历史灾情数据预测现在和未来的区域洪灾风险（黄崇福，2005；黄崇福和刘新立，1998；刘新立和史培军，2001；谭徐明等，2004；魏一鸣，2002）

续表

方法名称	定义及原理	优点	局限性	适用性	发展进程
模拟评估方法	以水文学和水力学为其主要理论基础，结合相关学科对洪水致灾过程的各个环节进行模拟，采用不确定性分析方法（通常是概率方法，也包括模糊集合论与其他方法）对区域洪灾风险进行评估	基于明确的物理机理，能够全过程地模拟洪水成灾过程，可适应不同尺度的区域洪灾风险评估，可实现区域洪灾风险的动态评估表现，可充分考虑各类防洪措施的作用，反映人类防洪的努力，并能方便地与传统防洪研究成果结合	方法还不十分成熟；不能或不能很好地反映堤段溃决对下游堤段的影响；人为干预，如防洪调度的影响甚至很少有文献提及（程卫帅，2010）	可使用不同尺度的区域洪灾风险评估，应用对象为充分考虑上下游、左右岸之间的相互作用的完整的流域	包括洪水荷载模拟、防洪体系破坏模拟和淹没区洪水演进与成灾模拟三个方面的内容

9.7.3 融雪性洪水灾害风险评估

结合现有的大量关于洪水灾害风险评估的理论方法，我们提出如下融雪性洪水灾害风险评估的方法。融雪性洪水灾害系统是由承灾体、致灾因子和孕灾环境组成的，受自然和人类社会因素共同影响的复杂大系统，所以对融雪性洪水进行风险评估既要考虑其发生的时空分布，还要结合考虑洪水可能发生地区的社会经济情况（Youssef et al.，2011）。依靠融雪模型来模拟融雪性洪水径流、依靠 Hydro 工具提取研究区水文网络以及依靠水文模型模拟洪水淹没范围和水深，不仅考虑了地区地形、水文等区域环境特征，还体现了融雪性洪水不同范围和深度的危险性，所以淹没范围和水深的大小综合反映了洪水灾害致灾因子和孕灾环境的特征，可以作为风险评估中两者的综合评判标准。故而可以基于 Youssef 等（2011）及谭徐明等（2004）的风险评价指标体系，我们先从总体上选择能够反映融雪洪水灾害风险的主要因子，即融雪水深大小及承灾体相关因子，再将各个因子进行分级量化处理得到相应的因子指数，然后对其进行简单的数学计算，得到风险指数大小，划分风险指标，并于 GIS 上以不同颜色及颜色的深浅予以展示。结合以上分析和洪水灾害特征，初步考虑以下三类因子，即水深因子、社会经济因子和减灾因子，进行一定的数学计算得到风险指数如下：

$$风险指数=水深因子指数\times\frac{社会经济因子指数}{减灾因子指数} \tag{9-20}$$

式中，水深因子指数由洪水淹没范围及范围内的水深大小进行判定，洪水深度越大指数越高；社会经济因子考虑洪水可能发生地区的经济社会情况，包括人口、耕地和 GDP 等，结合融雪性洪水的灾害特征，可以用洪水威胁区的人口数量和地均 GDP 来进行衡量，人口数量越多、地均 GDP 越高则指数越大；减灾因子则考虑研究地区的社会减灾能力和防洪工程设施等，包括泄洪工程、蓄洪工程和分洪工程，结合灾害自身特征和发生频繁地区情况，初步考虑用蓄洪能力较强的水库蓄洪标准来量化处理，蓄洪标准越高则减灾因子指数越大（房世峰，2010；刘志辉，2009；谭徐明等，2004）。

我国融雪性洪水频发，预防手段缺乏，灾害后果严重，每年均造成严重的人员伤亡和上亿元的直接经济损失，对其的风险评估意义重大。针对融雪过程、水文模拟及灾害风险评估进行综合集成技术研究，建立有效的预测预警和灾害应对方案系统，可以为应急管理人员提供技术支持，有效应对洪水灾害。笔者据此提出了融雪性洪水风险评估框架，该框架基于气象、水文、地形和社会经济背景等数据，综合气象学、水文学和灾害学理论，集成积雪信息提取、融雪径流模拟、水文模拟分析和灾害风险评估等技术手段，对融雪性洪水进行了比较全面的风险评估。针对风险评估框架中基础性工作，开展了基于 Arc Hydro 的水文网络提取研究，并通过军塘湖地区进行了实例分析，良好的结果证实了方法的可行性，且为之后的水文模拟打下了的基础。在本章所示工作的基础上，需进一步进行技术集成和系统实现，建立融雪性洪水风险评估系统，为融雪性洪水灾害预防与应对提供支持，对于实现洪水的资源化利用，促进区域经济发展具有重要的现实意义。

参 考 文 献

白薇. 2001. 城市洪水风险分析及基于 GIS 的洪水淹没范围模拟方法研究. 东北农业大学硕士学位论文.

白媛，张兴明，徐品泓. 2011. 青海省畜牧业雪灾风险评价研究. 青海师范大学学报（自然科学版），（1）：71-77.

包安明，陈晓娜，李兰海. 2010. 融雪径流研究的理论与方法及其在干旱区的应用. 干旱区地理，（5）：684-691.

鲍远林，陈秀荣，程冰，等. 2004. 有限体积 KFVS 方法在二维溃坝中的应用. 应用数学，（S1）：156-159.

车涛，李新. 2005. 1993—2002 年中国积雪水资源时空分布与变化特征. 冰川冻土，（1）：64-67.
陈建峰. 2007. 黑河金盆水库下游洪水模拟研究. 西安理工大学硕士学位论文.
程卫帅. 2010. 基于致灾过程的区域洪灾风险评估方法及其应用研究. 武汉大学博士学位论文.
程晓陶，吴玉成，王艳艳，等. 2004. 洪水管理新理念与防洪安全保障体系的研究. 北京：中国水利水电出版社.
邓子风. 1991. 北疆主要牧业气象灾害规律指标及防御对策的研究. 新疆气象，（10）：2-8.
丁一汇，王遵娅，宋亚芳，等. 2008. 中国南方 2008 年 1 月罕见低温雨雪冰冻灾害发生的原因及其与气候变暖的关系. 气象学报，（5）：808-825.
房世峰. 2010. 新疆融雪径流预报及其不确定性研究. 新疆大学博士学位论文.
冯民权，周孝德，王克平. 2002. 蓄滞洪区洪水模拟研究综述. 西北水力发电，（1）：5-8，23.
冯学智，鲁安新，曾群柱. 1997. 中国主要牧区雪灾遥感监测评估模型研究. 遥感学报，（2）：129-134.
冯学智，曾群柱，鲁安新，等. 1996. 我国主要牧区雪灾遥感监测与评估研究. 青海气象，（4）：12-13.
高峰，李新， Armstrong R L，等. 2003. 被动微波遥感在青藏高原积雪业务监测中的初步应用. 遥感技术与应用，（6）：360-363，456.
高洁. 2011. 高山积雪的时空分布特征及融雪模型研究. 清华大学博士学位论文.
宫德吉，郝慕玲. 1998. 白灾成灾综合指数的研究. 应用气象学报，（1）：122-126.
宫德吉，李彰俊. 2001. 内蒙古暴雪灾害的成因与减灾对策. 气候与环境研究，（1）：132-138.
郝璐，王静爱，满苏尔，等. 2002. 中国雪灾时空变化及畜牧业脆弱性分析. 自然灾害学报，（4）：42-48.
郝璐，王静爱，史培军，等. 2003. 草地畜牧业雪灾脆弱性评价——以内蒙古牧区为例. 自然灾害学报，（2）：51-57.
何永清，周秉荣，张海静，等. 2010. 青海高原雪灾风险度评价模型与风险区划探讨. 草业科学，（11）：37-42.
贺芳芳，邵步粉. 2011. 上海地区低温，雨雪，冰冻灾害的风险区划. 气象科学，（1）：33-39.
贺青山. 2012. 融雪过程模拟及冻土水热效应分析研究. 新疆大学硕士学位论文.
怀保娟，李忠勤，孙美平，等. 2013. SRM 融雪径流模型在乌鲁木齐河源区的应用研究. 干旱区地理，（1）：41-48.
黄朝迎. 1988. 我国草原牧区雪灾及危害. 灾害学，（4）：45-48.
黄崇福. 2005. 自然灾害风险评价：理论与实践. 北京：科学出版社.
黄崇福，刘新立. 1998. 以历史灾情资料为依据的农业自然灾害风险评估方法. 自然灾害学报，（2）：1-9.
黄大鹏，刘闯，彭顺风. 2007. 洪灾风险评价与区划研究进展. 地理科学进展，（4）：11-22.
黄全权，齐中熙，赵小剑，等. 2008a. 专家介绍电力设施遭受覆冰重创原因. 新浪网.
黄全权，齐中熙，赵小剑，等. 2008b. 中央气象台首席预报员谈暴雪冻雨因何发生. 新浪网.
黄全权，齐中熙，赵小剑，等. 2008c. 中国气象局局长称事先对雪灾估计不足. 新浪网.
黄诗峰，徐美. 2001. GIS 支持下的河网密度提取及其在洪水危险性分析中的应用. 自然灾害学报，（4）：129-132.
黄硕. 2008-01-31. 专家认为中国近期极端天气与拉尼娜现象有关. 新华网.

黄晓东，郝晓华，杨永顺，等. 2012. 光学积雪遥感研究进展. 草业科学，（1）：35-43.
姜付仁，向立云. 2002. 洪水风险区划方法与典型流域洪水风险区划实例. 水利发展研究，（7）：27-30.
姜俊厚. 2010. 基于 MIKE 和 GIS 洪水风险计算的应用研究. 大连理工学位硕士学位论文.
康玲，王学立，姜铁兵，等. 2006. 基于数字高程模型的流域变动等流时线方法. 水利学报，（1）：40-44.
柯长青，李培基. 1998. 用 EOF 方法研究青藏高原积雪深度分布与变化. 冰川冻土，（1）：65-68.
雷晓云，何春梅. 2004. 基于信息扩散理论的洪水风险评估模型的研究及应用——以阿克苏河流域新大河暴雨融雪型洪水为例. 水文，（4）：5-8.
李甫，伏洋，肖建设，等. 2008. 青海省 2008 年年初雪灾及雪情遥感监测与评估. 青海气象，（2）：61-65.
李光炽. 2005. 流域洪水模拟通用模型结构研究. 河海大学学报（自然科学版），（1）：14-17.
李海红，李锡福，张海珍，等. 2006. 中国牧区雪灾等级指标研究. 青海气象，（1）：24-27，38.
李弘毅，王建. 2008. SRM 融雪径流模型在黑河流域上游的模拟研究. 冰川冻土，（5）：769-775.
李金益，舒栋才，梁虹，等. 2010. 基于 Arc Hydro 的岩溶地区数字流域的构建. 水电能源科学，（1）：25-27.
李兰海，尚明，张敏生，等. 2014. APHRODITE 降水数据驱动的融雪径流模拟. 水科学进展，（1）：53-59.
李琼. 2012. 洪水灾害风险分析与评价方法的研究及改进. 华中科技大学博士学位论文.
李人宪. 2004. 有限元法基础. 北京：国防工业出版社.
李双双，杨赛霓，刘宪锋，等. 2015. 2008 年中国南方低温雨雪冰冻灾害网络建模及演化机制研究. 地理研究，（10）：1887-1896.
李硕，冯学智，左伟. 2001. 西藏那曲牧区雪灾区域危险度的模糊综合评价研究. 自然灾害学报，（1）：86-91.
李元亚. 2006. 高坝瞬时泄洪对坝下游船舶航行及码头影响的数值模拟. 水利水运工程学报，（2）：1-7.
梁天刚，高新华，刘兴元. 2004. 阿勒泰地区雪灾遥感监测模型与评价方法. 应用生态学报，（12）：2272-2276.
刘宝康，冯蜀青，杜玉娥，等. 2009. 积雪被动微波遥感研究进展与前景展望. 草业科学，（11）：37-43.
刘仁义，刘南. 2002. 基于 GIS 技术的淹没区确定方法及虚拟现实表达. 浙江大学学报（理学版），（5）：573-578.
刘文，李智录，李抗彬. 2007. SRM 融雪径流模型在塔什库尔干河流域的应用研究. 水利技术监督，（3）：43-46.
刘希林. 2002. 区域泥石流危险度评价研究进展. 中国地质灾害与防治学报，（4）：1-9.
刘新立，史培军. 2001. 区域水灾风险评估模型研究的理论与实践. 自然灾害学报，（2）：66-72.
刘兴元，梁天刚，郭正刚. 2004. 雪灾对草地畜牧业影响的评价模型及方法研究——以新疆阿勒泰地区为例. 西北植物学报，（1）：94-99.
刘志辉. 2009. 基于“3S”技术的新疆融雪洪水预测预警及决策支持研究. 中国矿业大学博士学位论文.
鲁安新，曾群柱，冯学智. 1996. 遥感和地理信息系统在牧区雪灾研究中的应用. 中国减灾，(2)：44-46.
陆桂华，郦建强，杨晓华. 2001. 遗传算法在马斯京根模型参数估计中的应用. 河海大学学报(自然科学版)，（4）：9-12.
吕丽莉，史培军. 2014. 中美应对巨灾功能体系比较——以 2008 年南方雨雪冰冻灾害与 2005 年卡特里娜飓风应对为例. 灾害学，29（3）：206-213.
毛克彪，覃志豪，李满春，等. 2005. AMSR 被动微波数据介绍及主要应用研究领域分析. 遥感信息，（3）：63-65.
毛淑君，李栋梁. 2015. 基于气象要素的我国南方低温雨雪冰冻综合评估. 冰川冻土，（1）：14-26.
孟现勇，吉晓楠，刘志辉，等. 2014. SWAT 模型融雪模块的改进与应用研究. 自然资源学报，（3）：528-539.
孟现勇，乔鹏，刘志辉，等. 2013. 基于栅格尺度的双层融雪径流模型研究及应用. 水文，(4)：10-15，31.
彭贵芬，余美兰，彭勃，等. 2012. 云南省冰冻灾害气象条件及风险评估——基于模糊信息分配方法的研究. 自然灾害学报，（2）：150-156.
乔鹏，秦艳，刘志辉. 2011. 基于能量平衡的分布式融雪径流模型. 水文，（3）：22-26，35.
师银芳. 2012. 基于 TM 影像的祁连山冰沟实验区积雪信息提取研究. 西北师范大学硕士学位论文.
时兴合，秦宁生，李栋梁，等. 2007. 青海南部冬季积雪和雪灾变化的特征及其预评估. 山地学报，（2）：245-252.
史培军，陈晋. 1996. RS 与 GIS 支持下的草地雪灾监测试验研究. 地理学报，（4）：296-305.
史培军，王静爱，杨明川. 2003. 中国自然灾害系统地图集. 北京：科学出版社.
史培军，耶格，卡罗，等. 2012. 综合风险防范：IHDP 综合风险防范核心科学计划与综合巨灾风险防范研究. 北京：北京师范大学出版社.
水鸿寿. 1998. 一维流体力学差分方法. 北京：国防工业出版社.
孙云凤. 2010. 南方冰雪灾害危机演化及风险控制研究. 中南大学硕士学位论文.
谭维炎. 1998. 计算浅水动力学：有限体积法的应用. 北京：清华大学出版社.
谭徐明，张伟兵，马建明，等. 2004. 全国区域洪水风险评价与区划图绘制研究. 中国水利水电科学研究院学报，（1）：54-64.
仝川，雍世鹏，雍伟义，等. 1996. 温带草原放牧场积雪灾害分级评价的遥感分析. 内蒙古大学学报（自然科学版），（4）：531-537.
万素琴，周月华，李兰，等. 2008. 低温雨雪冰冻极端气候事件的多指标综合评估技术. 气象（11）：40-46.
汪继文，刘儒勋. 2001. 间断解问题的有限体积法. 计算物理，（2）：97-105.
汪凌霄. 2012. 玛纳斯河流域山区积雪遥感识别研究. 南京大学硕士学位论文.
汪恕诚. 1999. 实现由工程水利到资源水利的转变　做好面向 21 世纪中国水利这篇大文章. 水利经济，（4）：3-8.

汪恕诚. 2001. 加强科技创新　促进水利现代化. 水利水电技术，（1）：1-5.
王博. 2011. 内蒙古锡林郭勒盟牧区雪灾气象因子灰色关联分析与评估模型研究. 首都师范大学硕士学位论文.
王超，赵传燕，冯兆东. 2011. 黑河上游不同流域融雪过程的 SRM 模拟. 兰州大学学报（自然科学版），（3）：1-8.
王德厚，谭德宝. 2001. “数字长江”建设与水利科技发展. 长江科学院院报，（3）：43-46.
王建，马明国，Federicis P. 2001. 基于遥感与地理信息系统的 SRM 融雪径流模型在 Alps 山区流域的应用. 冰川冻土，（4）：436-441.
王世金，魏彦强，方苗. 2014. 青海省三江源牧区雪灾综合风险评估. 草业学报，（2）：108-116.
王新宏，张强，杨方社. 2003. Preissmann 隐式差分格式在渭河下游洪水演进计算中的应用. 西北水力发电，（1）：1-4.
王艳君. 2010. 松花江河网洪水模拟及预测模型研究. 大连理工大学硕士学位论文.
王赵明，张超，孙然好，等. 2012. 基于多源数据的内蒙古中东部积雪厚度研究. 干旱区地理，（6）：890-896.
王遵娅，张强，陈峪，等. 2008. 2008 年初我国低温雨雪冰冻灾害的气候特征. 气候变化研究进展，（2）：63-67.
魏一鸣. 2002. 洪水灾害风险管理理论. 北京：科学出版社.
魏召才. 2010. 融雪过程模拟及积雪特性分析研究. 新疆大学硕士学位论文.
吴炳方，李强子，迟耀斌，等. 2008. 2008 年 1-2 月雪灾作物灾情遥感监测方法. 中国工程科学，（6）：63-69.
吴素芬，刘志辉，邱建华. 2006. 北疆地区融雪洪水及其前期气候积雪特征分析. 水文，（6）：84-87.
吴玮，秦其明，范一大，等. 2013. 中国雪灾评估研究综述. 灾害学，（4）：152-158.
吴杨，张佳华，徐海明，等. 2007. 卫星反演积雪信息的研究进展. 气象，（6）：3-10.
徐羹慧. 2005. 牧区雪灾防御研究的新进展及其展望. 新疆气象，（3）：1-3，6.
颜亮东，李凤霞，何彩青，等. 2006. 青海高原牧区雪灾等级预警方法研究. 青海气象，（2）：12-16.
杨慧娟，李宁，杜子璇，等. 2006. 气候变化对内蒙古牧区白灾的影响——基于熵权法分析的锡林浩特市案例研究. 自然灾害学报，（6）：62-66.
杨晓华，金菊良，陈肇升，等. 1998. 马斯京根模型参数估计的新方法. 灾害学，（3）：1-6.
于春冬. 2004. 龙凤山水库融雪径流预报. 黑龙江水专学报，（2）：40-41.
于海鸣，刘建基. 2005. 新疆丘陵区小流域春季融雪设计洪水估算. 水利规划与设计，（3）：29-31，72.
余文君，南卓铜，赵彦博，等. 2013. SWAT 模型融雪模块的改进. 生态学报，（21）：6992-7001.
袁晓辉，黄大俊. 2001. 非线性马斯京根模型参数率定的新方法. 水利学报，（5）：77-81.
袁艳斌，王乘，杜迎泽，等. 2001. 洪水演进模拟仿真系统研制的技术和目标分析. 水电能源科学，（3）：30-33.
袁艳斌，袁晓辉，张勇传，等. 2002. 洪水演进三维模拟仿真系统可视化研究. 山地学报，（1）：103-107.

曾昱伻. 2012. 冰雪灾害连锁演化机理及协同应急管理机制研究. 西南交通大学硕士学位论文.
詹道江. 2000. 工程水文学. 北京：中国水利水电出版社.
张秉仁，邱殿明，冯雨林，等. 2008. 面向地学过程的源发型洪水演进仿真技术. 吉林大学学报（地球科学版），（5）：908-912.
张飞，关洪军，许春华. 2011. 利用 TM 图像提取玛纳斯河流域上游积雪信息的方法研究. 高原山地气象研究，（1）：69-73.
张国胜，伏洋，颜亮东，等. 2009. 三江源地区雪灾风险预警指标体系及风险管理研究. 草业科学，（5）：144-150.
张璞，王建，刘艳，等. 2009. SRM 模型在玛纳斯河流域春季洪水预警中的应用研究. 遥感技术与应用，4：456-461.
张行南，罗健. 2000. 中国洪水灾害危险程度区划. 水利学报，（3）：1-7.
张学通. 2010. 青海省积雪监测与青南牧区雪灾预警研究. 兰州大学博士学位论文.
张学文，张家宝. 2007.《新疆气象手册》简介. 沙漠与绿洲气象，（1）：10.
张一驰，李宝林，包安明，等. 2006. 开都河流域融雪径流模拟研究. 中国科学 D 辑：地球科学，（S2）：24-32.
张振全. 2005. 洞庭湖区洪水模拟模型应用研究. 武汉大学硕士学位论文.
赵求东，刘志辉，秦荣茂，等. 2007. 融雪模型研究进展. 新疆农业科学，（6）：734-739.
赵晓萌，李栋梁，熊海星，等. 2011. 西南地区覆冰气象要素的变化特征及综合评估. 自然资源学报，（5）：802-813.
周秉荣，李凤霞，申双和，等. 2007. 青海高原雪灾预警模型与 GIS 空间分析技术应用. 应用气象学报，（3）：373-379.
周秉荣，李凤霞，颜亮东，等. 2004. 青藏高原牧区雪灾灾情模糊评估模型研究. 青海气象，（4）：33-35.
周秉荣，申双和，李凤霞. 2006. 青海高原牧区雪灾综合预警评估模型研究. 气象，（9）：106-110.
周陆生，汪青春，李海红，等. 2001. 青藏高原东部牧区大暴雪过程雪灾灾情实时预评估方法的研究. 自然灾害学报，（2）：58-65.
周咏梅，王江山. 1996. 青海省积雪的遥感监测方法. 气象，22（12）：24-24.
朱思蓉，吴华意. 2006. Arc Hydro 水文数据模型. 测绘与空间地理信息，（5）：87-90.
Anderson E A. 1973. National weather service river forecast system：snow accumulation and ablation model. US Department of Commerce，National Oceanic and Atmospheric Administration，National Weather Service.
Apel H，Thieken A H，Merz B，et al. 2004. Flood risk assessment and associated uncertainty. Natural Hazards and Earth System Science，（2）：295-308.
Arendt A，Sharp M. 1999. Energy balance measurements on a Canadian high arctic glacier and their implications for mass balance modelling. IAHS Publication，256：165-172.
Cazorzi F，Dalla F G. 1996. Snowmelt modelling by combining air temperature and a distributed radiation index. Journal of Hydrology，（1）：169-187.
Cunge J A，Holly F M，Verwey A. 1980. Practical Aspects of Computational River Hydraulics. London：Pitman Advanced Pub.
Dooge J. 1973. Linear theory of hydrologic systems. Agricultural Research Service，US Department

of Agriculture.

Finsterwalder S，Schunk H. 1887. Der suldenferner. Zeitschrift des Deutschen und Oesterreichischen Alpenvereins. Berlin：Der Verein.

Foster J L，Chang A T C，Hall D K. 1997. Comparison of snow mass estimates from a prototype passive microwave snow algorithm，a revised algorithm and a snow depth climatology. Remote Sensing of Environment，（2）：132-142.

Gao B C，Goetz A F H，Wiscombe W J. 1993. Cirrus cloud detection from airborne imaging spectrometer data using the 1.38 μm water vapor band. Geophysical Research Letters，（4）：301-304.

Haruyama S，Ohokura H，Simking T. 1996. Geomorphological zoning for flood inundation using satellite data. Geo Journal，（3）：273-278.

Kamphuis J W. 1970. Mathematical tidal study of St. Lawrence River. Journal of the Hydraulics Division，（3）：643-664.

Key J R，Collins J B，Fowler C，et al. 1997. High-latitude surface temperature estimates from thermal satellite data. Remote Sensing of Environment，（2）：302-309.

Klein A G，Hall D K，Riggs G A. 1998. Improving snow cover mapping in forests through the use of a canopy reflectance model. Hydrological Processes，（10）：1723-1744.

Kondo J，Yamazaki T. 1990. A prediction model for snowmelt，snow surface temperature and freezing depth using a heat balance method. Journal of applied meteorology，（5）：375-384.

Kuusisto E. 1984. Snow accumulation and snowmelt in Finland. Vesientutkimuslaitoksen Julkaisuja Publications of the Water Research Institute，55：7-149.

Lang H. 1968. Relations between glacier runoff and meteorological factors observed on and outside the glacier. IAH5 Publ，79：429-439.

Liu J F，Li J，Liu J，et al. 2008. Integrated GIS/AHP-based flood risk assessment：a case study of Huaihe River Basin in China. J Nat Disasters，（6）：110-114.

Lucas R M，Harrison A R. 1990. Snow observation by satellite：a review. Remote Sensing Reviews，（2）：285-348.

Male D H. 1981. Snowcover ablation and runoff//Male D H，Gray D M. Handbook of Snow：Principles，Processes，Management and Use. New York：Pergamon Pr.

Marks D，Domingo J，Susong D，et al. 1999. A spatially distributed energy balance snowmelt model for application in mountain basins. Hydrological Processes，（12~13）：1935-1959.

Martinec J. 1975. Snowmelt - runoff model for stream flow forecasts. Nordic Hydrology，6（3）：145-154.

Martinec J，Rango A. 1986. Parameter values for snowmelt runoff modelling. Journal of Hydrology，（3）：197-219.

McCarthy G T. 1938. The unit hydrograph and flood routing. Conference of US Corps of Engineers.

Mitchell K M，DeWalle D R. 1998. Application of the snowmelt runoff model using multiple-parameter landscape zones on the Towanda creek basin，pennsylvania1. JAWRA Journal of the American Water Resources Association，（2）：335-346.

Morris E M. 1983. Modelling the flow of mass and energy within a snowpack for hydrological forecasting. ANN GLACIOL，（4）：198-203.

Neitsch S L，Arnold J G，Kiniry J R，et al. 2002. Soil and water assessment tool user’ s manual version 2000. GSWRL Report，（2~6）：98-423.

Neitsch S L，Arnold J G，Kiniry J R，et al. 2011. Soil and water assessment tool theoretical documentation version 2009. Texas Water Resources Institute.

O’ Connor J E，Jones M A，Haluska T L. 2003. Flood plain and channel dynamics of the Quinault and Queets Rivers，Washington，USA. Geomorphology，（1）：31-59.

Ologunorisa T E，Abawua M J. 2005. Flood risk assessment：a review. Journal of Applied Sciences & Environmental Management，9（1）：57-63.

Poole G C，Stanford J A，Frissell C A，et al. 2002. Three-dimensional mapping of geomorphic controls on flood-plain hydrology and connectivity from aerial photos. Geomorphology，（4）：329-347.

Rahman M，Chaudhry M H. 1998. Simulation of dam-break flow with grid adaptation. Advances in Water Resources，（1）：1-9.

Richards B D. 1944. Flood Estimation and Control. London：Chapman.

Salomonson V V，Appel I. 2004. Estimating fractional snow cover from MODIS using the normalized difference snow index. Remote Sensing of Environment，（3）：351-360.

Singh P，Kumar N. 1996. Determination of snowmelt factor in the Himalayan region. Hydrological Sciences Journal，（3）：301-310.

Szymkiewicz R. 1991. Finite-element method for the solution of the Saint Venant equations in an open channel network. Journal of Hydrology，（1）：275-287.

Tachiiri K，Shinoda M，Klinkenberg B，et al. 2008. Assessing mongolian snow disaster risk using livestock and satellite data. Journal of Arid Environments，（12）：2251-2263.

The U.S. Army Corps of Engineers. 1956. Snow hydrology. Summary Report of the Snow Investigations.

Tian G L，Xiao D H，Cai X W，et al. 2008. An application of MODIS data to snow cover monitoring in a pastoral area：a case study in Northern Xinjiang，China. Remote Sensing of Environment，（4）：1514-1526.

Wylie E B，Streetr V L. 1993. Fluid Transient in Systems. Englewood Cliffs：Prentice-Hall.

Youssef A M，Pradhan B，Hassan A M. 2011. Flash flood risk estimation along the St. Katherine road，southern Sinai，Egypt using GIS based morphometry and satellite imagery. Environmental Earth Sciences，（3）：611-623.

Zhang Y. 2005. Simulation of open channel network flows using finite element approach. Communications in Nonlinear Science and Numerical Simulation，（5）：467-478.

Zhang J，Song L R，Feng F，et al. 2011. Hydrologic information extraction for flood disaster risk assessment in Pearl River Basin and Luan River Basin，China. IEEE：1-4.

Zuzel J F，Cox L M. 1975. Relative importance of meteorological variables in snowmelt. Water Resources Research，（1）：174-176.

第10章

灾害性气象事件预警信息发布

10.1 概述

近年来，灾害性气象事件的不断增多和经济快速发展所带来的资源、环境、生态压力日益加剧，这对我国经济社会发展和人民生命财产安全的影响日益加剧，应对灾害性气象事件的形势日趋严峻。面对灾害的发生，目前还没有有效的科技手段完全加以阻止，但可采取有效的防范和得当的处置措施（应对方案），把灾害造成的损失和人员伤亡降低到最小的程度。我国各级政府和部门（省/市突发事件预警信息发布中心）如何准确、及时、有效地发布预警信息和广大社会公众如何及时接收到所发布的预警信息，对于科学有效的防灾减灾，为社会公众避灾和自救提供有效的时间至关重要。

我国对预警信息发布工作十分重视，要求加快推进突发事件预警信息发布能力建设、国家应急平台体系建设应用、应急管理科普宣传培训等工作，各地积极推进国家突发公共事件预警信息发布系统建设，形成国家、省、地、县四级相互衔接、规范统一的气象灾害预警信息发布体系，实现预警信息的多手段综合发布，提高突发事件防范应对能力（国务院，2006）。预警信息发布系统的建设，也是国家应急体系建设的重要组成部分。目前，各地区制定了突发事件预警信息发布管理办法，明确了气象灾害预警信息发布权限、流程、渠道和工作机制，成立本地区突发事件预警信息发布中心等。建立完善重大气象灾害预警信息紧急发布制度，对于台风、暴雨、暴雪等气象灾害红色预警和局地暴雨、雷雨大风、冰雹、龙卷风、沙尘暴等突发性气象灾害，建立起快速发布的“绿色通道”，通过广播、电视、互联网、手机短信等各种手段和渠道第一时间无偿向社会公众发布。

2011 年年底，中国气象局承担的国家突发公共事件预警信息发布系统建设项目正式启动。各地依托气象部门现有业务系统和预警信息发布网络，有效整合相关部门和社会单位的预警信息发布资源，分别建立省、市、县预警信息发布系统，并与国家突发事件预警信息发布系统、本地区政府应急平台和预警信息发布单位互联互通，形成国家、省、市、县四级相互衔接、规范统一、畅通有效的突发事件预警信息发布体系，实现本地区各类突发事件（包括灾害性气象事件）预警信息对应急责任人、社会媒体及社会公众的高效及时发布，增强有效应对突发事件和风险防范能力，为公众安全、社会稳定、防灾减灾提供有力保障。

10.2　预警信息发布手段与渠道管理

10.2.1　发布手段

预警信息发布手段主要包括电台、电视、应急广播、手机短信、网站、电子显示屏、农村大喇叭、新媒体、呼叫中心（声讯台）、移动终端应用、北斗卫星短信息、微博、微信、报纸等。

针对不同的预警信息发布手段，分别建立大喇叭发布系统、电子显示屏发布系统、短信群发预警发布系统、电视插播发布系统、广播电台插播发布系统、电话发布系统、网站发布系统、微博发布系统、微信发布系统、手机 APP 发布系统、北斗卫星发布系统、预警智能盒发布系统等。

一般情况下，国家级预警信息发布中心建立电视插播、广播电台插播、预警网站、北斗卫星等发布手段和系统；省市县预警信息发布中心可根据本地区的实际，尽可能多地建立上述发布手段和系统，对于沿海城市还可以增加海洋短波电台发布系统等。要整合各种发布手段，加强国家预警信息发布系统与各有关部门已有信息发布渠道的衔接，特别是农村、牧区、山区、渔区等边远地区的预警信息传播和接收能力建设，提高预警信息覆盖面。

10.2.2　渠道管理

预警信息发布渠道（手段）管理充分考虑各种发布手段特有的发布方式和信息传输方式，研究新的系统构架和接入标准，使系统能够一次接入多种发布手段，完成渠道信息管理、渠道的合法性确认、渠道接入、渠道实时状态跟踪等工作。

系统实现预警信息发布多手段的统一接入和渠道管理，为提高突发事件信息发布的时效性、准确性、安全性和覆盖面提供有效保障。

渠道管理系统包括渠道基础信息管理、渠道认证与接入管理、实时状态管理、信息转换传输等功能。

（1）渠道基础信息管理：完成信息发布渠道基础信息管理，包括基础信息的配置与维护、渠道信息同步策略配置与同步记录维护、渠道信息查询与展示、渠道信息统计。

（2）渠道认证与接入管理：维护信息发布渠道的认证配置、记录并能够查询认证记录，维护信息发布渠道的接入配置、记录并能查询渠道的接入记录。

（3）实时状态管理：实时采集渠道在线状态、运行状态、工作状态，能够对实时状态进行统计分析，并能够在 GIS 地图上展示。

（4）信息转换传输：包括发布信息转换传输、反馈转换传输、运行监控信息转换传输等。

10.3　预警信息发布策略管理与安全认证

10.3.1　发布策略管理

预警信息发布策略管理主要是建立发布策略模型，根据预警信息发布反馈信息，在数据挖掘的基础上，形成预警发布覆盖范围和受众人群的预测模型，形成预警信息发布的策略，指导预警应用系统预警信息的发布。提供发布策略管理，用来约束某种级别和类型的预警信息审批流程、发布时所使用的发布手段、所对应的受众用户或受众用户组等信息，建立预警信息生成策略，简化用户录入预警信息的工作量。通过定制发布策略，建立规范的预警信息发布流程，实现预警信息按需通过各渠道快速发布、精准发布。

策略管理系统包括策略模型管理、发布策略管理、用户策略管理、模板策略管理、协议策略管理、订阅策略管理等功能。

（1）策略模型管理：根据反馈评估的效果，结合气象参数、监测数据、基础数据进行挖掘和分析，创建预测模型，预测发布效果，实现决策过程。

（2）发布策略管理：制定某种级别和类型的预警信息审批流程、发布时所使用的发布手段、所对应的受众用户或受众用户组等预警信息发布规则。

（3）用户策略管理：包括受众用户组的创建、修改、查询、删除等功能。根据反馈评估的效果，采用数据挖掘技术创建预测模型，实现决策过程，并对现有策略进行调整。

（4）模板策略管理：模板策略主要实现制定各发布手段的信息发布格式，预警信息录入后，系统按照信息发布格式自动生成发布的预警信息文本内容。

（5）协议策略管理：协议管理按照发布策略的约定生成各手段对应的发布协议，协议中应包含对应发布手段对预警信息关注的内容，发布结果回执信息处理方式等基本信息。

（6）订阅策略管理：预警发布中心管理员配置各发布单位对应的预警信息类型，指定各单位信息录入、审核的权限。

10.3.2 安全认证

安全认证是预警信息发布系统的一项重要建设内容，是避免预警信息发布手段和渠道被盗用、发布不实信息和预警信息发布至不该发布区域和渠道的保证。安全认证系统完成对用户、应用、渠道的安全认证，通过对预警应用系统接入的所有渠道和信息发布终端的合法性认证、通信数据加解密及秘钥的管理，构建预警应用系统的安全体系。安全认证系统通过建立对渠道和终端安全认证的流程，发放渠道和终端身份证，建立加解密算法和机制，管理各个渠道的密钥等方式，建立不同渠道的安全管理机制，保障预警信息发布平台的权威性和统一性。

安全认证系统包括用户安全认证、渠道安全认证、身份证管理、通信加解密、认证服务等功能。

（1）用户安全认证：提供应用系统用户登录、身份鉴别、身份标识唯一和鉴别信息复杂度检查、登录会话管理、安全策略配置等功能。

（2）渠道安全认证：接入渠道的认证包括手机短信、电视插播、广播电台、网站、微信、微博、手机 APP、大喇叭、电子显示屏、电话等安全认证。建立一套适合于所有预警发布渠道的统一认证平台，统一处理用户的认证、交易的认证、风险监控和防范、统一的日志等。

（3）身份证管理：包括系统用户、渠道、应用用户的身份证信息维护和查询。

（4）通信加解密：信息发送前对所有的信息进行加密，传输至渠道和终端的发布信息均采用加密算法进行解密，密钥管理完成对认证通过的预警信息发布终端、终端管理系统的密钥生成、密钥分发，同时为了提高信息交互的安全等级，定时对密钥进行更新并实现客户端的更新同步工作。

（5）认证服务：认证服务主要功能包括对预警信息渠道管理系统、预警信息发布终端的认证申请、认证审核。

10.4 预警信息发布系统

10.4.1 建设要求与内容

1）建设与应用网络要求

各地预警信息发布系统（平台）一般依托本地区电子政务外网、国家气象宽带网和公众网络进行建设，采用基于开放标准和三层架构或云架构的技术路线进行系统设计和开发。

2）建立畅通的互联互通体系

预警信息发布系统（平台）按省、市、县（区）分级建设，在每一级建设预警信息发布中心和管理平台，形成统一指挥、上下协调、高效和信息规范的突发事件预警信息发布体系。省预警信息发布系统（平台）与国家突发公共事件预警信息发布系统通过气象宽带网络相连，成为国家突发公共事件预警信息发布系统在本省进行国家突发公共事件预警信息发布的分中心。各省预警信息发布系统，纵向与国家级、市、县（区）预警信息发布系统实现业务协同、信息共享、网络互通，横向与省政府和各预警发布责任单位的应急平台实现业务协同、信息共享、网络互通。

3）建立有效的多手段预警信息发布体系

多手段预警信息发布是预警信息发布系统的关键建设工作之一。目前，气象部门已有 12121 电话、手机短信、气象影视节目等多种预警信息发布手段，有一定信息发布能力基础，但其覆盖面和发布能力有限。为满足政府预警信息发布的要求，需要根据面对的服务人群，建立不同的技术发布手段以便合理使用资源。通过多手段预警信息发布互相补充，达到预警信息进社区、进学校、进企业、进农村的“四进”目的，切实有效提高预警信息发布覆盖率。对于沿海城市，突发公共事件预警信息应能及时发送到船舶上，为海上作业、渔业、运输安全做好保障服务。

4）建立先进的预警发布技术体系

依托各地气象业务系统和气象预报、预警信息发布系统，扩建其信息收集、传输渠道及与之配套的业务系统，形成稳定高效的信息收集、加工、发布、数据管理、监控统计等预警信息发布软件技术体系。

5）系统稳定可靠

预警信息发布的软硬件系统须满足 7×24 小时不间断业务运行的要求，系统稳定可靠，并具有良好的可扩展性与可维护性。

预警信息发布系统（平台）的建设内容包括预警信息制作与审核系统、预警信息管理与发布效果评估系统、综合业务管理系统、预警响应辅助决策与演练系统、风险分析与预警区划系统、预警信息服务共享与交换系统、数据库系统等。此外，还包括发布手段对接、互联互通、标准规范和基础支撑软硬件系统的建设，见图 10-1。

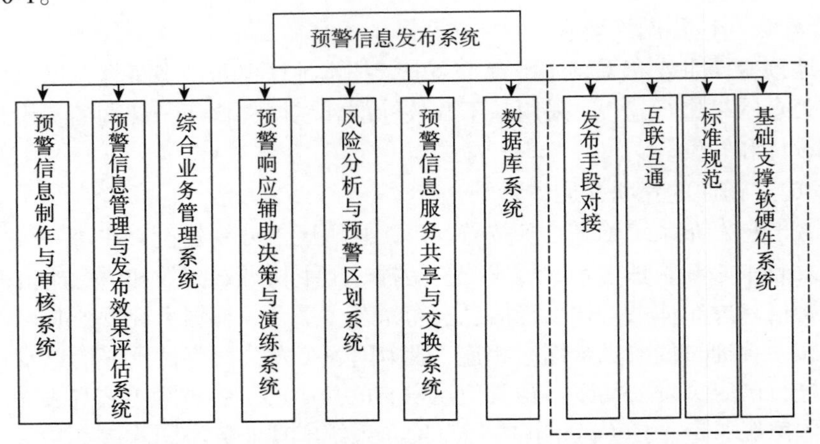

图 10-1　灾害性气象事件预警信息发布系统建设内容

10.4.2　预警信息制作与审核系统

为了保证预警信息的合法性和权威性，预警信息发布之前要依据预警信息发布机制，根据预警信息的预警等级、发布范围、发布渠道等确定审批流程。用户可依据发布机制和发布流程进行动态调整预警信息发布审核审批流程，以符合预警信息发布的实际情况。

预警信息制作与审核系统：一是为气象部门制作气象灾害预警信息提供支撑和辅助手段，通过与相关业务系统对接及人工录入等方式，实时获取气象监测信息和天气预报信息，设定判定规则，自动进行判断、告警、添加预警时间、发布单位、预警类别、受影响区域等信息，形成初步气象预警信息，提交气象预警信息制作人员审核、修订，审核通过后，推送到突发事件预警信息发布中心进行发布。二是为预警信息发布单位提供预警信息录入模板及录入、调整、解除、校对及签发功能，以实现各类预警信息的采集、录入、调整、校对、签发等，审核通过后，推送到突发事件预警信息发布中心进行发布。三是预警信息发布中心可针对网站、微博、短信、彩信、预警塔、声讯台、电视台、电台、电话、传真等不同发布渠道要求，按不同需求，根据相应的模板生成文本、图片、音频及视频产品等，制作相应的预警信息产品，审核通过后供不同部门使用，并进行发布。没有通过审核不予发布，并将审核结果反馈给预警信息发布单位。

该系统包括气象灾害预警信息制作（监测信息获取、告警阈值管理、灾害自动告警、气象服务信息制作、气象预警制作、气象预警信息修订、气象预警信息解除和气象预警信息签发等模块）、预警发布单位预警信息录入（预警信息录入、服务信息录入、信息调整、信息解除、信息校对和预警信息签发等模块）、预警信息审核（预警信息签收、预警信息完整性检查、预警信息审核管理、预警信息修订、预警信息反馈、预警信息发布预通知和有签发权限的人员名单管理等模块）等主要功能。

10.4.3 预警发布管理与发布效果评估系统

预警发布管理与发布效果评估系统：一是预警信息管理，对发布的预警信息、服务信息进行管理，提供查询、统计、分析、归档等功能，并可以对查询的结果按模板打印输出。二是发布效果评估，根据预警信息发布手段和设备的基础数据及设备的特点，建立相应的评估模型，对预警信息发布的覆盖区域、时效性及影响人群等指标进行评估，提供空间覆盖率评估、人员覆盖率评估、时效性评估、评估结果管理、评估参数管理和评估报告制作等功能。三是发布管理，提供预警信息发布渠道、发布策略的管理，以及“一键式发布”管理、信息备案和发送结果反馈等功能。

10.4.4 综合业务管理系统

综合业务管理系统：一是预警信息发布中心的日常办公管理，提供日常值班排班管理、统计分析、工作报告、公文传真、电话记录、值班日志管理、通讯录管理、预警门户网站等功能。二是预警信息发布系统的运行监控管理，实现对系统运行的监控，同时实现对预警信息发送的状态以及异常情况的监控，为系统管理员和业务人员报告实时的状态信息，能提供系统运行监控、预警信息流转状态监控、终端设备监控和监控报告等功能。三是预警信息发布系统的信息维护与管理，围绕预警信息发布的特性及预警发布日常业务工作需求，实现对预警发布相关的基础信息和专题信息维护，以及用户管理、组织机构管理、权限管理、系统日志管理、模板管理、接口配置管理、加密解密等功能。

10.4.5 预警响应辅助决策与演练系统

预警响应辅助决策与演练系统：一是预警响应辅助决策支持，基于预警一张图，对预警信息发布情况、发布资源、发布渠道、发布终端、应急物资、应急救援队伍、重点危险源、重点防护区域、发布效果、反馈评估等信息进行综合展示，辅助决策管理人员直观了解预警信息发布的流程状态、发布效果、发布资源分布，为应急预警信息发布策略、发布模型、评估模型的定制提供依据，并为领导决策提供支持。同时，针对不同类型的突发事件预警级别，结合系统提供的应急预案、典型事件案例、应急知识，以及有关法规、规范和条例，为领导、有关部门、应急责任人和公众提供符合发布区域实际的应对该突发事件的预警响应建议措施。提供信息综合查询、信息发布区划与效果展示、建议措施生成等模块。二是预警地理信息服务与在线会商，实现多级、多部门、异地基于预警一张图的在线会商和地理信息服务，包括地图操作与图层管理、预警区划与态势协同标绘、地图查询与分析、专题图制作与输出、在线会商用户管理等功能。三是预警发布演练，用于虚拟预警信息发布操作环境和流程，验证预警信息发布处理流程合理性、"一键式"发布功能和发布资源的有效性，以及发布策略的科学性，包括演练计划制订、演练过程记录、演练方案生成、演练总结与评估等功能。四是预案管理，包括总体应急预案、专项应急预案、部门应急预案等，提供文本预案管理、预案数字化等功能。

10.4.6 风险分析与预警区划系统

风险分析与预警区划系统：一是灾害风险分析与评估，制作不同灾害的风险区划图和多灾种耦合的综合风险区划图，提供灾害影响范围分析、灾害对城市安全运行影响分析、风险图制作等功能。二是基于灾害风险的预警发布区划，能为预警信息精细化发布提供支撑，根据突发事件的影响范围、变化趋势，结合预警发布需求特征和发布策略模型，实现预警信息发布的精确性和合理性。提供预警发布区划制定与调整、预警区划查询与显示、基于预警区划的信息发布内容汇总与分析等功能。三是基于大数据预测预警，通过对突发事件监测、预测、预警大数据进行处理分析，实现对多种事故灾害预测预警、关联分析，为预警信息发布、灾害防控提供支持，提供突发事件发生规律特征分析、次生衍生事件分析、灾害发展趋势分析等功能。

10.4.7　预警信息服务共享与交换系统

预警信息服务共享与交换系统：一是服务共享管理，以各部门发布的预警信息和预警信息发布系统（平台）产生的各类分析成果为数据源，将各部门有共享需求的信息，通过预警信息服务共享与交换系统开放统一的服务注册窗口，实现预警信息与辅助决策信息在各部门之间的服务级共享。服务共享管理应包括服务资源目录、服务配置、服务注册、服务授权、服务通知等功能。二是数据交换管理，用于实现与上下级预警信息发布系统（平台）、政府应急平台、预警信息发布单位、预警信息发布终端管理系统的数据交换管理。数据交换管理提供数据交换、数据管理、数据采集、数据审核与校验功能、适配器接口等功能。

10.4.8　数据库系统

预警信息发布系统的数据库系统，应能满足信息发布所需数据支撑的需要，为预警信息发布业务应用及信息资源共享提供数据基础。

数据库内容包括基础信息库、地理信息库、预警信息库、发布资源库、通信联络库、预案库、案例库、模型库、决策支持库、交换共享库等。

基础信息库存储管理突发事件预警信息发布相关的基础信息数据，包括城市经济、人口、建筑、生命线系统等承灾载体数据，以及危险源、重点防护目标、应急保障资源、避难场所等应急相关基础数据。

地理信息库存储管理本地区相关的地理信息数据，包括不同比例尺的数字线划图基础地理数据、影像数据、地名地址数据、导航电子地图数据等。

预警信息数据库用来存储本级预警信息及同预警信息相关的发布信息、国家级下发的预警信息、各部门发布的预警信息和下级上报的预警信息及相应流程对应的信息属性等。

发布资源库存储管理各类预警发布终端设备信息、管理机构信息、空间位置信息等。

通信联络库存储管理预警信息发布相关的政府决策部门、应急联动部门的组织机构和人员信息、应急责任人信息、预警区划联系人、信息受众用户和发布信息手段等。

10.4.9　互联互通

对于省级预警信息发布系统，互联互通要实现省级预警信息发布系统与国家突发事件预警信息系统及主要的业务系统、省级政府应急平台、省级预警发布责任单位及省内各市县预警信息发布系统的可靠对接。

（1）与国家突发公共事件预警信息发布系统互联互通。按照国家突发公共事件预警信息发布系统的技术要求，实现与国家突发公共事件预警信息发布系统的无缝对接。

（2）与省政府应急平台互联互通。按照省应急平台体系的技术要求，实现与省政府应急平台的无缝对接。

（3）与市县突发事件预警信息发布系统互联互通。按照省突发事件预警信息发布系统（平台）的体系建设规划，结合省预警信息发布平台的标准规范建设需求，实现与省内市县突发事件预警信息发布系统的无缝对接。

（4）与省预警信息发布单位相关业务系统互联互通。省预警信息发布系统需实现与公安、消防、水利、地震、人防、卫生、林业、环境保护、建委、农业、交通、安监、国土、气象、教育、旅游、民政局、电力、通信等有预警信息发布需求的单位进行对接，与省预警信息发布单位的相关业务系统实现互联互通。

10.5　标准规范

预警信息发布系统的建设和应用，需要建立一系列标准规范，包括预警信息发布技术标准和预警信息发布业务管理规定等，用于规范预警信息发布系统的建设和相关预警业务的开展。

1. 预警信息发布技术标准

技术标准部分需规定系统内部信息处理流程中的数据格式、数据接口、传输协议等基础性标准。在满足预警信息发布系统需求的基础上，要优先采用或参照已有的国际、国内及行业内标准规范，其次是修订或制定适合预警信息发布且不与国家或行业标准冲突的标准规范。

技术标准建设内容包括预警信息采集格式规范、预警信息文件命名规范、预警信息发布格式规范、发布格式解码转换规范、通用警报协议、预警信息传输规范、预警信息发布系统数据库设计规范、预警反馈信息格式规范、预警反馈信息传输规范等。

2. 预警信息发布业务管理规定

预警信息发布业务管理规定包括预警信息处理流程中涉及的管理规定，以及各级预警信息发布管理平台的日常操作管理、业务运行规定、安全管理规定等。

管理规定建设内容包括预警信息发布单位管理规范、预警信息接收用户管理规范、预警信息发布策略管理规范、电信运营商预警信息发布管理规范、“村村通”预警发布管理规定、广播电台插播预警信息发布管理规定、电视插播预警信息发布管理规定、省市县突发预警信息传输和发布的流程规定、预警信息发布系统运行管理规范、预警信息发布系统安全服务规范等。

参 考 文 献

国务院. 2006. “十一五”期间国家突发公共事件应急体系建设规划.

第 11 章

发展与展望

气象灾害是自然灾害的重要组成部分，因其发生频度高，影响范围广，造成的损失严重，一直以来受到各国政府和学界的高度重视。为有效应对气象灾害，做好气象灾害的减灾防灾工作，有三方面的工作至关重要：一是提高天气预报的准确率，二是做好灾害性气象事件的影响预评估，三是及时有效地发布灾害性气象事件预警信息。其中，第一和第三方面的工作，我国已逐步接近国际先进水平，并继续加大科技投入力度，解决其中的关键科学问题；第二方面的工作，起到承上启下的作用，准确的天气预报是做好灾害性气象事件影响预评估的前提，科学合理地预评估灾害性气象事件的影响，基于气象灾害风险进行气象预警信息的发布和应急响应，可大大提高信息发布的针对性和应急响应的科学性，以最大限度地减少灾害带来的人员伤亡和重大财产损失，这是各级政府与广大人民群众对科技工作者提出的迫切需要解决的科学问题，是国家的重大需求。近年来，针对灾害性气象事件影响预评估基础研究、应用研究和成果转化，国家进行了系统的规划和布局，深入研究了灾害性气象事件的致灾机理、时空演化规律和动态风险预评估方法，基本实现了在充分考虑气象灾害影响区域内的承灾载体及孕灾环境等因素条件下，适时给出气象灾害潜在趋势与影响区域内面临的灾害风险；在应对灾害性气象事件带来的气象灾害及其次生灾害时，能够面对多种多套应急决策方案，对方案进行动态推演和开展科学的预评估，提高灾害性气象事件应急响应的科学性。

与灾害性气象事件影响预评估相关的重点发展方向包括以下几方面。

1. 气象灾害综合风险评估理论

对自然灾害研究者而言，气象灾害风险评估理论体系是从灾害系统理论发展而来的，通过对致灾因子、孕灾环境、承灾载体三方面综合作用进行建模，从气象灾害发生的概率及其后果，对区域气象灾害风险进行计算和度量，绘制气象灾害风险区划图。而根据应急工作者和研究人员的观点，应急能力也是综合风险的重要构成成分，需要在灾害系统基础上进一步考虑应急管理对风险的补偿，从突发事件、承灾载体、应急管理三要素来开展灾害性天气事件的综合风险评估。近年来，在对包括气象灾害在内的各种突发事件综合风险评估研究中，学术圈内越来越多地接受了公共安全三角形理论框架，并提出了以之为基础的综合风险评估理论体系。从方法学的层面，这些综合风险评估方法可总结为“4+1”方法学，即确定性方法、随机性方法、基于监测探测的方法、复杂系统方法，以及由这 4 类方法中的几个相互嵌入形成的综合性方法（范维澄等，2009）。从公共安全科技视角，灾害性气象事件是气象灾害的致灾因子，气象灾害的承灾载体包括各种易受灾害性气象事件影响的人、物、系统，气象灾害应急管理则包括气象灾害应急资源准备、应急预案编制、应急培训演练等活动。可见，要构建科学的综合风险评估理论体系，需要对各组成要素及其相互关联关系进行科学的描述和刻画，这是未来气象灾害综合风险评估理论发展的重要方向之一。

2. 场景构建、情景推演，虚拟交互、增强现实技术

随着模拟仿真和可视化技术的发展，以及人机交互技术的日趋成熟，其在灾害性气象事件影响预评估中获得越来越多的研究和应用。运用新兴的增强现实、虚拟交互等场景构建、过程推演技术，通过构建典型灾害与应急场景范式，实现气象灾害发展演化与控制过程模拟，可为灾害应急演练、灾害影响预评估提供先进直观的技术支撑手段，提高演练交互性和方案预评估的动态性。场景构建和推演技术是实现面向方案实际执行效果评价的重要基础，在未来会获得越来越多的研究和应用。

3. 方案预评估与优化

应急方案作为应急响应活动开展的预执行指令，是指导突发事件应急处置和救援工作的重要依据，应急方案的好坏，往往直接决定了应急响应的成败。对应急方案的评估和优选，一直是公共安全科技领域研究的一个热点。现有的应急方案评估多从静态视角来理解和认识应急方案，对于应急方案的评估和优选基本上是以指标体系为核心，这类评估思路和方法难以体现方案要素之间的关联性和语义交互特征。更科学的做法是从动态视角对方案的本质特征进行认识，可以通过

对方案进行形式化和语义信息表达，建立方案形式化表达模型，进而利用多主体建模技术，实现语义信息驱动的应急方案过程推演，在此基础上提出以效用函数为核心的应急方案多目标优化模型。

4. 新兴信息技术在灾害性气象事件应急管理中的应用

近年来，随着传感器技术、网络技术、监测监控技术等信息技术的发展和成熟，公共安全物联网研究和应用获得了显著的进展，显著缓解了突发事件监测、预测、预警中实时数据获取瓶颈。在灾害性气象事件监测预警中，可以充分利用公共安全物联网技术，实现气象灾害应急管理活动中对实时动态信息的“感、传、知、用”。另外，云计算技术也为分布式数据存储和计算，海量实时数据分析提供了一种新的可伸缩的架构，可有力地支持灾害性气象事件应急管理中数据处理、存储、分析、可视化任务，为灾害数据挖掘分析、过程模拟、方案推演与评估、决策支持和指挥调度构建先进的运行环境和平台。此外，大数据技术的出现和发展，为灾害性气象事件研判分析和决策支持提供了新的途径。大数据的核心是预测，通过关联分析、相关性分析等数据挖掘技术，依靠大样本数据的支持，可以对灾害做出更为准确的预测，从而支持气象灾害预防与应对工作。

5. 智慧城市与气象灾害防御

随着空间信息技术、智能控制技术、自动化技术的发展，智慧城市获得了迅速的发展。气象灾害的科学预防与应对是智慧安全城市的重要内容，可以依托智慧城市提供的基础资源、运行环境和操作平台，实现气象灾害的智慧化分析与防御。通过科学分析各种气象灾害及其次生衍生灾害影响，依靠智慧城市构建的预警发布体系，实现向城市公众及时发布灾害预警信息。具体包括：研究城市预警信息发布体系顶层设计及技术规范，研制城市预警信息分布体系和区域预警中心建设技术要求及规范标准，研制基于灾害风险的预警发布区划研判系统，研究基于大数据技术的预警信息发布效果追踪，研究面向群体行为的预警效果评估技术等。

6. 预警信息发布管理办法、标准、规范

随着预警信息发布模式越来越成熟，发布的手段和渠道越来越丰富，发布系统建设也取得了显著的进展。急需建立气象预警信息发布管理办法，形成配套的标准和规范，从预警信息发布内容、时机、对象、流程等方面来约束和规范化各级政府灾害性气象事件预警信息发布的操作。需要从国家到地方多个层级建立和实现气象预警信息发布的标准规范体系，以科学指导气象灾害防御工作，推进相关的技术保障平台体系建设，以及重大突发事件应急管理中信息的交换共享和业务协作。

7. 精准发布技术支撑体系

由于气象监测、数值天气预报、气象灾害风险评估、气象灾害预测预警等方面研究和应用取得显著进展，为气象预警信息的精准发布提供了可能性。在此基础上依靠近年来日益先进的网络、通信、存储、网络 GIS 等信息技术手段、系统和装备，将准确全面的气象预警信息，在合适的时机、合适的地点以合适的手段和渠道发送给合适的人，并使其做出合适的防御举措。随着以下一代互联网、智能移动终端、大数据、云计算为显著特征的智能信息时代的到来，气象灾害信息预警精准发布技术支撑体系的实现可以说是指日可盼。

8. 与应急平台的互联互通

鉴于气象灾害往往具有突发性、复杂性和群发性等特点，一旦突发重大的气象灾害，需要迅速对跨领域的信息和资源进行快速地传递和整合，现有的以气象部门为主导的单一灾害模式已经显得力不从心。因此，从气象灾害应急保障、气象灾害预警发布、气象灾害应急指挥等业务信息化系统和平台，都需要与国家综合性应急管理的技术保障装备和系统——应急平台体系实现互联互通，实现气象灾害业务与综合应急管理业务之间的数据资源交换共享、业务衔接转换和功能互操作，从而为诸如大规模自然灾害时的气象保障，气象灾害引起的次生衍生灾害应急处置等救灾场景下，加强政府与各部门及各部门之间的联动，为有效应对各类突发事件和重大气象灾害，提供一体化平台和环境支持。

参考文献

范维澄，刘奕，翁文国. 2009.公共安全科技的“三角形”框架与“4+1”方法学. 科技导报，（6）：3.